LIANTIEXUE

炼铁学

周兰花　曾富洪　蒋　燕◎编著

重庆大学出版社

内容提要

本书共 8 章，以无机化学、物理化学、冶金原理和冶金传输原理为基础，并将编者多年在矿产资源综合开发利用中的研究和教学成果，有机地融入炼铁生产实际，重点介绍炼铁学基础知识、高炉炼铁用原料、高炉炼铁理论、高炉内炉料和煤气运动、高炉炼铁工艺计算、高炉强化冶炼技术、高炉炼铁工艺、高炉炼铁设备及非高炉炼铁等内容。书中插入了一些实用案例，并在章后附有一定数量的复习思考题，让读者易于掌握炼铁基础理论和系统的专门知识。

本书可作为高等院校冶金工程专业“炼铁学”课程的教材，也可作为从事炼铁设计、炼铁工程技术人员的参考用书。

图书在版编目(CIP)数据

炼铁学 / 周兰花，曾富洪，蒋燕编著. -- 重庆 ：重庆大学出版社，2024. 7. -- ISBN 978-7-5689-4604-9

Ⅰ. TF5

中国国家版本馆 CIP 数据核字第 2024RW0541 号

炼铁学

周兰花　曾富洪　蒋　燕　编　著

策划编辑：荀荟羽

责任编辑：陈　力　　版式设计：荀荟羽

责任校对：刘志刚　　责任印制：张　策

*

重庆大学出版社出版发行

出版人：陈晓阳

社址：重庆市沙坪坝区大学城西路 21 号

邮编：401331

电话：(023)88617190　88617185(中小学)

传真：(023)88617186　88617166

网址：http://www.cqup.com.cn

邮箱：fxk@cqup.com.cn（营销中心）

全国新华书店经销

重庆正光印务股份有限公司印刷

*

开本：787mm×1092mm　1/16　印张：16　字数：392 千

2024 年 7 月第 1 版　　2024 年 7 月第 1 次印刷

印数：1—1 000

ISBN 978-7-5689-4604-9　定价：49.00 元

前言

炼铁学是研究铁矿石冶炼理论和生产工艺的科学。炼铁学以无机化学、物理化学、冶金原理和冶金传输原理等学科为基础,以铁矿石冶炼生产为对象,研究炼铁理论、炼铁工艺和炼铁设备的改进,从而达到高产低耗的生产目的。“炼铁学”课程是培养冶金工程专业应用型人才的核心专业课程。课程主要讲述炼铁过程的基本理论、工艺与强化及炼铁技术的新发展,读者通过该书学习,可以掌握系统的专业知识,为从事炼铁生产、设计、教学、科学研究与开发、炼铁技术经济管理等行业工作奠定基础。

从使用设备角度划分,炼铁方法可分为高炉炼铁法和非高炉炼铁法。高炉炼铁对原料要求高,存在能源和环境保护等问题,但生产规模大、生产技术成熟,目前在炼铁方法中仍占主导地位,在钢铁联合企业中也发挥着重要作用,但焦炭的使用限制了高炉炼铁的发展。非高炉炼铁适应性强,但生产规模相对较小、产量较低,且很多技术问题还有待解决和完善。本书内容包括炼铁学基础知识、高炉炼铁用原料、高炉炼铁理论、高炉内炉料和煤气运动、高炉炼铁工艺计算、高炉强化冶炼技术、高炉炼铁工艺、高炉炼铁设备及非高炉炼铁等。炼铁学基础知识主要介绍高炉炼铁工艺流程、高炉炼铁主要过程、高炉炼铁产品以及高炉生产技术经济指标。炼铁原料主要介绍高炉冶炼用铁矿石类型、性能和质量要求,铁矿粉的烧结和球团工艺和质量评价,高炉冶炼用燃料和熔剂作用、质量要求。炼铁理论主要介绍高炉冶炼过程中水分蒸发和石灰石分解过程及其对高炉冶炼影响;生铁中 Fe、C、Si、Mn、P、S、V、Ti 等元素的产生原理与特点;高炉渣生成、物理性能及其对高炉冶炼的影响;高炉风口内碳燃烧反应、鼓风动能和理论燃烧温度,燃烧作用及其对高炉冶炼的影响。煤气和炉料运动主要介绍高炉内散状料、熔融及液态渣铁中煤气运动规律、煤气压力降、煤气成分变化以及炉料运动状况的判断。炼铁工艺计算主要介绍高炉炼铁的配料计算、物料平衡计算、热平衡计算和焦比计算。强化冶炼技术主要介绍高炉强化冶炼的方向,精料、高压操作、高风温、喷吹燃料、富氧鼓风技术内涵及其对高炉冶炼的影响。炼铁生产工艺主要介绍高炉装料制度、造渣制度、送风制度和热制度、炉况判断与异常炉况的处理。炼铁设备主要介绍高炉本体、供料系统、上料系统、喷吹系统、煤气除尘系统、高炉送风系统、渣铁处理系统中主要设备的构成及作用。非高炉炼铁技术主要介绍非高炉炼铁发展概况、直接还原炼铁及熔融还原炼铁技术。

本书还涵盖了钒钛磁铁矿的高炉冶炼知识。高炉炼铁原理章节中编入了钒钛磁铁矿高炉冶炼中V、Ti的转变;炼铁工艺计算章节中的配料计算、物料平衡计算、热平衡计算和理论焦比计算是以钒钛磁铁矿高炉冶炼为例进行的计算,这些计算的方法与原理同样适用于普通矿。每个章节按学习提要、内容和复习思考题3部分编排。每个章节中穿插了例题,有助于学习者强化学习。

本书编著人员既有钢铁冶炼厂多年的工作经历,也有近三十年的高职院校、本科院校炼铁方面的教学和科研工作经历,积累了丰富的炼铁资料和炼铁经验。编著内容考虑了全日制高等学校冶金工程专业应用型人才培养目标要求,并力求做到知识框架完备、内容通俗易懂、体现工程应用。

本书由攀枝花学院周兰花、曾富洪、蒋燕编著,攀枝花学院赖奇、攀钢集团股份公司炼铁厂凃林也参与了本书部分内容的编写工作。

本书的出版得到了攀枝花学院冶金工程重点学科建设项目的资助。本书的编写也参考了大量的资料,在此对本书出版提供帮助者表示衷心的感谢。由于作者水平有限,书中难免存在一些疏漏之处,敬请读者批评指正。

作　者

2024年1月

CONTENTS 目　录

1 绪　言

本章学习提要：

钢铁工业在国民经济中的地位、炼铁工业的发展史；钢铁生产流程；高炉炼铁产品、高炉冶炼技术经济指标。

1.1　钢铁工业在国民经济中的地位

钢铁生产包括炼铁和炼钢，属于冶金生产过程。这里的冶金是指在一定的条件下从矿石或其他原料中提取金属或者金属化合物，并用一定加工方法制成具有一定性能的金属材料的过程。

绝大多数矿石在自然状态下以固态形式存在，含有用矿物和脉石矿物（冶炼过程中无用的矿物）两种，但两者性质不同。使用矿石或精矿（有价金属品位较低的矿石经机械或物理富集，如分选、重力法选矿、浮选等选矿过程处理，获得有价金属品位较高的矿石，这部分富集了有价金属的矿石即为精矿）提炼金属时，一般先将矿中金属氧化物还原至金属，然后将还原得到的金属与其他脉石成分熔化为两个不相溶的相或转入两个不相溶的相中，前者往往需要高温，后者所需温度相对较低。根据上述冶炼特点以及高温获取方式，冶金方法一般可分为火法冶金、湿法冶金和电冶金三大类。目前，由铁矿石提炼出金属铁主要采用的是火法冶金。

火法冶金是指矿石在高温下发生一系列物理化学变化，使其中的金属和杂质分开，获得较纯金属的过程。火法冶金过程所需的能源主要由燃料燃烧提供，个别的靠自身反应生成热（如金属热还原）。火法冶金具有生产率高、流程短、设备简单及投资省的优点，但不利于处理成分结构复杂的矿石或贫矿。

铁矿石炼铁所得的主要产品是生铁。生铁坚硬、耐磨、铸造性能好，但易脆不能锻压，必须进一步加工成钢。

钢机械强度高、韧性好,还具有耐热、耐腐蚀、耐磨损等特殊性能。此外,钢易焊接和易加工,可满足人类多方面的需要和对于特殊性能的要求。

铁是世界上利用最广、用量最多的一种金属,其消耗量约占金属总消耗量的95%。钢铁制品广泛用于国民经济各部门和人们生活各个方面,是社会生产和公众生活所必需的基本材料。自从19世纪中期发明转炉炼钢法逐步形成钢铁工业大生产以来,钢铁材料一直是最重要的结构材料之一,在国民经济中占有极其重要的地位,是社会发展的重要支柱,是现代化工业最重要和应用最多的金属材料。所以,人们常把钢材的产量、品种、质量作为衡量一个国家工业、农业、国防和科学技术等方面发展水平的重要标志。

1.2 炼铁的发展

由于铁的性质活泼,地球上天然存在的单质铁十分稀少,所以铁的冶炼与铁器的制造经历了很长时间的探索,最终人们在冶炼青铜器的经验基础上逐渐摸索出了铁器的冶炼方法。

较早时期炼铁使用木炭作为燃料,热量少,加之炉体小,鼓风设备差,因此炉温比较低,不能达到铁的熔炼温度,炼出的铁是海绵状的固体块,被称为"海绵铁"。海绵铁冶炼比较费时,质地较软、杂质多,经过锻打能成为可使用的熟铁。随着时间的推移,中国铁冶炼技术到春秋战国时期已经领先于其他国家,钢铁冶炼技术进一步发展到"块炼渗碳钢"。出土文物表明,中国最迟在战国晚期已经掌握了这种最初期的炼钢技术。人们在锻打海绵铁和熟铁的过程中,需要不断地反复加热铁以吸收木炭中的碳,从而提高含碳量,并在减少夹杂物后成为钢。这种钢组织致密、均匀,适用于制作兵器和刀具。人们在打制器物时,有意识地增加折叠、锻打次数,一块钢甚至需要重复锻打上百次,所以称为百炼钢。百炼钢中碳含量较高,组织更加致密,成分更加均匀,钢的品质得到了提高,主要用于制作刀、剑。

中国在西汉时期发明了另一杰出的生铁加工技术,那就是炒钢。炒钢是中国古代将生铁变成钢或熟铁的主要方法。其方法是将生铁加热成液态或半液态,并不断搅拌,使生铁中的碳分和杂质不断氧化,从而得到钢或熟铁。河南巩县铁生沟和南阳瓦房庄汉代冶铁遗址,都提供了汉代应用炒钢工艺的实物证据。东汉时成书的《太平经》中也有记载:"有急乃后使工师击治石,求其中铁,烧冶之使成水,乃后使良工万锻之,乃成莫耶。"从这段文字中不难看出,它叙述的是由矿石冶炼得到生铁,再由生铁水经过炒炼,锻打成器的工艺过程。炒钢工艺操作简便,原料易得,可以连续大规模生产,效率高,所得钢材或熟铁的质量高,对中国古代钢铁生产和社会发展都具有重要意义。类似的技术,在欧洲直至18世纪中叶方由英国人发明。

现代的炼铁绝大部分采用高炉炼铁,个别采用直接还原炼铁法和电炉炼铁法。高炉炼铁是将铁矿石在高炉中还原,熔化炼成生铁,此法操作简便,成本低廉,可大量生产。由于适应高炉冶炼的优质焦炭日益短缺,相继出现了不用焦炭而用其他能源的非高炉炼铁法。直接还原炼铁法,是将矿石在固态下用气体或固体还原剂还原,在低于矿石熔化温度下,炼成含有少量杂质元素的固体或半熔融状态的海绵铁、金属化球团或粒铁,作为炼钢原料,也可作为高炉炼铁或铸造的原料。概括来看,炼铁工业的发展大致可分为以下几个阶段:

(1)第 1 阶段:制取固态海绵铁

这一阶段从无意识到有意识挖坑,在坑内冶炼制取固态海绵铁。这种炼铁方法,就其工艺来看,是一次性得到熟铁产品,因此这一阶段炼铁方法习惯上称为一步冶炼法,类似于现在的直接还原炼铁法。

(2)第 2 阶段:制取液体生铁

这一阶段是有意识地炼铁。炼铁是在专门的冶炼设备中进行,最初使用木炭作为燃料。这一阶段因出现了鼓风设备,冶炼炉内风量得以增加,燃料用量增多,炉温得到提高,由于渗碳还原出来的海绵铁熔化温度得到降低,故能熔化成液态生铁。但生铁由于其性能限制,还需更进一步炼成钢。相对于第一阶段冶炼,这一阶段可称为二步冶炼法。

(3)第 3 阶段:炼铁的近代化

这一阶段冶炼技术和欧洲物质文明的进步,出现了近代炼铁高炉(为现代高炉的雏形)。

(4)第 4 阶段:高炉炼铁迅速发展时期

这一阶段(19 世纪中叶以后)实现了炼铁技术的现代化。

早期高炉炼铁使用木炭或煤作燃料,18 世纪改用焦炭,19 世纪中叶改冷风为热风。20 世纪初高炉使用煤气内燃机式和蒸汽涡轮式鼓风机后,高炉炼铁得到迅速发展。20 世纪初,美国的大型高炉日产铁量达 450 t,焦比为 1 000 kg/t 铁左右。20 世纪 70 年代初,日本建成 4 197 m^3 高炉,日产铁超过 1 万 t,燃料比低于 500 kg/t 铁。中国在清朝末年开始发展现代钢铁工业。1890 年开始筹建汉阳铁厂,1 号高炉(248 m^3,日产铁 100 t)于 1894 年 5 月投产。1908 年组成包括大冶铁矿和萍乡煤矿的汉冶萍公司。1980 年,中国高炉总容积约 8 万 m^3,其中 1 000 m^3 以上的 26 座。1980 年我国生铁产量 3 802 万 t,居世界第 4 位。2010 年全国生铁产量超过 5.437 亿 t,居世界第一位。

第 4 阶段的冶炼技术发展具有以下主要特点:

①入炉原料质量不断提高。矿石品位、焦炭质量不断提高,冶炼使用精料。高炉技术经济指标不断改善。

②热风炉操作技术不断改进,入炉风温大幅度提高,焦比不断降低。

③高炉及其附属设备不断改进,容积日益扩大,高炉操作自动化程度日益提高,使用计算机控制。

④广泛回收利用高炉二次能源,加强生态环境治理。目前,高炉冶炼过程的理论研究日益深化,高炉操作和管理技术日趋完善。钢铁联合企业继续进行高炉大修和现代化改造,包括安装煤粉、氧气和天然气喷吹设备,寻求延长高炉寿命的措施。开发紧凑式高炉,生产铁水供电炉使用。

1.3 钢铁生产工艺流程

现代钢铁生产流程如图1.1所示。由图1.1可知,炼铁生产方法主要有两种:一种是高炉炼铁法;另一种是只用少量或不用焦炭的非高炉炼铁法。目前,高炉法仍占主导地位。

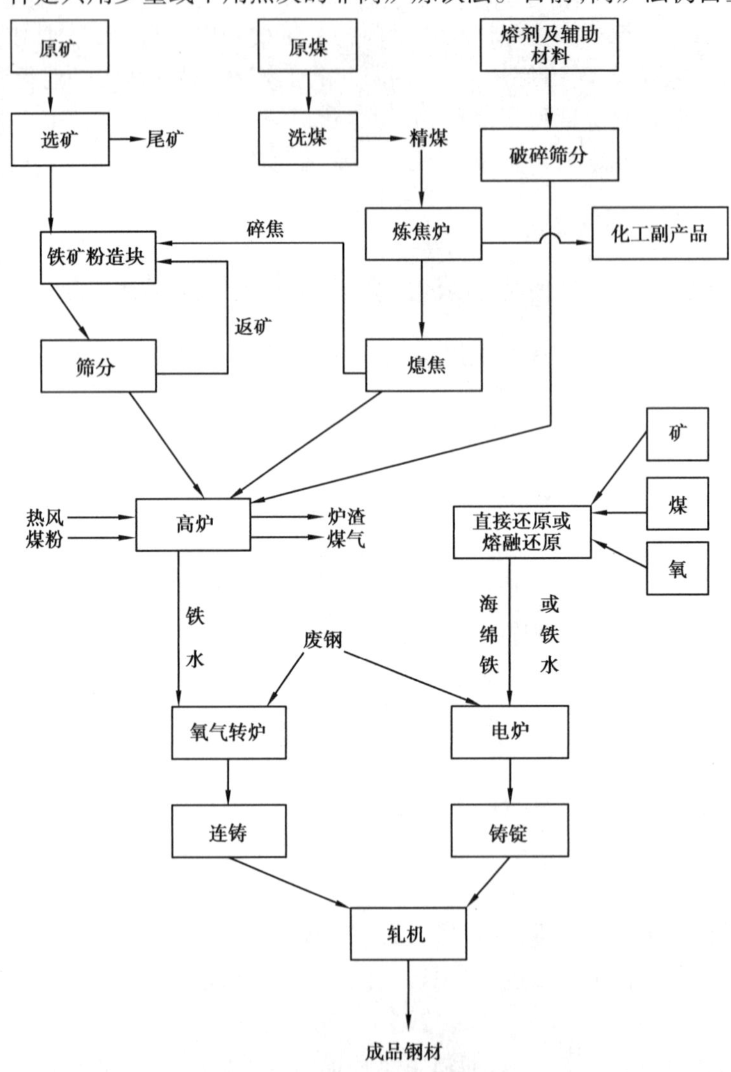

图1.1　现代钢铁生产流程示意图

高炉炼铁所用主要燃料是焦炭,而焦炭由优质煤炼制获得。焦炭质量好坏直接影响到高炉生产质量和技术经济指标。从这一方面来说,限制高炉生产发展的主要因素之一是焦炭的质量,归根结底在于地壳中贮存的优质煤,优质煤缺乏时,高炉冶炼将可能面临停产。

各种炼铁法所用设备及生产方式差别很大,但其原理是基本相同的。

高炉炼铁主要任务是从铁矿石中的铁氧化物中将铁还原出来,并将还原出来的铁熔化成液态生铁。高炉炼铁所用原料类型有:铁矿石、燃料、熔剂等。其中熔剂主要是石灰石。高炉冶炼是在高炉本体中进行,高炉炼铁主要工艺流程如图 1.2 所示。

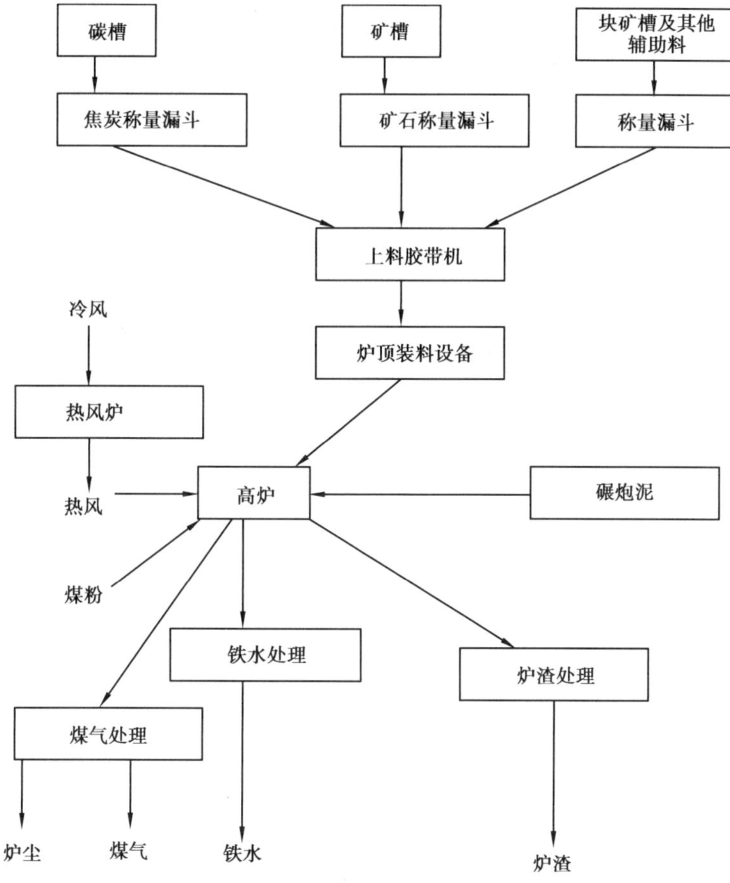

图 1.2　高炉炼铁生产主要工艺流程示意图

高炉炼铁过程大致为:铁矿石、焦炭和熔剂从高炉炉顶装入,同时热风从高炉下部风口鼓入,随着风口前焦炭的燃烧,炽热的煤气流高速上升。下降的炉料受到上升煤气流的加热作用,首先吸附水蒸发,然后被缓慢加热至 800 ~ 1 000 ℃。铁矿石中氧化物被炉内煤气中的 CO 还原,直至进入 1 000 ℃以上的高温区,转变成半熔融的黏稠状态,在 1 200 ~ 1 400 ℃的高温下铁矿石中氧化物进一步被还原,得到金属铁。金属铁吸收焦炭中的碳,熔化成铁水。铁水中除含有 4% 左右的碳外,还溶入经直接还原得到的少量 Si、Mn、P、S 等元素。在生铁的生成过程中未被还原的氧化物聚集逐步熔化成渣。铁水和渣穿过高温区焦炭之间的间隙滴下,积存于炉缸,再分别由铁口和渣口排出炉外。

高炉生产设备流程示意图如图 1.3 所示。现代高炉设备系统组成有:高炉本体、供料系统、装料系统、送风系统、喷吹系统、煤气处理系统、渣铁处理系统等。

高炉炼铁过程具有的特点:

①炼铁过程是一个连续进行的高温物理化学过程,整个工艺过程都伴随高温、粉尘和煤气;出渣、出铁过程都与高温熔融物及高温煤气有关。

②作业过程伴有粉尘、煤气及噪声外泄。

③作业过程中需要动用较多的机电设备，动用起重运输设备，以及高压水、氧及空气等。

④附属设备多而复杂，各系统间协作配合要求严格。

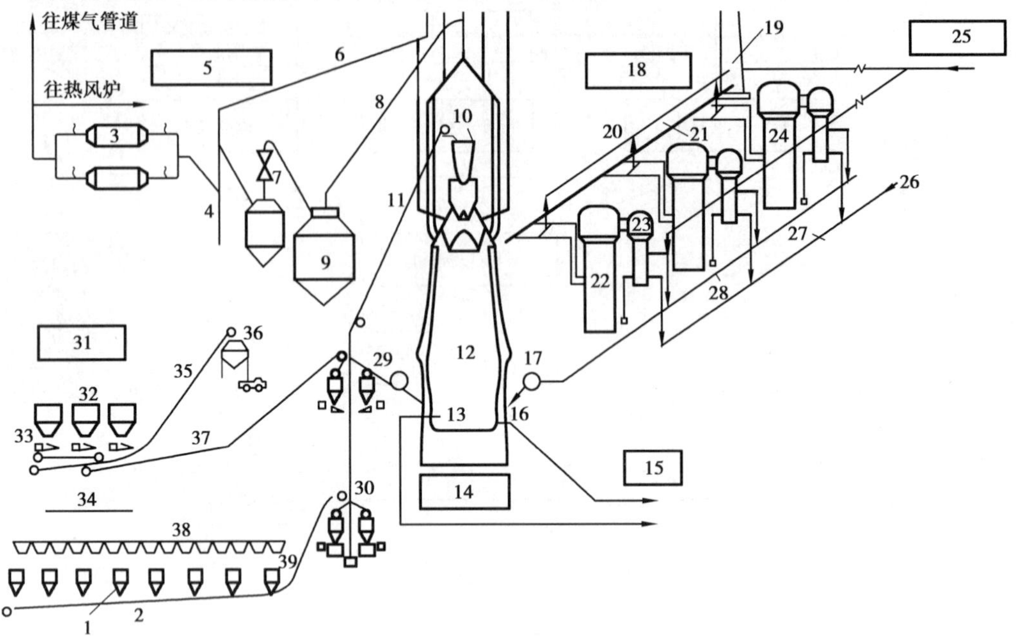

图 1.3　高炉生产设备流程示意图

1—称量漏斗；2—漏矿皮带；3—电除尘器；4—闸式阀；5—煤气净化设备；6—净化煤气放散管；7—文氏管煤气洗涤器；8—下降管；9—除尘器；10—炉顶装料设备；11—装料传送皮带；12—高炉；13—渣口；14—高炉本体；15—出铁场；16—铁口；17—围管；18—热风炉设备；19—烟囱；20—冷风管；21—烟道；22—蓄热室；23—燃烧室；24—混风总管；25—鼓风机；26—净煤气；27—煤气总管；28—热风总管；29—焦炭称量漏斗；30—碎铁称量漏斗；31—装料设备；32—焦炭槽；33—给料器；34—原料设备；35—粉焦输送带；36—粉焦槽；37—漏焦皮带；38—矿石槽；39—给料器

1.4　高炉炼铁产品

高炉炼铁生产的主要产品是生铁，副产品有炉渣、煤气和炉尘（又称瓦斯灰）。

1.4.1　生铁

生铁是含碳量大于 2% 的铁基合金，工业生铁含碳量一般为 2.11% ~4.3%，并含 C、Si、Mn、S、P 等杂质元素。高炉生产出的粗制铁，可进一步精炼成钢、熟铁或工业纯铁。

根据用途的不同，高炉生铁可分为：

(1)炼钢生铁（制钢生铁）

供炼钢用作金属原料。用于转炉炼钢的生铁，一般含硅量比较低（不大于 1.75%），含硫量较高(不大于0.07%),质硬而脆,断口呈白色,也称白口铁。制钢生铁量约占生铁总量的90%以上。

(2)铸造生铁

用于铸造各种生铁铸件的生铁,一般含硅量较高(最高可达3.75%左右),含硫量稍低(不大于0.06%),断口呈灰色,也称灰口铁。

按化学成分划分,生铁分为:

①普通生铁。普通生铁是指不含其他合金元素或其他合金元素含量很少的生铁,如炼钢的生铁、铸造生铁均属此类。

②特种生铁。含有共生金属的铁矿石或精矿用还原剂还原而制成的一种特殊生铁,可用来炼钢或铸造。

③铁合金。炼铁时特意加入其他成分的元素,炼成含有多种合金元素的特种生铁,其品种较多,如锰铁、硅铁、钒铁等。可用作炼钢过程的合金剂或脱氧剂等,也可用于铸造。

炼钢生铁牌号见表1.1。炼钢生铁中的碳以化合物(如Mn_3C、Fe_3C等)形态存在,因此,炼钢生铁既硬又脆,不宜加工。炼钢生铁的含碳量一般为2.5%~4.5%,并含有少量的Si、Mn、P、S等元素。冶炼特殊矿石时,还含有其他一些元素,如冶炼钒钛磁铁矿石时,生铁中还含有V、Ti等元素。

表1.1 炼钢生铁牌号

铁号	牌号		炼04	炼08	炼10
	代号		L04	L08	L10
化学成分/%	C		≥3.50		
	Si		≤0.45	0.45~0.85	0.85~1.25
	S	特类	≤0.02		
		一类	0.02~0.03		
		二类	0.03~0.05		
		三类	0.05~0.07		
	Mn	一类	≤0.40		
		二类	0.40~1.00		
		三类	1.00~2.00		
	P	特类	≤0.10		
		一类	0.10~0.15		
		二类	0.15~0.25		
		三类	0.25~0.40		

因为硅能促进石墨化使生铁具有良好的填充性,并使铸件可以车削,因此生铁铸造含硅量较高。此外,仍含有一定量的磷(约0.3%),以此增加生铁流动性,提高铸件的质量。铸造生铁牌号见表1.2。

表 1.2　铸造生铁牌号

<table>
<tr><td rowspan="2">铁号</td><td colspan="2">牌号</td><td>铸 34</td><td>铸 30</td><td>铸 26</td><td>铸 22</td><td>铸 18</td><td>铸 14</td></tr>
<tr><td colspan="2">代号</td><td>Z34</td><td>Z30</td><td>Z26</td><td>Z22</td><td>Z18</td><td>Z14</td></tr>
<tr><td rowspan="13">化学成分/%</td><td colspan="2">C</td><td colspan="6">>3.3</td></tr>
<tr><td colspan="2">Si</td><td>3.20 ~ 3.60</td><td>2.80 ~ 3.20</td><td>2.40 ~ 2.80</td><td>2.00 ~ 2.40</td><td>1.60 ~ 2.00</td><td>1.25 ~ 1.60</td></tr>
<tr><td rowspan="3">S</td><td>1 组</td><td colspan="5">≤0.03</td><td>≤0.04</td></tr>
<tr><td>2 组</td><td colspan="5">≤0.04</td><td>≤0.05</td></tr>
<tr><td>3 组</td><td colspan="6">≤0.05</td></tr>
<tr><td rowspan="3">Mn</td><td>1 组</td><td colspan="6">≤0.50</td></tr>
<tr><td>2 组</td><td colspan="6">0.50 ~ 0.90</td></tr>
<tr><td>3 组</td><td colspan="6">0.90 ~ 1.30</td></tr>
<tr><td rowspan="5">P</td><td>1 组</td><td colspan="6">1.00 ~ 2.00</td></tr>
<tr><td>2 组</td><td colspan="6">0.06 ~ 0.10</td></tr>
<tr><td>3 组</td><td colspan="6">0.10 ~ 0.20</td></tr>
<tr><td>4 组</td><td colspan="6">0.20 ~ 0.40</td></tr>
<tr><td>5 组</td><td colspan="6">0.40 ~ 0.90</td></tr>
</table>

1.4.2　炉渣

高炉渣铁比(每冶炼 1 t 生铁产生的炉渣质量)为 300 ~ 600 kg/t 铁。矿石中的脉石、熔剂中的各种氧化物和燃料中的灰分等熔化后组成炉渣,其主要成分为 CaO、SiO_2、MgO、Al_2O_3 及少量的 MnO、FeO、CaS 等。

高炉炉渣可制成水渣、渣棉和干渣等。水渣是液态炉渣用高压水急冷粒化形成的,是良好的制砖和制作水泥的原料;渣棉是液态炉渣用高压蒸汽或高压压缩空气吹成的纤维状的渣,可作为绝热材料;干渣是液态炉渣自然冷凝后形成的渣,经处理后可用于铺路、制砖和生产水泥,还可以制成建筑材料。

1.4.3　煤气

高炉每冶炼 1 t 生铁能产生 2 000 ~ 3 000 m^3 的煤气,其化学成分包括 CO(20% ~ 30%)、CO_2(15% ~ 20%)、H_2(1% ~ 3%)、N_2(56% ~ 58%)和少量的 CH_4。因含有 CO、H_2 可燃成分,煤气经除尘脱水后可作为燃料,其发热值为 2 900 ~ 3 800 kJ/m^3。回收的煤气常用作热风炉、烧结、炼钢、炼焦和轧钢生产中的燃料。

高炉炉顶煤气压力大于 0.12 MPa 时,煤气余压力能可回收发电。高压高炉炉顶安装余压发电设备,一般可发电 30 kW · h/t 铁。

1.4.4 炉尘

高炉冶炼每吨生铁吹出的炉尘量为 50 ~ 100 kg。炉尘是煤气上升时从炉内带出的细颗粒固体炉料，其中含铁 30% ~50%、碳 5% ~15%，粒度细。炉尘在重力除尘器下被回收，可供烧结厂作烧结配料。

1.5 高炉冶炼技术经济指标

高炉生产技术水平和经济效益可用技术经济指标来衡量。高炉冶炼主要考核的经济技术指标有高炉有效容积利用系数、焦比、冶炼强度、生铁成本、炉龄等。

(1)高炉有效容积利用系数

高炉有效容积利用系数是衡量高炉生产率的一项重要技术经济指标，利用系数值越高，高炉生产率越高。

高炉利用系数在不同国家与地区有不同的表示方法。苏联及东欧等国家按每昼夜生产 1 t 生铁所需高炉有效容积表示，单位为 $m^3/(t \cdot d)$，我国和日本用高炉有效容积利用系数表示。欧美及俄罗斯均广泛采用炉缸面积利用系数，单位是 $t/(m^2 \cdot d)$。我国一些小高炉炉容小，有效容积与炉缸面积之比 V_u/A 小，致使有效容积利用系数高。以炉缸面积利用系数来衡量，大小高炉没有明显的差别。使用炉缸面积利用系数可以避免出现小高炉有效容积利用系数高、效率高的错误观念。

高炉有效容积利用系数是指在规定工作时间（扣除大、中修理时间的日历时间）内，平均每立方米高炉有效容积每昼夜所产合格生铁的吨数。高炉有效容积利用系数常用的计算式为：

$$\eta_V = \frac{P}{V_u \cdot d} \tag{1.1}$$

式(1.1)中，η_V 为高炉有效容积利用系数，$t/(m^3 \cdot d)$；d 为冶炼时间，昼夜；P 为 d 时间内高炉生产的合格生铁产量，t；V_u 为高炉有效容积，m^3。

高炉有效容积是高炉有效高度内的内部轮廓包围的容积，对于有效高度，各国的规定不同，最初是铁口中心线到大钟开启位置下沿的垂直距离，后来改为从出铁口中心线至料线的垂直距离。一些国家将高炉料线位置定在大钟开启位置下沿以下 1 m 处，或无料钟炉顶的溜槽垂直向下 700 mm 处。美国定在大钟开启位置下沿以下 915 mm 处，苏联将此值定为从铁口中心线到炉喉上沿距离。

在设计、计算高炉年产量时，苏联在年日历天数中扣除了高炉大修、中修分摊到每年的时间，从而引入了年工作天数。而高炉寿命很长，如何分摊到每年无法统计，因此各厂设计和计算的天数也不统一，有按 355 天计算，也有按 350 天计算的，相当于作业率 96% ~98%。

合格生铁折合产量系数见表 1.3。

(2) 焦比、煤比、燃料比、炼铁工序单位能耗

在高炉炼铁中,焦比、煤比、燃料比有重要作用,是衡量高炉生产水平和技术水平的重要技术经济指标,能够全面衡量炼铁过程的优劣。

中国钢铁工业协会《中国钢铁工业生产统计指标体系》定义:焦比指高炉冶炼 1 t 生铁所消耗的干焦炭量。煤比是指冶炼 1 t 生铁所消耗的煤粉量;燃料比是指高炉冶炼 1 t 生铁所消耗的燃料总用量,为入炉焦比、煤比、小块焦比等之和。

表 1.3　各类生铁折合产量系数

生铁种类		折合产量系数
炼钢生铁		1.0
铸造生铁	铸 14	1.14
	铸 18	1.18
	铸 22	1.22
	铸 26	1.26
	铸 30	1.30
	铸 34	1.34
含钒生铁	ω(V)>0.2%(各种牌号)	1.05
含钒钛生铁	ω(V)>0.2%、ω(Ti)>0.1%(各种牌号)	1.10

焦比的计算式:

$$K = \frac{Q_k}{P_d} \tag{1.2}$$

式(1.2)中,K 为焦比,kg/t Fe;Q_k 为一昼夜干焦炭用量,kg;P_d 为一昼夜生铁产量,t。

用炼铁工序单位能耗来衡量生产 1 t 合格生铁所消耗的各种能源量,是炼铁生产十分重要的指标。炼铁工序单位能耗用标准煤来计量时,计算式如下:

$$\text{炼铁工序单位能耗} = \frac{\text{炼铁工序净耗能量(kg 标准煤)}}{\text{生铁产量(t)}} \tag{1.3}$$

在研究建设高炉的可行性和初步设计时,应当着重研究降低燃料比、降低焦比、节能、降耗及回收利用的技术和装备,要把降低炼铁工序单位能耗放在重要地位。

(3) 冶炼强度

冶炼强度(I)是指每立方米高炉有效容积一昼夜内所燃烧的干焦量,其能反映炉料下降及冶炼的速度,计算式为:

$$I = \frac{m_K}{V_u \times d} \tag{1.4}$$

式(1.4)中,m_K 为入炉干焦炭质量,kg;d 为昼夜数,计算时,d=日历昼夜数-全部休风昼夜数。

在休风率为零时,利用系数、冶炼强度与焦比三者有如下关系:

$$\eta_V = \frac{I}{K} \tag{1.5}$$

冶炼强度可用来衡量高炉作业强化程度。它取决于高炉所能接受的风量。鼓风越多,燃烧焦炭也就越多,在焦比不变或增加不多的情况下,高炉利用系数也越高。

(4)生铁合格率

生铁合格率是指化学成分符合国家规定的生铁量占总检验量的比例。这是评价生产质量好坏的指标,一般能达 99% 以上。

(5)焦炭负荷

焦炭负荷(B)是指一批料中矿石质量与焦炭质量之比。计算公式为:

$$B = \frac{\text{一批料中矿石质量}}{\text{一批料中焦炭质量}} \tag{1.6}$$

焦炭负荷和炼铁焦比是紧密相关的,焦炭负荷高低直接影响高炉热量的收入。生产中常根据生铁含 Si、Mn 量的变化及对焦比的影响调整焦炭负荷。

(6)原材料消耗

生铁冶炼用原燃料主要包括铁矿石、燃料、碎杂铁等,辅助料主要是熔剂。

生铁原材料消耗指标的计算公式为:

$$\text{某种原材料耗用量} = \frac{\text{某种原材料耗用量}}{\text{合格生铁产量}} \tag{1.7}$$

(7)富氧率

富氧率是指工业氧加入鼓风中后,鼓风中氧含量增加的百分数。高炉实行富氧鼓风有利于热量集中于高炉下部,强化高炉冶炼。

(8)生铁成本

单位生铁成本由原料、燃料、动力消耗费及车间建设经费等项组成。它是从经济角度衡量高炉作业好坏的重要指标。具体项目有:

①原燃料消耗。包括铁矿石、熔剂、焦炭、煤粉、重油等。

②动力费。包括循环水、风、蒸汽、压缩空气、煤气、氧等。

③车间经费。包括辅助材料(大型工具、备品备件、耐火材料等)、工资、设备折旧费、管理费(运费、办公费、旅差费等)。

④回收的副产品。包括粗煤气、炉渣、炉尘。

⑤企业管理费。包括对于单独的炼铁厂,车间成本即为工厂成本。若为联合企业,还应包括企业管理的费用。

⑥在单位生铁成本中,一般情况下,原、燃料费约占车间成本的 80% 以上,动力消耗费占 10% 左右。

(9)炉龄

高炉炉龄是指高炉点火到停炉大修的实际运行时间。决定一代高炉炉役结束的标志:一是炉衬侵蚀严重,高炉指标恶化,继续生产不经济;二是冷却器大量烧坏,不能继续安全生产。中国通常以后一种情况作为大修依据,国外则多以前一种情况作为大修依据。不管是哪种标志,关键损坏部位是:炉腰与炉身下部,炉底侧壁。

高炉长寿是高炉所追求的目标,高炉长寿就意味着经济效益的提高。国外先进高炉长寿水平较高,一代炉役(无中修)寿命可达 15 年以上,部分高炉可达 20 年以上。

近几年,我国高炉的设计水平得到了较大提高,高炉寿命也得到了较大提高。但与国外高炉寿命相比,一般一代炉役无中修寿命低于 10 年,仅少数高炉可实现 10 ~ 15 年的长寿目标,其长寿总体水平与国外先进水平相差较大。

复习思考题

1.1 什么是生铁?什么是钢?在性能上钢与铁有何区别?

1.2 写出高炉炼铁的主要过程。

1.3 高炉炼铁使用的原料主要有哪些?

1.4 高炉冶炼产品有哪些?各有何用途?

1.5 衡量高炉生产技术与经济水平高低的指标主要有哪些?

1.6 什么是高炉有效容积利用系数、焦比、冶炼强度?如何计算?

2 高炉炼铁用原料

本章学习提要：

高炉冶炼用铁矿石类型、组成、冶金性能、质量要求；铁矿粉的烧结、球团加工处理意义及其生产工艺、烧结矿和球团矿质量评价；高炉冶炼用焦炭组成、作用、冶金性能、质量要求；喷吹燃料在高炉冶炼中的作用；高炉冶炼用熔剂作用、类型、化学组成与质量要求。

2.1 高炉冶炼用铁矿石

2.1.1 矿物、铁矿石概念

矿物是指地壳中的化学元素，经各种地质作用（自然的物理化学作用或生物作用）所形成的自然元素或化合物，它具有均一的化学成分和内部结晶构造，具有一定的物理性质和化学性质。绝大多数矿物都是以化合物形态存在，如磁铁矿物（Fe_3O_4）、黄铁矿物（FeS_2）等。只有极少数为元素，如石墨（C）、金（Au）等。

矿石和岩石均由矿物组成，是矿物的集合体，从组成上看矿石和岩石可以说是混合物。

矿石是指在现有技术经济条件下能从中提炼出金属或有用矿物的岩石。铁矿石是指在现有技术经济条件下能从中提炼出金属铁及其化合物的矿石。矿石是一个相对的概念，随着国民经济的增长和科技的发展，有的岩石今后可成为矿石而被开发利用。

按矿石中所能提取有用成分的多少，矿石可分为简单矿石和复合矿石。前者是指能从中提取一种有用成分的矿石，后者则可从中同时提取两种或两种以上有用成分的矿石。

矿石由有用矿物和脉石矿物组成。在冶炼中能经济有效提取的矿物称为有用矿物，而不能经济有效提取的矿物称为脉石矿物，如高炉炼铁用铁石中的铁氧化物属于有用矿物，而 CaO、SiO_2、Al_2O_3 等属于脉石矿物。

2.1.2 铁矿石类型

铁矿石是指主要有用矿物为铁矿物的矿石，该类矿石中除铁氧化物外，可能还含有碳酸盐、硅酸盐及硫化物等。自然界中，铁矿物种类繁多，目前已发现的铁矿物和含铁矿物有300余种，其中常见的有170余种。在当前技术条件下，具有工业利用价值的铁矿石主要有磁铁矿石、赤铁矿石、褐铁矿石和菱铁矿石等类型。

(1)磁铁矿石

磁铁矿石主要含铁矿物为磁铁矿，化学式为 Fe_3O_4，该矿石理论含铁量为72.4%。实际富磁铁矿石含铁量为40% ~70%。该类矿石结构致密、晶粒细小、颜色和条痕均为黑色，有强磁性，S、P 含量高、还原性差。脉石成分主要为石英、硅酸盐与碳酸盐，是我国当前主要的炼铁矿种。在我国，磁铁矿石主要产于鞍山、本溪、冀东等地。

上述所提到的矿石理论含铁量是指矿石中所含的主要铁矿物中的 Fe 含量，如磁铁矿石中理论含铁量=56×3/(56×3+16×4)×100% =72.4%。

磁铁矿中常有相当数量的 Ti^{4+} 以类质同象代替 Fe^{3+}，还伴随有 Mg^{2+} 和 V^{3+} 等相应代替 Fe^{2+} 和 Fe^{3+}，因而形成一些矿物亚种，即：

①钛磁铁矿。$Fe^{2+}_{(2+x)}Fe^{3+}_{(2-2x)}Ti_xO_4(0<x<1)$，含 TiO_2 12% ~16%。常温下，钛从其中分离成板状和柱状的钛铁矿及布纹状的钛铁晶石。

②钒磁铁矿(钒尖晶石)。FeV_2O_4 或 $Fe^{2+}(Fe^{3+}V)O_4$，有时 V_2O_5 含量高达68.41% ~72.04%。

③钒钛磁铁矿。为成分更为复杂的上述两种矿物的固溶体产物。

④铬磁铁矿。在磁铁矿-铬铁矿类质同象系列中 Cr_2O_3 含量可达12%。

⑤镁磁铁矿。含 MgO 可达6.01%。

磁铁矿氧化后可变成赤铁矿(假象赤铁矿及褐铁矿)，但仍能保持其原来的晶形。

(2)赤铁矿石

赤铁矿石主要含铁矿物为赤铁矿，化学式为 Fe_2O_3，理论含铁量为70%，常含类质同象混入物，导致矿石中含有 Ti、Al、Mn、Ca、Mg 及少量 Ga 和 Co 等成分。实际富赤铁矿石含铁量为55% ~60%。自然界中 Fe_2O_3 的同质多象变种已知有两种，即 α-Fe_2O_3 和 γ-Fe_2O_3，前者在自然条件下稳定，称为赤铁矿；后者在自然条件下不如 α-Fe_2O_3 稳定，处于亚稳定状态，称为磁赤铁矿。颜色、条痕均为樱红色，具有弱磁性。与磁铁矿相比，赤铁矿石质地较软，较易破碎，S、P 含量一般较低；还原性好，脉石多为石英和硅酸盐。我国鞍山、宜化等地有较大的赤铁矿石储量。

赤铁矿石是地壳中储量最丰富和目前开采量最多的矿石之一。

(3) 褐铁矿石

褐铁矿石主要含铁矿物为结晶水的 Fe_2O_3，化学式可用 $mFe_2O_3 \cdot nH_2O(m=1\sim3, n=1\sim4)$ 表示，理论含铁量为55.2% ~66.1%，实际富褐铁矿石含铁量为37% ~55%。自然界中的褐铁矿石绝大部分以 $2Fe_2O_3 \cdot 3H_2O$ 的形态存在。颜色为黑色或褐色,无磁性,有害杂质 S、P、As 含量一般较高,焙烧后还原性好,脉石主要为砂质黏土和石英等。一般为小型矿床,在我国广东、广西、福建、贵州等省区均有分布。

(4) 菱铁矿石

菱铁矿石主要含铁矿物为菱铁矿,化学式为 $FeCO_3$,理论含铁量为48.2%,常含 Mg 和 Mn 成分。实际富菱铁矿石含铁量为30% ~40%。颜色为灰色带黄褐色,无磁性。菱铁矿石经过焙烧,分解出 CO_2 气体,含铁量即提高,矿石也变得疏松多孔,易破碎,还原性好,S、P 含量低。我国威远、新化等地有少量生产,储量不多。

2.1.3 国内外铁矿资源概况

世界钢铁工业尤其因中国钢铁工业快速发展,对铁矿石的需求不断增加。世界铁矿石资源总体储量丰富,能够满足钢铁工业发展的需求。随着科技进步,世界铁矿石产能不断提高。

(1)世界铁矿资源

全球铁矿石储量分布整体较为集中,大洋洲、亚洲和美洲是主要分布地。据统计,俄罗斯、乌克兰、澳大利亚、巴西、哈萨克斯坦和中国等6国铁矿石储量占世界总储量的75.6%左右。资源集中的地区也是世界铁矿石的集中生产区,如巴西淡水河谷公司,澳大利亚必和必拓公司和哈默斯利公司的铁矿石产量占世界总产量的35.5%。2022年,全球可用铁矿石储量约1 800亿t,澳大利亚、巴西和俄罗斯位列前三。

从矿石质量上看,南半球富铁矿多,北半球富铁矿少。巴西、澳大利亚和南非都位于南半球,其铁矿石品位高,质量好。世界铁矿平均品位44%,澳大利亚赤铁富矿含铁56% ~63%,成品矿粉矿含铁一般62%,块矿含铁一般能达到64%。巴西矿含铁品位53% ~57%,成品矿粉矿一般为Fe 65% ~66%,块矿含铁64% ~67%。

(2)中国铁矿资源

我国铁矿石资源总量丰富,但可供开发利用的资源短缺。我国铁矿石资源品位较低,截至2021年底,国产铁矿石平均品位为34.5%,低于世界铁矿石品位平均水平;贫矿多,富矿少,贫矿资源储量大约占总储量的80%;中小型矿多,大型、特大型矿少;矿石类型复杂,难利用的铁矿多。

我国铁矿资源分布在28个省、自治区、直辖市的600个县内。主要分布省、区为辽宁、河北、四川、山西、安徽、湖北、云南、内蒙古、山东等;其次是北京、湖南、河南、广东、甘肃、新疆、陕西、贵州、江西、福建、海南、吉林等。按矿的集中区可分为:鞍山—本溪、冀东—密云、辽西、五台—吕梁、包头—白云鄂博、鲁中、邯邢、宁芜—庐枞、鄂东、攀枝花—西昌、川滇、闽西、粤北、霍邱、石碌、陕南、祁连、东疆、天山、阿尔泰山等成矿带(区)。

就矿床规模而言,与巴西、澳大利亚、俄罗斯等铁矿资源丰富的国家相比,我国超大型矿床少,中、小型矿床多。在我国已探明铁矿产地中,超大型铁矿床有辽宁齐大山铁矿、红旗铁矿、东鞍山铁矿、西鞍山铁矿、南芬铁矿,河北司家营铁矿,内蒙古白云鄂博铁矿,四川攀枝花铁矿、红格铁矿，云南惠民铁矿。在已探明的富矿储量中，除海南石碌铁矿、辽宁弓长岭铁矿可作独立开采的富铁矿外，其余多为赋存于贫矿中的个别矿段，无法独立开采。我国大多铁矿石均需经选矿后才能利用，精矿的生产成本高于进口铁矿石，无论是在质量上，还是在价格上，明显处于劣势。

在我国已勘探铁矿产地中，由多种组分构成的铁矿床(区)约占已勘探矿床(区)的22%，且相当部分为大—超大型矿床，如内蒙古白云鄂博铁铌稀土矿床、四川攀枝花钒钛磁铁矿床、红格钒钛磁铁矿床、云南新平大红山铁铜矿床、辽宁翁泉沟硼镁铁矿床、广东大顶铁矿床等。另外，由于矿物颗粒细，SiO_2、P、S等有害成分含量高，且相当部分为混合型(磁铁矿+赤铁矿+菱铁矿等)铁矿石，矿石难选冶，如辽宁鞍本地区的关门山、西大背、贾家堡子铁矿，山西吕梁袁家村铁矿，湖北鄂西火烧坪铁矿，湖南祁东铁矿，云南惠民铁矿，陕西柞水大西沟铁矿床等。我国伴(共)生铁矿或难选冶的铁矿，目前综合利用水平低，资源浪费较严重，部分大型铁矿床虽已勘探多年，仍作为“呆矿”而未被利用。

2.1.4 高炉冶炼对铁矿石的质量要求

铁矿石是高炉冶炼的主要原料，其质量的好坏，与高炉冶炼进程及技术经济指标有极为密切的关系。决定铁矿石质量的主要因素是化学成分、物理性质及冶金性能。高炉冶炼对铁矿石质量要求是：含铁量高，脉石少，有害杂质少，化学成分稳定，粒度均匀，良好的还原性及一定的机械强度等。

(1)含铁量(品位)

铁矿石的品位指铁矿石的含铁量，可以用TFe%表示。品位是评价铁矿石质量的主要指标。铁矿石有无开采价值，开采后能否直接入炉冶炼及冶炼价值如何，均取决于矿石含铁量。

铁矿石含铁量高有利于降低焦比和提高产量。根据生产经验，矿石品位提高1%，焦比降低2%，产量提高3%。因为随着矿石品位的提高，脉石数量减少，熔剂用量和渣量也相应减少，既节省热量消耗，又有利于炉况顺行。从矿山开采出来的铁矿石，含铁量一般为30% ~ 60%。品位较高，经破碎筛分后可直接入炉冶炼的称为富矿。当矿石的实际含铁量大于理论含铁量的70%时方可直接入炉。而品位较低，不能直接入炉的称为贫矿。贫矿必须经过选矿和造块后才能入高炉冶炼。

(2)脉石成分、数量

铁矿石中常见脉石成分主要有SiO_2、CaO、MgO、Al_2O_3等。当脉石中含酸性氧化物数量高于碱性氧化物数量时，该矿石脉石称为酸性脉石；相反，称为碱性脉石。

自然界开采的铁矿石脉石成分绝大多数为酸性，SiO_2含量较高。在现代高炉冶炼条件下，为了得到一定碱度的炉渣，就必须在炉料中配加一定数量的碱性熔剂(如石灰石)，与SiO_2作用造渣。铁矿石中SiO_2含量越高，需加入的熔剂也越多，生成的渣量也越多，这样，将使焦比升高，产量下降。因此，要求铁矿石中SiO_2含量越低越好。

脉石中，含碱性氧化物(CaO、MgO)较多的矿石，冶炼时可少加或不加石灰石，这对降低焦比有利，具有较高的冶炼价值。

(3)有害元素、有益元素的含量

有害元素是指铁矿石中含有的对高炉冶炼过程或高炉冶炼后续产品质量有危害的元素。包括 S、P、Cu、Pb、Zn、As、K、Na 等。

①S。在矿石中主要以硫化物状态存在。硫危害主要有:

a. 当钢中含硫量超过一定量时,会使钢材具有热脆性。这是由于 FeS 和 Fe 结合成低熔点(985 ℃)共晶物,冷却时最后凝固成薄膜状,分布于晶粒界面之间,当钢材被加热至 1 150 ~ 1 200 ℃时,硫化物首先熔化,使钢材沿晶粒界面形成裂纹。

b. 对于铸造生铁,会降低铁水的流动性,阻止 Fe_3C 分解,使铸件产生气孔、难以切削并降低其韧性。

c. 硫会显著降低钢材焊接性、抗腐蚀性和耐磨性。

国家标准对生铁的含硫量有严格规定,炼钢生铁,最高允许含硫质量分数不超过 0.07%,铸造铁不超过 0.06%。用于高炉冶炼的矿石含硫量一般须小于 0.3%。

②P。磷在钢中是有害成分,以 Fe_2P、Fe_3P 形态溶于铁水。因为磷化物是脆性物质,冷凝时聚集于钢的晶界周围,减弱晶粒间结合力,使钢材在冷却时产生很大脆性,从而造成钢的冷脆现象。由于磷在选矿和烧结过程中不易除去,在高炉冶炼中又几乎全部还原进入生铁。所以控制生铁含磷的唯一途径就是控制原料的含磷量。

③Pb 和 Zn。铅和锌常以方铅矿(PbS)和闪锌矿(ZnS)的形式存在于矿石中。

在高炉内铅是易还原元素,不溶于铁水,密度大于铁水,所以还原出来的铅沉积于炉缸铁水层以下,渗入砖缝破坏炉底砌砖,甚至使炉底砌砖浮起。铅又极易挥发,在高炉上部被氧化成 PbO,黏附于炉墙上,易引起结瘤。一般要求矿石中的含铅质量分数低于 0.1%。

高炉冶炼中锌全部能被还原,其沸点低(905 ℃),不溶于铁水。但很容易挥发,低温下在炉内又易被氧化成 ZnO,ZnO 若沉积于炉身炉墙上,可能形成炉瘤,若渗入炉衬孔缝隙中,可能引起炉衬膨胀被破坏。矿石中的含锌量应小于 0.1%。

④碱金属。碱金属主要指钾和钠,一般以硅酸盐形式存在于矿石中。冶炼中,在高炉高温区被直接还原生成碱蒸气,随煤气上升到低温区又被氧化成碳酸盐沉积在炉料和炉墙上,部分随炉料下降,反复循环积累,造成危害:与炉衬作用生成钾霞石($K_2O \cdot Al_2O_3 \cdot 2SiO_2$),体积膨胀可达 40% 而损坏炉衬;与炉衬作用生成低熔点化合物,黏结在炉墙上,易导致结瘤;与焦炭中的碳作用生成化合物(CK_8、CNa_8),发生体积膨胀,破坏焦炭强度,从而影响高炉下部料柱透气性。因此要限制矿石中碱金属的含量。

⑤Cu。铜在钢材中具有两重性,铜易还原进入生铁。当钢中含铜质量分数小于 0.3% 时能提高钢材抗腐蚀性,超过 0.3% 时又会降低钢材的焊接性,并引起钢的“热脆”现象,使轧制时产生裂纹。一般铁矿石允许含铜量不超过 0.2%。

有益元素是指矿石中与铁伴生的可被还原并进入生铁,并能改善钢铁材料的元素,如 Mn、Cr、Co、Ni、V、Ti 等。铁矿石中伴生的有益元素若达到单独分离提取程度,可综合开发利用。

(4)矿石的还原性

矿石的还原性是指矿石被气体还原剂(CO 或 H_2)还原的难易程度。矿石还原性好,则有利于降低高炉焦比。影响矿石还原性因素主要有矿物组成、矿物致密程度、粒度和气孔率等。一般磁铁矿因结构致密,最难还原。赤铁矿有中等气孔率,较容易还原。褐铁矿和菱铁矿易还原,因为这两种矿石加热失去结晶水和去掉 CO_2 后,矿石气孔率增加。烧结矿和球团矿气孔率高,其还原性一般比天然富矿要好。

(5)矿石的软融性

矿石的软融性包括软化温度和软化温度区间。矿石软化温度是指矿石在一定荷重条件下加热至变形的温度。矿石加热软化是矿石熔化的前提。矿石软化温度高,矿石在高炉冶炼中软化熔融后所带热量也高。

软化温度区间是指在一定荷重条件下加热开始变形至完全变形之间的温度区间。矿石在冶炼中处于软化温度区间时,矿石的气孔率会明显降低,不利于气体流过。高炉内矿石软化温度范围是高炉料柱透气性最差的地方。

(6)矿石的粒度

矿石的粒度是指矿石颗粒的直径,它直接影响着炉料的透气性和传热、传质条件。

通常,入炉矿石粒度为 5 ~ 40 mm,粒度小于 5 mm 的粉末是不能直接入炉的。确定矿石粒度必须兼顾高炉的气体力学和传热、传质等多方面因素。在有良好透气性和强度的前提下,应尽可能地降低入炉料粒度。

矿石粒度具有较大范围时应分级入炉,保证入炉料粒度均匀、粒级范围小,使料柱具有良好的透气性。分级入炉是指将具有较大范围粒度的矿石分成几个上下限粒度差别较小等级的矿石,然后分别入炉的工序。每一个级别入炉的矿石粒度的上下限相差 1 倍左右较好。

(7)矿石的机械强度

矿石的机械强度是指矿石在运输过程中的耐挤压、耐磨损、耐冲击能力。矿石机械强度低时,在运输过程中易产生粉末,加入高炉内会使高炉料柱的透气性恶化。矿石具有一定强度有利于改善高炉料柱的透气性。

(8)铁矿石各项指标的稳定性

只有铁矿石的各项理化指标保持相对稳定,才能最大限度地获得好的生产效率。在前述各项指标中,矿石品位、脉石成分与数量、有害杂质含量的稳定性尤为重要。高炉冶炼要求成分波动范围:含铁原料 TFe<±0.5% ~1.0% 、SiO_2<±0.2% ~0.3% 、烧结矿的碱度为±0.03 ~0.1。为了确保矿石成分的稳定,加强原料的整粒和混匀是非常必要的。

2.1.5 其他含铁料

在钢铁、化工、机械加工等企业中,一些工序产生的含铁废料尚有进一步利用的价值,如高炉炉尘、转炉含铁污泥、炼钢电炉炉尘、轧钢皮、黄铁矿制硫酸产生的含铁固体残渣、车床加工产生的铁屑等。其中有些经过简单的处理即可返回高炉使用,但有些必须进入造块工序。当这些含铁料中的 S、P 等有害成分量较高时,必须限量地加入造块混合料中。

2.2 铁矿石入炉前的加工处理

含铁品位较高、可直接入炉的天然富矿，在入炉前只需经过破碎、筛分等处理，使其达到入炉粒度要求。但在自然界中，天然富铁矿贮存量不多，且随着钢铁工业发展，天然富铁矿越来越少。含铁品位低的贫矿直接入高炉冶炼会极大地降低生产效率，增加成本，因此，贫矿入高炉冶炼前需进行选矿。选矿时，将有用矿物与脉石矿物进行单体分离时，往往需将原矿破碎到很细，如粒度小于0.074 mm，因此，经过选矿得到的矿石基本上属于粉矿。

选矿所得细粒精矿和天然富矿在开采、破碎、筛分及运输过程中所产生粉矿，必须经过造块才能供高炉使用。目前，铁矿粉造块方法主要有烧结法和球团法。经过造块，能得到在铁品位、粒度、碱度、强度、还原性能等方面的指标值比较理想的高炉用炉料。

2.2.1 铁矿粉的烧结生产

烧结是指将各种粉状含铁料，配入适量粉状燃料和熔剂，加入适量的水，经混合和造球后在烧结设备上借助点火燃烧产生高温使烧结混合料发生一系列物理化学变化，产生一定数量液相，冷却中将矿粉颗粒黏结成块的过程。烧结所得的产品称为烧结矿。烧结具有如下意义：

①将粉料制成具有高温强度块料以适应高炉冶炼、直接还原等在液体力学方面的要求。

②通过造块改善铁矿石的冶金性能，使高炉冶炼指标得到改善。

③通过造块去除有害杂质，回收有益元素达到综合利用资源和扩大炼铁矿石原料资源。

(1)烧结工艺

按燃料燃烧助燃用风方式划分，烧结可分为抽风烧结法和鼓风烧结法。大型烧结生产大多采用带式抽风烧结法，其中烧结机大小使用有效烧结面积表示。带式抽风烧结生产工艺流程如图2.1、图2.2所示，主要包括烧结料准备、配料与混合、抽风烧结和产品处理等工序。

1)烧结原料的准备

①含铁原料。包括含铁量较高、粒度<5 mm的矿粉、铁精矿、高炉炉尘、轧钢皮、钢渣等。一般要求含铁原料品位高，成分稳定，杂质少。

②熔剂。要求熔剂中有效CaO含量高，杂质少，成分稳定，含水3%左右，粒度小于3 mm的占90%以上。在烧结料中加入一定量的白云石，使烧结矿含有适当的MgO，对烧结过程有良好的作用，可提高烧结矿的质量。

③燃料。主要为焦粉和无烟煤粉。对燃料的要求是固定碳含量高，灰分低，挥发分低，含硫低，成分稳定，含水小于10%，粒度小于3 mm的占95%以上。

2)配料与混合

①配料。通过配料能获得化学成分和物理性质稳定的烧结矿。常用的配料方法有容积法和质量法。容积法是基于物料堆积密度不变，原料的质量与体积成比例进行的，其准确性

较差。质量法是按原料的质量配料,比容积法准确,便于实现自动化。

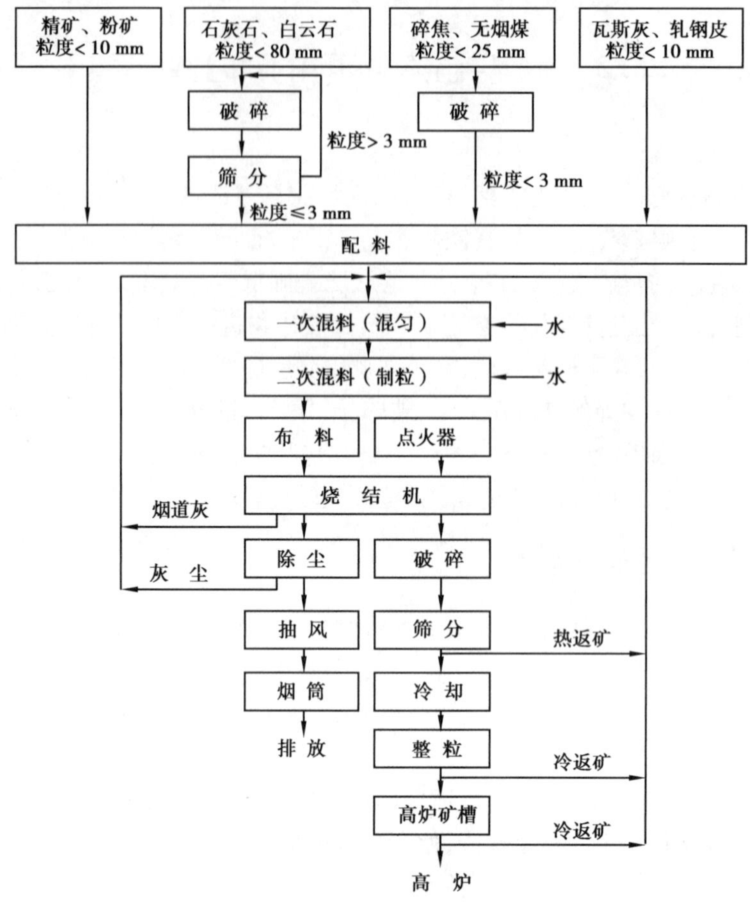

图 2.1 带式抽风烧结工艺流程示意图

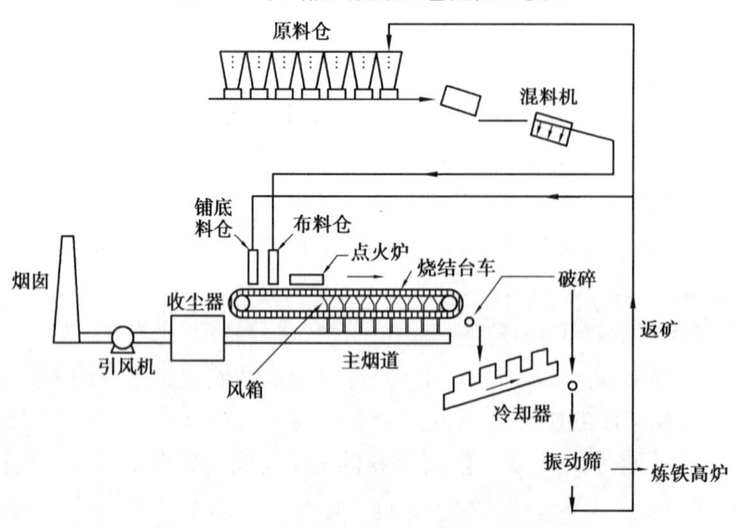

图 2.2 带式抽风烧结生产设备流程示意图

②混合。通过混合能使烧结料的成分均匀,水分合适,易于造球,从而获得粒度组成良好的烧结混合料,以保证烧结矿的质量和提高产量。混合作业包括加水润湿、混匀和造球。根

据原料性质不同,可采用一次混合或二次混合。一次混合目的:润湿与混匀,当用热返矿时还可使物料预热。二次混合目的:继续混匀,造球,以改善烧结料层透气性。用粒度<10 mm 富矿粉烧结时,因其粒度已经达到造球需要,采用一次混合,混合时间约 50 s。使用细磨精矿粉烧结时,因粒度过细,料层透气性差,为改善透气性,须在混合过程中造球,所以采用二次混合,混合时间一般不少于 2.5 min。我国烧结厂大多采用二次混合。

3)烧结作业

烧结作业是烧结生产的中心环节,包括布料、点火、烧结等工序。

①布料是将铺底料、混合料铺在烧结机台车上的作业。当采用铺底料工艺时,在布混合料之前,先铺一层粒度为 10 ~25 mm、厚度为 20 ~25 mm 的烧结返矿作为铺底料,目的是保护炉箅,降低除尘负荷,延长风机转子寿命,减少或消除炉箅粘料。铺完底料后,随之进行布混合料。布料时要求混合料的粒度和化学成分等沿台车纵横方向均匀分布,并且有一定的松散性,表面平整。生产上,多采用圆辊布料机布料。

②点火操作是对台车上的料层表面进行点燃,并使其中的燃料燃烧。点火要求有足够的点火温度,适宜的高温保持时间,沿台车宽度点火均匀。点火温度取决于烧结生成物的熔化温度,常控制为(1 250±50)℃。点火时间通常控制在 40 ~60 s。点火真空度(指机头第一风箱内的负压)为 4 ~6 kPa。点火深度(点火火焰进入料面的深度)为 10 ~20 mm。

③烧结过程要准确控制烧结的风量、真空度、料层厚度、机速和烧结终点。烧结风量指平均每吨烧结矿需风量,按烧结面积计 70 ~90 $m^3/(cm^2 \cdot min)$。真空度取决于风机能力、抽风系统阻力、料层透气性和漏风损失情况。合适料层厚度应将高产和优质结合起来考虑。国内一般采用料层厚度为 250 ~500 mm。合适的机速应保证烧结料在预定的烧结终点烧透烧好。在实际生产中,机速以 1.5 ~4 m/min 为宜。控制烧结终点,即控制烧结过程全部完成时台车所处位置。中小型烧结机终点一般控制在倒数第 2 个风箱处,大型烧结机控制在倒数第 3 个风箱处。

带式烧结机抽风烧结过程是自上而下进行的,按高度上的温度变化,料层一般可分为 5 层,如图 2.3、图 2.4 所示。点火开始以后,依次出现烧结矿层、燃烧层、预热层、干燥层和过湿层,然后后 4 层又相继消失,最终只剩烧结矿层。

①烧结矿层。经高温点火后,烧结料中燃料燃烧放出大量热量,料层中低熔点矿物熔融产生液相,随着燃烧层下移和冷空气的通过,生成的液相被冷却而再结晶(1 000 ~1 100 ℃)凝固成网孔结构的烧结矿。这层的主要变化是液相凝固,伴随着结晶和析出新矿物,还有吸入的冷空气被预热,同时烧结矿被冷却,和空气接触时低价氧化物可能会被再氧化。

②燃烧层。燃料在该层燃烧,温度可达 1 350 ~1 600 ℃,使矿物软化熔融黏结成块。该层除燃烧反应外,还发生固体物料的熔化、还原、氧化以及石灰石和硫化物的分解等反应。

③预热层。由燃烧层下来的高温废气,把下层混合料很快预热到着火温度,一般为 400 ~800 ℃。此层内进行固相反应,结晶水及部分碳酸盐、硫酸盐分解,磁铁矿局部被氧化。

④干燥层。受预热层下来的废气加热,温度很快上升到 100 ℃以上,混合料中的游离水大量蒸发,此层厚度一般为 10 ~30 mm。实际上干燥层与预热层难以截然分开,可以统称为干燥预热层。该层中料球被急剧加热,迅速干燥,易被破坏,恶化料层透气性。

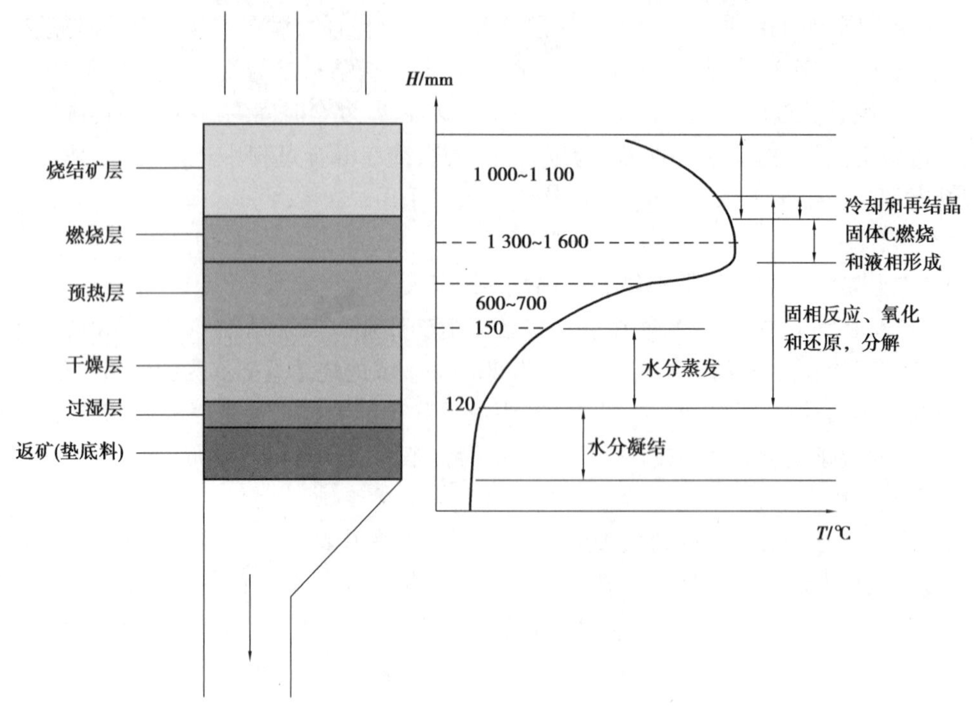

图 2.3　沿料层高度、台车宽度上的烧结过程五层变化示意图

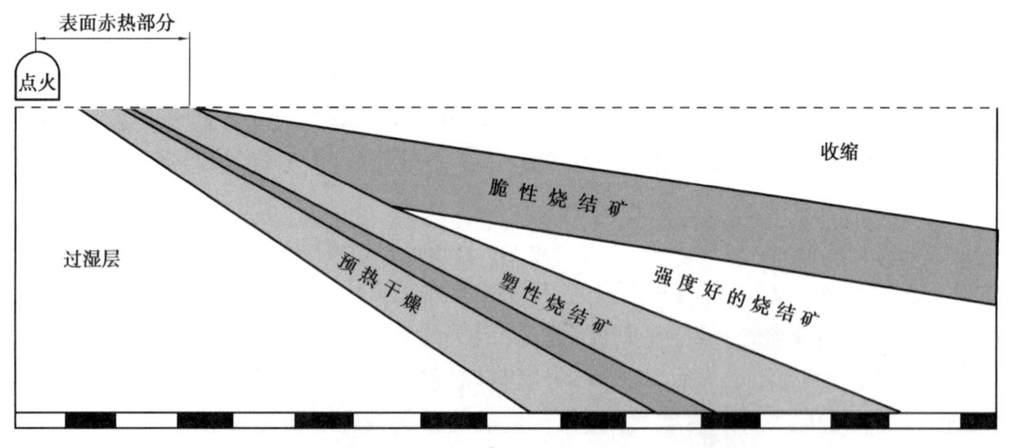

图 2.4　沿料层高度、台车长度方向纵切的烧结过程五层变化示意图

⑤过湿层。从干燥层下来的热废气中含有大量水分，料温低于水蒸气的露点温度时，废气中的水蒸气会重新凝结，使混合料中水分大量增加而形成过湿层。若此层水分过多，料层透气性会变坏，烧结速度会降低。

(2)烧结过程中的基本化学反应

烧结过程是许多物理和化学变化过程的综合，包括燃烧和传热、水分蒸发和冷凝、氧化和还原、分解和吸附、熔化和结晶、矿化等。在某一层中可能同时进行几种反应，而一种反应也可能在几层中进行。

①固体碳的燃烧反应。烧结混合料中的碳在温度达到 700 ℃时即可着火燃烧，发生的燃

烧反应可能有：

$$C + O_2 = CO_2 \tag{2.1}$$

$$2C + O_2 = 2CO \tag{2.2}$$

$$2CO + O_2 = 2CO_2 \tag{2.3}$$

$$CO_2 + C = 2CO \tag{2.4}$$

在烧结过程中，反应(2.1)易于发生；高温有利于反应(2.2)和反应(2.4)进行，低温有利于反应(2.3)进行。碳燃烧后生成 CO 和 CO_2，还有剩余氧气，为其他反应提供氧化还原气体和热量。燃烧产生的废气成分取决于烧结的原料条件、燃料用量、还原和氧化反应的发展程度以及抽过燃烧层的气体成分等因素。根据烧结料层温度分布，总体结果是，燃烧产生的废气成分主要是 CO_2，也有少量的 CO。

②碳酸盐的分解和矿化作用。烧结料中的碳酸盐可能有 $CaCO_3$、$MgCO_3$、$FeCO_3$、$MnCO_3$ 等，其中以 $CaCO_3$ 为主。在烧结条件下，$CaCO_3$ 在 720 ℃左右开始分解，880 ℃时开始化学沸腾，其他碳酸盐相应的分解温度较低些。碳酸钙分解产物 CaO 能与烧结料中的其他矿物发生反应，生成新的化合物，这就是矿化作用。主要反应式为：

$$CaCO_3 + SiO_2 = CaSiO_3 + CO_2$$

$$CaCO_3 + Fe_2O_3 = CaO \cdot Fe_2O_3 + CO_2$$

如果矿化作用不完全，将有残留的自由 CaO 存在，烧结矿在存放过程中，它将同大气中的水分进行消化作用：$CaO + H_2O = Ca(OH)_2$，使烧结矿发生体积膨胀而粉化。

③铁氧化物的分解、还原和氧化。烧结过程在宏观上是氧化性气氛，但在燃烧颗粒表面附近或燃料集中处，CO 浓度极高，故也有局部还原性气氛。从微观来看，在料层中既有氧化区也有还原区，因此，对铁氧化物同时存在着氧化、还原、分解等反应。

在有 CO 存在有区域，只要 300 ℃左右，Fe_2O_3 就很容易被还原为 Fe_3O_4，所以一般烧结矿中自由 Fe_2O_3 很少。

在烧结条件下，温度高于 1 300 ℃时，Fe_2O_3 分解为 Fe_3O_4 分解压很小，但在有 SiO_2 存在时，Fe_2O_3 可能发生分解。温度达到 1 300 ~ 1 350 ℃、有 SiO_2 存在时，Fe_3O_4 也有可能分解。温度为 1 500 ℃时，FeO 分解压为 $10^{-3.2}$ atm，FeO 在烧结时是不会发生分解的。

烧结中处于冷却过程中的烧结矿层内，已经还原的 FeO、Fe_3O_4 可能再被氧化成 Fe_3O_4、Fe_2O_3。再氧化的好处：烧结矿中的 FeO 少，Fe_2O_3 多，还原性好；FeO、Fe_3O_4 再氧化是放热反应，可以减少燃料用量；FeO、Fe_3O_4 再氧化，在适当的温度下，能够产生较多的 $CaO \cdot Fe_2O_3$，有利于液相的生成，提高烧结矿强度。

④水分蒸发、冷凝。烧结过程中水分蒸发的条件是：料层废气中水蒸气的分压小于该条件下的饱和水蒸气压。在生产实际中，由于废气向烧结料传热速度过快，水分在低于 100 ℃时来不及蒸发，要全部蒸发需到 120 ~ 150 ℃。蒸发的水分进入废气中，随蒸发进行，向下移动的废气中水蒸气的实际分压不断升高，同时由于温度在不断降低，饱和水蒸气压不断下降，当料层废气中水蒸气的分压大于该条件下的饱和水蒸气压时，水分停止蒸发，而发生水分冷凝。结果会造成烧结料水分超过原始料适宜水分含量而过湿，此现象称为过湿现象。水蒸气冷凝造成烧结料过湿，必然恶化料层透气性而影响烧结过程。

⑤固相反应。固相反应指在两种固体物接触的表面上发生的化学反应，其产物为固体。

烧结中一些固相反应及产物的熔化温度见表2.1。由表2.1可见,烧结条件下,烧结料层中会发生固相反应,生成产物中一些为低熔点化合物,熔化产生液相可为烧结料黏结创造条件。

表2.1 一些固相反应、反应温度条件及其产物熔化温度

反应式	反应开始温度/K	反应产物的熔化温度/℃
$2CaO_{(S)}+SiO_{2(S)}=2CaO\cdot SiO_{2(S)}$	$T\geqslant 773$	2 130
$2MgO_{(S)}+SiO_{2(S)}=2MgO\cdot SiO_{2(S)}$	$T\geqslant 953$	1 890
$CaO_{(S)}+Fe_2O_{3(S)}=CaO\cdot Fe_2O_{3(S)}$	$T\geqslant 773$	1 216
$CaO_{(S)}+Al_2O_{3(S)}=CaO\cdot Al_2O_{3(S)}$	$T\geqslant 803$	1 400
$MgO_{(S)}+Fe_2O_{3(S)}=MgO\cdot Fe_2O_{3(S)}$	$T\geqslant 873$	—
$Fe_3O_{4(S)}+SiO_{2(S)}=2FeO\cdot SiO_{2(S)}$	$T\geqslant 1\ 268$	1 205

(3)烧结矿质量评价

评价烧结矿质量指标有:化学成分及稳定性、转鼓强度、粒度组成与筛分指数、落下强度、还原性、低温还原粉化性、软熔性等。普通、优质烧结矿主要技术指标见表2.2、表2.3。

表2.2 普通烧结矿技术指标

项目		化学成分				物理性能			冶金性能	
碱度	品级	TFe/%	CaO/SiO_2	FeO/%	S/%	转鼓指数(+6.3mm)/%	筛分指数(-0.5mm)/%	抗磨指数(-0.5mm)/%	低温还原粉化指数(RDI)/%	还原度(RI)/%
		允许波动范围		不大于						
1.5~2.5	一级	±0.5	±0.08	11.00	0.06	≥68.00	≤7.00	≤7.00	≥72.00	≥78.00
	二级	±1.0	±0.12	12.00	0.08	≥65.00	≤8.00	≤8.00	≥70.00	≥75.00
1.0~1.5	一级	±0.5	±0.05	12.00	0.04	≥64.00	≤8.00	≤8.00	≥74.00	≥74.00
	二级	±1.0	±0.10	13.00	0.06	≥61.00	≤9.00	≤9.00	≥72.00	≥72.00

表2.3 优质烧结矿技术指标

项目名称	化学成分				物理性能			冶金性能	
碱度	TFe/%	CaO/SiO_2	FeO/%	S/%	转鼓指数(+6.3mm)/%	筛分指数(-0.5mm)/%	抗磨指数(-0.5mm)/%	低温还原粉化指数(RDI)/%	还原度(RI)/%
允许波动范围	±0.4	±0.05	±0.5	—					
指标	≥57.0	≥1.70	≤9.0	≤0.03	≥72.0	≤6.0	≤7.0	≥72.0	≥78.0

①烧结矿化学成分及其稳定性。成品烧结矿检测的化学成分有:TFe、FeO、CaO、SiO_2、Al_2O_3、MnO、TiO_2、S、P等。要求有用成分要高,脉石成分要低,有害杂质(S、P)要少。

烧结矿化学成分稳定性要好，如化学成分波动会引起高炉内温度、渣碱度和生铁质量的波动，从而影响高炉炉况的稳定，使焦炭负荷难以在可能达到的最高水平上保持稳定，不得不以较低焦炭负荷生产，使高炉焦比升高，产量降低。因此要求各成分的含量波动范围要小。

烧结矿碱度一般用烧结矿中的 $\omega_{CaO}/\omega_{SiO_2}$ 比值表示。烧结过程中不加熔剂的烧结矿称为酸性烧结矿；烧结中加少量熔剂，但高炉冶炼时仍加熔剂的烧结矿称为熔剂性烧结矿；烧结中加足熔剂，在高炉冶炼时不加或加极少量熔剂的烧结矿称为自熔性烧结矿，二元碱度 $\omega_{CaO}/\omega_{SiO_2}>5$ 的烧结矿称高碱度烧结矿。球团矿的区分与此相同。

高碱度烧结矿具有优良的冶金性能，它是我国高炉炼铁的主要含铁料，约占炼铁炉料结构的70%。其主要特点是：矿中高强度，易还原的铁酸钙（$CaO \cdot Fe_2O_3$）为主要矿相，玻璃质矿相少，使烧结矿具有良好的冷强度、低的还原粉化率、良好的还原性，好的高温还原性和熔滴性能。

自熔性烧结矿强度差，还原性差，软融温度低，当进行冷却、整粒处理时，粉末多、粒度小。

酸性烧结矿在强度上好于自熔性熔结矿，但还原性差，垂直烧结速度慢，燃料消耗高。

②转鼓强度。转鼓强度是评价烧结矿常温强度的一项重要指标。

测定方法：取烧结矿试样（15±0.5）kg，以40～25 mm、25～16 mm、16～10 mm三级筛分比例配制而成，装入转鼓中进行试验。转鼓试验机如图2.5所示，用5 mm厚钢板焊接而成，转鼓内径1 000 mm，内宽500 mm，内有两个对称布置的提升板，用50 mm×50 mm×5 mm，500 mm长的等边角钢焊接在内壁上。规定转速为（25±1）r/min共转8 min、200 r。试样在转动过程中受到冲击和摩擦作用，粒度发生变化。转鼓停止转动后，卸出试样，用筛孔为6.3 mm×6.3 mm和0.5 mm×0.5 mm的机械摇动筛往复30次，然后对各粒级质量进行称量，并按下面公式计算转鼓指数（T）和抗磨指数（A）。

$$T = \frac{m_1}{m_0} \times 100\% \tag{2.5}$$

$$A = \frac{m_0 - (m_1 + m_2)}{m_0} \times 100\% \tag{2.6}$$

式（2.5）、式（2.6）中，m_0 为入鼓试样质量，kg；m_1 为转鼓后>0.5 mm粒级质量，kg；m_2 为转鼓后>0.5 mm粒级质量，kg。

T、A 均取两位小数值。T 值越高，A 值越低，烧结矿的机械强度越高。我国优质烧结矿要求 $T \geqslant 70.00\%$、$A \leqslant 5.00\%$。

③粒度组成与筛分指数。目前，我国对高炉炉料的粒度组成检测尚未标准化，推荐采用方孔筛5 mm×5 mm、6.3 mm×6.3 mm、10 mm×10 mm、16 mm×16 mm、25 mm×25 mm、40 mm×40 mm、80 mm×80 mm等7个级别，其中前六个级别为必用筛，使用摇动筛筛分，粒度组成按各粒级的质量百分数表示。

筛分指数测定方法是：按取样规定在高炉矿槽下烧结矿加入料车前取原始试样100 kg，等分为5份，放入筛孔为5 mm×5 mm的摇筛，往复摇动10次，以小于5 mm的粒级质量计算筛分指数（C）。

$$C = \frac{100 - A'}{A'} \times 100\% \tag{2.7}$$

式中，A'为大于5mm粒级的量，kg。

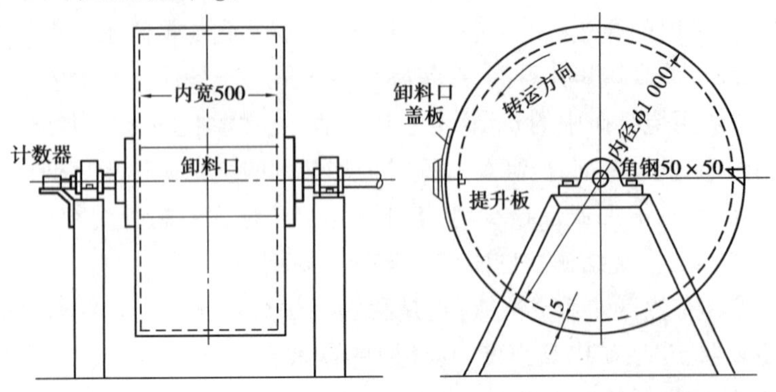

图2.5　转鼓试验机示意图

筛分指数表明烧结矿的粉末含量多少，此值越小越好。我国要求优质烧结矿筛分指数$C \leqslant 6.0\%$，球团矿$C \leqslant 5.0\%$。

④落下强度。落下强度是另一种评价烧结矿常温强度的方法，用来衡量烧结矿抗冲击能力。目前，这一检测方法的试样量、落下高度、落下次数都很不统一。

一般测定方法：将粒度10～40 mm烧结矿试样(20±0.2)kg，从落下试验机(图2.6)2 m高处，自由落到大于20 mm厚的钢板上，往复4次，落下产物用10 mm筛孔的筛子筛分后，取大于10 mm部分百分数作为落下强度(F)指标。要求：合格烧结矿F 80%～83%，优质烧结矿F 86%～87%。

$$F = \frac{m_1}{m_0} \times 100\% \tag{2.8}$$

式中，m_0为试样总质量，kg；m_1为落下4次后，大于10 mm粒级部分的质量，kg。

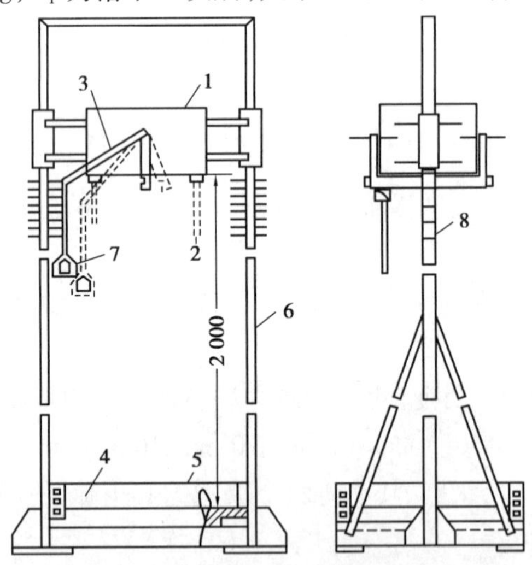

图2.6　落下强度测试装置示意图

1—可上下移动装料箱；2—放出试料的底门；3—控制底门的杠杆；4—无底围箱；5—生铁板；6—支架；7—拉弓；8—调节装料箱高度的小孔

⑤还原性。还原性的测定方法不同，我国参照国际标准方法制定。

试验条件：

a. 还原管:双壁内径 75 mm,由耐热不起皮的金属板焊接而成,为了放置试样,在还原管中装有多孔板。

b. 试样:粒度 10.0~12.5 mm,质量 500 g。

c. 还原气体成分:CO 30%、N_2 70%,H_2、CO_2、H_2O 不超过 0.2%;O_2 不超过 0.1%。

d. 还原温度:(900±10)℃。

e. 还原气体流量:(15±1)L/min(标态)。

f. 还原时间:180 min。

试验:称取 500 g 粒度为 10.0~12.5 mm 且经过干燥的矿石试样,放到还原管中铺平;封闭还原管顶部,将惰性气体按标态流量 15 L/min 通入还原管中,接着将还原管放入还原炉(图 2.7)内,并将其悬挂在称量装置的中心(此时炉内温度不得高于 200 ℃);按不大于 10 ℃/min 的升温速度加热。在 900 ℃时恒温 30 min,使试样的质量达到恒量。再以标态流量为 15 L/min 的还原气体代替惰性气体,持续 180 min。在开始的 15 min 内,至少每 3 min 记录一次试样质量,以后每 10 min 记录一次。还原 3 h 后,试验结束,切断还原气体,将还原管及试样取至炉外冷却到 100 ℃以下。

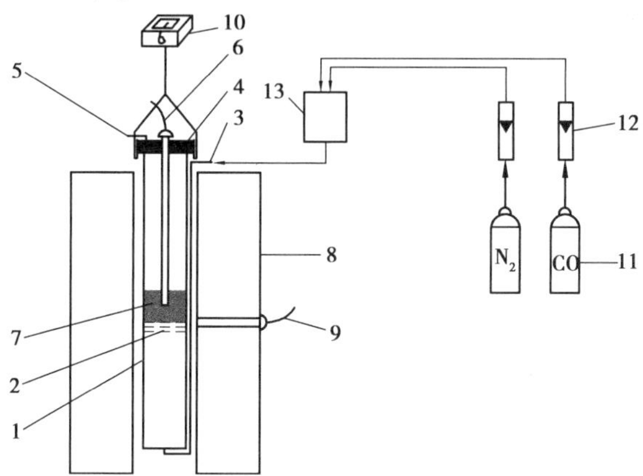

图 2.7　矿石还原度测定装置示意图

1—还原反应管;2—孔板;3—进气口;4—盖子;5—出气口;6—测量还原温度的热电偶;
7—试样;8—电加热炉;9—控制炉温用热电偶;10—天平;11—气瓶;12—气流流量计;13—混合罐

矿石的还原性采用还原度衡量。还原度以三价铁为基准(即假定铁矿石中的铁全部以 Fe_2O_3 形态存在,并将 Fe_2O_3 中的氧当作 100%),还原一定时间后所达到的脱氧程度,以 R_t 表示,单位为质量百分数,计算式如下:

$$R_t = \left(\frac{0.11W_1}{0.43W_2} + \frac{m_1 - m_t}{m_0 \times 0.43W_2}\right) \times 100\% \tag{2.9}$$

式(2.9)中,m_0 为未试验前试样质量,g;m_1 为还原开始前试样质量,g;m_t 为还原时间 t 后试样质量,g;W_1 为试验前试样中 FeO 含量,%;W_2 为试验前试样的全铁含量,%;0.11 为使 FeO 氧化到 Fe_2O_3 时所需的相应氧量的换算系数;0.43 为 TFe 全部氧化成 Fe_2O_3 时需氧量的换算系数。

⑥低温还原粉化性。铁矿石低温还原粉化性是指矿石进入高炉炉身上部为 400~600 ℃的低温区还原时,产生粉化的程度。块矿粉化程度高,对高炉炉料顺行和炉内煤气流分布的

影响很大。低温还原粉化性能的测定，就是模拟高炉上部条件进行的。

低温还原粉化性能的测定方法有静态法和动态法两种。静态法的测定结果，有良好的线性相关关系，且设备简单，转鼓工作条件好，密封问题易解决，操作较方便，试验费用较低，结果稳定，并可与还原性测定使用同一装置。因此大多数国家都采用静态法。

低温还原粉化性静态法的测定：把一定粒度范围的试样置于固定床（图 2.6）中，在 500 ℃温度下，用 CO、CO_2 和 N_2 组成的还原气体进行静态还原。恒温还原 1 h 后，将试样冷却至 100 ℃以下，在室温下装入小转鼓（ϕ130×200 mm）转 300 r 后取出，用 6.3 mm、3.15 mm 和 0.5 mm 的方孔筛筛分分级，测定各筛上物的质量，用还原粉化指数（RDI）表示矿石的粉化性。

试验条件：双壁 $\phi_{内}$ 75 mm 还原管；试样粒度 10.0～12.5 mm，质量 500 g；还原气体 CO 和 CO_2 各为 20%±0.5%，N_2 60%±0.5%，H_2<0.2%或 2.0 %±0.5%，H_2O<0.2%，O_2<0.1%；还原温度（500 ±10）℃；还原气体流量（15±1）L/min（标态）；还原时间 60 min；转鼓试验，ϕ130×200 mm 转鼓，鼓内壁有两块沿轴向对称配置的钢质提料板，（30±1）r/min 转 10 min。

试验结果计算的指标有还原强度指标（$RDI_{+6.3}$）、还原粉化指标（$RDI_{+3.15}$）和磨损指数（$RDI_{-0.5}$）。

$$RDI_{+6.3} = \frac{m_1}{m_2} \times 100\% \tag{2.10}$$

$$RDI_{+3.15} = \frac{m_1 + m_2}{m_0} \times 100\% \tag{2.11}$$

$$RDI_{-0.5} = \frac{m_0 - (m_1 + m_2 + m_3)}{m_0} \times 100\% \tag{2.12}$$

式（2.10）—式（2.12）中，m_0 为还原后转鼓其前的试样质量，g；m_1 为留在 6.3 mm 筛上的试样质量，g；m_2 为留在 3.15 mm 筛上的试样质量，g；m_3 为留在 0.5 mm 筛上的试样质量，g。

⑦高温软化与熔滴性能。高炉内软熔带的形成及其位置，主要取决于高炉操作条件和炉料的高温性能。而软熔带的特性对炉料还原过程和炉料透气性将产生明显的影响。为此，许多国家对铁矿石软化性测定方法进行了广泛深入的研究。但是截至目前试验装置、操作方法和评价指标都不尽相同。一般以软化温度及温度区间、滴落开始温度和终了温度、软熔带透气性、熔融滴下物的性状作为评价指标。

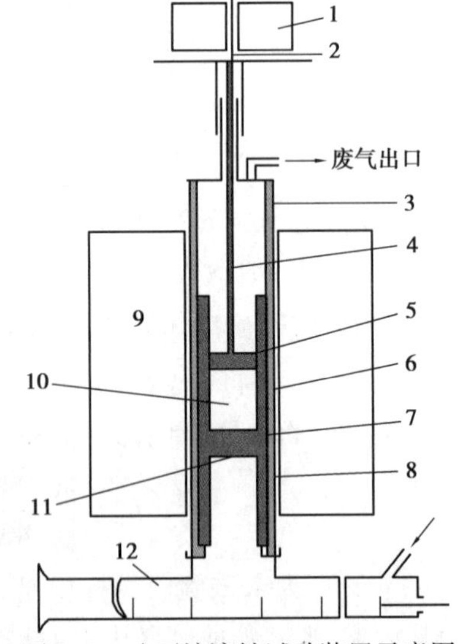

图 2.8　矿石熔滴性试验装置示意图
1—荷重块；2—热电偶；3—氧化铝管；4—石墨棒；5—石墨盘；6—石墨坩埚；7—焦炭（10～15 mm）；8—石墨架；9—电加热炉；10—试样；11—孔（ϕ8 mm×5）；12—试样盒

通常测定（试验装置见图 2.8）时，将规定粒度和质量的矿石试样，经预还原（或不经预还原）后，放入底部有孔的石墨坩埚内，试样上下各铺一定厚度的焦炭，焦炭除起直接还原和渗碳作用外，下层焦炭还起气体交换、调整试样高度和保持渣、铁滴落的作用；上面加荷重，从下部通入还原气体（CO∶N_2=30∶70）。还原气体自下而上穿过试样层，按一定的升温速度升温至1 400～1 450 ℃。过程中的有关测定参数（测定温度、料层收缩率及还原气体通过料层的压差）和还原气体成分都可自动记录和分析显示出来。

以试样在加热过程中收缩率为4%时的温度作为软化开始温度，收缩率达40%时的温度作为软化终了的温度，两者的温度差为软化温度区间，高炉冶炼要求软化开始温度高一些，区间窄一些以保持炉况稳定，有利于气固相还原反应的进行。以还原气体压差陡升的拐点温度表示熔化开始温度；第一滴液滴落下时温度表示滴落温度；以气体通过料层的压差变化表示软熔带对透气性的影响；滴落在下部接收试样盒内的熔化产物，冷却后，经破碎分离出初渣和铁，测定相应的回收率和化学成分，作为评价熔滴特性指标。

铁矿石的高温性能尽量达到：矿石900 ℃还原3 h的还原度应不低于65%；低温还原粉化率$RDI_{-3.15}$应低于30%；烧结矿、球团矿的开始软化温度高于1 100 ℃，开始熔滴温度高于1 350 ℃，滴落温度低于1 500 ℃。

2.2.2 铁矿粉的球团生产

由于天然富矿日趋减少，大量贫矿被采用，而铁矿石经细磨、选矿后的精矿粉，品位易于提高；过细精矿粉用于烧结生产会影响料层的透气性，降低产量和质量；细磨精矿粉易于造球，粒度越细，成球率越高，球团矿强度也越高。综上原因，球团生产工艺在进入21世纪后得到全面发展与推广。如今球团工艺的发展从单一处理铁精矿粉扩展到多种含铁原料，生产规模和操作也向大型化、机械化、自动化方向发展，技术经济指标显著提高。球团产品也已用于炼钢和直接还原炼铁等生产中。球团矿具有良好的冶金性能：粒度均匀、微气孔多、还原性好、强度高，有利于强化高炉冶炼。

球团矿是细磨铁精矿或其他含铁粉料造块的又一方法。它是将精矿粉、熔剂（有时还有黏结剂和燃料）的混合物，在造球机中滚成直径为8～15 mm（用于炼钢则要大些）的生球，然后干燥、焙烧，固结成型，成为具有良好冶金性质的含铁原料，供给钢铁冶炼需要。球团矿主要是依靠矿粉颗粒的高温再结晶固结的，不需要产生液相，热量由焙烧炉内的燃料燃烧提供，混合料中不加燃料。

球团法生产主要工序包括原料准备、配料、混合、造球、干燥和焙烧、冷却、成品和返矿处理等工序。球团矿生产用原料主要是精矿粉和若干添加剂，如果用固体燃料焙烧则还有煤粉或焦粉。这些原料进厂后要进行准备处理，包括：①所有原料的混匀；②将添加物磨碎到足够的细度；③将精矿粉（或富矿粉）磨碎到低于200目的大于70%，上限不超过0.2 mm；④将固体燃料破碎到小于0.5 mm；⑤精矿粉中的水分过多时要进行干燥处理；⑥经过筛分后粒度过大的料还要重新进行破碎、磨碎处理。经过准备处理的原料，在配料皮带上进行配料；配料后的混合料与经过磨碎的返矿一起，装入圆筒混合机内加水混合。混好的料再加到圆盘造球机上造球，造球时还要加适量的水。生球焙烧前要进行筛分，筛出的粉末返回造球盘上重新造球。用固体燃料焙烧时，生球加到焙烧机以前，表面滚附一层固体燃料。生球经过干燥（300～600 ℃）和预热（600～1 000 ℃）后在氧化气氛中焙烧。制成的生球用给料机加到焙烧设备上进行焙烧（1 200～1 300 ℃）。焙烧是球团固结的主要阶段。在球团固结过程中，固相反应和固相烧结起重要作用，而液相烧结只在一定的条件下才得到发展。焙烧好的球团要进行冷却,冷却后的球团矿经筛分分成成品矿(>10 mm)、垫底料(5 ~ 10 mm)、返矿(<5 mm),垫底料直接加到焙烧机上,返矿经过磨碎(至<0.5 mm)后再参加混料和造球。

从使用设备角度看,主要的球团焙烧方法有:竖炉焙烧、带式焙烧机焙烧、链箅机—回转窑焙烧。竖炉焙烧法采用最早,但因这种方法本身固有的缺点而发展缓慢。采用较多的是带式焙烧机法,60%以上的球团矿是用带式焙烧机法焙烧的。链箅机—回转窑法出现得较晚,但由于具有一系列的优点,所以发展较快,已成为主要的球团矿焙烧法。

2.2.3 生球和球团矿质量的评价

(1)生球质量的检验

质量良好的生球是获得高产、优质球团矿的先决条件。优质的生球必须具有适宜而均匀的粒度,足够的抗压强度和落下强度以及良好的抗热冲击性。

①生球粒度组成。生球粒度组成用筛分方法测定。我国所用方孔筛尺寸为 25 mm×25 mm、16 mm×16 mm、10 mm×10 mm、6.3 mm×6.3 mm,筛底的有效面积有 400 mm×600 mm 和 500 mm×800 mm 两种。可采用人工筛分和机械筛分。筛分后,用不同粒度(mm):>25 mm、25 ~ 16 mm、16 ~ 10 mm、10 ~ 6.3 mm 和<6.3 mm 的各粒级的质量百分数表示。生球粒度组成一般为:10 ~ 16 mm 粒级的含量不低于 85%,>16 mm 和<6.3 mm 的含量均不高于 5%。球团矿的平均直径以不大于 12.5 mm 为宜。

②生球的抗压强度。生球的抗压强度指生球在焙烧设备上所能承受料层负荷作用的强度,以生球在受压条件下开始龟裂变形时所对应的压力大小表示。抗压强度的检验装置大多使用杠杆原理制成的压力机。

选取 10 个粒度均匀的生球(一般直径为 11.8 ~ 13.2 mm 或 12.5 mm 左右)被测定的抗压强度算术平均值作为生球的抗压强度指标。

③生球的落下强度。测定方法:取直径为接近平均直径的生球 10 个,将单个生球自 0.5 m 的自由高度落到 10 mm 厚的钢板上,反复进行,直至生球破裂时为止的落下次数,求出 10 个生球的算术平均值作为落下强度指标,单位为"次/球"。

生球落下强度指标的要求与球团生产过程的运转次数有关。一般要求的生球落下强度,湿球为 3 ~ 5 次/个球,干球为不小于 1 ~ 2 次/个球。

④生球的破裂温度。生球干燥时受水分强烈蒸发和快速加热会产生应力,从而使生球产生破裂,结果影响球团的质量。

生球的破裂温度是反映生球热稳定性的重要指标,是指生球在急热条件下产生开裂和爆裂的最低温度。要求生球的破裂温度越高越好。

检验生球破裂温度的方法依据干燥介质的状态可分为动态法和静态法。动态法更接近生产实际,故普遍采用。目前测定方法还未统一,我国现采用电炉装置(图 2.9)测定。

生球破裂温度测定方法:取直径 10 ~ 16 mm 生球 10 个或 20 个,放入用电加热的耐火管中。每次升温为 25 ℃,恒温 5 min,并用风机鼓风,气流速度控制为 1.8 m/s。以 10% 的生球呈现破裂时的温度值,作为生球的破裂温度指标。一般要求破裂温度不低于 375 ℃。

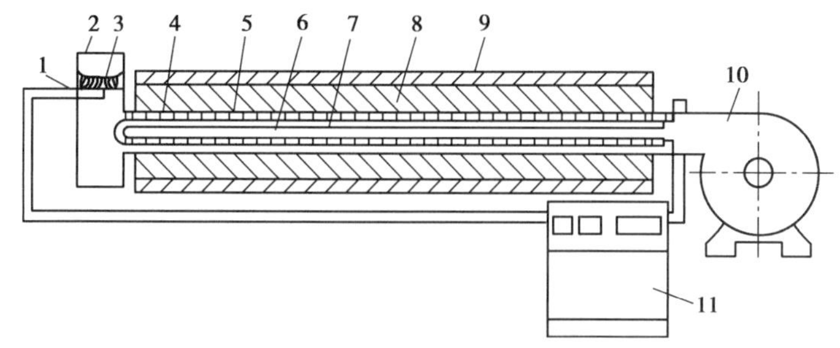

图 2.9　生球破裂温度的测定装置

1—热电偶；2—耐火管；3—试样；4—耐火纤维；5—氧化铝管；6—电炉丝；7—刚玉管；8—耐火材料；9—钢壳；10—鼓风机；11—可控硅温控装置

(2)焙烧后的球团矿质量指标与检验

焙烧后的球团矿质量评价内容包括化学成分及稳定性、常温机械性质(转鼓强度、抗压强度、粒度组成)和高温冶金性能(还原性、低温还原粉化性、软熔性及还原膨胀性等)。目前，虽然国内外球团矿冶金性能的检验方法很多，有的也已列入国际标准，但还没有完整统一的检测方法和标准。

球团矿化学成分、转鼓强度、落下强度、筛分指数以及还原性、低温还原粉化性、软熔性等项要求和检测方法可参见烧结矿质量鉴定标准。此外，球团矿的检测还包括抗压强度、还原膨胀性能。

①球团矿的抗压强度。抗压强度是检验球团矿的抗压能力的指标，一般采用压力机测定。

球团矿抗压强度测定方法：随机取样 1 kg，每一次试验取直径 10.0 ~ 12.5 mm 成品球团矿 60 个，逐个在压力机上加压，压力机的荷重能力不小于 10 kN，压下速度恒定在 10 ~ 20 mm/min，以 60 个球破裂时最大压力值的算术平均值作为抗压强度。

球团矿的抗压强度，大于 1 000 m^3 的高炉，应不小于 2 000 N/球；小于 1 000 m^3 的高炉，应不小于 1 500 N/球。

②球团矿的还原膨胀性能。球团矿的还原膨胀性能以其相对自由还原膨胀指数(简称"还原膨胀指数")表示。还原膨胀指数指球团矿在 900 ℃等温还原过程中自由膨胀，还原前后体积增长的相对值。

球团矿的还原膨胀性能测定方法：通过筛分得到粒度为 10 ~ 12.5 mm 的球团矿，从中随机取出 18 个无裂纹的球作为试样，用水浸法先在球团矿表面上形成疏水的油酸钠水溶液薄膜，测定试样的总体积，然后烘干进行还原膨胀试验。球团矿分 3 层放置在容器中，每层 6 个，再将容器放入还原管($\phi_{内}$ 75 mm)内，关闭还原管顶部。将惰性气体按标态流量 5 L/min 通入还原管内，接着将还原管放入加热炉中(炉内温度不高于 200 ℃)。然后以不大于 10 ℃/min 的升温速度加热。当试样温度接近 900 ℃时增大惰性气体流量为 15 L/min 。在(900±10)℃下恒温持续 30 min。然后以等流量的还原气体(成分要求与还原性测定标准相同)代替惰性气体，连续还原 1 h。切断还原气，向还原管内通入标态流量为 5 L/min 的惰性气体，然后将还原管连同试样一起提出炉外，冷却至 100 ℃以下。再将试样从还原管中取出，用水浸法测定其总体积。用还原前后体积变化计算出还原膨胀指数(RSI)。

$$RSI = \frac{V_1 - V_0}{V_0} \times 100\% \tag{2.13}$$

式中,V_0 为试样还原前的体积,m^3;V_1 为试样还原后的体积,m^3。

球团矿理想的还原膨胀率应低于20%,高质量的球团不大于12%。

对于铁矿石还原性、低温还原粉化性和还原膨胀性的测定,每一次试验至少要进行两次。两次测定结果的差值应在规定的范围内,才允许按平均值报告出结果,否则,应重新测定。因为单一试验无法考察其结果是否存在着大的误差或过失,难以保证检验信息的可靠性。

2.3 熔 剂

矿石的脉石和焦炭的灰分多含 SiO_2、Al_2O_3 等酸性氧化物,熔点都很高,SiO_2 熔点为 1 723 ℃、Al_2O_3 熔点为 2 060 ℃,在高炉温度条件下难熔化。由 SiO_2 和 $3Al_2O_3 \cdot 2SiO_2$ 组成的共晶体,其熔化温度仍然很高(约 1 545 ℃),在高炉中形成非常黏稠的物质,难于流动,造成渣铁不分。为此高炉冶炼中需加入助熔物质(熔剂),如石灰石、白云石($CaCO_3 \cdot MgCO_3$)等。尽管由石灰石、白云石分解生成的碱性氧化物 CaO、MgO 自身的熔化温度(CaO 2 570 ℃,MgO 2 800 ℃)也很高,但它们与 SiO_2 和 Al_2O_3 结合生成的化合物熔点(<1 400 ℃)低,在高炉内能充分熔化,形成流动性良好的熔渣,并由于密度不同而与铁水分离,使高炉冶炼得以正常进行。熔剂加入的方法有两种:一种是将熔剂加到烧结矿或球团矿中;另一种是直接加到高炉内。现代高炉冶炼时,多采用自熔性烧结矿和球团矿,或高碱度烧结矿与天然块矿和酸性球团矿配合的炉料结构,熔剂已不再直接加入高炉或直接加入量已减至很小的程度。

在高炉冶炼过程中,熔剂发挥的作用有:

①熔剂与矿石中脉石及燃料中的灰分作用,生成低熔点化合物,熔化成液态渣,与生铁分离,净化生铁。

②通过控制熔剂添加数量,控制渣的数量与性质,以利于在冶炼中去除有害杂质——S,提高生铁质量。

高炉使用的熔剂种类的选择应结合矿石脉石和焦炭灰分的成分酸碱性而定,包括有3大类:碱性熔剂、酸性熔剂和中性熔剂。在我国,因矿石大多呈酸性,因此高炉生产中常用的是碱性熔剂。常见的碱性熔剂有石灰、石灰石、白云石等。

石灰石化学成分主要有:CaO、MgO,其次有 SiO_2、Al_2O_3 及有害杂质 S、P 等。

高炉冶炼对碱性熔剂要求:有效成分(有效熔剂性)要高、有害杂质 S 和 P 含量要低、块度和机械强度要合适。

熔剂的有效熔剂性是指按高炉造渣碱度要求,除去熔剂自身酸性氧化物在高炉造渣中所消耗的碱性氧化物外,熔剂中剩余的碱性氧化物的含量。如某高炉的渣二元碱度 $R=1.05$,使用某一熔剂的碱性氧化物 CaO=86%,酸性氧化物 $SiO_2=3\%$,则此熔剂的有效熔剂性值 ϕ 为:$\phi = CaO\% - R \times SiO_2\% = 86\% - 1.05 \times 3\% = 82.85\%$。

熔剂的块度不能太大,否则在冶炼过程中不容易分解,会消耗高炉较高热量,导致焦比升高;相反,熔剂块度不能太小,太小成为粉末时会严重影响料柱透气性。熔剂的强度太高时,不利于熔剂与其他造渣成分反应,但熔剂强度太小时,在高炉料柱的压力下易形成粉末,影响料柱透气性。

2.4 高炉燃料

燃料是高炉冶炼不可缺少的原料之一,现代高炉以冶金焦为主。随着钢铁工业的发展,优质冶金焦的需用量日益增多,而从目前国内外已查明的煤炭资源看,作为炼制冶金焦用的煤种所占的比例不大,不能满足炼铁生产飞跃发展的需要。为了节约焦炭的用量,应合理充分地利用资源,已广泛发展非炼焦煤的炼焦技术和高炉喷吹技术,使高炉所用的燃料种类增多。

2.4.1 焦炭的作用

焦炭是用炼焦煤在隔绝空气的条件下,经过高温干馏作用而形成的。其用于高炉冶炼时,作用如下:

(1)发热剂

高炉冶炼是一个热量消耗高的过程,所需热量的70% ~80%由C燃烧产生的化学热提供。

(2)还原剂

高炉冶炼过程中铁的产生主要依靠的是还原剂的还原。焦炭中的固定碳是一种直接还原剂,而C还原氧化物后产生的CO,以及C遇到O_2、H_2O后发生反应产生的CO、H_2都可作为氧化物的还原剂。

(3)料柱骨架和改善料柱透气性

高炉高温区,矿石、熔剂软化后,焦炭是炉内唯一呈固体形式存在的物料,是支撑高达数十米高料柱的骨架,同时又是风口前产生的煤气得以自上而下畅通流动的高透气性通路。

(4)生铁渗碳

C溶入铁后,成为生铁的一个组成,能降低铁的熔化温度,使铁在高炉温度条件下熔化。

随着高炉喷吹技术的发展,喷吹燃料取代部分焦炭,但任何一种喷吹燃料只能发挥焦炭部分作用,而料柱骨架和改善料柱透气性作用无法取代。随着冶炼技术的进步、焦比不断降低,焦炭作为骨架的料柱透气性、透液性的作用更为突出。

2.4.2 高炉冶炼对焦炭质量的要求

由于焦炭在高炉冶炼中起着多方面作用，且它在高炉内占的数量大，因此高炉要求焦炭的可燃性好、化学成分稳定、灰分低、固定碳量高、S、P 有害杂质少、粒度均匀、机械强度高和具有足够的气孔率等。

焦炭工业全分析成分包括固定碳、灰分、挥发分、有害杂质和水分。

固定碳是焦炭主要成分，其数量高低直接影响焦炭的发热值，此值越高，焦炭发热值越高，反之亦然。同时，焦炭起还原剂作用也由固定碳决定。因此要求焦炭固定碳含量要高。

高炉入炉料带入总硫量中，焦炭带入的硫量占到 80% 左右，又因硫对钢材而言是有害物质，在高炉冶炼中应尽量脱除，为减轻高炉冶炼脱硫任务，必须控制焦炭中的含硫量。

焦炭的挥发分是指由炼焦过程产生被密封在焦炭中的含 C、H、O 等元素的有机物和 CO、CO_2、H_2 等气体。一般要求为 0.7% ~1.2% 。

焦炭中的水分是由湿法熄焦时渗入的，一般为 2% ~5% 。水分含量升高时，实际入炉的干焦量会降低，会引起高炉炉温的波动。

筛分组成是衡量焦炭粒度均匀性的指标。

筛分组成指用 80 mm×80 mm、60 mm×60 mm、40 mm×40 mm 的孔筛筛分，筛分后称量各级焦炭质量占总质量的百分数。大型高炉要求焦炭粒度一般应大于 40 mm，中型高炉焦炭粒度应大于 25 mm。入炉焦炭是否均匀可用焦炭均匀性系数衡量，均匀性系数 K 按式(2.14)计算：

$$K = \frac{A_{40\text{-}80}}{B_{>80} + C_{25\text{-}40}} \tag{2.14}$$

式中，$A_{40\text{-}80}$ 为 40 ~80 mm 粒度焦炭质量占比，%；$B_{>80}$ 为粒度>80 mm 的焦炭质量占比，%；$C_{25\text{-}40}$ 为 25 ~40 mm 粒度焦炭质量占比，%。

焦炭的机械强度指焦炭耐磨性能、抗冲击性能和抗压强度。要求焦炭的机械强度要高。

焦炭的物理化学性质指焦炭的可燃性能，包括燃烧性和反应性两个方面。一般要求焦炭的燃烧性要好。而焦炭的反应性好，不利于焦炭燃烧性作用的发挥，单独从焦炭燃烧性考虑，要求焦炭的反应性应差一些。

2.4.3 其他燃料

高炉上可用的其他燃料有热压型焦、冷压型焦、铁焦和喷吹燃料。喷吹用燃料有固体燃料煤粉、液体燃料重油和气体燃料天然气。目前大多数高炉喷吹固体燃料煤粉。

高炉使用喷吹燃料主要目的用喷吹燃料取代部分焦炭，即节焦，但不能完全取代焦炭。

复习思考题

2.1 什么是铁矿石？常见铁矿石中的矿物有哪几类？

2.2 高炉冶炼对铁矿石质量有何要求？

2.3 铁矿石中脉石成分常见的有哪些？

2.4 矿粉造块有哪些意义？

2.5 什么是抽风烧结？试绘制出带式抽风烧结生产工艺流程。

2.6 按碱度高低划分，烧结矿可分为哪几类烧结矿？各个类型的烧结矿如何用于高炉冶炼？

2.7 烧结矿、球团矿质量评价指标主要有哪些？

2.8 高炉冶炼为什么要使用熔剂？熔剂加入高炉内在冶炼过程中起何作用？

2.9 高炉冶炼中焦炭起何作用？

2.10 焦炭成分主要有哪些？

2.11 高炉使用的喷吹燃料有哪些类型？为什么喷吹燃料不能完全取代焦炭？

2.12 高炉冶炼用的焦炭需满足什么样的质量要求？

3 高炉冶炼过程的物理化学变化

本章学习提要：

高炉内炉料分布状态及其特点；软熔带形状及其对高炉冶炼的影响。

炉内水分的蒸发、碳酸盐分解、挥发物挥发及其对高炉冶炼的影响；铁氧化物还原反应热力学；锰、磷、硅等非铁元素的还原及其特点；高炉内焦炭消耗与直接还原度关系。

炉内炉料中硫的来源、存在形态、冶炼中的变化；炉外脱硫；炉渣脱硫原理及生铁中硫控制措施；生铁中硫含量影响因素、炉渣脱硫影响因素。

炉缸燃料燃烧意义、燃烧带大小影响因素；炉缸内燃烧反应、鼓风动能、鼓风参数；炉缸内燃料燃烧成分计算；燃烧带大小对高炉冶炼的影响。

3.1 高炉内炉料变化概述

高炉为竖式近似圆筒形炉体，其构成参看第 7 章图 7.1。高炉冶炼是一个连续的生产过程，整个过程是从风口内燃料点火燃烧开始的，炉内所有物理化学变化所需热量，由燃料燃烧产生的化学热及从风口鼓入的热风带入的物理热提供。燃烧产生向上流动的煤气，与下降的炉料相向运动。高炉内的一切均发生于煤气与炉料的相向运动和相互作用之中。

高炉内的主要物理化学变化包括炉料加热、水分蒸发、挥发物挥发、碳酸盐分解、氧化物的还原、炉料软熔、造渣、生铁脱硫、生铁渗碳等。

早在 930 年前后，瑞典斯德哥尔摩就和日本进行过高炉解剖工作。1968 年日本对 646 m^3 高炉作了解剖研究，1970 年又解剖了一座 1 407 m^3 高炉，此后日本又多次解剖了正在生产的高炉。苏联也进行过高炉解剖研究。我国于 1979 年对首钢 23 m^3 试验高炉进行了解剖研究，获得了大量的资料。由高炉解剖获得的高炉不同区域的特征如图 3.1 所示。

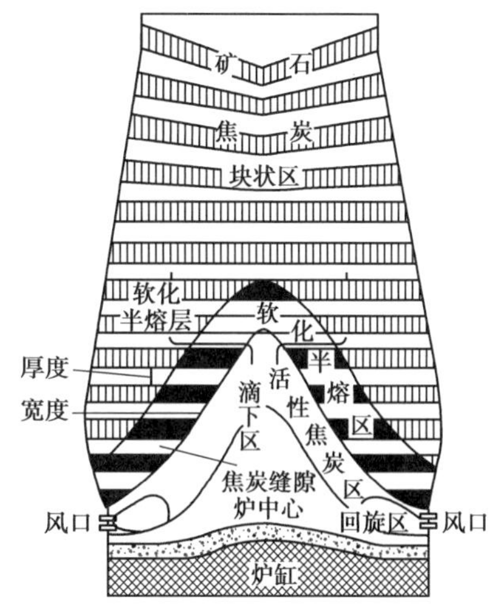

图 3.1 高炉内炉料状况

由图 3.1 可知,高炉炉内炉料分布特点可分为 5 个带(区),具体如下所述。

(1)块状带

块状带内炉料明显地保持装料时的分层状态,没有液态的渣铁。随炉料下降其层状逐渐趋于水平,而且厚度逐渐变薄。

(2)软熔带

软熔带内矿石从开始软化到完全熔化,它由许多固态焦炭层和黏结在一起的半熔的矿石层组成。焦炭、矿石相间,层次分明。煤气主要从焦炭层中通过,像窗口一样(故可称为"焦窗")。软熔带的上方是软化线(即固相线),软熔带的下沿是熔化线(即液相线),它与矿石的软熔温度是一致的。

随着原料与操作条件的变化,软熔带的形状与位置都随之改变。

(3)滴落带

滴落带内是已熔化的渣铁穿过固体焦炭空隙,像雨滴一样滴落,故称为滴落带。在滴落带内,焦炭长时间处于基本稳定状态的区域称为"中心呆滞区"(死料柱)。焦炭松动下降的区域称为活动性焦炭区。

(4)风口带

风口前在鼓风动能的作用下焦炭作回旋运动的区域又称为"焦炭回旋区",这个区域中心呈半空状态,该区内焦炭进行燃烧,是高炉内热量和气体还原剂的主要产生地,也是高炉内唯一存在的氧化性区域。

(5)渣铁带

渣铁带内主要是液体渣铁以及浸入其中的焦炭。在铁滴穿过渣层以及在渣铁界面时最终完成必要的渣铁反应,得到合格的生铁,并间断地从渣铁口排出炉外。

上述高炉各带具有不同的功能。块状带内固体在重力下下降,煤气在强制鼓风作用下上升,上升的煤气对固体炉料进行预热和干燥,矿石进行间接还原、炉料中发生蒸发、挥发。软熔带内炉料与煤气相向运动影响煤气流的分布,上升的煤气对软化半熔层进行传热,矿石进行直接还原、渗碳,焦炭发生气化反应:$C+CO_2 \xlongequal{} 2CO$。滴落带内固体、液体下降,煤气上升向回旋区供给焦炭,上升的煤气使铁水、熔渣以及焦炭升温,滴下的铁水、熔渣和焦炭进行热交换,非铁元素氧化物发生还原、脱硫、渗碳,焦炭发生气化反应。风口带内鼓风使焦炭作回旋运动,鼓风中的氧和蒸汽使焦炭燃烧,燃烧放出大量热量,贮存于煤气中使煤气温度上升。渣铁带内铁水、熔渣从静止的焦炭层内穿过,铁水、熔渣和静止的焦炭进行热交换;未到放渣铁时临时储存铁水、熔渣;进行最终的渣铁反应(如炉渣脱硫反应)。铁水、熔渣贮存量达到一定值后,从铁口放出铁水和渣口放出熔渣。

在5个带中的软熔带随冶炼操作变化而发生改变,对高炉行程产生不同的影响。根据软熔带的形状特点,一般可分为3种:

①倒V形。具有该形状时,高炉内的中心温度高,边沿温度低,煤气利用好,而且对高炉冶炼过程一系列反应有着很好的影响。

②V形。其特点与前者相反,高炉边沿温度高而中心温度低,煤气利用不好,而且不利于炉缸内一系列反应。高炉操作应尽量避免。

③W形。其特点处于上述两者之间。

各种形状的软熔带对高炉冶炼的影响见表3.1。

表3.1 软熔带形状对高炉冶炼的影响

影响内容	倒V形	V形	W形
铁矿石预还原	有利	不利	中等
生铁脱硫	有利	不利	中等
生铁含硅	有利	不利	中等
煤气利用	利用好	不利	中等
炉缸中心活跃	中心活跃	不活跃	中等
炉墙维护	有利	不利	中等

影响软熔带形状的因素主要有:

①装料制度。可通过炉喉煤气 CO_2 曲线形状反映。采用正装为主的高炉,其软熔带形状基本接近倒V形。

②送风制度。送风参数的改变可影响鼓风动能从而影响煤气的分布,进而影响软熔带形状。送风温度高、风量大时,高炉内的软熔带形状基本接近倒V形。

3.2 炉料的蒸发、分解与挥发

3.2.1 水分蒸发

炉料从炉顶装入高炉时,受到炉顶煤气流(温度一般可达到100~200 ℃,有的甚至可达400~500 ℃)加热,首先发生水分蒸发。装入高炉的炉料,除烧结矿外,在焦炭及有些矿石中均含有较多的水分。炉料中的水分存在形态有游离态和结晶态两种。

(1)游离态水的蒸发

在高炉炉顶压力条件下,入炉炉料中的游离态水加热到105 ℃时,会迅速干燥蒸发。此变化未进入高炉冶炼过程对高炉冶炼无影响,但游离态水蒸发对高炉可起一定作用:蒸发吸收热量,使炉顶煤气温度降低,体积缩小,煤气流速减小,从而有利于减小炉尘吹出量;减小煤气对炉顶设备磨损,有利于保护炉顶设备。生产上,为了降低炉顶温度,有时有意向入炉焦炭中打水。

(2)结晶水分解

炉料中以化合态存在的水称为结晶水(也称化合水),炉料中的结晶水主要存在于水化物矿石(如褐铁矿 $2Fe_2O_3 \cdot 3H_2O$)和高岭土($Al_2O_3 \cdot 2SiO_2 \cdot 2H_2O$)中。高岭土是黏土的主要成分,有些矿石中含有高岭土。褐铁矿中的结晶水从 200 ℃开始分解,到 400~500 ℃才能分解完毕。高岭土中的结晶水从 400 ℃开始分解,但分解速度很慢,到 500~600 ℃迅速分解,全部除去结晶水要达到 800~1 000 ℃。生产中,30%~50%的结晶水分解发生于高温区。

高温下分解出来的结晶水与高炉内的碳发生下列反应:

500~850 ℃,

$$2H_2O+C \xlongequal{} 2H_2+CO_2-83\ 134\ \text{kJ} \tag{3.1}$$

850 ℃以上,

$$H_2O+C \xlongequal{} H_2+CO-124\ 450\ \text{kJ} \tag{3.2}$$

高温区结晶水分解,对高炉冶炼不利,不仅消耗焦炭,且吸收高温区热量,增加热消耗,降低炉缸温度,同时减小风口前燃烧碳量,使焦比增加。碳-水汽反应(3.2)产生还原性气体 CO、H_2,但因发生在高炉内温度较高部位,利用不充分,不能补偿其有害作用。此外,结晶水剧烈分解时易使矿石破碎而产生粉末,使料柱透气性变差,对高炉炉料顺行不利。

3.2.2 挥发物的挥发

(1)燃料中挥发分的挥发

燃料挥发分存在于焦炭及粉煤中。焦炭中一般含挥发物 0.7%~1.3%,主要成分是 N_2、CO 和 CO_2 等。焦炭到达风口时,加热到 1 400~1 600 ℃,挥发物全部挥发,但数量少,对高炉内煤气成分和冶炼影响不大。当焦炭挥发分挥发时,会使焦炭碎化产生粉末,影响炉缸工作,因此要求在炼焦生产中适当提高焦炭中心温度,尽可能将焦炭挥发分含量控制在下限水平。

高炉喷吹煤粉时,如煤粉挥发物含量高,喷吹量又大,将会引起炉缸煤气成分明显变化,对还原反应的影响是不能忽视的。

(2)其他挥发物的挥发

除焦炭挥发分外,高炉内还含有许多化合物和元素能进行挥发(也称为气化),如 S、P、As、K、Na、Zn、Pb、Mn 以及 SiO、PbO、K_2O、Na_2O 等。其中最易挥发是碱金属(K 和 Na)化合物,此外,还有 Zn、Mn 和 SiO 等。

1)碱金属(K 和 Na)化合物的挥发

高炉炉料中所含的碱金属主要以硅铝酸盐的形式存在,这些碱金属化合物落至高炉下部的高温区时,一部分进入渣中;一部分被还原成 K、Na 或生成 KCN、NaCN 气体,呈气态挥发随煤气上升。一般碱金属化合物有 70% 进入炉渣,30% 随煤气上升。

随煤气上升的碱金属化合物，至 CO_2 浓度较高而温度较低区域时，有一部分随煤气逸出炉外，另一部分则被 CO_2 氧化成 K_2O、Na_2O 或碳酸盐，当有 SiO_2 存在时可生成硅酸盐，黏附在炉料中又随炉料下降，落至高炉下部高温区时再次被还原和气化，如此循环而累积，在高炉下部形成循环富集，使炉料粉化，恶化料柱透气性，导致高炉难以操作。在高炉的中、上部位还易生成液态或固态粉末状的碱金属化合物，能黏附在炉衬上，导致炉墙结厚或结瘤，破坏炉衬。

为防止碱金属的危害，可采取的措施主要有：减少入高炉料中的碱金属含量；提高炉渣的排碱能力。

2）锌的挥发

Zn 在炉料中以 ZnO 状态存在，在高炉内能被还原成 Zn，高于 1 060 ℃后极易挥发，但上升到高炉上部又被 CO_2 或 H_2O 氧化成 ZnO，其中一部分 ZnO 被煤气带出炉外；另一部分黏附在炉料上，随炉料一起下降时，再被还原，发生挥发，循环累积。一部分 Zn 气体渗入炉衬中，冷凝下来后被氧化成 ZnO，体积增大，胀坏炉衬；另一部分 ZnO 附在炉墙上，严重时形成炉瘤，阻碍炉料的顺利下降。

3）锰、硅的挥发

高炉冶炼中，Mn 有 8% ~12% 挥发。挥发的 Mn 随煤气上升至低温区又被氧化成极细的 Mn_3O_4，随煤气逸出，增加了煤气清洗难度。

SiO_2 还原产生的中间物 SiO 也易挥发，在高炉上部重新被氧化，凝结成白色的 SiO_2 微粒，一部分随煤气逸出，增加煤气的清洗难度；另一部分沉积于炉料孔隙中，堵塞煤气上升通道，使料柱透气性变坏，导致炉料难行。

在冶炼钢铁和铸造生铁时，温度不是特别高的情况下，Mn 和 Si 挥发不多，影响不大。

3.2.3 碳酸盐的分解

炉料中的碳酸盐有 $CaCO_3$、$MgCO_3$、$MnCO_3$、$FeCO_3$ 等，主要来自熔剂（石灰石或白云石），一小部分由矿石带入，在下降过程中逐渐被加热发生分解，分解反应可表示为：

$$MeCO_{3(S)} = MeO_{(S)} + CO_2 - 170\ 577\ J \quad (3.3)$$

分解反应（3.3）达到平衡时的 CO_2 压力称为碳酸盐的分解压（$p_{CO_2(MeCO_3)}$）。碳酸盐的分解压与温度关系、高炉内 CO_2 分压以及煤气总压与温度关系可用图 3.2 表示。碳酸盐分解压的大小取决于温度和碳酸盐本身的性质。在一定温度下，分解压越小的碳酸盐越稳定而不易分解，反之则易分解。碳酸盐的分解反应能否进行与碳酸盐的分解压、高炉内煤气总压和煤气中的 CO_2 分压有关。高炉内，当碳酸盐的分解压大于煤气中 CO_2 分压

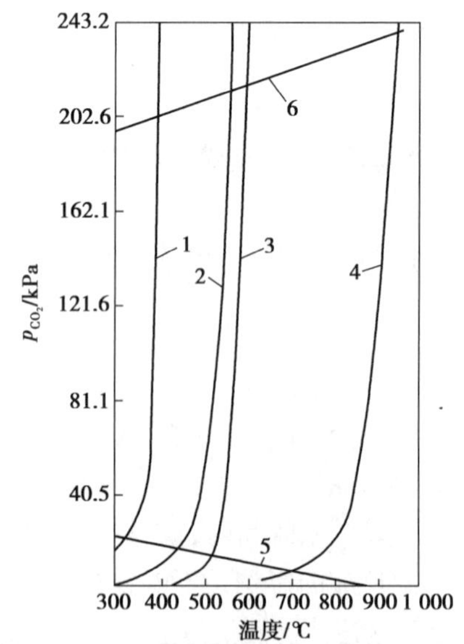

图 3.2 高炉内不同碳酸盐分解的热力学条件

1—$FeCO_3$ 分解压与温度关系线；
2—$MnCO_3$ 分解压与温度关系线；
3—$MgCO_3$ 分解压与温度关系线；
4—$CaCO_3$ 分解压与温度关系线；
5—炉内 CO_2 分压的变化；
6—炉内总压的变化

时,分解反应(3.3)向右进行,碳酸盐开始发生分解;当碳酸盐的分解压等于煤气中总压时,碳酸盐分解反应将激烈进行,CO_2 呈沸腾状析出。

高炉内,碳酸盐的开始分解温度和化学沸腾温度由碳酸盐的分解压与煤气中 CO_2 分压和煤气总压决定。图 3.2 中,曲线 4 与 5 的交点表示 $CaCO_3$ 的分解压与炉内煤气中 CO_2 分压相等,$CaCO_3$ 开始分解,相应的分解温度称为 $CaCO_3$ 开始分解温度。曲线 4 与 6 的交点表示 $CaCO_3$ 的分解压与炉内煤气总压相等,$CaCO_3$ 激烈分解,相应的分解温度称为 $CaCO_3$ 化学沸腾分解温度。分析图 3.2 可知,炉内煤气中 CO_2 分压越低,碳酸盐分解开始温度越低;炉内煤气总压越低,碳酸盐沸腾分解温度越低。由于高炉冶炼条件不同,不同高炉内煤气总压和煤气中 CO_2 分压也有差异,碳酸盐在不同高炉内的开始分解温度和沸腾分解温度也有差别。

高炉内炉料加热时,常见碳酸盐分解由易到难顺序为:$FeCO_3$、$MnCO_3$、$MgCO_3$、$CaCO_3$。$FeCO_3$、$MnCO_3$、$MgCO_3$ 分解较容易,均可在高炉较高部位分解,它仅消耗高炉上部的多余热量。但 $CaCO_3$ 分解较难,大约在 700 ℃才开始分解,而其分解速度在一般情况下受生成的气体产物 CO_2 通过固体产物层向外扩散的控制,所以其分解反应速度受粒度影响较大。目前,石灰石粒度多为 25 ~40 mm,可能有一部分 $CaCO_3$ 进入 900 ℃以上的高温区才发生分解,此时分解出来的 CO_2 将与 C 发生溶解(溶损)反应:

$$CO_2+C_{(石)}=\!=\!=2CO-165\ 528\ J \tag{3.4}$$

结果不仅消耗碳,还会大量吸收高温区中的热量,对高炉能量利用不利,因此要尽量避免此种情况的发生。一般是将需要的 CaO 尽量加入烧结矿或球团矿中,使石灰石在炉外由 $CaCO_3$ 焙烧成为 CaO,其次,当必须加入石灰石时,应当尽量减小其粒度。

3.2.4 CO 分解反应(析碳反应)

高炉中也可能产生某种程度的 CO 分解反应:

$$2CO=\!=\!=CO_2+C \tag{3.5}$$

反应(3.5)发生于 400 ~600 ℃,当有金属铁、FeO、H_2 存在时,反应会加快。此反应是放热反应,但因反应在较低温度下进行,高炉内处于高炉上部,因此反应放出热量但不能被有效利用,而析出的 C 为烟碳,具有很大的活性,随炉料下降到高温区时,能促进 $CO_2+C=\!=\!=2CO$ 反应进行,将吸收较高的热量,消耗高温区有效热量及碳素。此外,CO 渗入炉衬发生析碳反应时,可能因碳的膨胀而破坏炉衬;炉料中 CO 析碳时,可能使炉料破碎,堵塞料层通道,影响煤气流通。由于其量较少,一般对冶炼影响不大。

3.3 氧化物的还原

氧化物的还原反应是指利用还原剂将金属氧化物转变为低价态金属氧化物或单质金属的过程,可由式(3.6)表示:

$$MeO+X=\!=\!=Me+XO \tag{3.6}$$

式中 MeO 称为被还原物;X 称为还原剂。考虑使用对氧的化学亲和力的金属元素作还原剂是不经济的，因此高炉使用价格便宜、又易获得的碳作为还原剂。高炉冶炼过程中产生的中间产物 CO、H_2 也能发挥还原剂作用，所以高炉冶炼中常用的还原剂有 C、CO、H_2。

高炉原料中的氧化物在还原剂作用下能否被还原，基本依据是氧势图，如图 3.3 所示。根据热力学，标准生成吉布斯自由能（或氧势）负值越大的氧化物越稳定，在图 3.3 上表现位置越低。当氧化物的氧势线高于 CO、CO_2、H_2O 氧势线时，C、CO、H_2 作还原剂还原金属氧化

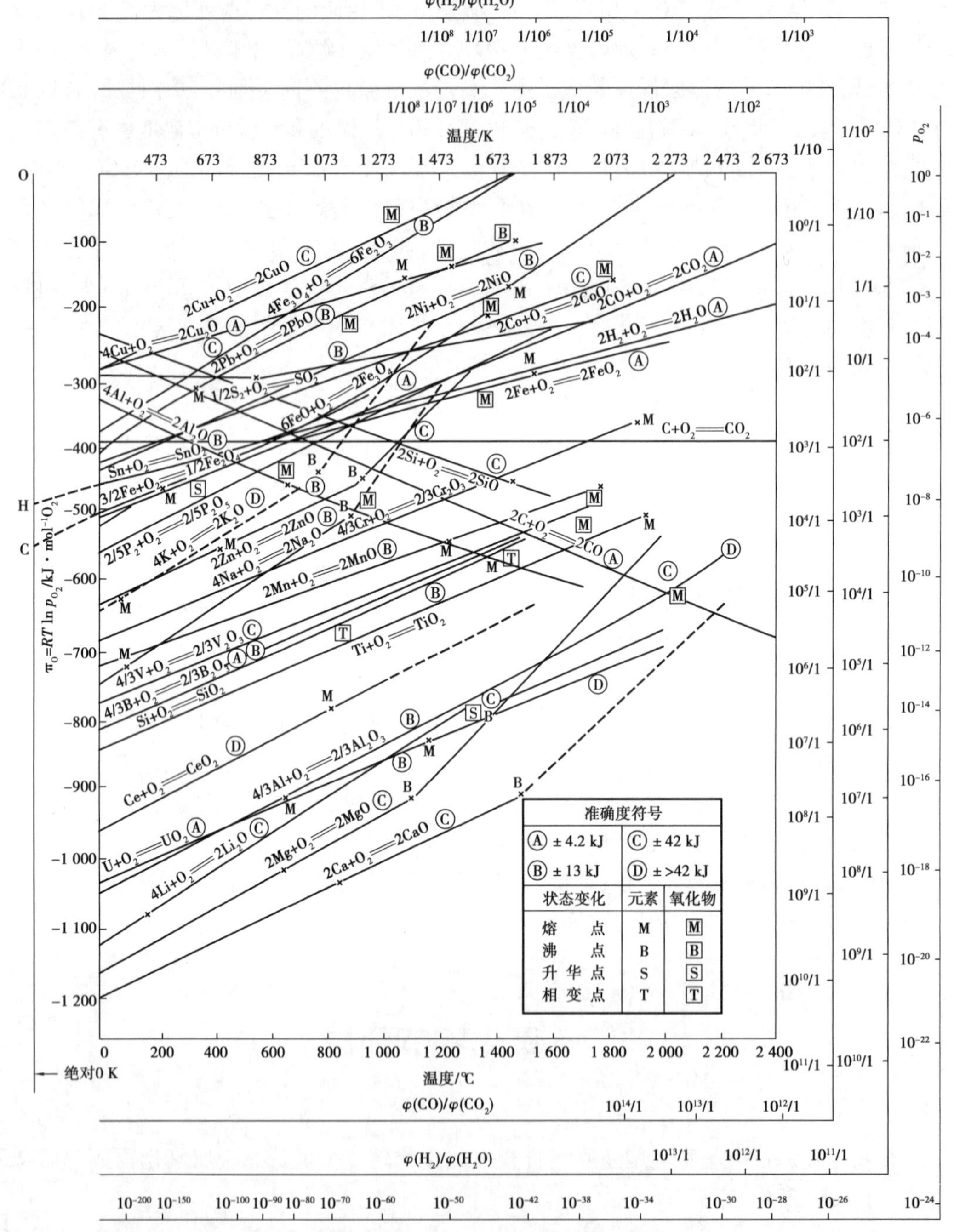

图 3.3 氧化物的氧势与温度关系图

物反应的 $\Delta_r G_m^\theta<0$,则金属氧化物可能被 C、CO、H_2 还原,且被还原的氧化物氧势线在图 3.3 中的位置越高,还原反应的 $\Delta_r G_m^\theta$ 值越负,氧化物越易被还原。全面分析图 3.3 可知,在高炉冶炼条件下,原料中若存在 Cu、Pb、Ni、Co、Fe、Cr、Mn、V、Si、Ti、Al、Mg、Ca 等元素氧化物时,则 Cu、Pb、Ni、Co、Fe 等元素氧化物易全部被还原;Cr、Mn、V、Si、Ti 等元素氧化物只能部分被还原,Al、Mg、Ca 元素氧化物不能被还原。

图 3.3 中氧化物指的是纯物质。在实际生产中,高炉中的氧化物如果与其他物质结合形成化合物,则这种氧化物比纯氧化物难还原。如果还原出来的元素,溶于别的金属中或与别的元素结合成化合物时,则该元素的氧化物变得易还原,但随着金属在溶液中的浓度增大后,还原越来越困难。

由铁矿石转变为生铁过程的主要变化是铁氧化物还原。高炉冶炼中除了铁的还原外,还有少量的硅、锰、磷等非铁元素氧化物的还原。

3.3.1 铁的还原

已知自由态的铁氧化物有 Fe_2O_3、Fe_3O_4、Fe_xO。不存在一个理论含氧量为 22.38%、Fe 与 O 原子比为 1:1的化合物 FeO,在不同温度下 Fe_xO 中的氧含量是变化的,最大的变化范围为 23.16% ~25.60%。Fe_xO 是立方晶系氯化钠型的 Fe^{2+} 缺位晶体,矿物名为方铁矿,常称为浮士体,也可记为 $Fe_{1-y}O$,其中 y 代表 Fe^{2+} 缺位的相对数量,$y=0.05-0.13$ 或 $x=0.87-0.95$,故有时也记为 $Fe_{0.95}O$。低温下,Fe_xO 不能稳定存在,低于 570 ℃时,将发生分解:$Fe_xO \longrightarrow Fe_3O_4+Fe$。在讨论 Fe_xO 参与化学反应时,为书写方便,常将 Fe_xO 记为 FeO,并认为它是有固定成分的化合物。

由图 3.3 可见,同一温度下 Fe_2O_3、Fe_3O_4、FeO 的氧势依次降低,则稳定性依次提高。若按化合价高低划分铁氧化物的级别,规定化合价越高,铁氧化物的级别越高,则铁氧化物级别越低时,其氧势越小、稳定性越高,即氧势递增原理。铁氧化物在还原过程中遵循逐级还原规律,即高价态铁氧化物逐级还原成低价铁氧化物,最后还原成金属铁。铁氧化物还原顺序为:

<570 ℃时,$Fe_2O_3 \rightarrow Fe_3O_4 \rightarrow Fe$

>570 ℃时,$Fe_2O_3 \rightarrow Fe_3O_4 \rightarrow FeO \rightarrow Fe$

高炉料中铁的存在形态有:Fe_2O_3、Fe_3O_4、Fe_2SiO_4、$FeCO_3$、FeS_2 等。根据铁氧化物的分解压与温度关系可知,在高炉温度条件下,除 Fe_2O_3 不需要还原剂通过分解就可以得到 Fe_3O_4 外,其余铁氧化物必须要用还原剂还原才能转变为低价铁氧化物。复杂铁氧化物(如 Fe_2SiO_4、$FeCO_3$)还原较自由态铁氧化物还原困难,往往先发生分解,产生自由态氧化物再进行还原。

(1) CO 还原铁氧化物

CO 还原铁氧化物属于铁的间接还原。CO 还原铁的氧化物反应为:

T<570 ℃时,

$$3Fe_2O_{3(S)}+CO = 2Fe_3O_{4(S)}+CO_2 \qquad \Delta_r G_m^\theta=-52\ 131-41.0T,\text{J/mol} \tag{3.7}$$

$$\frac{1}{4}Fe_3O_{4(S)}+CO = \frac{3}{4}Fe_{(S)}+CO_2 \qquad \Delta_r G_m^\theta=-9\ 832+8.58T,\text{J/mol} \tag{3.8}$$

$T>570$ ℃时,

$3Fe_2O_{3(S)}+CO =\!=\!= 2Fe_3O_{4(S)}+CO_2$　　$\Delta_r G_m^\theta=-52\ 131-41.0T$, J/mol　　(3.7)

$Fe_3O_{4(S)}+CO =\!=\!= 3FeO_{(S)}+CO_2$　　$\Delta_r G_m^\theta=35\ 380-40.16T$, J/mol　　(3.9)

$FeO_{(S)}+CO =\!=\!= Fe_{(S)}+CO_2$　　$\Delta_r G_m^\theta=-18\ 150+21.29T$, J/mol　　(3.10)

CO 还原铁氧化物的热力学特点主要有:

①除反应式(3.7)外其余几个反应均为可逆反应。各反应开始所需 CO 浓度如图 3.4 所示。由图 3.4 可见,可逆反应所需 CO 浓度较高,在高炉冶炼条件下,煤气中 CO 浓度很难达到 FeO 还原成金属铁所需的 CO 平衡浓度,表明高炉内铁氧化物难以被 CO 还原为金属铁。

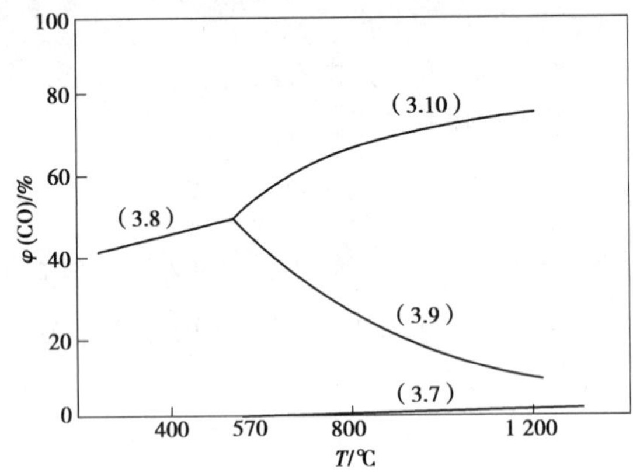

图 3.4　CO 还原铁氧化物热力学平衡图

②用 CO 还原铁氧化物反应主要以放热为主,且热效应不高(如反应(3.7)的放热值为 52 131 J/mol,反应(3.10)的放热值为 18 150 J/mol),所以铁氧化物被 CO 还原主要发生在高炉低温区域,对应为高炉上部区。

③用 CO 还原铁氧化物反应前后气体体积无变化,所以高炉冶炼中煤气压力发生改变(如采用高压操作)对此类还原反应无影响。

(2) H_2 还原铁的氧化物

H_2 还原铁的氧化物属于铁的间接还原。H_2 还原铁的氧化物反应式为:

$T<570$ ℃时,

$3Fe_2O_{3(S)}+H_2 =\!=\!= 2Fe_3O_{4(S)}+H_2O$　　$\Delta_r G_m^\theta=-15\ 547-74.40T$, J/mol　　(3.11)

$\frac{1}{4}Fe_3O_{4(S)}+H_2 =\!=\!= \frac{3}{4}Fe_{(S)}+H_2O$　　$\Delta_r G_m^\theta=35\ 550-30.4T$, J/mol　　(3.12)

$T>570$ ℃时,

$3Fe_2O_{3(S)}+H_2 =\!=\!= 2Fe_3O_{4(S)}+H_2O$　　$\Delta_r G_m^\theta=-15\ 547-74.40T$, J/mol　　(3.11)

$Fe_3O_{4(S)}+H_2 =\!=\!= 3FeO_{(S)}+H_2O$　　$\Delta_r G_m^\theta=71\ 940-73.62T$, J/mol　　(3.13)

$FeO_{(S)}+H_2 =\!=\!= Fe_{(S)}+H_2O$　　$\Delta_r G_m^\theta=23\ 430-16.16T$, J/mol　　(3.14)

H_2 还原铁氧化物的热力学特点主要有:

①除反应式(3.11)外其余几个反应均为可逆反应,反应开始所需 H_2 浓度如图 3.5 所示。由图 3.5 可见,可逆反应所需 H_2 浓度较高,在高炉冶炼条件下,煤气中 H_2 很低,铁氧化物难

以被 H_2 还原成金属铁。

②用 H_2 还原铁氧化物反应主要以吸热为主，且热效应也不高，所以铁氧化物被 H_2 还原主要发生在高炉较高温度区域，对应为高炉中部。

③用 H_2 还原铁氧化物反应前后气体体积无变化，所以高炉冶炼过程中煤气压力发生改变对此类还原反应也无影响。

将图3.4、图3.5置于同一图中，产生图3.6。由图3.6可以看出，温度高于810 ℃时，H_2 还原能力比CO强；低于810 ℃时，CO还原能力比 H_2 强。

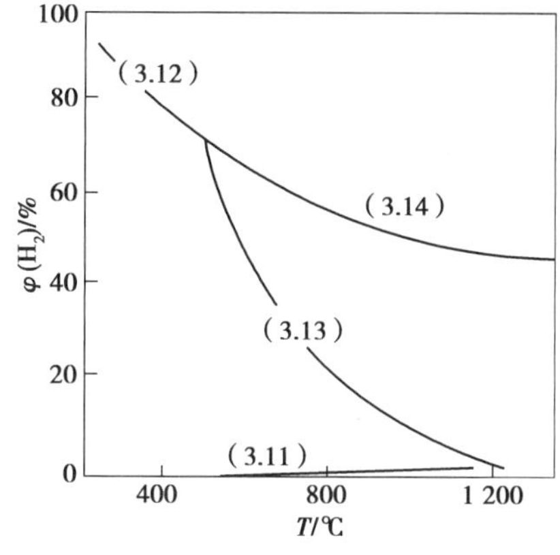

图3.5 H_2 还原铁氧化物热力学平衡图

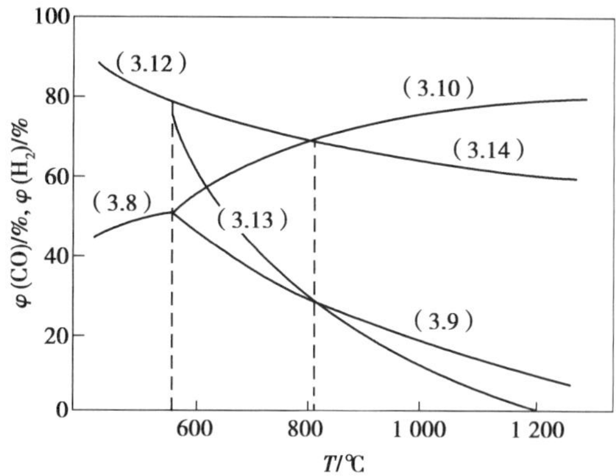

图3.6 CO和 H_2 还原铁氧化物热力学平衡图

(3)固体碳还原铁氧化物

固体碳还原铁氧化物属于铁的直接还原。铁氧化物的直接还原反应式为：

T<570 ℃时，

$$3Fe_2O_{3(S)}+C = 2Fe_3O_{4(S)}+CO \qquad \Delta_rG_m^\theta=120\ 000-218.46T,\text{J/mol} \tag{3.15}$$

$$\frac{1}{4}Fe_3O_{4(S)}+C = \frac{3}{4}Fe_{(S)}+CO \qquad \Delta_rG_m^\theta=171\ 100-174.50T,\text{J/mol} \tag{3.16}$$

T>570 ℃时，

$$3Fe_2O_{3(S)}+C = 2Fe_3O_{4(S)}+CO \qquad \Delta_rG_m^\theta=120\ 000-218.46T,\text{J/mol} \tag{3.15}$$

$$Fe_3O_{4(S)}+C = 3FeO_{(S)}+CO \qquad \Delta_rG_m^\theta=207\ 510-217.62T,\text{J/mol} \tag{3.17}$$

$$FeO_{(S)}+C = Fe_{(S)}+CO \qquad \Delta_rG_m^\theta=158\ 970-160.25T,\text{J/mol} \tag{3.18}$$

对比反应热效应可知，固体碳还原铁氧化物相比于CO/H_2 间接还原，为高吸热不可逆反应，提高温度有利于提高碳的还原能力。在高炉冶炼中，固体碳还原铁氧化物的反应发生在高炉下部高温区域。高炉内炉料中铁氧化物在上中部区域经历CO、H_2 还原后，铁氧化物基本上可转变为FeO。因此，固体碳还原铁氧化物的反应具有实际意义的是反应(3.18)。

由于高炉内的装料特点，矿石中的FeO与焦炭中的碳接触面积不大，C还原FeO的反应速度较慢，但煤气中存在 CO_2，CO_2 与C接触机会多、容易反应，反应产生的还原剂CO使FeO还原变得容易，所以一般认为C还原FeO的反应按CO间接还原反应(3.10)和碳气化反应(3.19)两步进行，只有碳气化反应(3.19)得以发生，其产生的CO高于反应(3.10)所需的平衡浓度时，金属铁才能产生。

$$C_{石}+CO_2 = 2CO \tag{3.19}$$

(4)碳的气化反应

反应(3.19)称为碳的气化反应,又称为布都阿尔反应,或碳的溶损反应,其热力学平衡图如图3.7所示。

碳的气化反应特点:

①反应为吸热反应,热效应较大。常压下反应开始温度为750 ℃,完全反应温度为1 100 ℃。

②反应为可逆反应,且反应前后有气体体积变化,从而气压改变会影响碳的气化反应,气压降低有助于碳气化反应向右进行,反之亦然。

由碳气化反应和铁氧化物的CO间接还原反应叠加得到碳还原铁氧化物热力学平衡图,如图3.8所示。在图3.8中,T>737 ℃时,碳气化反应(3.19)平衡CO浓度高于所有铁氧化物CO间接还原的平衡CO浓度,则C能还原铁氧化物,结果稳定产生Fe。这表明,用固体碳还原铁氧化物所需热力学温度高于737 ℃。

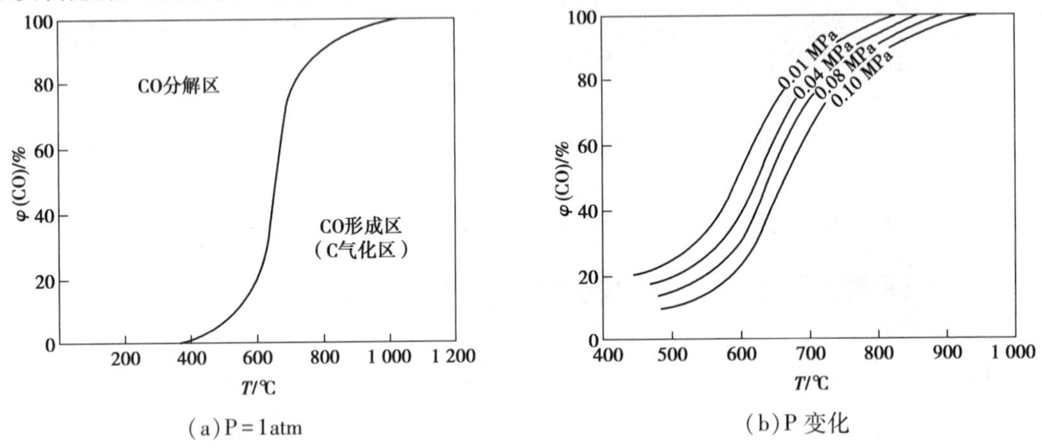

(a)P=1atm　　(b)P变化

图3.7　碳气化反应热力学平衡图

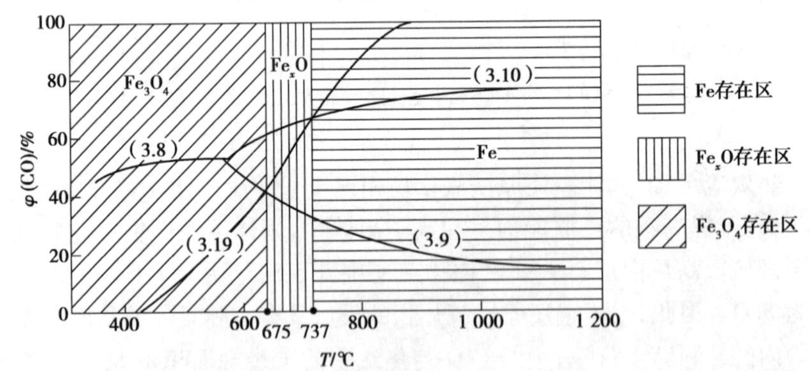

图3.8　C还原铁氧化物热力学平衡图

根据上述铁氧化物被还原剂还原特点可知,高炉内不同还原剂还原铁氧化物将发生在不同区域;上部主要为CO间接还原区、中间为H_2与C共存还原区,下部为C还原区。

(5)直接还原与间接还原的比较

在高炉冶炼过程中,装入高炉的原料中基本上不直接带入 CO 或 H_2,是通过间接消耗碳而得到的。在高炉冶炼过程中,间接还原和直接还原这两种还原方式哪种方式较好,是值得探讨的问题。为比较两种方式在还原剂方面、热量方面消耗碳量时,引入直接还原度。这里的直接还原度是指以直接还原方式生成铁量与以还原方式还原出来总铁量的比值。

1)还原度表示方法

a.铁的直接还原度 r_d。假定铁的高级氧化物还原到低级氧化物全部为间接还原。则从 FeO 中以直接还原方式还原出来的铁量与 FeO 中还原出来的总铁量之比值称为铁的直接还原度,用 r_d 表示,其计算式为:

$$r_d=\frac{Fe_d}{1\ 000[Fe]-Fe_{料}} \tag{3.20}$$

式中,Fe_d 为 FeO 以直接还原方式还原出来的铁量,kg;[Fe]为生铁中的含铁量。%;$Fe_{料}$ 为高炉入炉料带入的金属铁量,kg。

b.铁的间接还原度 r_i。铁氧化物被 CO、H_2 夺取的氧量与铁氧化物转入煤气中的全部氧量之比值,称铁的间接还原度,用 r_i 表示。

r_d 与 r_i 关系为:$r_d+r_i=1$,$r_d=1-r_i$

2)直接还原与间接还原对 C 消耗的影响

高炉内焦炭主要消耗于作为还原剂(包括直接还原剂与间接还原剂)、燃烧发热、生铁渗碳等方面。对于一定种类的生铁,冶炼单位生铁时,第三项消耗为定值。而第一、二项碳的消耗与直接还原度有关。

①用于直接还原铁氧化物时耗碳量(C_d)与直接还原度 r_d 关系。

设炉料带入金属铁质量为0,冶炼 1 kg 生铁时,根据 $FeO+C═══Fe+CO$ 可得直接还原铁氧化物消耗碳量与 r_d 关系为:

$$C_d=\frac{12}{56}r_d\cdot[Fe]=0.214r_d\cdot[Fe] \tag{3.21}$$

C_d 与 r_d 关系为正比例关系,由此绘制出 C_d 与 r_d 关系线,结果如图 3.9 所示。

②用于间接还原铁氧化物的还原剂碳量消耗(C_i)与直接还原度 r_d 关系。

按逐级还原规律,CO 在还原铁氧化物过程中,由于 $3Fe_2O_{3(S)}+CO═══2Fe_3O_{4(S)}+CO_2$ 是不可逆反应,在一定温度下只要有 CO 出现,Fe_2O_3 就可不逆转地还原成 Fe_3O_4。CO 还原 Fe_3O_4、FeO 均为可逆反应,为实现将铁氧化物中的铁全部还原,CO 应过量,设其过量系数为 λ,对应的还原反应可表示为:

$$FeO_{(S)}+\lambda CO═══Fe_{(S)}+(\lambda-1)CO+CO_2 \qquad \Delta G^\theta=-22\ 802+23.38T,\text{J/mol} \tag{3.22}$$

$$Fe_3O_{4(S)}+\lambda CO═══3FeO_{(S)}+(\lambda-1)CO+CO_2 \qquad \Delta G^\theta=30\ 172.5-29.02T,\text{J/mol} \tag{3.23}$$

将铁氧化物中的铁完全还原,CO 不仅要保证 Fe_3O_4 完全还原,也要保证 FeO 完全还原,则理论最低 λ 值应是在同时保证上述两可逆反应达平衡,由此得到,炉料带入金属铁质量为0,冶炼 1 kg 生铁时,作为间接还原剂消耗的碳量与直接还原度关系式为:

$$C_i=0.499\ 3(1-r_d)[Fe] \tag{3.24}$$

由式(3.24)绘制出作为铁氧化物的间接还原消耗碳量(C_i)与 r_d 关系线,结果一并绘入图3.9中。

③用于发热剂的碳量消耗(C_Q)与直接还原度 r_d 关系。

假定直接还原度为未知,进行热平衡计算,得到冶炼1 kg生铁时,用于发热剂的碳量消耗(C_Q)与 r_d 的关系,由此可绘制出用于发热剂的碳量消耗(C_Q)加上直接还原剂消耗的碳量之和与 r_d 的关系线,结果同样绘入图3.9中。

分析图3.9可知:

a. 还原剂需消耗的总碳量。

当高炉生产处于 r_{d1} 时,直接还原消耗的碳量为 CD 弦长,间接还原消耗的碳量为 BD 弦长,因直接还原产生CO发挥间接还原作用,作为间接还原剂消耗的碳量实际只需 BC 弦长,则作为还原剂需消耗的碳量为 BD 弦长。同样分析可知,当处于 r_{d2} 时,作为还原剂消耗的碳量为 C_1D_1 弦长。

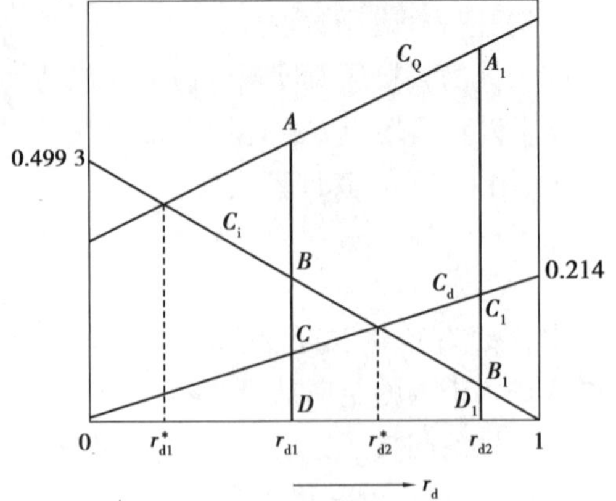

图3.9 C_d、C_i、C_Q 与 r_d 关系

b. 还原剂加上燃烧发热需消耗的总碳量。

如高炉生产仍处于 r_{d1},此时为了保证热量消耗,在风口前需要燃烧 AC 弦长的碳量,那么作为还原剂加上发热值消耗总碳量是 AC 弦长吗?不,而是 AD 弦长,理由是:为了满足热量消耗,在风口前燃烧 AC 弦长碳量,但其中的 BC 弦长碳量燃烧生成的CO用于间接还原,此部分间接还原不再需要单独消耗碳,而间接还原单独消耗碳量只需 CD 弦长,此时,还原剂加上燃烧发热需消耗总碳量为 AD 弦长。同样可知,当处于 r_{d2} 时,作为还原剂加上燃烧发热需消耗总碳量为 A_1D_1 弦长。

根据上述分析的耗碳量规律性可知,高炉内用于还原剂消耗时,其碳量最低消耗在 r_{d2}^* 时的碳量;高炉热量消耗和还原剂等方面需用总碳最低消耗在 r_{d1}^* 时的碳量。

实际生产中高炉直接还原度处于0.5~0.7,一般大于 r_{d1}^*,高炉焦比主要取决于热量消耗的碳量。严格地说,取决于热量消耗的碳量与直接还原消耗的碳量之和,而不取决于间接还原消耗的碳量,此即高炉焦比由热平衡计算的依据。由此推论,一切降低热量消耗的措施均有利于降低焦比。单位生铁的热量降低时(如渣量降低、石灰石用量减少、控制低硅量、减少热损失等),C_Q 线平行下移,此时理想的 r_{d1}^* 值向右移动,高炉更容易实现理想行程。

3.3.2 锰的还原

锰是高炉冶炼中常遇到的金属元素,高炉有时也炼镜铁和锰铁合金。原料中锰氧化物有 MnO_2、Mn_2O_3、Mn_3O_4、MnO等。

高炉内锰的还原也是从高价向低价逐级进行的,其还原顺序为:

$$MnO_2 \rightarrow Mn_2O_3 \rightarrow Mn_3O_4 \rightarrow MnO \rightarrow Mn$$

由于 MnO_2 和 Mn_2O_3 分解压都较大,在1atm时,MnO_2 的开始分解温度为565 ℃,Mn_2O_3 的开始分解温度为1 090 ℃,容易被CO还原,其反应可认为不可逆,反应式如下:

$$2MnO_2+CO = Mn_2O_3+CO_2+226\ 690\ J \tag{3.25}$$

$$3Mn_2O_3+CO=2Mn_3O_4+CO_2+170\ 120\ J \tag{3.26}$$

Mn_3O_4 被 CO 还原反应认为是可逆反应：

$$Mn_3O_4+CO=3MnO+CO_2+51\ 880\ J \tag{3.27}$$

在 1 127 ℃以下，Mn_3O_4 没有 Fe_3O_4 稳定，即 Mn_3O_4 比 Fe_3O_4 易还原，高炉内 MnO 不能通过间接还原进行。MnO 只能发生直接还原，其反应实质与 FeO 的直接还原相同。

还原 1 kg 锰耗热为 5 222 kJ，比直接还原 1 kg 铁耗热约高 1 倍，即比铁难还原。高温是锰还原的首要条件。在实际生产中，Mn 是由渣中的 MnO 被 C 还原得到，即：

$$(MnO)+C=[Mn]+CO \tag{3.28}$$

反应(3.28)达到平衡时，平衡常数 K 可表示为：

$$K=\frac{a_{[Mn]}P_{CO}}{a_{(MnO)}a_C}=\frac{f_{[Mn]}\omega_{[Mn](\%)}P_{CO}}{r_{(MnO)}x_{(MnO)}} \tag{3.29}$$

则：

$$L_{Mn}=\frac{\omega_{[Mn](\%)}}{x_{(MnO)}}=K\frac{r_{(MnO)}}{f_{[Mn]}P_{CO}} \tag{3.30}$$

式(3.29)、式(3.30)中，$a_{[Mn]}$ 为铁水中 Mn 的活度；$a_{(MnO)}$ 为熔渣中 MnO 的活度；$x_{(MnO)}$ 为熔渣中 MnO 摩尔分数；$\omega_{[Mn](\%)}$ 为铁水中 Mn 的质量百分数；$f_{[Mn]}$ 以假想 1% 质量分数为标准态时组分 Mn 的活度系数；$r_{(MnO)}$ 以纯物质为标准态时熔渣中 MnO 的活度系数；P_{CO} 为 CO 量纲一的分压；L_{Mn} 为还原平衡时 Mn 在金属相和渣相的分配比。

根据式(3.30)可知，影响(MnO)还原的热力学因素主要有：

1)温度

该反应属于强吸热反应，温度升高，反应平衡常数 K 增大，有利于提高 Mn 在渣-铁间的分配比 L_{Mn}，即有利于 MnO 的还原。

2)熔渣组成

反应中的 MnO 属于碱性氧化物时，当熔渣碱度提高时，r_{MnO} 提高，从而有利于提高 Mn 在渣-铁间的分配比 L_{Mn}，即有利于 MnO 的还原。

3)气相中 CO 分压 P_{CO}

气相中 CO 分压降低时，有利于提高 Mn 在渣-铁间的分配比 L_{Mn}，有利于 MnO 的还原。

3.3.3 硅的还原

在高炉炉料中，铁矿石中的脉石、焦炭及喷吹煤粉的灰分中都含有 SiO_2，在高炉冶炼条件下，有少量的 SiO_2 会被还原并以 Si 的形式进入生铁，硅是生铁中的常规元素之一，其含量是划分生铁种类和型号的重要依据，不同铁种硅含量要求不同。一般炼钢生铁含硅量应小于 1%。目前，有些高炉冶炼低硅炼钢生铁，其含硅量已降低至 0.2% ~0.3%，甚至 0.1% 或者更低。对铸造生铁则要求含硅量在 1.25% ~4.0%，对硅铁合金要求含硅量越高越好。但高炉条件炼出的硅一般不会大于 20%，更高含硅的硅铁需在电炉中冶炼。

在氧势图中，SiO_2 氧势线位置较低，是比较稳定的化合物。高炉内，SiO_2 只有在高温下(且已入渣液中)靠固体碳直接还原。Si 还原反应可表示为：

$$(SiO_2)+2C=[Si]+2CO \tag{3.31}$$

还原 1 kg 硅吸热为 22 430 kJ,比直接还原 1 kg 铁耗热约高 8 倍,是还原 1 kg 锰耗热的 4 倍多,所以硅比铁和锰难还原。生产中,高炉炉温很难直接测定,常用生铁硅含量高低来衡量。生铁硅含量又是高炉热状态及对炉况进行调剂的判据,炉内热量充沛、炉温高,则 Si 还原数量增加,铁中硅含量提高;反之,生铁硅含量降低则表明炉热水平下降。

在实际生产中,硅的还原的顺序是逐级进行的。在 1 500 ℃以下还原顺序为:$SiO_2 \rightarrow Si$,1 500 ℃以上还原顺序为:$SiO_2 \rightarrow SiO \rightarrow Si$。SiO 蒸气压高,在高炉内被还原出来后即可挥发为气体。

对于反应(3.31),有

$$L_{Si} = \frac{\omega_{[Si(\%)]}}{x_{(SiO_2)}} = K \frac{r_{(SiO_2)}}{f_{[Si]} P_{CO}^2} \tag{3.32}$$

式(3.32)中,一些符号式(3.29)、式(3.30)可类似写出。L_{Si} 用来表征还原平衡后 Si 在金属相和渣相的分配情况,能用来描述 SiO_2 还原程度,L_{Si} 越大,表明 SiO_2 还原得越好。

根据式(3.32)可知,影响(SiO_2)还原的热力学因素包括温度、渣碱度、铁液成分、气相中 CO 分压等。酸性渣有利于硅的还原、Fe 的存在可改善硅的还原。

3.3.4 磷的还原

炉料中磷主要以磷酸钙(又称磷灰石)形态存在,有时也以磷酸铁(又称蓝铁矿)存在。高炉内蓝铁矿首先发生脱水变化,然后脱水后的磷酸铁温度低于 950 ~ 1 000 ℃可被 CO 还原,其还原反应式为:

$$2[(FeO)_3 \cdot P_2O_5] + 16CO = 3Fe_2P + P + 16CO_2 \tag{3.33}$$

温度高于 950 ~ 1 000 ℃时可被固体碳还原,其反应如下:

$$2[(FeO)_3 \cdot P_2O_5] + 16C = 3Fe_2P + P + 16CO \tag{3.34}$$

磷灰石是较难还原的,它在高炉内首先进入炉渣,被炉渣中的 SiO_2 置换成自由态的 P_2O_5,再进行直接还原,其还原反应如下:

$$2[(CaO)_3 \cdot P_2O_5] + 3SiO_2 = 3Ca_2SiO_4 + 2P_2O_5 \tag{3.35}$$

$$P_2O_5 + 5C = 2P + 5CO \tag{3.36}$$

还原出 1 kg P 耗热为 22 892 kJ,反应吸收大量的热。因还原出来的 P 可以生成 Fe_3P 或 Fe_2P 等化合物并溶于铁水,以及 SiO_2 有利于促进磷还原等有利条件存在,在高炉条件下磷一般能全部被还原。

磷在生铁中是有害元素,而高炉内磷能全部被还原,所以要控制高炉生铁中的磷含量主要措施应是控制原料所带入的磷量,一般应使用低磷炉料。

3.3.5 钒的还原

中国西南、华东、华北地区贮有大量钒钛磁铁矿资源。钒钛磁铁矿在高炉冶炼中 60% ~ 80% 的钒进入生铁,钒是贵重金属,在国民经济建设中有重要价值。因此,采取措施提高钒的回收率具有重要意义。已知钒氧化物有 V_2O_5、VO_2、V_2O_3、VO、V_2O 等。天然矿石中钒以 V_2O_3 形式与其他元素化合物组成复杂化合物状态存在。V_2O_3 属难还原氧化物,在氧势图中居 MnO 线之下,即比 MnO 难还原。在钒钛磁铁矿中钒主要以钒尖晶石[$FeO \cdot V_2O_3$]状态存在,

无液态铁存在时,钒的还原按下述方式进行:

$$FeO \cdot V_2O_3+2C = Fe+2VO+2CO \tag{3.37}$$

$$FeO \cdot V_2O_3+6C = Fe+2VC+4CO \tag{3.38}$$

$$VO+C = V+CO \tag{3.39}$$

生成 VO、VC 反应能在软熔带内进行。但钒二价氧化物难于被还原为金属钒。

但若有液态铁存在时,钒的还原反应可按下式进行:

$$VO+C = [V]+CO \tag{3.40}$$

$$FeO \cdot V_2O_3+4C = Fe+2[V]+4CO \tag{3.41}$$

上述两反应在软熔带温度下都可以进行。表明在软熔层中若存在液相铁时,钒的还原条件将会改善。

含钒氧化物的还原发生在铁氧化物还原之后,且高炉内钒的还原主要发生在风口以上软熔滴落带,改善这一区域的还原条件,将是提高钒回收率的主要途径。

3.3.6 钛的还原

钒钛磁铁矿中的钛主要为氧化物(TiO_2)的形式,主要存在于钛铁晶石($2FeO \cdot TiO_2$)和钛铁矿($FeO \cdot TiO_2$)中,钒钛磁铁精矿经烧结后,钛的存在形式发生了变化,大部分 TiO_2 与 CaO 结合生成钙钛矿($CaO \cdot TiO_2$)。其余部分进入赤铁矿(Fe_2O_3)和磁铁矿(Fe_3O_4)的晶格中,形成钛赤铁矿($mFe_2O_3 \cdot nFeO \cdot TiO_2$)、钛磁铁矿[$mFe_3O_4 \cdot n(2FeO \cdot TiO_2)$]固溶体。

含钛矿物在高炉冶炼过程中,将有部分被还原,即由高价钛氧化物还原为低价钛氧化物,最后生成钛的碳、氮化物和 Ti 进入铁中。

关于 TiO_2 高温还原为金属钛和 TiC、TiN 及其连续固溶体 Ti(C,N)的机制,目前尚无统一的看法。国内外一些研究认为,钛氧化物还原按下列顺序进行:$TiO_2 \to Ti_3O_5 \to Ti_2O_3 \to TiO \to Ti \to TiC$。

$Ti_2O_3 \to TiO \to Ti$ 反应如下:

$$Ti_2O_3+C = 2TiO+CO \tag{3.42}$$

$$TiO+C = Ti+CO \tag{3.43}$$

上述生成 TiO、Ti 两个反应进行的开始温度,远高于高炉冶炼实际温度范围。因此,在高炉冶炼过程中,上述两反应很难进行。

另有研究认为,TiO_2 被碳还原顺序是:$TiO_2 \to Ti_3O_5 \to TiC_{0.67}O_{0.33} \to TiCO_y \to TiC$。

Ti_3O_5 被碳还原的还原反应为:

$$Ti_3O_5+6.02C = 3TiC_{0.67}O_{0.33}+4.01CO \tag{3.44}$$

TiO_2 被碳还原的末级还原反应为:

$$TiCO_y+yC = TiC+yCO \tag{3.45}$$

高炉内由于 N_2 和过剩 C 存在,以及渣焦、渣铁良好的润湿和接触,在高温下可能会进行以下反应:

$$TiO_2+3C = TiC+2CO \tag{3.46}$$

$$TiO_2+2C+\frac{1}{2}N_2 = TiN+2CO \tag{3.47}$$

$$TiO_2+2C = [Ti]+2CO \tag{3.48}$$

当[Ti]超过其冶炼温度的溶解度时,将产生 TiC、TiN 析出反应:

$$[Ti]+C = TiC \tag{3.49}$$

$$[Ti]+[C] = TiC \tag{3.50}$$

$$[Ti]+\frac{1}{2}N_2 = TiN \tag{3.51}$$

高炉内实际钛的还原受气氛、温度、TiO_2 浓度的制约,温度影响最大,温度升高、还原气氛增强及 TiO_2 浓度增加有利于钛的还原。

3.3.7 铅、锌、砷的还原

铅、锌、砷等元素对高炉炼铁都是有害元素,中国南方地区的铁矿石大都含有这些元素中的一种或几种。铅、锌在高炉内被还原,虽然基本上不溶于铁水中,但它们在高炉内的行为危害高炉炉衬,降低高炉一代寿命,还给高炉造成结瘤危害。砷在高炉内能被还原并溶入铁水,影响铁水质量并危害钢的质量,生产中只能通过配矿来降低铅、锌和砷进入炉内数量。

(1)铅的还原

在铁矿中,铅主要以方铅矿(PbS)和铅黄(PbO)的形态存在,在烧结矿中主要为硅酸铅($PbO \cdot SiO_2$ 及 $2PbO \cdot SiO_2$)。

铅的各种化合物在高炉内易分解还原,其基本反应式为:

$$PbO+CO = Pb+CO_2 \tag{3.52}$$

$$PbS+Fe = Pb+FeS \tag{3.53}$$

$$2PbO \cdot SiO_2+CaO+FeO+2CO = 2Pb+2CO_2+CaO \cdot FeO \cdot SiO_2 \tag{3.54}$$

在炉身中部 900 ~ 1 000 ℃温度区还原完毕,熔滴至高炉下部高温区时一部分铅液穿过渣铁层沉积于炉缸底部,一部分气化,气态铅绝大部分随煤气流上升,少量从渣铁口排出。沉积于炉缸底部的铅液渗入炉底砌体砖缝、气孔甚至基墩以下。炉缸内有铅液积存时,则在出铁过程中随渣铁排出挥发气化,有时铁口泥芯周边可见铅液渗出滴集铁口前。而随气流上升的气态铅遇 H_2O 和 CO_2 转化为氧化铅。氧化铅和金属铅部分黏附于炉尘上随煤气逸出,部分黏附于料块上随之下降形成循环富集,部分渗入炉衬、冷却壁填缝、风渣口各缝隙,有时冷凝的铅液会从炉壳开口、缝隙或裂纹处流出,有的凝结于炉衬内表面。

渗入炉底砌体的铅液随温度升高体积膨胀产生巨大破坏力,会导致砖层浮动甚至整个炉底毁坏以及炉壳开裂穿漏等事故。当炉缸铅液积存过多时则引起炉前工作失常,如铁口、主沟难以维护,堵死撇渣器酿成跑铁事故等。渗入炉衬的铅对炉衬起破坏作用,有锌和碱金属共存时尤甚,是形成炉壳爆裂的因素之一。氧化铅与其他组分组成的低熔点化合物或共晶体黏附于炉料上,降低其软熔温度影响料柱透气性,粘结在炉墙上促使形成炉瘤影响高炉正常生产。煤气中的铅尘使煤气洗涤水含铅超标,污染环境。

(2)锌的还原

在铁矿中,锌主要为红锌矿(ZnO)和闪锌矿(ZnS),在烧结矿中主要为铁酸锌(ZnO ·

Fe_2O_3，或（Zn、Fe）O·Fe_2O_3）。

锌的各种化合物皆难以还原，还原反应在>900 ℃时才能明显进行：先是硫化锌氧化为氧化锌，铁酸锌分解出氧化锌，然后被 CO、C 等还原，其基本反应为：

$$ZnO+CO = Zn+CO_2 \tag{3.55}$$

$$ZnO+C = Zn+CO \tag{3.56}$$

锌的沸点低，还原后即气化挥发随煤气流上升。其中大部分被氧化成氧化锌微粒作为锌尘被煤气带走，进入炉尘及煤气洗涤水。一部分冷凝粘结在上升管、炉喉及炉身上部砖衬以及大钟内表面，氧化形成锌瘤。还有一部分凝结和沉积在料块表面和炉料孔隙中随之下降形成锌的循环。有部分锌随渣、铁排出炉外，在锌瘤和含锌渣皮滑落入炉缸时，排出量会增加。

炉喉锌瘤破坏炉料和气流分布，滑落时会引起风口灌渣和烧毁，使炉况失常。上升管锌瘤和下降管锌尘沉积堵塞煤气通道，使炉顶压力异常，严重时大钟难以打开并使煤气管道结构受损。大钟内表面锌瘤过重时会引起大钟自动开启事故。渗入炉衬砌缝和孔隙中的锌沉积、氧化和体积膨胀，使炉衬受到破坏甚至炉壳开裂。锌在炉内的循环富集使炉内炉料含锌高于入炉料多倍，导致料柱透气性变坏，炉况周期不顺和焦比升高。

（3）砷的还原

在铁矿和烧结矿中，砷分别主要以臭葱石（$FeAsO_4·2H_2O$）、砷硫化铁（FeAsS 和 $FeAsS_2$）和砷酸钙（CaO·As_2O_5 和 CaO·As_2O_3）形态存在。在高炉内易分解还原，绝大部分以 Fe_3As 形态进入生铁，少部分被高价铁（锰）的氧化物氧化为 As_2O_3 随煤气排出，微量进入渣中。

3.4 渗碳反应

铁矿石中的铁氧化物还原后形成固态海绵铁，遇煤气可发生析碳反应，渗入海绵铁中：

$$2CO = [C]+CO_2 \tag{3.57}$$

此反应的平衡常数为：

$$K_P = \frac{p_{CO_2}}{p_{CO}^2} \cdot a_{[C]} \tag{3.58}$$

由此导出海绵铁中铁平衡含碳量：

$$N_c = \frac{\varphi_{CO}^2}{100-\varphi_{CO}} \cdot \frac{p}{r_C} \cdot \frac{K_P}{100} \tag{3.59}$$

式（3.57）—式（3.59）中，φ_{CO} 为平衡的煤气中 CO 的体积分数，%；N_c 为固体海绵铁中平衡含碳量，%；p 为高炉内煤气总压力，Pa；r_C 为碳在铁中以纯物质为标准态时的活度系数。

上述 K_p 与温度的关系为：

$$\lg K_P = \frac{8\,918}{T} - 9.11 \tag{3.60}$$

碳在铁中的活度系数与铁中及含量的关系为：

$$\lg r_C = 0.47 + 12.67N_{Si} + 9.5N_C \tag{3.61}$$

通过计算可得出:固态海绵铁在平衡状态下的最高渗碳量为1.5%,而实际上由于这一反应的动力学条件的限制,远达不到如此高的含碳水平。但海绵铁渗碳后熔点降低,液体铁水与固体碳接触时可进一步渗碳直达饱和状态。饱和碳的溶解度可参阅 Fe-C 平衡相图。可通过平衡相图得出如下简单的饱和碳溶解度与温度关系的经验式:

$$\omega_{[C]} = 1.30 + 2.57 \times 10^{-3}t \tag{3.62}$$

式(3.62)中,t 为铁水温度,℃;$\omega_{[C]}$ 为铁水中碳饱和溶解度。

铁液溶入其他元素而形成多元合金后,饱和碳量也会受溶入元素的影响,有经验公式:

$$\omega_{[C]} = 1.34 + 2.54 \times 10^{-3}t - 0.35[P] + 0.17[Ti] - 0.54[S] + 0.04[Mn] - 0.30[Si] \tag{3.63}$$

现代高炉条件下炼钢生铁的铁水含碳量在4.5% ~5.4%波动。

3.5 其他元素的溶入

铁矿石中含有的其他非铁元素氧化物在高炉条件下可部分或全部还原为元素,还原产生的元素大部分可溶入铁中。其溶入的量与各元素还原出的数量及还原后形成的化合物形态有关。生产者根据生铁品种规格的要求,有意地促进或抑制某些元素的还原过程。对某些特殊的稀有元素,如 V、Cr、Nb 等则尽可能促进其还原入铁,以提高它们在炼铁工序中的回收率,为下一道工序的提取创造条件。

生铁中常见元素有 Mn、Si、S、P 等。Mn 与 Fe 在周期表中同为一属,性质与晶格形式相近,所以 Mn 与 Fe 可形成近似理想溶液,即只要高炉内能还原得到的 Mn,皆可溶入 Fe 中,因此铁水中的 Mn 量基本上是由原料配入的量决定的,除冶炼锰铁外,一般炉料中不配加锰矿。所以一般炼钢和铸造生铁含 Mn 量都不高。Si 与 Fe 有较强的亲和力能形成多种化合物,高炉中能还原得到的 Si 也皆可溶入铁液。有害元素 P、As、S 都与 Fe 有较强的亲和力,炉料带入炉内的 P、As 均可还原而溶入铁中,因此这两者均只能通过配矿来控制。S 虽然在 γ-Fe 中溶解度不高,在1 365 ℃为0.05%,但是未溶入的 S 及 FeS 可稳定地存在于铁液中,在凝固过程中或形成共晶体以低熔混合物积聚在晶格间给钢铁造成危害。

3.6 高炉造渣过程

高炉造渣是指高炉炼铁过程中,熔剂同矿石的脉石和焦炭的灰分相互作用,形成不进入生铁和煤气的物质发生溶解、汇集和熔化成液态炉渣的过程。

3.6.1 炉渣作用

高炉生产过程不仅要从铁矿石中还原出金属铁,而且还原出的铁与未还原的氧化物和其他杂质都能熔化成液态，并能分开，最后以铁水和渣液的形态顺利流出炉外。渣数量及其性能会影响高炉顺行，以及生铁产量、质量及其焦比，选择好合适的造渣制度是炼铁生产优质、高产、低耗的重要环节。

(1)炉渣成分的来源

炉渣主要来源于铁矿石中的脉石以及焦炭(或其他燃料)燃烧后剩余的灰分及添加的熔剂。铁矿石中的脉石以及焦炭(或其他燃料)燃烧后剩余的灰分以酸性氧化物为主，即以 SiO_2 和 Al_2O_3 为主，其熔点高，即使混合在一起，熔点仍很高。在高炉中只能形成一些很黏稠的物质，造成渣铁不分，难于流动。因此必须加入碱性助熔物质(熔剂)，如石灰石、白云石等。尽管熔剂中的 CaO 和 MgO 自身熔点也很高，但它们能同 SiO_2 和 Al_2O_3 结合生成低熔点化合物，在高炉内足以熔化，形成流动性良好的炉渣。它们与铁水的密度不同(铁水密度 6.8 ~7.0 t/m^3，炉渣密度 0.8 ~3.0 t/m^3)，渣铁得以分离。

高炉生产中人们总是希望渣量越少越好，但完全没有炉渣是不可能的(也是不可行的)，高炉工作者的责任是在一定的矿石和燃料条件下，选定熔剂的种类和数量，配出最有利的炉渣成分，以满足冶炼过程的要求。

(2)高炉渣的成分

一般高炉渣主要由 CaO、SiO_2、MgO、Al_2O_3 4 种氧化物组成。除此之外还含有少量的其他氧化物。用焦炭冶炼的高炉渣化学成分大致范围如下：

成分	SiO_2	Al_2O_3	CaO	MgO	MnO	FeO	CaS	K_2O+Na_2O
%	30 ~40	8 ~18	35 ~50	<10	<3	<1	<2.5	<1 ~1.5

这些成分与数量，主要取决于原料成分和高炉冶炼的铁种。冶炼特殊铁矿石的高炉炉渣还会有其他成分，如冶炼包头含氟矿石时，渣中还含有约 18% 的 CaF_2，冶炼攀枝花钒钛磁铁矿石时还含有 20% ~25% TiO_2，冶炼酒泉的含 BaO 高硫酸铁矿时，渣中还含有 6% ~10% BaO。冶炼锰铁时，渣中含有 8% ~20% MnO。此外，我国还有一些分布较广的高 Al_2O_3 和高 MgO 的铁矿石，有些小高炉采用，其炉渣中的 Al_2O_3 高达 20% ~30%，MgO 高达 20% ~25%。

炉渣中的各种成分可分为碱性氧化物、中性氧化物和酸性氧化物三大类。从碱性到酸性各种氧化物排列顺序为：

$K_2O \rightarrow Na_2O \rightarrow BaO \rightarrow PbO \rightarrow CaO \rightarrow MnO \rightarrow FeO \rightarrow ZnO \rightarrow MgO \rightarrow CaF_2 \rightarrow Fe_2O_3 \rightarrow Al_2O_3 \rightarrow TiO_2 \rightarrow SiO_2 \rightarrow P_2O_5$。

其中，在 CaF_2 以前的氧化物可视为碱性氧化物，Fe_2O_3、Al_2O_3、TiO_2 为中性氧化物(偏酸性)，SiO_2、P_2O_5 为酸性氧化物。碱性氧化物与酸性氧化物能结合形成盐类。酸碱性相距越大，结合力越强。炉渣的许多物理化学性质与其酸碱性有关，可以认为炉渣的酸碱度是其特征参数。

炉渣碱度 R 以质量之比表示的简化表示方法有：

二元碱度：$R=\dfrac{m(CaO)}{m(SiO_2)}$

三元碱度：$R=\dfrac{m(\mathrm{CaO})+m(\mathrm{MgO})}{m(\mathrm{SiO_2})}$，或$\dfrac{m(\mathrm{CaO})}{m(\mathrm{SiO_2})+m(\mathrm{Al_2O_3})}$

四元碱度：$R=\dfrac{m(\mathrm{CaO})+m(\mathrm{MgO})}{m(\mathrm{Al_2O_3})+m(\mathrm{SiO_2})}$

在一定的冶炼条件下，Al_2O_3 和 MgO 含量相对稳定。为简便起见，实际生产中通常采用二元碱度。在普通矿石冶炼的情况下，习惯上把 $CaO/SiO_2>1$ 的炉渣称为碱性渣，$CaO/SiO_2<1$ 的炉渣称为酸性渣。炉渣碱度的选择主要根据矿石的成分、冶炼铁种对炉渣性质的要求而定。它对高炉炉况和生铁质量有很大的影响。

(3)高炉渣的作用与要求

高炉渣应具有熔点低、密度小、不与铁水相溶的特点，渣与铁有效分离获得纯净的生铁，这是高炉渣的基本作用和基本要求。此外，高炉冶炼中炉渣还有以下几个方面的作用与要求：

①炉渣应具有合适的化学成分，良好的物理性质，在高炉内能熔融成液体与生铁分离，还能够顺利从炉内流出。

②渣铁间进行合金元素的还原及脱硫反应，起着控制生铁成分的作用。比如，高碱度渣能促进脱硫反应，有利于锰的还原，从而提高生铁质量。

③炉渣的形成造成高炉内的软熔带及滴落带，对炉内煤气流分布及炉料的下降都有很大的影响，炉渣的性质和数量对高炉操作直接产生作用。

④炉渣附着在炉墙上形成渣皮，起保护炉衬的作用。但是另一种情况下又可能侵蚀炉衬，起破坏性作用。因此，炉渣成分和性质直接影响高炉寿命。

在控制和调整炉渣成分和性质时，必须兼顾上述几个方面的作用和要求。

3.6.2 高炉渣的生成

煤气与炉料在相对运动中，前者将热量传给后者，炉料在受热后温度不断提高。不同的炉料在下降过程中其变化不相同。矿石的氧化物逐渐被还原，而脉石部分首先是软化，而后逐渐熔融、熔化、滴落穿过焦炭层汇集到炉缸。石灰石在下降受热后逐渐分解，到1 000 ℃以上区域才能分解完全。分解后的CaO参与造渣。焦炭在下降中起料柱骨架作用，一直保持固体状态下到风口，与鼓风相遇燃烧，剩余的灰分进入炉渣。

现代高炉多用熔剂性熟料冶炼，一般不直接向高炉加入熔剂。由于在烧结(或球团)生产过程中熔剂已先成渣，大大改善了高炉内造渣过程。高炉渣从开始到最后排出，经历了相当长的过程。开始形成的渣称为“初成渣”，最后排出的渣称为“末渣”，或称为“终渣”。从初成渣到末渣之间，其化学成分和物理性质处于不断变化过程的渣称为“中间渣”。

(1)初渣生成

初渣生成中主要进行的变化包括固相反应、软化、熔融、熔落等。

1)固相反应

在高炉上部的块状带区域发生固相反应，形成部分低熔点化合物。固相反应主要发生于脉石与熔剂之间或脉石与铁氧化物之间。当用生矿冶炼时其固相反应是在矿块之间进行，形

成 $FeO-SiO_2$ 类型低熔点化合物，也有在矿块表面脉石与黏附的粉状 CaO 之间进行，形成 $CaO-Fe_2O_3-SiO_2$ 或 $CaO-SiO_2$ 以及 $CaO-FeO-SiO_2$ 等类型的低熔点化合物。当使用自熔性烧结矿（或自熔性球团矿）时，固相反应主要在矿块内部之间进行。

2）软化

由固相反应生成的低熔点化合物随炉料下降进一步被加热时开始软化。同时由于液相的出现改善了矿石与熔剂之间的接触条件，继续下降和升温，液相不断增加，最终软化熔融，进而形成流动状态，矿石软化到熔融流动是造渣过程对高炉行程影响较大的一个环节。

3）初渣生成

从矿石软化到熔融滴落形成初渣。初渣中 FeO 含量较高。矿石越难还原，则初渣中的 FeO 就越高，一般在 10% 以下，少数高达 30%，流动性也欠佳。初成渣形成的早与晚，在高炉内位置的高低，都对高炉顺行影响很大。高炉生成初渣的区域称为软熔带。

（2）中间渣的变化

初渣在滴落和下降中，因 FeO 不断被还原而减少，SiO_2 和 MnO 也被部分还原而有所减少，CaO 溶入渣中使炉渣碱度不断升高。同时，炉渣的流动性随着温度升高变好。当炉渣经过风口带，焦炭灰分中大量 Al_2O_3 和一定数量的 SiO_2 进入渣中，使炉渣碱度又有所降低。所以，中间渣的化学成分和物理性质都处在变化中，其熔点、成分和流动性之间互相影响。中间渣的这种变化反映出高炉内造渣过程的复杂性和对高炉冶炼过程的明显影响。

特别是对使用天然矿和石灰石的高炉，熔剂在炉料中的分布不会很均匀，加上铁矿石品种和成分方面的差别，在高炉不同部位生成的初渣，其成分和流动性不会一致。在下降过程中初渣总的趋势变化是化学成分渐趋均匀，但在局部区域内这种成分变化是较大的。从而影响高炉内煤气流的正常分布，高炉不顺行，甚至会出现悬料和结瘤，当高炉内的成渣过程较为稳定时，只要注意操作制度和炉温的稳定就可基本排除以上弊病。使用高温强度好的焦炭可保证炉内煤气流的正常分布，这是中间渣顺利滴落的基本条件。

（3）终渣形成

中间渣经过风口区域后，其成分与性能再一次变化（碱度随黏度降低）后趋于稳定。此外在风口区被氧化的部分铁及其他元素将在炉缸下部重新还原进入铁水，使渣中 FeO 含量有所降低。当铁流或铁滴穿过渣层和渣铁界面进行脱硫反应后，渣中 CaS 将有所增加。最后从不同部位和不同时间聚集到炉缸的炉渣相互混匀，形成成分和性质稳定的终渣，定期排出炉外。通常所指的高炉渣均系终渣。终渣对控制生铁成分，保证生铁的质量有重要的影响。

终渣成分是根据冶炼条件经过配料计算确定。生产中发现不当，可调整配料，达到适宜的成分。

无论使用生矿或熟矿，保持稳定的造渣过程是高炉冶炼顺行和强化所必需的。高炉内造渣过程的剧烈波动，将必然导致炉况不顺，严重时会出现炉况难行、悬料等现象。造成炉内造渣过程不稳定的原因主要有两个方面：一是原燃料品种、质量不稳定；二是高炉操作制度波动或发生设备事故等。不论是入炉矿石的品位、性质、粒度组成和配比等经常性的波动或变化，还是操作制度的变动或失误均必然引起炉内软熔带位置、厚度和形状的波动或变化，这些都会破坏炉况顺行和煤气流的合理分布。

3.6.3　高炉渣物理性质及其对高炉冶炼的影响

高炉渣的主要物理性质包括熔化性、黏度、稳定性等。

(1)炉渣熔化性

炉渣熔化性表示炉渣熔化的难易程度。若炉渣需要在较高温度下才能熔化,称为难熔炉渣;相反,则称为易熔炉渣。炉渣熔化性通常用其熔化温度和熔化性温度来表示。炉渣的熔化温度指过热的液体炉渣冷却过程中开始结晶时的温度,或固体炉渣加热时晶体刚好完全消失的温度,也就是状态图(相图)上的液相线温度。普通高炉渣熔化温度可从如图 3.10 所示的 CaO-MgO-Al_2O_3-SiO_2 四元渣系等熔化温度图中查得。高炉冶炼过程要求适当的熔化温度,如果这一温度过高,表明炉渣过分难熔,在冶炼所能达到的温度下只能达到半熔融、半流动的状态,炉料黏结成糊状,煤气很难通过,造成炉况难行、渣铁不分等。这一温度过低,物料在固态时受热就不足,熔滴温度过低,使炉缸高温热量消耗过多,影响难还原元素的还原过程和渣铁温度,以及产品的质量。选择熔化温度时,必须兼顾炉渣流动性和热量两个方面因素。

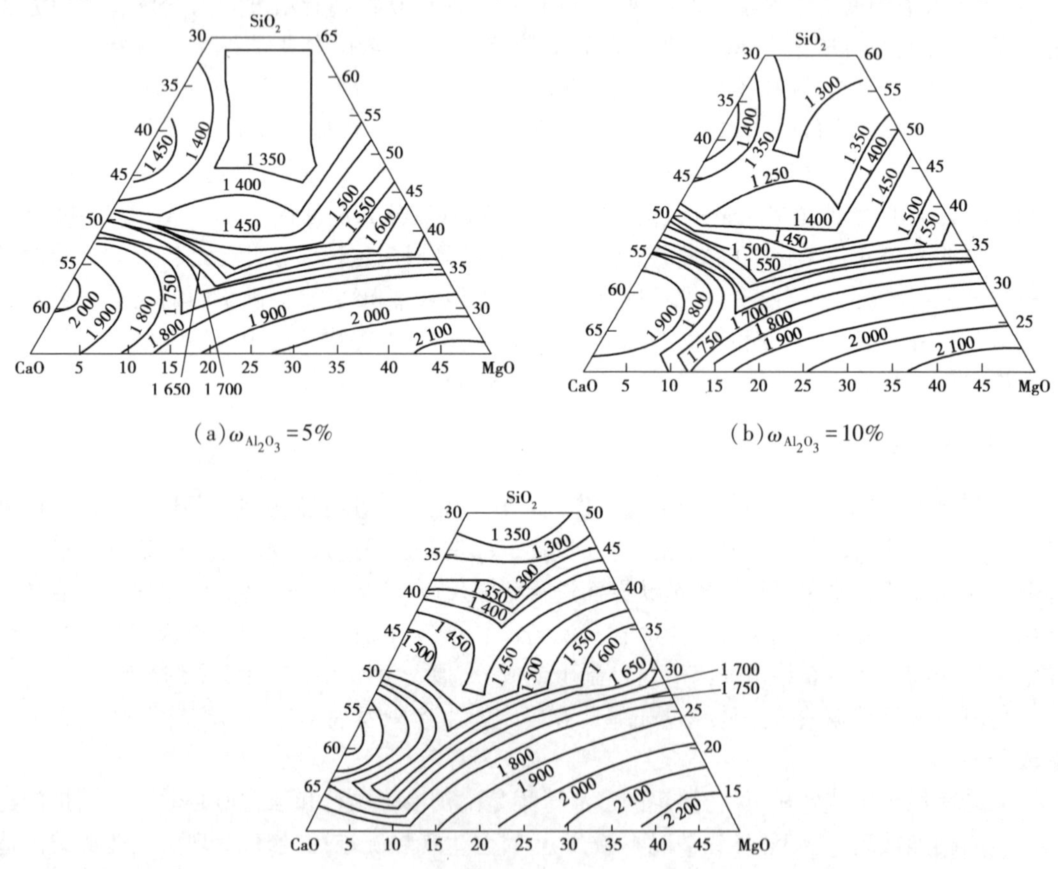

(a) $\omega_{Al_2O_3}=5\%$

(b) $\omega_{Al_2O_3}=10\%$

(c) $\omega_{Al_2O_3}=20\%$

图 3.10　CaO-MgO-Al_2O_3-SiO_2 四元渣系等熔化温度图

实际高炉渣除上述四元之外还有其他成分,利用 CaO-MgO-Al_2O_3-SiO_2 四元渣系等熔化温度图确定该渣的熔化温度时，首先要对渣的成分进行处理，其处理方法有两种：一是只取 CaO、SiO_2、Al_2O_3 和 MgO 四元数值，舍弃其他成分，并将四元成分折算成 100%；二是将性质相似的成分进行合并，如 MnO、FeO 并入 CaO 中，最后合并成 CaO、SiO_2、Al_2O_3、MgO 四元。这样查出的渣熔化温度值比渣的实际熔化温度要低 100 ~ 200 ℃，但与实际炉渣出炉时的温度基本相似。如组成为 CaO42%、$SiO_2$38.2%、$Al_2O_3$11.2%、MgO6.5%、MnO1.5%、FeO0.6% 的某高炉渣，利用 CaO-MgO-Al_2O_3-SiO_2 四元等熔化温度图采用舍弃法确定其熔化温度时，只取 CaO、SiO_2、Al_2O_3 和 MgO，4 个成分的含量总和为 97.9%，这 4 个成分在 CaO-MgO-Al_2O_3-SiO_2 四元渣系等熔化温度图中含量分别为：

$$CaO=\frac{42\%}{97.9\%}\times100\%=42.90\%$$

$$SiO_2=\frac{38.2\%}{97.9\%}\times100\%=39.02\%$$

$$Al_2O_3=\frac{11.2\%}{97.9\%}\times100\%=11.44\%$$

$$MgO=\frac{6.5\%}{97.9\%}\times100\%=6.64\%$$

利用 CaO-MgO-Al_2O_3-SiO_2 四元渣系等熔化温度图采用合并法确定上述同样成分的渣的熔化温度时，MnO、FeO 与 CaO 近似处理为同一性质的碱性氧化物，在 CaO-MgO-Al_2O_3-SiO_2 四元渣系等熔化温度图中渣的各成分含量分别为 CaO=42%+1.5%+0.6%=44.1%、$SiO_2$38.2%、$Al_2O_3$11.2%、MgO6.5%。

炉渣熔化性对高炉冶炼产生的影响主要表现为：

①软熔带位置高低的影响。难熔炉渣开始软熔时温度较高，从软熔到熔化范围较小，在高炉内软熔带的位置低，软熔层薄，有利于高炉顺行。当难熔炉渣在炉温不足的情况下可能出现黏度升高，这影响料柱透气性，不利于炉料顺行。易熔炉渣在高炉内软熔带位置较高，软熔层厚，料柱透气性较差。另外，如果易熔炉渣流动性能好，有利于炉料顺行。

②对高炉炉缸温度的影响。难熔炉渣在熔化前吸收的热量多，进入炉缸时携带的热量多，这有利于提高炉缸的温度。相反，易熔炉渣对提高炉缸温度不利。冶炼不同的铁种时应控制不同的炉缸温度。

③对高炉内热量消耗和热量损失的影响。难熔渣要消耗更多的热量，流出炉外时炉渣带出热量较多，热损失增加，使焦比增高。反之，易熔炉渣有利于降低焦比。

④对炉衬寿命的影响。当炉渣的熔化性温度高于高炉内某处的炉墙温度时，在此炉墙处炉渣容易凝结而形成渣皮，对炉衬起到保护作用。易熔炉渣的熔化温度低，则在此处炉墙不能形成保护炉衬的渣皮，相反，由于其流动性过大会冲刷炉衬。

熔化温度只表明炉渣加热时晶体完全消失、变成均匀液相时的温度。但有的炉渣（特别是酸性渣）在均一液相下也不能自由流动，仍然十分黏稠，不能满足高炉正常生产的要求。

炉渣熔化后能自由流动时的温度称为熔化性温度。有的炉渣虽然熔化温度不高，但熔化之后却不能自由流动，仍然十分黏稠，只有把温度进一步提高到一定程度后，才能达到自由流动的状态。因此，为了保证高炉正常生产，只了解炉渣的熔化温度还不够，还必须了解炉渣的熔化性温度。熔化性温度把熔化和流动联系起来考虑，能较确切地表明炉渣由自由流动变为不能自由流动时的温度值。

熔化性温度是通过绘制炉渣黏度-温度关系曲线的方法来确定的，如图 3.11 所示。对于成分为 A 的炉渣，曲线 A 有明显的转折点 e，通常把 e 点所对应的温度作为该炉渣的熔化性温度；对于成分为 B 的炉渣，曲线上没有明显的转折点，通常就把其黏度值为 2.0～2.5 Pa·s 的点 f 所对应的温度作为该炉渣的熔化性温度，因为炉渣自由流动的最大黏度为 2.0～2.5 Pa·s。有时，也用黏度-温度曲线的"45°切线"来确定熔化性温度，把 45°斜线与黏度-温度曲线的相切点对应的温度作为熔化性温度。实际生产中，高炉渣的熔化性温度常为 1 250～1 350 ℃。控制适宜的熔化性温度，并相应地控制适宜的炉温水平，有利于高炉顺行、强化冶炼和降低燃料比。

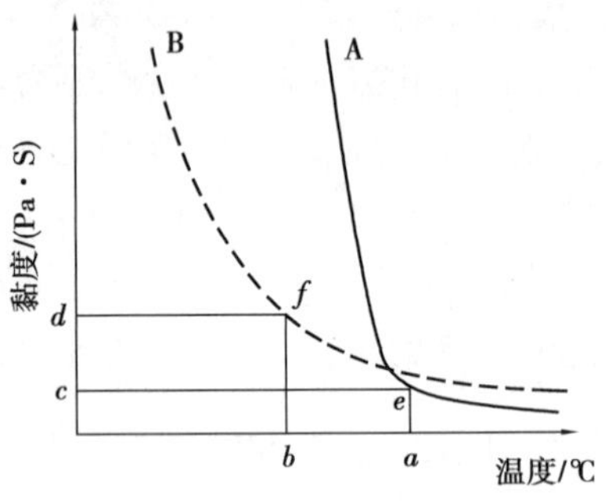

图 3.11　熔渣黏度与温度的关系
A—碱性渣；B—酸性渣

(2) **炉渣黏度**

炉渣黏度是指流动速度不同的两液体渣层间的内摩擦系数，常以 η 表示，单位为 Pa·s（N·s/m^2），其物理意义是，在单位面积上相距单位距离的两液层之间，为维持单位速度差所必须克服的内摩擦力，它与流动性互为倒数。渣黏度越低，流动性越好。在正常冶炼情况下，适宜的高炉渣黏度范围为 0.2～2 Pa·s。

炉渣黏度对高炉冶炼也会产生多方面的影响：

①黏度过大的初成渣能堵塞炉料间的空隙，使料柱透气性变坏，从而增加煤气通过时的阻力。这种炉渣也易在高炉炉腹墙上结成炉瘤，引起炉料下降不顺，形成崩料和悬料等。

②过于黏稠的炉渣（终渣）容易堵塞炉缸，不易从炉缸中自由流出，使炉缸壁结厚，缩小炉缸容积，造成操作上的困难。有时还会引起渣口和风口大量烧坏。

③炉渣的脱硫能力与其流动性也有一定关系。炉渣流动性好，有利于脱硫反应的扩散。对含 CaF_2 和 FeO 较高的炉渣，流动性过好，反而对炉缸和炉腹的砖墙存在机械冲刷和化学侵蚀的破坏作用。生产中应通过配料计算，调整终渣化学成分以达到适当的流动性。

炉渣黏度是高炉工作者十分关心的一个指标，在实际操作中，要综合考虑炉温和炉料顺行，炉渣黏度要适宜。

影响炉渣黏度的因素主要是温度和炉渣成分。

1）温度

炉渣黏度随温度升高都是降低的，流动性变好。但对长渣（图 3.11 中 B 渣）与短渣（图 3.11 中 A 渣）而言则有所不同，一般短渣在高于熔化性温度后，黏度较低，变化不大；而长渣在高于熔化性温度后，黏度仍随温度的升高而降低，但一般其黏度值高于短渣，这可以用炉渣的离子结构理论加以解释。

2）炉渣成分

①碱度的影响。CaO 与 SiO_2 是决定炉渣性能的主要成分，两者之和常高达 70% 以上。原料条件不变时，碱度在一定程度上决定了炉渣的熔化性、黏度和脱硫能力。从实际情况和

实验得知:炉渣 $\omega_{(CaO)}/\omega_{(SiO_2)}$ 的值为 0.8 ~ 1.2 时黏度最低,之后继续增加碱度,黏度急剧升高;当 $\omega_{(CaO)}/\omega_{(SiO_2)}<0.8$ 时,随碱度的降低,黏度也升高。

②MgO 的影响。在一定范围内,随着炉渣中 MgO 的增加其黏度逐渐下降。MgO 含量不超过 10% 时,能降低黏度。由于渣中 MgO 含量提高后,渣黏度受碱度提高的影响将明显减少。从改善渣流动性、提高渣稳定性看,渣中含 6% ~8% MgO 是非常必要的。这种渣在炉温和渣中其他成分变化时,仍然能保持良好的流动性,有利于高炉顺行,并能充分发挥炉渣的去硫作用。

③Al_2O_3 的影响。有助熔作用,加入碱度高的渣中能降低渣黏度。当 $\omega_{(Al_2O_3)}>15\%$ 时,随着含量的增加,炉渣的熔化性温度和黏度升高。但对于小高炉,其易引起炉缸堆积。

④FeO 和 MnO 的影响。两者对渣黏度和熔化性的影响类似,但 FeO 对酸性渣黏度的影响较强烈,而 MnO 对碱性渣黏度的影响较大。FeO 能显著降低炉渣黏度。一般终渣含 FeO 很少,约 0.5%,影响不大。FeO 的影响主要表现在初渣及其在下降过程中,初渣中过高的 FeO 会使渣的熔化温度和黏度上升,影响高炉顺行。冶炼炼钢生铁时,对锰含量不做要求。对难熔炉渣,MnO 具有较强的稀释作用,正因如此,有时在高炉操作中加锰矿,以去除黏结在炉墙上和堆积在炉缸内的难熔炉渣。

⑤CaF_2 的影响。能促进 CaO 的熔化,同时还能与 CaO 形成低熔点(1 386 ℃)的共熔体,能显著降低渣的熔化温度和黏度。因此,含氟的炉渣熔化性温度低,流动性好,在炉渣碱度很高时($R=1.5\sim3.0$),仍能保持良好的流动性。高炉生产常用萤石作洗炉剂,但要避免经常使用大量萤石洗炉,以减少对炉衬的侵蚀。

⑥CaS 的影响。$\omega_{(CaS)}<7\%$ 时,能降低渣黏度,原因可能是 CaO 与 S 生成了 CaS,降低了炉渣的实际碱度,从而降低了熔化温度和黏度;对酸性渣,增加 CaS 反而会使黏度升高。

⑦TiO_2 的影响。当碱度为 0.8 ~ 1.4、TiO_2 含量为 10% ~20% 的范围时,钛渣的熔化性温度为 1 300 ~ 1 400 ℃。碱度相同时,炉渣熔化性温度随 TiO_2 含量的增加而升高,但黏度随含量的增加而降低。钛渣在高炉内有自动变稠的特性,可能原因是 TiN 和 TiC 不能熔化,它们常呈弥散状悬浮于炉渣中,致使炉渣变稠而失去流动性,影响脱硫和正常的出铁、出渣。因此,冶炼钒钛矿时必须防止 TiO_2 的还原。目前大部分采取的方法是,向炉缸渣层中喷射空气或矿粉,造成氧化气氛,以阻止或减少的还原,消除炉渣稠化,保证高炉的正常生产。

(3)炉渣稳定性

炉渣稳定性指炉渣成分和温度发生变化时,其熔化性和黏度是否保持稳定的性质。炉渣的稳定性分为热稳定性和化学稳定性。炉渣成分变化时,其熔化性和黏度变化程度,称为渣的化学稳定性;炉温发生变化时,渣的黏度变化程度,称为渣的热稳定性。稳定性好的炉渣,遇到高炉原料成分波动或炉内温度变化时,仍能保持良好的流动性,从而维持高炉正常生产。稳定性差的炉渣,则经不起炉内温度和炉渣成分的波动,黏度发生剧烈的变化而引起炉况不顺。高炉生产要求炉渣具有较高的稳定性。

可通过两方面判断渣热稳定性:其一是看渣的 η-t 曲线,短渣转折点急,热稳定性差;长渣曲线圆滑,其热稳定性好;其二是看渣熔化性温度与炉缸实际温度之间的差值,若炉渣熔化性温度远远低于正常生产时的炉缸温度,当炉内温度波动时,它仍具有很好的流动性,即使该渣属短渣,也可认为它具有较好的稳定性。若炉渣熔化性温度略高于炉缸温度,经不起炉缸温度的波动,它虽属长渣,但被认为是不稳定炉渣。

判断炉渣化学稳定性的依据是渣等熔化温度图或等黏度图。如该炉渣成分位于图中等熔化温度线或等黏度线密集的区域内,当化学成分略有波动时,则渣的熔化温度或黏度波动很大,说明渣的化学稳定性很差;相反,位于等熔化温度线或等黏度线稀疏区域的炉渣,其化学稳定性好。通常在渣碱度等于1.0~1.2的区域内,炉渣的熔化温度和黏度都比较低,可认为渣的稳定性好,是适于高炉冶炼的炉渣。碱度小于0.9的炉渣其稳定性虽好,但由于脱硫效果不好,故生产中不常采用。当渣中含有适量的MgO(5%~15%)和适量的Al_2O_3(<15%),都有助于提高渣的稳定性。

炉渣稳定性影响炉况稳定性。使用稳定性差的炉渣容易引起炉况波动,给高炉操作带来困难。生产过程中由于原料条件和操作制度常有波动,以及设备故障等都会使炉渣化学成分或炉内温度波动,要求炉渣应具有良好的稳定性。

3.7 生铁中硫的控制

硫能溶于液态生铁形成无限溶液,硫在固态铁中虽然溶解度很小,但它能以硫化物(如FeS)形态富集于晶粒间界面上,形成Fe与FeS低熔点共晶体。在加热到一定温度时,铁中便会出现液相,从而导致铁和钢的热脆,在轧钢和锻造时,钢材易出现裂纹。硫在钢中还能与氧形成硫氧化物,使热脆作用在更低的含硫量和温度下发生。铁和钢中还能形成各种硫化物夹杂,它们与其他非金属夹杂物一起使钢材的力学性能差,降低铁水填充性,使铸件中产生气泡,含硫高的生铁不适于加工铸造件。故硫在钢铁中是一个有害元素,为了减少其危害,必须尽量降低硫在钢铁中的含量,从理论上讲,脱硫应在高炉炼铁时完成。我国标准规定生铁中允许含硫量最高不得超过0.07%,企业则常以其生铁含硫<0.03%作为质量考核指标。高炉生产中控制好生铁中硫含量是生产合格生铁的首要问题。

3.7.1 硫的来源及其在高炉中的变化

高炉中的硫来自原燃料,通常以焦炭带入硫量最多,占入炉总硫量的60%~80%。焦炭中的硫主要以有机硫C_nS_m和灰分中的硫化物和硫酸盐形式存在。在天然矿石和熔剂中,硫主要以黄铁矿(FeS_2)和硫酸盐($CaSO_4$,$BaSO_4$等)形式存在。烧结矿和球团矿中的硫以FeS和CaS形态存在。冶炼每吨生铁时所有炉料所带入的总硫量,称为硫负荷,一般为4~6 kg/tFe。

炉料中的硫随着炉料下降和温度升高,一部分逐渐挥发进入煤气。焦炭中的有机硫在炉身下部到炉腹有30%~50%以CS及COS等化合物形态先挥发,其余则在气化反应和风口前燃烧时生成SO_2、H_2S和其他气态化合物进入煤气。矿石和熔剂中的硫也有一部分经分解或反应(如$FeS_2 = FeS+S$、$CaSO_4 = CaO+SO_3$)生成硫蒸气或SO_2进入煤气。进入气相的硫在上升过程中少部分随煤气逸出高炉,大部分又被下降的炉料吸收。在高炉的高温区和低温区之间形成硫的循环。

在块状带,矿石在200~900 ℃时吸收硫较少,在1 000 ℃左右时吸收加快。在软熔带,炉料的吸硫条件好,硫含量增大。在滴落带,熔化滴落的渣、铁剧烈地吸收煤气中的硫,同时发生硫由铁向渣中转移。在炉缸中,铁滴穿过渣层具有良好的反应条件,脱硫反应大量进行。在炉缸聚集的渣铁界面,脱硫反应继续进行,直到出铁时,铁口通道内下渣与铁水仍然进行着铁的脱硫反应。反应产生的FeS既可溶于渣,也可溶于生铁。高炉冶炼炼钢生铁时,有5%左右的硫是随煤气逸出高炉,冶炼铸造生铁时此值可达到10%~15%。在高炉冶炼锰铁、硅铁等铁合金时,因焦比高,炉顶温度高而使随煤气逸出高炉的硫量增大,但也在50%以下,其余的硫分配在炉渣与生铁之间。高炉的脱硫主要是靠炉渣脱去铁水中的硫。

3.7.2 生铁中的硫含量

由原料带入高炉中的硫,随高炉冶炼进行,一部分进入炉渣,一部分进入生铁,还有一部分随煤气逸出。硫在高炉内的平衡式可表示为:

$$S_{料} = S_{挥} + S_{渣} + S_{铁} \tag{3.64}$$

令

$$L_S = \frac{(S)}{[S]} \tag{3.65}$$

$$n = \frac{Q_{渣}}{Q_{铁}} \tag{3.66}$$

则

$$[S] = \frac{S_{料} - S_{挥}}{Q_{挥}(1 + nL_S)} \tag{3.67}$$

式(3.64)—式(3.67)中,$S_{料}$为硫负荷,kg/tFe;$S_{挥}$为煤气带走的硫量,kg/tFe;$S_{渣}$为渣带走的硫量,kg/tFe;n为渣铁比,kg/tFe;L_S为炉渣脱硫反应达平衡时,硫在渣铁间的分配比;$Q_{挥}$为煤气发生量,kg/tFe;$Q_{渣}$为渣量,kg;$Q_{铁}$为生铁量,kg。

由式(3.67)可知,影响生铁中[S]含量的因素有:

①炉料硫负荷。硫负荷越大,则生铁中[S]越高,这主要取决于焦比及原料中硫含量。

②挥发的硫$S_{挥}$。煤气量越大,由煤气带走的硫量越多。

③渣量n。渣量越大,由炉渣带走的S相对也越多。生产上一般不采用加大渣量的办法降低生铁S的含量。

④S在渣铁之间的分配系数L_S。L_S越大,说明渣中含硫越多。降低生铁中S含量,最好的措施是提高L_S,即增加炉渣的脱S能力。

为降低生铁中S含量,应从上述4方面考虑采取措施。其中,首要的是控制好高炉炉料带入硫量,其方法主要有:

①控制焦炭中的含硫量。

选择含硫量较低、高的抗碎强度和热强度及低反应性的焦炭,以减少焦炭带入的硫量。

②控制烧结矿含硫量。

选择低硫煤和低硫矿粉,并控制烧结配碳量,在烧结中制造好有利于去硫的氧化气氛。

③选择低硫喷吹煤粉。

喷吹煤粉含硫量控制在0.35%～0.45%，最好在0.35%以下。

④提高烧结矿质量，减少入炉粉末。

提高烧结矿转鼓强度，稳定高炉顺行，提高炉缸的活跃性，有利于降低生铁含硫量。

⑤优化炉料结构。

选择合理的炉料结构，降低软熔带高度，提高炉缸温度，提高高炉料柱透气性，有利于降低生铁含硫量。

3.7.3 炉渣脱硫及其热力学条件

硫在熔渣中以多种硫化物形态存在，几种主要的硫化物按其稳定性由小到大的排列是FeS、MnS、MgS、CaS，其中FeS还能溶于铁水。炉渣的脱硫反应就是渣中的CaO、MgO等碱性氧化物与铁水中的硫反应生成不溶于铁水而溶于渣的稳定化合物CaS、MgS等，从而使铁水中的硫转移到渣中而被脱除。在高炉还原性气氛的情况下，炽热焦炭中的C和溶于铁水中的FeS发生脱硫反应：

$$(CaO)+[FeS]+[C]=\!=\!=(CaS)+CO=[Fe] \tag{3.68}$$

或可写成：

$$(O^{2-})+[S]+[C]=\!=\!=(S^{2-})+CO \tag{3.69}$$

式(3.68)可以用分子理论来说明反应机理，即铁水中的FeS通过渣铁界面扩散溶到熔渣中，与熔渣中的CaO反应生成CaS和FeO，反应生成的FeO再被C还原成Fe，生成的CO离开反应界面进入煤气。式(3.69)可以用离子理论来说明反应机理，在液态渣铁界面处进行着离子迁移过程，铁水中呈中性的原子硫，在渣铁界面处吸收熔渣中的电子变为硫负离子S^{2-}进入熔渣中，而熔渣中的氧负离子O^{2-}在界面处失去电子变成中性原子进入铁水中并与铁水中的C化合生成CO，从铁水中排出。由于铁水中有Si、Mn等其他元素存在，这些元素也与铁水中的S相互作用以耦合反应形式脱硫：

$$2[S]+[Si]+2(CaO)=\!=\!=2(CaS)+(SiO_2) \tag{3.70}$$

$$[S]+[Mn]+(CaO)=\!=\!=(CaS)+(MnO) \tag{3.71}$$

高炉中脱硫反应(3.68)达到平衡时，硫在炉渣和铁水之间质量百分浓度比值称为硫在渣-铁间的分配比，是衡量炉渣脱硫的极限能力，可简化为$L_S=(\%S)/[\%S]$。

反应(3.68)达到平衡时，生铁的硫含量为：

$$[S]=\frac{a_{(CaS)}p_{CO}}{K_S f_S a_{CaO} a_C} \tag{3.72}$$

式(3.72)中，a_{CaS}为渣中CaS活度；a_C为铁水中C的活度；p_{CO}为气相中CO量纲一压力；K_S为炉渣脱硫反应平衡常数；f_S为铁水中硫的活度系数；a_{CaO}为渣中CaO的活度。

因此，从热力学上看，影响高炉渣脱硫反应的热力学因素有：

1）炉渣成分

由于铁水中碳饱和，炉缸中CO分压基本是固定的，所以脱硫反应的程度主要决定于渣中CaO、CaS的活度和铁水中硫的活度以及反应的温度和动力学条件。从热力学角度看，CaO比MgO、MnO有更高的脱硫能力，渣中CaO的活度在碱度(CaO/SiO_2)高过1.0左右后，提高很快，因而脱硫能力显著提高。高炉渣的碱度根据脱硫需要一般为0.95～1.25。过高的碱度，炉渣熔化温度增高，液相中将出现 $2CaO \cdot SiO_2$ 固体颗粒，使炉渣黏度升高，流动性变坏，反而不利于脱硫。MgO、MnO 本身能在一定范围内与硫起反应，又能改善炉渣的流动性，它们的存在对脱硫有利。生铁中碳、硅及磷等元素使硫的活度系数增大 4 ~6 倍，而且在高炉还原气氛下，炉渣中的 FeO 较低，从理论上说明高炉中具有良好的脱硫条件，因而在钢铁冶炼过程中，脱硫主要应在高炉炼铁完成。高炉炉凉时，炉渣中 FeO 升高，对脱硫不利，生铁含硫升高，导致出现不合格铁水。Al_2O_3 对脱硫反应也有影响，当炉渣碱度不变时，增加 Al_2O_3 将使 L_S 变小，但当用 Al_2O_3 代替 SiO_2 时，则能增大 L_S。

2）炉缸温度

脱硫是吸热反应，温度越高越有利于反应进行，加快反应速度。在高温下能加速 FeO 的还原，降低渣中 FeO 含量。温度升高还可降低炉渣黏度，加速离子扩散有利于反应进行。实践证明，炉缸温度越高 L_S 值越大，脱硫速度越快，生铁中含硫量越低。

3）炉渣黏度

一般碱性渣中限制脱硫反应速度的因素是 S^{2-} 和 O^{2-} 在炉渣中的扩散速度，降低炉渣黏度加快离子在渣中扩散是提高炉渣脱硫能力最有效的措施之一。一些试验发现，炉渣黏度和脱硫能力成反比关系：黏度增加，L_S 减小；黏度减小，L_S 增大。因而，采取各种有利于降低炉渣黏度的措施，如增加 MgO 含量、提高渣温等，都可以提高炉渣的脱硫能力，加快脱硫。

4）其他因素

除以上因素外，为提高生铁的合格率和提高炉内的脱硫效率，应重视和改进生产操作。当煤气分布不合理，炉缸热制度波动，高炉结瘤和炉缸中心堆积等引起高炉圆周工作不均时，都将引起生铁含硫量升高。另外，渣铁在炉内相互接触的面积和接触的时间也会影响炉渣的脱硫效率。目前在高炉内，硫在铁水和熔渣间的分配尚未达到平衡，为此，增加铁水和熔渣的接触条件都对脱硫有好处，但不可因此而延长出铁的间隔时间。

在高炉冶炼的炉缸温度为 1 500 ℃的条件下，铁水中硫的活度系数为 4 ~6，渣中氧化铁含量 0.5% 左右，炉渣碱度 1.0 左右。反应达到平衡时的 L_S 可达到 200 以上。但在实际生产中，受条件限制，脱硫反应达不到平衡，L_S 值只能达到 20 ~50，最高不超过 80。因此在高炉炼铁中要努力改善脱硫的热力学和动力学条件，随着 L_S 值提高，铁水中[S]降得更低。

3.7.4 高炉炉渣脱硫的动力学条件

生产实践与理论计算表明，高炉中脱硫反应远没有达到热力学平衡状态，苏联学者认为只达到 40% ~70%，而美国学者认为只达到 1/3 ~1/2。因此高炉炉渣脱硫还有相当大的潜力，而关键是如何改善动力学条件。

德国奥特斯教授推荐如下公式进行动力学分析：

$$\frac{d[S]}{dt}=\frac{1}{\dfrac{1}{k_m}+\dfrac{1}{k_S}}\times\frac{A}{M}\left\{[S]-\frac{(S)}{L_S}\right\} \tag{3.73}$$

式(3.73)中，$\frac{d[S]}{dt}$为脱硫速率，%/min；M 为铁水质量，g；k_m、k_S 分别为硫在铁、渣中的传质系数，g/(cm^2 · min)；[S]、(S)分别为 S 在铁液、渣中的质量百分含量，%；L_S 为平衡状态下硫在渣铁间的分配比；A 为渣铁接触界面面积，cm^2。

加速脱硫反应速率措施有：加大渣铁间的交界面面积；加大分配系数 L_S 值；增大硫在铁液和渣液中的传质系数 k_m、k_S。高炉内脱硫情况取决于多方面因素，既要考虑炉渣的脱硫能力又需从动力学方面创造条件使其反应加快进行，后者更为重要。

3.7.5 炉外脱硫

(1)铁水炉外脱硫处理选择理由

铁水炉外脱硫是指铁水进入炼钢炉前，在炉外进行脱硫处理的一种预处理工艺，以降低生铁的含硫量，提高钢的质量，提高钢铁厂的综合技术经济指标。

铁水炉外脱硫工艺在经济上和技术上是合理、可行的，国外高炉一般也提倡采用炉外处理技术，主要基于以下原因：

①由于渣铁间的脱硫反应在高炉内受条件限制而不能充分发挥作用，主要是动力学条件不具备；国外脱硫的研究都着重脱硫的动力学方面，并在此基础上提出炉外脱硫的合理性。

脱硫的动力学机理是硫的迁移经过从金属内部向界面传递、界面反应、反应硫产物在熔渣中扩散 3 个过程。

由脱硫速率公式可知，炉渣脱硫速度取决于传输阻力、反应比表面及脱硫动力 3 个因素，但是在高炉中，由于搅拌受到限制，传输阻力很大，反应比表面也受到限制，因而单靠提高碱度与炉温，虽然也可以提高脱硫能力，但是十分有限，提高碱度后又增加了传输阻力。

②为了适应生产技术的发展，随着对钢管韧性、薄板钢深冲性要求的提高，要求钢中含[S]达 0.005% 以下，对应生铁中含[S]降到 0.01% 以下。但是随着高炉生产水平的提高以及渣量的降低，且原料中的 S 量有增加趋势，生铁中硫含量要进一步降到 0.01% 以下是非常困难的。

③炉外脱硫进行铁水顶处理比在炼钢过程进行脱硫的热力学条件或工艺原理都合理。

④铁水炉外脱硫可以在鱼雷车、铁水罐中进行，也可以在出铁槽中进行，这样可以减少处理投资。

⑤经济上的合理性。实践证明，炉外脱硫不仅可以降低焦比，而且还可减少渣量，总的生铁成本是降低的。国外采用炉外脱硫技术的高炉的实践都证明了这一点。

一些高炉内未能使[S]降到合格范围，为避免产生铁废品，需采用炉外脱硫办法来补救。天然高质量的原燃料资源贫乏，特别是原料中碱金属含量很高(碱负荷 12 ~ 15 kg/t Fe 以上)时，炼铁生产会受到严重影响，为适应这种原料状况的冶炼和提高高炉生产能力，需寻求新的生产工艺，即采用低碱度渣操作并进行铁水的炉外脱硫。

(2)炉外脱硫剂的选择

为提高脱硫效率和降低脱硫剂的消耗，选择合适的脱硫剂是很重要的。工业上采用的铁水脱硫剂种类很多，目前普遍使用的有以下几种：活泼金属脱硫剂(如金属镁)、碳化物脱硫剂(如电石)、碳酸盐脱硫剂(如苏打)、氧化物脱硫剂(如石灰)及复合脱硫剂(两种以上脱硫剂或脱硫和助熔剂按一定比例配制而成)，可以单独使用，也可以混合使用。随着铁水脱硫技术的不断发展，脱硫剂的研制与应用呈现两个基本趋势：一是以石灰基为主的脱硫剂；二是纯镁或镁基脱硫剂，配加石灰、电石、焦炭等和纯镁脱硫剂。根据加入方式的不同，脱硫剂可以制成粉末、细粒、团块、锭条、镁焦等各种形状。

由于苏打渣存在侵蚀耐火材料问题严重、挥发损失大、效率低和环境污染严重、价格贵等问题而很少单独使用。为了满足脱硫过程的各种要求，多被制成复合型脱硫剂。

(3)炉外脱硫的方法

铁水的炉外脱硫，早期仅作为处理高硫铁水的一种手段。后来，一方面对钢的含硫量的要求日趋严格；另一方面又要求适当放宽高炉生产的铁水含硫量，以提高高炉产量，降低焦比，从而降低钢铁综合成本。因此炉外脱硫工艺得到迅速发展。

铁水处理为下游的炼钢工艺提供了良好的条件，可使炼钢工艺的石灰加入量以及渣量均相应减少。中国大部分钢铁企业的铁水预处理只注重脱硫，而在日本，除了脱硫以外还会进行脱硅和脱磷的预处理。脱硅和脱磷会为炼钢工艺带来化学“冷效应”，也就是说，除去铁水中 Si 和 P 的同时也就除去了这些元素提供的热能，因此用于冷却过程的废钢需求量也自然变小。

脱硫处理一般是用喷枪将钝化物、$CaCO_3$ 或 $MgCO_3$ 喷入运送铁水的鱼雷罐车或是炼钢厂的铁水包里，通过造渣吸收铁水里的 S。当然，脱硫的方法和脱硫剂还有很多，可根据实际情况，如根据铁水的成分和脱硫剂环境兼容性等选择更加适合的脱硫方法。

铁水炉外脱硫方法：

1)铺撒法

将苏打粉或苏打粉与石灰粉、萤石粉的混合物撒入流铁沟、铁水流或铁水罐底部，利用铁水流动时的冲击和湍流运动使铁水与脱硫剂搅拌混合，促进脱硫反应。这种方法简便易行，但由于铁水与脱硫剂混合不够充分，脱硫效率不高。

2)喷吹法

喷吹法是以气体为载体将脱硫剂通过喷枪吹入铁水，气体载体有的用惰性气体，也有的用还原性气体，由于此法搅拌效率高，被普遍采用。但由于铁水降温大，金属中含有气体，此法也有不足之处。

3)机械搅拌法

机械搅拌法起源于日本，主要用十字形搅拌器在铁水中造成涡流，使脱硫剂与铁水良好接触与混合，此法效率高、经济，且简便易行，缺点是搅拌器材质寿命短，且降温大。

4)钟罩镁锭或镁焦法

钟罩镁锭或镁焦法起源于美国，在铁水包中置放耐火钟罩，将镁质脱硫剂输入罩底，镁即气化而扩散到铁水中去与[S]反应而脱硫，此法不产生污染，效率也高，但此法对其他脱硫剂不适用。

3.8 风口前碳的燃烧

3.8.1 燃烧反应

高炉冶炼使用的燃料主要是焦炭,此外还包括由风口喷入的煤粉或重油或天然气,燃料中的碳素大部分在风口内被鼓入的热风燃烧气化,剩余部分在燃烧带以外被矿石和熔剂中的氧化物氧化而气化。从炉顶装入高炉的焦炭有65% ~80%在风口前燃烧气化,其余20% ~35%在下降过程中因直接还原氧化物而气化。从风口喷吹的煤粉有80% ~85%在风口前燃烧气化,其余15% ~20%的未燃煤粉在燃烧带以外因氧化而气化,焦炭和煤粉中约有10%的碳不发生气化,而是渗入铁水成为合金元素。

碳燃烧起的作用:①燃烧放出热量,满足高炉冶炼所需要;②燃烧产生还原性气体CO和H_2,有利于降低高炉焦比;③燃烧使固体碳气化成气体,为高炉冶炼腾出空间,为高炉炉料下降创造条件。

风口内碳燃烧处温度最高,鼓风中氧可迅速消失,而碳却是无所不在的,焦炭及喷吹燃料中的碳燃烧生成CO、H_2。

实际生产中C与鼓风中O_2反应式为:$2C+O_2+79/21N_2 =\!=\!= 2CO+79/21N_2$。

同时发生燃烧副反应即为C与鼓风中的H_2O反应,其反应式为:$C+H_2O =\!=\!= CO+H_2$。

由燃烧反应所产生的气体产物构成了高炉初始煤气,其成分包括CO、N_2、H_2。

3.8.2 燃烧带

所谓燃烧带就是风口前有O_2和CO_2存在,并进行碳素燃烧反应的区域,包括回旋区空腔和周围疏松焦炭的中间层,如图3.12所示,燃烧带也称氧化带。从上面滴下经过这里的铁水,其中已还原的元素有一部分又被氧化,被称为再氧化现象。这些元素氧化放热,到炉缸渣、铁积聚带还原,又吸热。再氧化只引起热量的转移,而对整个热平衡无影响。然而,再氧化现象或广义的炉缸氧化作用,对特定条件下的高炉冶炼可能产生重要影响。

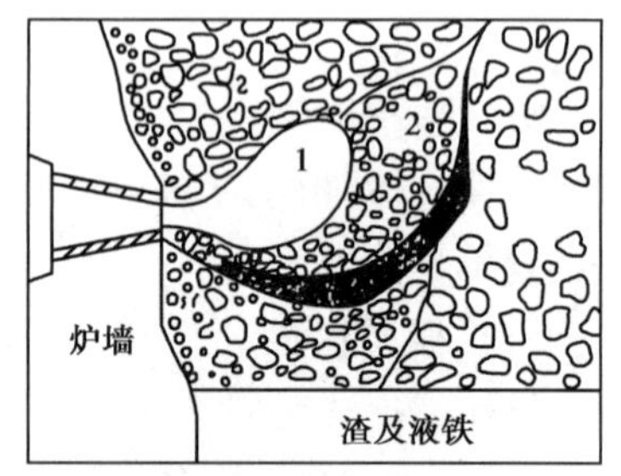

图3.12 燃烧带结构示意图
1—空气回旋区;2—焦类疏松层

高炉内一个送风风口前对应一个燃烧带。实际生产中,高炉需设置若干送风风口,则对应有若干个燃烧带。

由于从风口喷出的鼓风流股的动能大小不同,焦炭在风口前的燃烧情况大致可分为以下两种情况,在每种情况下煤气的分布是不同的。

(1) 层状燃烧

在冶炼强度低的小高炉上可观察到炭块是相对静止的,类似炉箅上炭的层状燃烧。这种层状燃烧的特点是:沿风口中心线 O_2 不断消失,而 CO_2 随 O_2 的减少而增多,达到一个峰值后再下降,直至完全消失。CO 在氧接近消失时出现,在 CO_2 消失处达到或接近碳燃烧的理论值(约35%)。由于炉缸内进行直接还原,所以,炉缸中心处煤气中的 CO 量超过了碳燃烧的理论值。

(2) 回旋运动燃烧

在现代强化高炉中,由于冶炼强度高,鼓风动能大,鼓风以极高速度(100 ~ 200 m/s)喷射入炉内,由于鼓风流股的冲击夹带作用,焦炭块就在风口前产生回旋运动,同时进行燃烧,这就是焦炭呈回旋运动燃烧,也称为焦炭的循环运动燃烧。实际上,现代高炉正常生产时,均为此种燃烧情况。

当鼓风动能足够大时,就把风口前燃烧的焦炭吹向四周,形成一个近似球形的回旋空间。煤气流夹着焦炭块作回旋运动的这个空间称为回旋区。在回旋区外围是一层厚 200 ~ 300 mm 的比较疏松的中间层,它不断地向回旋区补充焦炭。而在中间层的外面,则是不太活跃的新焦炭层,该层随着燃烧反应的进行不断地向中间层移动。

3.8.3 炉缸煤气发生量计算

高炉每小时、每天产生大量煤气,从炉顶逸出,且其中含有 CO、N_2、H_2 等成分,必须对其进行除尘回收。为安全有效除尘回收这些煤气,需要获取这些煤气产生的数量,其中的基本数据首先是炉缸煤气发生量。

高炉炉缸煤气(初始煤气)产生数量及煤气中各种成分量可通过一定条件进行计算,计算中可以燃烧 1 kg 碳素、1 m^3 鼓风或生产 1 t 生铁为计算单位,计算前,首先需获知鼓风参数(鼓风湿度、富氧率等)。为强化高炉冶炼,一些高炉在鼓风中会添加一定量的水蒸气、工业氧等,每立方米高炉鼓风中加入的水蒸气量称为鼓风湿度,每立方米高炉鼓风中加入的工业氧气量称为富氧率。

(1) 鼓风湿度 $\varphi \neq 0$、富氧率 $x_{O_2}=0$ 的鼓风条件下炉缸煤气计算

一定鼓风条件下,一般依据碳燃烧反应计量关系对炉缸煤气发生量进行计算。

设鼓风湿度为 φ,富氧率设为 x_{O_2},当 $\varphi \neq 0$、$x_{O_2}=0$ 时,该空气中干空气占比为$(1-\varphi)$,干空气中 O_2 占比为 21%、N_2 占比为 79%。把水蒸气中的氧折算为 O_2 时,则鼓风为 $V_{风}$时,

$V_{H_2O}=V_{风}\ \varphi$, m^3

$V_{O_2}=0.21(1-\varphi)+0.5\varphi=0.21+0.29\varphi$, m^3

$V_{N_2}=0.79(1-\varphi)V_{风}$, m^3

由

$$2C + O_2 + 79/21N_2 = 2CO + 79/21N_2$$
$$2\times12 \quad 22.4 \quad 2\times22.4$$
$$1 \quad V_{风}(0.21+0.29\varphi) \quad V_{CO}$$

$$2C + H_2O = CO + H_2$$
$$1 \quad 1$$
$$V_{风}\varphi \quad V_{H_2}$$

可得燃烧 1 kg 碳时，所需要的风量为：

$$V_{风} = \frac{22.4}{24(0.21 + 0.29\varphi)}, m^3/kgC \tag{3.74}$$

产生的炉缸煤气各成分数量为：

$$V_{CO} = \frac{22.4}{12} = 2V_{风}(0.21 + 0.29\varphi), m^3/kgC \tag{3.75}$$

$$V_{H_2} = V_{风}\varphi, m^3/kgC \tag{3.76}$$

$$V_{N_2} = 0.79(1 - \varphi)V_{风}, m^3/kgC \tag{3.77}$$

总煤气量为：

$$V_{煤} = V_{CO} + V_{H_2} + V_{N_2} = V_{风}(1.21 + 0.79\varphi), m^3/kgC \tag{3.78}$$

【**例 3.1**】鼓风湿度 $\varphi = 1.5\%$，试计算燃烧 100 kg 碳需鼓多少立方米风、能产生多少炉缸煤气？

解：根据式(3.74)、式(3.78)得：

$$V_{风} = 100 \times \frac{22.4}{24(0.21 + 0.29\varphi)} = 100 \times \frac{22.4}{24(0.21 + 0.29 \times 0.015)} = 435.42(m^3)$$

$$V_{煤} = V_{风}(1.21 + 0.79\varphi) = 435.42 \times (1.21 + 0.79 \times 0.015) = 532.02(m^3)$$

(2) 鼓风湿度 $\varphi \neq 0$、富氧率 $x_{O_2} \neq 0$ 的鼓风条件下炉缸煤气计算

富氧率 $x_{O_2} \neq 0$ 的鼓风属于富氧鼓风，此种条件下，干空气占比为 $(1-\varphi-x_{O_2})$，干空气中 O_2 占比为 21%、N_2 占比为 79%。考虑水蒸气折算的 O_2 以及富氧 O_2，则鼓风为 $V_{风}$ 时，

$V_{H_2O} = V_{风}\varphi, m^3$

$V_{O_2} = V_{风}[0.21(1-\varphi-x_{O_2})+0.5\varphi+x_{O_2}] = V_{风}[0.21+0.29\varphi+0.79x_{O_2}], m^3$

$V_{N_2} = 0.79(1-\varphi-x_{O_2})V_{风}, m^3$

类似上述分析可得燃烧 1 kg 碳时所需风量、初始煤气各成分量。燃烧 1 kg 碳时所需风量为：

$$V_{风} = \frac{22.4}{24(0.21 + 0.29\varphi + 0.79x_{O_2})}, m^3/kgC \tag{3.79}$$

燃烧 1 kg 碳时，产生的炉缸煤气各成分数量为：

$$V_{CO} = 2 \times (0.21 + 0.29\varphi + 0.79x_{O_2}), m^3/kgC \tag{3.80}$$

$$V_{H_2} = V_{风}\varphi, m^3/kgC \tag{3.81}$$

$$V_{N_2} = 0.79(1 - \varphi - x_{O_2})V_{风}, m^3/kgC \tag{3.82}$$

燃烧 1 kg 碳时炉缸产生的总煤气量为：

$$V_{煤} = V_{风}(1.21 + 0.79\varphi + 0.79x_{O_2}) \text{ ,m}^3/\text{kgC} \tag{3.83}$$

【例 3.2】鼓风湿度 $\varphi=1.5\%$、富氧率 $x_{O_2}=2\%$，试计算燃烧 100 kg 碳需鼓多少立方米风、能产生多少炉缸煤气？

解：由式(3.79)、式(3.83)得：

$$V_{风}=100\times\frac{22.4}{24(0.21+0.29\varphi+0.79x_{O_2})}=100\times\frac{22.4}{24(0.21+0.29\times0.015+0.79\times0.02)}=405.53\text{ ,m}^3$$

$$V_{煤}=V_{风}(1.21+0.79\varphi+0.79x_{O_2})=435.42\times(1.21+0.79\times0.015+0.79\times0.02)=501.91\text{ ,m}^3$$

3.8.4 炉缸温度

燃烧带内碳燃烧是一个绝热过程，燃烧生成 CO 放出的热量全部用以加热生成的煤气能达到的温度称为理论燃烧温度，它是高炉操作者判断炉缸热状态的重要参数。适宜的理论燃烧温度，应能满足高炉正常冶炼所需的炉缸温度和热量，保证液态渣铁充分加热和还原反应顺利进行。理论燃烧温度会影响渣铁温度，理论燃烧温度升高，渣铁温度会增加。高炉炉缸直径大，炉芯温度低，为保持其透气性和透液性，要求较高的理论燃烧温度。理论燃烧温度过高，压差升高，炉况不顺；理论燃烧温度过低，渣铁温度不足，严重时会导致风口涌渣。

根据燃烧带绝热过程的热平衡：

$$V_{煤}\,C_{煤气}\,t_{理} = Q_{C} + Q_{物} + Q_{风} - Q_{水解} - Q_{喷解} \tag{3.84}$$

则

$$t_{理} = \frac{Q_{C} + Q_{物} + Q_{风} - Q_{水解} - Q_{喷解}}{V_{煤}\,C_{煤}} \tag{3.85}$$

式(3.84)、式(3.85)中，$t_{理}$为理论燃烧温度，℃；Q_{C}为碳燃烧放出的热量，J；$Q_{物}$为焦炭带入风口处的热量，J；$Q_{风}$为热风带入风口的热量，J；$Q_{水解}$为风口内水分分解吸收热量，J；$Q_{喷解}$为喷吹燃料风口内分解吸收热量，J；$V_{煤气}$为煤气发生量，m^3；$C_{煤气}$为煤气比热，$J/m^3\cdot℃$。

理论燃烧温度处在一个较宽的范围内，日本的炉容较大的高炉，一般理论燃烧温度控制在 2 100～2 400 ℃，我国喷吹燃料的高炉控制在 2 000～2 300 ℃。当鼓风参数有较大的调整时，必须对理论燃烧温度有正确估计，这可以由统计产生的经验式进行估计，不同生产企业的高炉有不同经验式，宝钢高炉理论燃烧温度经验估计式如下：

$$t_{理} = 1\,559 + 0.839\,t_{风} - 6.033\varphi + 4\,972x_{O_2} - 3\,250M_{煤} \tag{3.86}$$

式(3.86)中，$t_{风}$为鼓风温度，℃；$M_{风}$为喷煤量，kg/t Fe；φ为鼓风湿度；x_{O_2}为鼓风富氧率。

影响理论燃烧温度的因素主要有：

①鼓风温度。鼓风温度升高，则鼓风带入的物理热增加，理论燃烧温度升高。

②鼓风富氧率。鼓风含氧量提高以后，N_2 含量减少，此时虽因风量减少而使热风带入的热量有所降低，但由于 N_2 含量降低的幅度大，理论燃烧温度显著升高。

③喷吹燃料。由于喷吹物分解吸热和 H_2 含量增加，理论燃烧温度降低。由于各种喷吹燃料的分解热不同：含 H_2 22%～24%的天然气分解热为 3 350 kJ/m³，含 H_2 11%～13%的重油分解热为 1 675 kJ/kg，含 H_2 2%～4%的无烟煤分解热为 1 047 kJ/kg。所以，喷吹天然气降低理论燃烧温度最剧烈，重油次之，无烟煤降低最少。

④鼓风湿度。鼓风湿度的影响与喷吹物相同,由于水分分解吸热,理论燃烧温度降低。每增加湿度1%降低$t_{理}$ 45 ℃左右。

高炉炉缸的实际温度分布大致如图3.13所示。

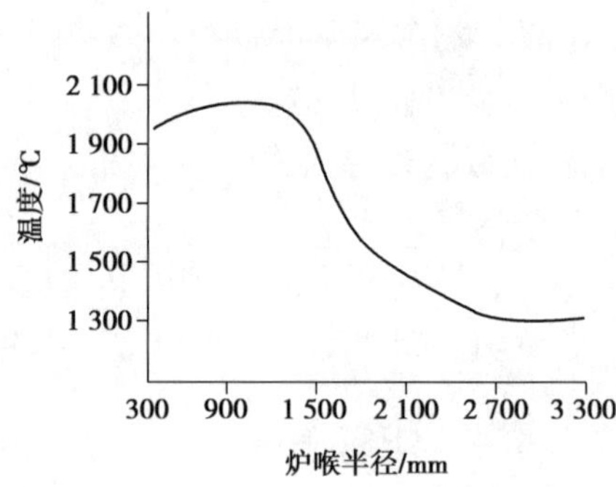

图3.13 沿半径方向炉缸温度的变化

不同高炉其炉缸内实际温度分布是各不相同的,其影响因素主要有理论燃烧温度、焦比、炉渣成分、生铁品种、炉缸直接还原度及冷却水带走的热量等。

此外,同一高炉不同风口前的炉内温度分布也各不相同。其影响因素有:

①布料不均,焦炭多矿石少的地方,温度较高,反之亦然。

②下料速度不均,下料较快的地方,直接还原度相对增加,因而温度比其他地方的温度要低。

③风口进风速度不同。

④喷吹燃料不均。

3.8.5 燃烧带大小对高炉冶炼的影响及其影响因素

(1)燃烧带对冶炼过程的影响

1)对炉料下降的影响

燃烧带是炉内焦炭燃烧的场所,而焦炭燃烧腾出来的空间,是促进炉料下降的主要因素。生产中燃烧带上方的炉料比较松动且下降速度较快。当燃烧带占整个炉缸面积的比例较大时,炉缸活跃面积大,料柱比较松动,有利于炉料顺行。因此,从下料顺行的角度看,人们希望燃烧带水平截面的面积大些,多伸向炉缸中心,并尽量缩小风口之间的炉料呆滞区。

2)对煤气流初始分布的影响

燃烧带是炉缸煤气的发源地,燃烧带大小影响煤气流初始分布。燃烧带伸向高炉中心,则中心气流易发展,炉缸中心温度升高;反之,燃烧带变小,则边缘气流发展,炉缸中心温度降低,对各种反应不利,同时,炉缸中心迟滞且热量不足,也不利于高炉顺行。但是,如果燃烧带过分伸向中心,将造成中心"过吹",同时过分减弱边缘煤气流,增加炉料与炉墙间摩擦阻力,对炉料顺行也不利。

由此可见,维持适宜的燃烧带大小,尽可能增加风口数目,对于保证炉缸工作的均匀、活跃和炉料顺行是非常重要的。

(2)影响燃烧带大小的因素

影响燃烧带大小的因素很多,主要是O_2、CO_2或H_2O向炉中心穿透的深度。O_2、CO_2或H_2O若到达更接近于高炉中心的位置则燃烧带大些。决定此三者穿透深度的主要是鼓风动能,其次是燃烧反应的速度,这又主要决定于温度。有观点认为,燃烧带大小与鼓风动能成正比。

1)鼓风动能

鼓风在一定速度下运动所具有的能量称为鼓风动能。其大小表示鼓风克服风口前料层阻力后向炉缸中心穿透的能力。鼓风动能不仅影响燃烧带大小,而且是引起焦炭作循环运动的原因。鼓风动能的表达式为:

$$E = \frac{1}{2}mv^2 = \frac{1}{2}\frac{\rho_0 Q_0}{gn}\left(\frac{Q_0}{nf} \cdot \frac{273 + t}{273} \cdot \frac{1}{P}\right) \tag{3.87}$$

式(3.87)中,m 为鼓风质量,kg;v 为鼓风速度,m/s;ρ 为鼓风在标准状态下密度,kg/m^3;Q_0 为标准状态下鼓风量,Nm^3;g 为加速度,m/s^2;n 为工作风口个数;f 为风口截面积,m^2;t 为风温,℃;P 为风压,Pa。

由式(3.87)可知,调节鼓风动能值的因素有风量、风温、风口直径等,在生产中可行的调节手段是风口直径。

鼓风动能不能过大,否则会出现一方面中心煤气流过大,导致煤气流失常;另一方面,随鼓风动能的增大,燃烧带并不成比例地向中心扩展,而是在达到某个值后在风口前出现逆时针与顺时针方向旋转的两股气流和更新,易引起风口前沿下端频繁烧损的情况。

2)燃烧速度

当焦炭燃烧速度加快时,反应能在较小的空间完成,因而燃烧带区域缩小。凡能加速燃烧反应的因素皆可缩小燃烧带。提高气相中氧的浓度(富氧)、提高温度及其他加速扩散的措施都将使燃烧带缩小。

3)炉料在炉缸内的分布状况

当炉缸内料柱松动、透气性好,在相同的鼓风动能条件下,煤气容易穿入炉缸中心,燃烧带增大,反之燃烧带缩小。

复习思考题

3.1 高炉中按炉料表现的状态分哪几个带?各有何特点与功能?

3.2 炉料中水分有哪些存在形式?入高炉后的变化对高炉冶炼各有何影响?

3.3 炉内碳酸盐分解对高炉冶炼有何影响?

3.4 高炉冶炼中铁氧化物是如何转变为金属铁的?

3.5 高炉内生铁中的锰是如何获得的(用反应式表示)?碱性渣操作对锰的还原有利吗?

3.6 高炉内生铁中的硅是如何获得的(用反应式表示)?

3.7 为什么可以用生铁中硅含量表示炉温高低?

3.8 生铁中的碳是如何获得的?

3.9 高炉渣的来源有哪些?一般含有哪些成分?

3.10 高炉渣对高炉冶炼起什么作用?

3.11 炉渣黏度高低对高炉冶炼的主要影响有哪些?

3.12　什么是硫负荷？

3.13　写出高炉内炉渣脱硫反应。炉渣脱硫热力学影响因素主要有哪些？它们是如何影响炉渣脱硫的？

3.14　为什么要提倡采用炉外脱硫处理技术？

3.15　写出高炉炉缸内燃料燃烧反应式。

3.16　高炉初始煤气成分有哪些？计算喷 1 m^3 干空气入炉内，炉缸产生初始煤气成分分别为多少？

3.17　燃烧带一些影响因素是如何影响燃烧带大小的？

4 高炉内的煤气与炉料运动

本章学习提要：

高炉内散料层中煤气运动影响参数；软熔带、滴落带内煤气运动特点；高炉内煤气成分、压力降变化；高炉内煤气运动压力降及其变化对炉料下降的影响、高炉料柱透气性指数；高炉内炉料下降条件及影响因素；高炉炉料下降速度计算及其探测方法、探料尺曲线；高炉上部热交换区、下部热交换区、空区内炉料和煤气热交换特点，炉料和煤气的水当量，煤气成分、体积、温度、压力的变化。

高炉冶炼是在散状炉料自上而下、煤气自下而上，即是在炉料和煤气相向运动中进行的。在这个过程中，反应介质以一定的速度运动而展开，形成了以动量传递为基础的物质传递和热量传递。逆向流股中热量及动量传递与输送包括两个物理机理：一种是由物质的分子运动引起的传递；另一种是流体微团移动引起的输送。高炉的冶炼过程十分复杂，但是其所具有的传输现象的特点很明显，例如煤气穿过料层上升是流体力学现象；煤气加热炉料是传热现象；煤气还原铁矿石以及风口前燃料燃烧等都包含着气体扩散的传质现象。

4.1 煤气运动

高炉煤气运动是指高炉冶炼过程中在风口燃烧带开始产生炽热的煤气，然后穿过料柱上升到炉顶的过程。煤气在运动过程中，将热量传递给下降的炉料而本身则被冷却，同时煤气中的 CO 和 H_2 作为还原剂参加铁矿石的还原反应并转化成 CO_2 和 H_2O，再进入煤气。煤气与铁矿石的接触时间、紧密程度及分布的均匀性将直接影响煤气热能和化学能的利用程度，即影响燃料消耗；而煤气的机械运动既遇到炉料的阻力又给炉料以支撑力(ΔP)，其大小既直接影响高炉进风量的多少，又影响炉况的顺行。因此，使煤气流与炉料充分接触，而对炉料的支撑力又最小乃是获得良好高炉操作技术指标的重要条件。研究高炉煤气运动主要是研究高炉内的压力场、煤气流量的分布、煤气运动过程中成分和温度的变化,以及影响上述过程的主要因素,以期获得最好的高炉技术经济指标。

4.1.1 散料层中影响气体流动的主要参数

高炉内,矿石、焦炭、石灰石等物料在未熔化前处于独立的固体颗粒状,一般称为散料。这种散料的透气(煤气)性对高炉冶炼有极大影响。从流体力学看,散料各个颗粒间空隙所占的相对体积及单位体积的总表面积,对透气性有决定性影响。在散料层中影响煤气流动的主要动力学参数有散料的空隙度、比表面积、形状系数、当量直径以及煤气流速等。

(1)空隙度(或孔隙率)(ε)

散料各个颗粒间空隙的体积占总料层体积的比率称为散料的空隙率,即:

$$\varepsilon = 1 - \frac{V_\varepsilon}{V} = 1 - \frac{\gamma_{散}}{\gamma_S} \tag{4.1}$$

式(4.1)中,V_ε 为散料颗粒间空隙的体积,m^3;V 为散料层总体积,m^3;$\gamma_{散}$ 为散料层的密度,kg/m^3;γ_S 为散料颗粒的密度,kg/m^3。

对于等球形散料,ε 与排列状态有关,与直径无关。一般情况下,等直径球任意混装在一起,ε=0.37~0.4。多种粒度混合的散料,空隙率值与其中的颗粒的大小粒直径比和含量有关,大小粒直径差别越大,ε 下降越激烈。在大颗粒含量占60%~70%,其余为一种或两种小颗粒级时,空隙率最低。形状不规则或表面粗糙颗粒的空隙度大于球形颗粒。粒径范围较宽的散料,其空隙率小于粒径范围窄的散料。粒度均匀的炉料,可以使空隙度增加,有利于气体通过,高炉生产中推行炉料分级入炉。

(2)比表面积(S)

单位散料层内散料粒子的总表面积与总体积之比称为比表面积。

对于等直径的球形散料,设料的表面积为 $A_{料}$,粒子的直径为 d_0,其比表面积为:

$$S = \frac{A_{料}}{1 - \varepsilon} = \frac{6}{d_0} \tag{4.2}$$

球形散料的比表面积与料颗粒直径成反比。气流穿过散料层时,料粒度越小,料块比表面积越大,则摩擦阻力越大,通过相同体积的气体时其能量(压头)损失越大。

(3)形状系数(ϕ)

对于非球形颗粒,令其体积与一直径为 d_0 的球体相等,则球的表面积与颗粒表面积之比称为形状系数,即等体积圆球表面积与料块表面积之比。

料块表面积:

$$A_{料} = \frac{6(1 - \varepsilon)}{\phi d_0} \tag{4.3}$$

料块的形状系数为:

$$\phi = \frac{1}{d_p}\sqrt{\frac{6G}{\pi N \gamma_S}} \tag{4.4}$$

式(4.3)、式(4.4)中,G 为料块质量,kg;N 为料块个数;γ_S 为料粒密度,kg/m^3;d_p 为料粒的平均粒径,m。

形状系数表示散料粒度与圆球形状粒度不一致的程度,球体 $\phi=1$,非球体 $\phi<1$。一般烧结矿 $\phi<0.57$,球团矿 $\phi<0.87$。

(4)当量直径($d_{当}$)

流体在散料中运动是沿着料块颗粒之间的空隙所形成的通道流动的,由于高炉内的通道形状非常复杂,变化多端,但是可以看成互相连通的小管束,在分析这种复杂通道的流动时,应用水力学直径或当量直径 $d_{当}$ 来作为形状的参数。

$$d_{当}=\frac{4A_{空}}{\mu} \tag{4.5}$$

式(4.5)中,$A_{空}$ 为散料间空隙的平均截面积,m^2;μ 为湿周,即流体与颗粒接触的润湿界线的总长度,m。

对于球形散料:

$$d_{当}=\frac{2}{3}\left(\frac{1}{1-\varepsilon}\right)d_0 \tag{4.6}$$

对于非球形散料:

$$d_{当}=\frac{2}{3}\left(\frac{1}{1-\varepsilon}\right)d_0\phi \tag{4.7}$$

对于直径为 d 的圆管:

$$d_{当}=\frac{4\,\frac{\pi d^2}{4}}{\pi d}=d \tag{4.8}$$

(5)煤气流速(ω)

设通过散料层每平方米断面积的煤气流量为 G[kg/(m^2·s)],则流速 ω(m/s)为:

$$\omega=\frac{G}{\gamma_{气}} \tag{4.9}$$

式(4.9)中,$\gamma_{气}$ 为煤气密度,kg/m^3。

ω 是按容器全部断面面积计算的平均线速度,一般称为空炉速度。而炉内上升煤气流穿过料柱的有效平均速度($\omega_{孔}$)大于空炉速度(ω),两者的关系是:

$$\omega_{孔}=\frac{\omega}{\varepsilon}=\frac{G}{\gamma_{气}}\times\frac{1}{\varepsilon} \tag{4.10}$$

即有效平均速度 $\omega_{孔}$ 与空隙度(ε)成反比,ε 越大则流速越小。

4.1.2 料柱中的煤气阻力损失、影响因素及透气性指数

高炉内煤气流穿过炉料的通路近似于许多平行的、弯弯曲曲的、断面形状多变化的,但又是互相连通的管束,煤气流穿过这些管束的压力降是煤气作用于散料层的一种阻力或浮力,风压变化即代表这种阻力变化。

高炉炉缸产生的煤气，在炉缸与炉喉的压差（ΔP）的作用下，穿过整个料柱运动到达炉喉的料面上。这个压差所反映的能量损失也称为压头损失，此阻力损失主要有：一是由于煤气并非理想气体，有一定黏度，会与通道壁产生摩擦而损失能量，这一部分称为摩擦阻力损失；二是由于气体通过料层时，路径时宽时窄，质点的轨迹十分曲折，要克服湍流、漩涡和截面突然变化而造成的能量损失，这一部分称为局部阻力损失。这些阻力损失直接决定着炉内的压力变化和气流分布，气流总是在阻力小的地方通过得多些，阻力大的地方少些。

(1)煤气压力降（ΔP）的表达式

高炉内煤气能穿过炉料料柱自下而上运动，主要靠鼓风具有的压力能，煤气流在克服炉料阻力的过程中，本身的压力能逐渐减小，产生压力降（即压头损失 ΔP），与煤气对炉料的下降的支撑阻力相等。

1)煤气总压力降

煤气总压力降可用下式表示：

$$\Delta P = P_{炉缸} - P_{炉喉} \cong P_{热风} - P_{炉顶} \tag{4.11}$$

式(4.11)中，$P_{炉缸}$ 为煤气在炉缸风口水平面的压力，Pa；$P_{炉喉}$ 为料线水平面炉喉煤气压力，Pa；$P_{热风}$ 为热风压力，Pa；$P_{炉顶}$ 为炉顶煤气压力，Pa。

高炉采用高压操作时，炉顶煤气压力增大，从而可降低煤气压头损失。

2)散料层中煤气压力降

在研究类似高炉炉料的散料层中的气体运动时，通常将气体通过料块空隙的运动，假设为气体沿着彼此平行、有着不规则形状和不稳定截面、互不相通的管束运动。这样，就可以应用流体力学中关于气体通过无填充管道的压头损失的一般公式，并通过试验，修正公式中的阻力系数得到半经验公式。在研究分析高炉煤气运动时，常用的表达式有扎沃隆科夫（H. M. Жаваронков）式、Ergun（厄根）方程：

气体流过散料层压力的 Ergun（厄根）方程为：

$$\frac{\Delta P}{H} = 150\frac{\mu\omega(1-\varepsilon)^2}{\phi^2 d_0^2 \varepsilon^3} + 1.75\rho\omega^2\frac{1-\varepsilon}{\varepsilon^3 d_0 \phi} \tag{4.12}$$

式(4.12)中，ΔP 为气体流过高度为 H 料层的压力降，Pa；H 为料层高度，m；μ 为气体黏度，Pa·s；ω 为料层中煤气流速，m/s；ρ 为气体密度，kg/m^3。

高炉冶炼过程一般都是非层流，因此应用时可取公式后半部分，即：

$$\frac{\Delta P}{H} = 1.75\rho\omega^2\frac{1-\varepsilon}{\varepsilon^3 d_0 \phi} \tag{4.13}$$

由 Ergun（厄根）方程可知，影响煤气压力降 ΔP 的因素包括原料特性和煤气特性两方面的因素，原料特性主要是散料的粒度、空隙度和形状系数，煤气特性主要是指煤气流速、温度。前者决定了炉料的透气性，后者决定了煤气通过料层的能量大小，并集中地反映在 ΔP 的表达式(4.13)中。从减少煤气阻力来看，要求 S 值小、d_0 值大；但从还原反应和传热角度看，要求 S 值大、d_0 值小。两者是相互矛盾的，解决办法是：在鼓风机能力允许条件下使用较小的粒度，以加快传热和改善间接还原而降低焦比。改善透气性的重点是要增加散料的空隙率 ε。

(2)透气性指数

由式(4.13)变换得:

$$\frac{\omega^2}{\Delta P}=\frac{d_0\phi\varepsilon^3}{1.75\rho H(1-\varepsilon)} \tag{4.14}$$

对于生产高炉来说,煤气流速 ω 与风量 Q 成正比,当炉料没有显著变化时,$d_0\phi$ 可认为是常数,且料线稳定时 H 也是常数,所以$\frac{d_0\phi}{1.75\rho H}$可归为一常数 K,即有:

$$\frac{Q^2}{\Delta P}=K\frac{\varepsilon^3}{(1-\varepsilon)} \tag{4.15}$$

由式(4.15)可知,$Q^2/\Delta P$ 的变化代表了 $\varepsilon^3/(1-\varepsilon)$ 的变化。在生产高炉上,Q、ΔP 都是已知的,可以直接计算,由于 ε 恒小于1,所以 ε 的细小变化会使 ε^3 变化很大,要强化冶炼,必须使用窄筛分的炉料,即生产中的"按粒度分级入炉",争取入炉料粒度均匀无粉末(匀和净),也可称为整粒,粒度小于5 mm 的粉末危害最大,应争取尽可能筛除。$Q^2/\Delta P$ 反映炉料透气性的变化很灵敏,是高炉工厂进行冶炼操作的一个重要依据,常称它为透气性指数。有的工厂用 $Q/\Delta P$ 或 $\Delta P/Q$ 等作为透气性指数,虽然它也能反映一定的炉料透气性变化,但与此公式相比并不严格。

在高炉生产使用的原料中,焦炭的透气性指数明显高于矿石,烧结矿的透气性指数大于球团矿。

4.1.3 软熔带、滴落带内的煤气运动

软熔带是高炉冶炼过程中透气阻力最大的区域,一般认为,它的阻力损失要占料柱总阻力损失的50%以上。滴落带内有煤气、液体渣和铁以及固体炉料(主要是焦炭)的运动,它们的流动互有影响,情况比较复杂,至今尚未有适用于高炉软熔带、滴落带的煤气压头损失的计算公式。滴落带内煤气的阻力损失比起无液相的"干区"有所增加,且液体流速越高,压力损失越大。

煤气在滴落带内的运动的主要特点有:

①这里唯一尚存的固体炉料是焦炭。

②在煤气流向上的同时,液体渣铁往下滴落穿过焦炭的空隙,在气、固、液三相之间进行着剧烈的传热、还原与碳的气化反应。

③煤气流受穿过焦炭层的阻力外,还受到向下流动的液态渣铁的阻力影响,且渣铁量越多和渣黏度越大时,其阻力损失也越大。

④煤气流速增加到一定程度时会产生液泛现象。"液泛现象"是指当煤气流速增加到一定程度时,渣铁将完全被煤气流托住而下不来,类似煮粥开锅时一样的现象。

4.1.4 沿高炉高度煤气成分、流速、压力降变化

(1)沿高炉高度煤气成分变化

离开炉缸燃烧带回旋区的煤气含 CO 35%左右和少量的 H_2,其余为 N_2。煤气在上升过

程中成分不断变化,其规律如图4.1所示。N_2 不参加化学反应,其绝对量不变,随煤气上升,比值不断降低;在高炉下部,由于直接还原使CO量不断增加,当到达高炉中上部间接还原区时,由于部分CO参加间接还原,CO量不断减少,而生成等量的 CO_2,CO_2 量有所增加。煤气在上升过程中,由于吸收焦炭的有机氢和挥发分中的 H_2,H_2 含量略有增加;在间接还原区域,由于 H_2 参加还原而有部分转化为 H_2O。穿过料柱到达炉喉料面上的煤气一般含CO 17%~25%,焦比高的高炉,CO高,焦比低的CO低,随冶炼铁种和煤气利用率的不同而异。冶炼含Si、Mn等难还原元素多的铁种,以及煤气CO利用率低时,炉喉煤气中含CO高。CO_2 与CO正相反,焦比低,CO利用率高的高炉,其 CO_2 高。铁氧化物氧化度高的炉料和石灰石用量多时,CO_2 高些。在一般情况下,CO与 CO_2 之和为39.5%~42%,基本是常数。H_2 的多少除了与初始含量有关,还与 H_2 参加还原的程度,即 H_2 的利用率有关,利用率高的炉顶煤气中 H_2 低。一般 H_2 的利用率为30%~45%。此外,在冷却设备漏水时,煤气中 H_2 含量也会升高。在采用富氧鼓风时,根据富氧率大小,煤气成分将有相应变化,主要是 N_2 含量减少,CO和 CO_2 含量升高。

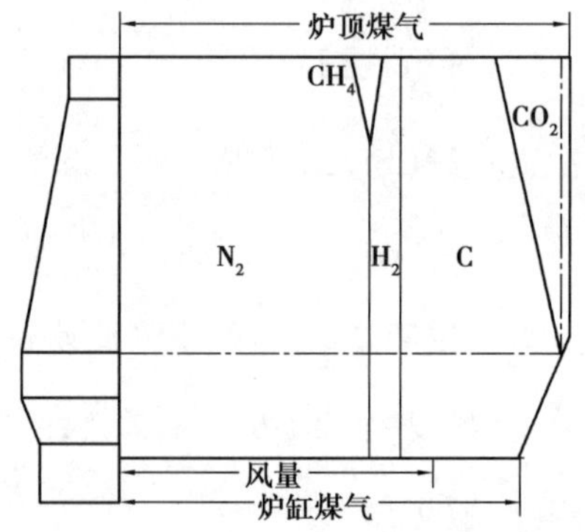

图4.1 炉内煤气成分、体积变化示意图

料面上的煤气由炉顶导入重力除尘器,这里的煤气属于荒煤气,含有大量粉尘。生产中根据其成分变化来衡量煤气化学能的利用程度。

(2)高炉内煤气流速的变化

煤气流速对还原、热交换,煤气的压头损失以及煤气的分布均有很大影响。特别是随高炉冶炼日益强化,煤气流速不断增加,煤气运动问题显得越来越重要。为此,炼铁人员克服高温、粉尘等困难,采用毕托管、示踪原子、热线风速仪、局部煤气速度计等进行测量研究,并用高炉操作数学模型进行计算分析,从众多的测量结果和数模中总结出了一些规律:

①高压操作使炉内煤气流速降低,而且流速与 CO_2 含量和温度有关,流速高处,煤气温度高,CO_2 含量低。

②采用同位素氡、氪85和水银蒸气作示踪原子,测量得到不同料柱高度下煤气的停留时间,见表4.1。由此推算煤气的线速度为2.5~6.8 m/s。

表4.1 不同料柱高度下煤气在炉停留时间

高炉容积/m^3	688	1 067	2 000
料柱高度/m	17.02	19.45	22.3
煤气在炉内停留时间/s	2.5~5.0	4.6~7.4	7.77~9.82

③生产高炉的炉体半径上煤气分布是不均匀的,中心区煤气流速高。但在同一半径的任何位置上,从料面向下3~4 m处煤气流速都达到最大,而在炉腰附近煤气流速最低,再向下在靠近炉缸处煤气流速又有所增加。

(3)沿高炉高度煤气压力的变化

炉缸产生的煤气,在炉缸与炉喉的压力差(ΔP)作用下,穿过整个料柱运动到炉喉料面上。总的压力变化规律如图4.2所示。正常情况下,沿炉子高度往上煤气压力逐渐降低,基本上呈一直线。若某处偏离正常直线,说明该部位透气性发生了变化。炉缸煤气的压力主要取决于风量、风压、炉顶压力和料柱透气性。风量越大,风温越高炉顶压力越高,料柱透气性越差则炉缸煤气压力越高,反之则越低。由于高炉上不常测量炉缸压力,生产中在计算炉缸与炉喉之间的压力差时,常用热风压力代替炉缸煤气压力,故而在使用ΔP时,应该考虑到,其中包括从热风围管、热风支管上的压力损失。

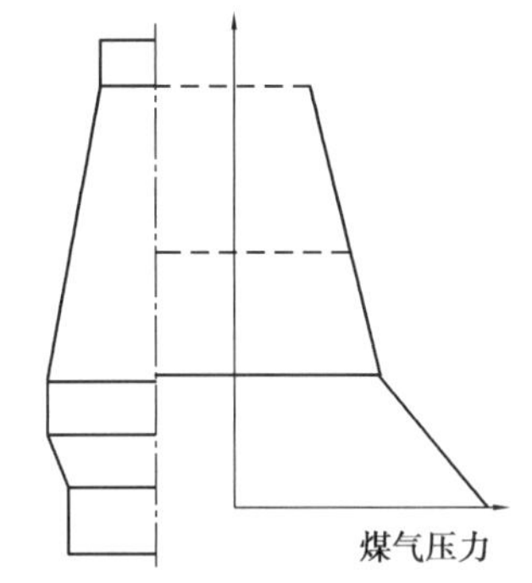

图4.2　炉内煤气压力变化示意图

多数高炉在炉身下部装有测压装置,可测量出风压与炉身下部之间的压差$\Delta P_{下}$和炉身下部与炉顶之间的压差$\Delta P_{上}$。利用$\Delta P_{下}$和$\Delta P_{上}$可算出高炉下部透气性指数和上部透气性指数,并借此判断高炉行程。例如,当出现崩料,悬料等现象时,就可以利用上、下部压差的变化,判断故障发生的位置并采取相应的措施。也有的高炉在炉身部分设2~3层测压装置,连同风压和炉顶压力便可以取得高炉3~4个区域的压差,这对分析高炉操作很有帮助。炉料的透气性发生变化和装料制度变更时,主要对高炉上部压差有影响;而风温、风量、造渣制度(初渣数量和初渣性质)等主要影响下部压差。当炉况不顺,出现悬料时,在悬料区段压差升高,而在管道行程时,该区段压差降低。

4.2　炉料运动

炉料运动指的是固体料的运行及其中矿石软熔后的流动状态。风口区以下的炉缸内,汇集流下的液体渣和铁因密度不同而分层存在(渣在上层、铁在下层),固态焦炭浸没在渣铁之中。随着冶炼进行,渣、铁层逐渐增厚并定期或连续排出,所以此区内的炉料运动主要指液态渣、铁的流动和焦炭的沉浮状态。

4.2.1　固体散料的流动

受装料设备特性的限制,炉料入炉后料面呈中心低、边缘高的斜面。风口上方的焦炭不断落入回旋区燃烧,风口区位于炉子边缘,加上炉身逐渐扩展的形状影响,故边缘比中心下料快,使料层越往下越趋平坦。就整体而言,在炉身块状带,炉料大体上是呈活塞流动状态向下运行。虽然相间分布的焦炭与矿石在层间界面处略有混杂,宏观上却仍呈明晰的层状缓缓下降。高炉下部(大体上指软熔带以下风口区以上)炉料运行如图4.3所示。在上部,炉料呈活塞流,料块大体上是

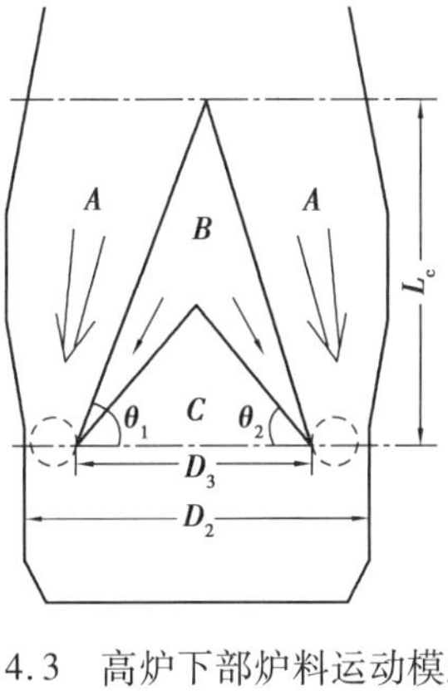

图4.3　高炉下部炉料运动模式和特征性流动域示意图

垂直下降的，但到一定高度（图 4.3 中 L_c）后，散料则分为 3 个区间，其中 A 区内的散料（焦炭）呈近似漏斗状，以较快速度从上方落入风口区进行燃烧；C 区通常被称为死料柱，是浸没在液体渣铁中的焦炭，基本上处于沉浮蠕动状态；由于碳的溶解、直接还原以及被渣铁浮起的焦炭少部分从燃烧带下方挤入燃烧带内气化等，使 C 区内的焦炭缓慢消耗，高炉解剖调查结果表明，大约 10 d 更新一次。B 区内的焦炭则沿死料柱形成的斜坡滑入风口区，其速度比 A 区的焦炭下落速度慢。A—B 界面与水平的夹角 θ_1 为 60°～65°，死料柱角度 θ_2 约为 45°。

4.2.2 液体流动

炉料在下降过程中不断地从上升的高温煤气中获得热量，降至一定位置、被加热到一定温度时开始软化熔融。在滴落带内形成的液滴穿越焦炭层下降，其中一些液滴又相互聚集沿焦炭缝隙流入炉缸。

高炉解剖和模型实验研究表明，软熔带形状、滴落带各部位空隙率和煤气流运动的流向和托力对液体的滴落有重大影响。例如，在煤气流横向穿过软熔带的焦窗时，有把刚形成并下滴的液流推向边缘的作用；又如在风口区正上方，由于刚形成的初始气流有很大的托力，致使相当多的液体转向回旋区四周流下。

滴落带内的铁水和熔渣穿过焦炭的流动属于在透液性不均的充填层内缓慢的黏性流动。在刚出完铁的炉缸内积存渣、铁液很少时，焦炭床将沉坐在炉底死铁层上；在渣、铁量达到一定水平，致使液体对焦炭床的上浮力大于上部料柱传递给它的压力时，焦炭床将在铁水中浮起。

无焦炭层内铁水的高速流动会加速炉底耐火材料的侵蚀。当焦炭床呈向下凸起的形态浸没于铁水时，由于炉底四周无焦，经焦炭床流过的铁水更多，以至形成周边铁水环流，造成炉底周围碳砖熔蚀严重（即通常所说的蒜头形侵蚀），生产中采用适当控制出铁速度并增加死铁层深度的措施来减轻炉底侵蚀。在高炉出铁结束时，炉缸内仍会有部分熔融渣、铁残存。由于熔渣黏度通常为铁水的 100 倍以上，故残存熔体主要是炉渣。炉渣越黏，初始渣面水平越高，焦炭块度越小（尤其是粉末越多），出铁速度越快，则残留量越大。炉缸内熔体残存过多对上部炉料顺利下降不利。采用黏度较低的炉渣，维持焦床内焦炭粒度均匀（尤其是无粉末），改善其透液性，适当增加出铁次数，减缓出铁速度等都对减少炉缸内残渣有益。改善包含死料柱在内的炉缸焦炭床的透气性和透液性，对维持炉料顺利运行进而改善高炉操作有重要意义。由炉顶中心多加部分焦炭，使中心区矿焦比减小，可以促进中心气流发展，改善炉缸焦炭床的透气性和透液性。

4.2.3 炉料下降条件

(1)炉料下降必要条件

在高炉内需不断存在着促使炉料下降的自由空间。高炉自由空间产生因素包括以下几个方面：

①风口前燃料的燃烧。

②炉料中的碳素参加直接还原气化。

③固体炉料熔化，形成液态的渣铁。

④定期从炉内放出渣、铁，使炉缸内经常保持一定空间，使上面的炉料得以下降。

⑤固体炉料在下降过程中，小块料不断充填入大块料的间隙以及受压使之体积收缩。在总自由空间体积中，第1部分占44%～52%，第2部分占11%～16%，第3、4部分占25%～35%，第5部分占5%～15%。

焦比较低的高炉，炉料的熔化和出渣出铁对炉料下降的影响增大，如果原料整粒工作不好，则最后一项对炉料下降的影响较大。

(2)炉料下降充分条件

炉料能否顺利下降还受到力学因素的支配。炉料在炉内所受到的向下合力如下：

$$P = Q_{料} - P_{墙摩} - P_{料摩} - \Delta P \tag{4.16}$$

式(4.16)中，$Q_{料}$ 为炉料重量；$P_{墙摩}$ 为墙壁对下降炉料产生的摩擦力；$P_{料摩}$ 为料块之间相对运动中产生的摩擦力；ΔP 为煤气对炉料产生的上浮力，等于炉料横向面积取单位面积时煤气的压力降。

在一定冶炼条件下，式(4.16)中前3项，基本不变，可合称为炉料有效重量 $Q_{有效}$，即：

$$Q_{有效} = Q_{料} - P_{墙摩} - P_{料摩} \tag{4.17}$$

则：

$$P = Q_{有效} - \Delta P \tag{4.18}$$

由上述3个式可知，炉料有效重量越大，煤气压差越小，炉料受到向下的合力越大有利于炉料的下降。当炉料有效重量与煤气压差相等时，炉料可能难行或悬料。

炉料下降的力学条件(充分条件)是向下合力 P 大于0，即：

$$P = Q_{有效} - \Delta P > 0 \tag{4.19}$$

值得注意的是，P 值的大小对炉料下降快慢的影响并不大，影响炉料下降快慢的主要因素取决于单位时间内焦炭燃烧量，炉料下降速度与鼓风量和鼓风中的含氧量成正比。

(3)影响 $Q_{有效}$ 的因素

影响 $Q_{有效}$ 的因素主要有：

1)高炉炉腹角

炉腹角减少，炉身角增大，此时炉料与炉墙摩擦阻力会增大，不利于炉料顺行。

2)料柱高度

一般认为料柱高度增大，炉料有效重量增加，但料柱高度增大到一定程度后，有效重量不再增加。高炉炉型不合理，炉身易形成料拱，摩擦阻力增加。当高炉炉型趋于矮胖型时，有利于炉料顺行，尤其适于高度较大的大型高炉。

3)炉料运动状态

处于运动状态的炉料在下降过程中的摩擦阻力均小于静止状态下的炉料阻力，运动状态下的炉料其有效重量比静止态的炉料有效重量大。

4)风口数目

增加风口数目，有利于提高炉料有效重量。

5)炉料的堆积密度

炉料的堆积密度越大,炉料的有效重量越大。入炉焦比降低后,随着焦炭负荷增大,炉料堆积密度增大,对炉料顺行有利。

6)其他因素

生产中,除了上述影响因素,还有其他因素影响炉料的下降。如渣量多少、成渣带位置的高低、初成渣的流动性、炉料下降的均匀性以及炉墙的光滑程度等,都会造成炉墙摩擦阻力、料块之间的摩擦力发生改变,从而影响炉料的下降。

4.2.4 料速及下料异常

(1)炉料下降速度

高炉内炉料下降速度可通过下料速度、冶炼周期等进行了解。下料速度可按下式计算:

$$V_j = \frac{V}{24S} \tag{4.20}$$

$$V_j = \frac{V_u \cdot \eta_V \cdot V'}{24S} \tag{4.21}$$

式(4.20)、式(4.21)中,V_j 为高炉炉料平均下降速度,m/s;V 为每昼夜装入高炉的全部炉料体积,m^3;S 为炉喉截面积,m^2;V_u 为高炉有效容积,m^3;η_V 为高炉有效容积利用系数,$t/(m^3 \cdot d)$;V'为每吨铁炉料的体积,m^3。

由式(4.21)可知,在一定条件下,利用系数越高,下料速度越快;每吨铁炉料的体积越大,下料速度也越快。

冶炼周期是指炉料在炉内的停留时间,用它也可说明炉料在炉内的下降速度。可按下式计算冶炼周期:

$$t = \frac{24V_u}{P_d V'(1-C)} = \frac{24}{\eta_V V'(1-C)} \tag{4.22}$$

式(4.22)中,t 为冶炼周期,h;P_d 为高炉日产铁量,t/d;C 为炉料在炉内的压缩系数,大型高炉约为12%,小型高炉约为10%。

生产中一般采用由料线平面到达风口时的下料批数(N_p)作为冶炼周期的另一种表达方法。可按下式计算 N_p:

$$N_p = \frac{V}{(V_k + V_c)(1-C)} \tag{4.23}$$

式(4.23)中,V_k 为料线平面到达风口之间焦炭体积,m^3;V_c 为料线平面到达风口之间矿石体积,m^3。通常矿石的堆积密度取2.0~2.2 t/m^3,烧结矿石约为1.6 t/m^3,焦炭约为0.45 t/m^3,土焦为0.5~0.6 t/m^3。

冶炼周期是评价冶炼强化程度的指标之一。冶炼周期越短,利用系数越高,意味着生产越强化。我国大中型高炉冶炼周期一般为6~8 h,小型高炉一般为3~4 h。

高炉内不同部位,炉料的下料速度是不一样的。沿高炉半径方向,炉料运动速度不等,紧靠炉墙的地方下料速度最慢,距炉墙一定距离(这里正是燃烧带上方,产生很大的自由空间,该区域内炉料最松动)处,下料速度最快。此外,由于布料是在距炉墙一定距离处,矿石量总是相对多些,此处矿石下降到高炉中、下部时,被大量还原和软化成渣后,炉料的体积收缩比半径方向上的其他点都要大。

沿高炉圆周方向,炉料运动速度也不一样。由于热风总管离各风口距离不同,阻力损失则不相同,致使各风口的进风量相差较大(有时各风口进风量之差可达25%左右),造成各风口前的下料速度不均匀。另外,在渣、铁口方位经常排渣、排铁水,因此在渣口、铁口的上方炉料下降速度相对较快。

炉料在炉内的平均下降速度为50~60 mm/min,但在不同高度上降落速度不同。一般炉喉下料快,进入炉身后随炉型扩展,速度减慢,软熔后速度又加快。此外,同一高度上径向不同点的料速不同:炉墙边缘因处于风口焦炭燃烧区上方,下料最快;处于死料柱正上方的炉子中心区域下料最慢;中间区则介于两者之间。总体而言,料速主要取决于风量。风量增加则单位时间内燃烧的焦炭多,风口前能及时腾出空间,故料速加快。炉料在下降过程中还存在超越现象,即某种物料装入后提前到达炉缸的现象。这是由于各种物料的理化性质不同。质重、块小、光滑的物料容易穿过料层间隙提前下落,易熔矿石在较高位置熔化很快流入炉缸。一般来说,球团矿与烧结矿同时入炉时,球团矿容易超越烧结矿。在正常操作中,前后超越效果互相抵消,故不易察觉,但当变料或正常制度破坏时,这一现象就显现出来。如当改变铁种时,由于组成新料批的各种物料不是同时下到炉缸,故会得到中间产品,仅当新料全部下达炉缸后生铁成分才能稳定下来。在高炉渣碱度过高致使炉渣过黏且不稳定时,从炉顶适量加入河砂(主要成分为SiO_2),由于超越作用,这部分河砂会很快下降到炉缸来中和过高的CaO,使炉渣性能改善。

(2)炉料运动的异常

块状带的下料异常主要是悬料和管道行程;滴落带除悬料、管道行程之外还有液泛。由于某种原因炉料透气性变坏,致使炉料下降力P近于零,可能出现下料不畅,使炉况难行;在各风口进风不均,使得局部区域料速过快或过慢,可能产生炉况偏行;在炉料下降力$P\leqslant 0$时,炉料悬而不落,即为悬料;此时若采用减风措施来减小煤气上托力,则可能重新使$P>0$导致炉料继续下降,这一操作称为坐料。原料粉末太多或煤气量过大时,粉料可能向运行阻力小的方向流动或被吹向炉顶,由此在料柱内形成一个没有规整形状的上下连通的管道状区域,此区内的料极疏松,煤气上升阻力极小,这种现象即为管道行程。在滴落带,焦炭充填层内向下流动的熔渣与逆向上升的煤气流相遇,当煤气流速达到某一数值时,熔渣会被吹到上方,即发生液泛,被吹回上方的熔渣在低温区重新凝固,有可能引起悬料;液泛如发生在边缘,则可能导致炉墙结厚甚至结瘤。悬料、液泛等均属炉料下降的不正常状况,需通过改善原料、改进操作予以消除。

4.2.5 炉料运动的检测

(1)炉料运动的检测研究动向

高温作业给高炉内测定带来很多困难,到20世纪中叶,人们对炉内运行状况了解并不清楚。20世纪60年代开始，苏联、日本等国进行了大量炉体解剖调查，即在正常冶炼情况下突然停风，采用水冷或惰性气体冷却尽可能使炉内保持中断冶炼时的原状，然后自上而下逐层解剖，观察、取样并做理化分析，由此判断炉料存在、运动及各种反应进行的状况。后来，一些国家进行了炉内运行规律的模型实验研究。另外，也采用蜡球等易熔物模拟矿石，焦粒模拟炉内焦炭，从风口鼓入热风，使蜡球软化、熔滴，以了解不同送风制度下软熔带形成状况。靠这种模型可模拟不同炉型、各种装料制度、送风制度及炉墙结厚、破损等条件下炉料的运行状态，以供实际操作参考。

炉料料块运行方向和速度为其力学条件所支配。料层内的应力通常用可移式土压计来测定。土压计为一光滑盒体，受压面由附有应变计的应变板支撑，土压计在某处、某方向上承受的压力以各支撑点的平均应变形式转换为电信号输出，这种土压计可埋置在料层内随料下降，受压面的压力信号通过导线输出。这种测压装置尚未能用于高温的生产高炉。也有将粉体工程学实验方法引入高炉内炉料运行的研究。由于高炉冶炼过程极为复杂，这种研究尚不成熟。激光等新技术也用于液流研究。

(2)高炉下料情况的探测与观察

高炉的下料情况直接反映冶炼进程好坏。了解高炉下料情况的方法有：料尺曲线、风口工作状况观察分析判断等。下面介绍探料尺的工作及其料尺曲线。

高炉一般沿纵截面炉头的两对称处各安置一个探料尺(可简称为“料尺”)。大中型高炉的探料尺都是自动升降，其下降情况用计时打点器在纸上按圆盘形或直线形方式自动记录，由料尺工作过程能反映炉内炉料下降中料面移动距离与时间关系，即料尺曲线。现代高炉的料尺曲线如图4.4所示。钟式炉顶的料尺工作及料尺曲线具体获得过程为：当炉内料面降到规定的料线位(图4.4中即为B、D等点位)时，料尺提到料尺零位(图4.4中A、E等点位)，大钟开启将料装入炉内，料尺重新瞬时(时间近似为0)下降至一批料面位置(图4.4中的C、F等点位)处，并随料面一起缓慢向下移动，下降过程中料尺移动距离与时间关系线由与料尺连接的计时打点器打印，料面到达规定料线后，料尺又重复前述工作。

料尺曲线应用：

①图4.4中的两垂直线之间的BC类曲线表示一批炉料的运动曲线。若料面下移距离为$\mathrm{d}S$，对应时间为$\mathrm{d}t$，则$v=\mathrm{d}S/\mathrm{d}t$值代表料面瞬时下料速度。通过$BC$类曲线各点斜率可确定该批炉料运动速度，进一步可分析一定时间内炉内炉料运动状况。若一批炉料下降过程十分均匀，则BC类曲线表现为一条直线，此时由BC直线斜率即可求得该批炉料的下降速度。若BC曲线既不是与纵坐标重合，也不是与水平线平行，曲线斜率不是很大，则此批炉料运动正常；若BC曲线与纵坐标重合，曲线斜率为无穷大，则炉料运动不正常，此批炉料在炉内运动可能出现“崩料”现象；若BC曲线与水平线平行，曲线斜率为0，则炉料运动也不正常，此批炉料在炉内运动可能出现“悬料”现象。

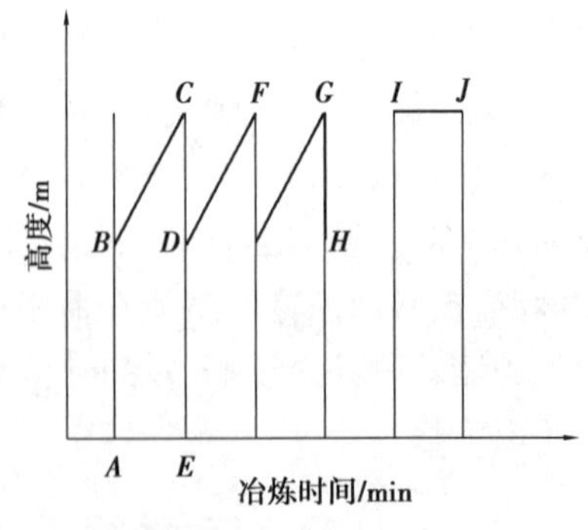

图4.4　料尺曲线

②分析一定时间内料尺曲线情况,可以判断炉料运动是否均匀,以及下料批数。

③分析两料尺曲线,可以判断炉内炉料运动是否出现偏料现象,是否有假尺存在。

4.3 炉料与煤气之间的热交换

4.3.1 高炉内热交换的基本规律

(1)高炉内热交换方式

高炉内热交换比较复杂,由于炉料与煤气温度沿高炉高度上不断变化,要准确地计算出各部分各种传热方式传递的热量占比很困难。炉身上部主要进行的是对流热交换,炉身下部温度高,对流热交换与辐射热交换同时进行,料块本身与炉缸渣铁之间主要进行传导传热。

炉内对流热交换量可用下式表示:

$$dQ = \alpha_F F(t_g - t_s)d\tau \tag{4.24}$$

式(4.24)中,dQ 为 $d\tau$ 时间内煤气传给炉料的热量,J;α_F 为传热系数,J/(m^2·℃);F 为炉料表面积,m^2;(t_g-t_s) 为煤气与炉料温度差,℃。

由式(4.24)可知,单位时间内炉料通过对流所吸收的热量与炉料表面积、煤气与炉料间的温差以及传热系数成正比,而传热系数 α_F 又与煤气速度、炉料性质等有关。因为炉内热交换,不仅取决于煤气的传热,而且也与炉料本身传热有关,因此除了物理现象,炉内传热还与化学现象联系在一起。在高炉内要尽量设法使煤气的热量很好地传给炉料,同时炉料本身热量又要得到充分的利用,这样煤气的能量利用才能得到改善。

(2)水当量

高炉纵向温度的变化规律可用图4.5示意。高炉内下部煤气温度变化大,中间段温度变化很小,对此有学者提出炉料与煤气的水当量概念。水当量是指单位时间内物质温度变化1 ℃时所吸收或放出的热量,可表示如下:

$$W_{料} = G_{料} C_{料} \tag{4.25}$$

$$W_{气} = G_{气} C_{气} \tag{4.26}$$

式(4.25)、式(4.26)中,$W_{料}$、$W_{气}$ 为炉料、煤气的水当量,J/℃;$G_{料}$、$G_{气}$ 为单位时间内通过高炉某一横截面炉料、煤气量,kg;$C_{料}$、$C_{气}$ 为炉料和煤气的热容,J/(kg·℃)。

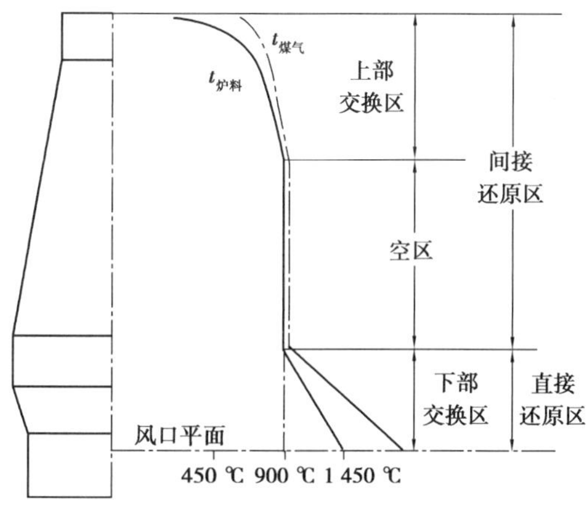

图4.5 高炉内炉料、煤气温度变化规律示意图

炉料与煤气水当量比值 $W_{料}/W_{气}$ 的变化直接影响热交换进行，高炉上部一般 $W_{料}/W_{气}<1$，即炉料水当量小于煤气水当量时，炉料升温速度较快，但煤气冷却速度较缓慢，这样炉顶煤气温度往往偏高。当 $W_{料}/W_{气}>1$ 时，炉料从煤气中吸收大量的热量，使炉顶煤气温度较低，煤气能量利用较好。当 $W_{料}/W_{气}=1$ 时，炉料吸热与煤气放热基本上保持平衡，炉料与煤气温度变化都不大，对应高炉区间称为"空区"。

(3)高炉上部热交换规律

根据炉料与煤气水当量以及热平衡原理，高炉上部热交换区任一横截面上，固体炉料加上炉顶煤气带走的热量应该等于该截面上煤气原来所含的热量，即：

$$G_{料} C_{料}(t_{料空} - t_{料顶}) = G_{气} C_{气}(t_{气空} - t_{气顶}) \tag{4.27}$$

式(4.27)中，$t_{料空}$为空区内炉料温度，℃；$t_{料顶}$为炉料在炉顶的温度，℃；$t_{气空}$为空区内煤气温度，℃；$t_{气顶}$为煤气在炉顶的温度，℃。

$$\frac{G_{料} C_{料}}{G_{气} C_{气}} = \frac{t_{气空} - t_{气顶}}{t_{料空} - t_{料顶}} = \frac{W_{料}}{W_{气}} \tag{4.28}$$

高炉上部区，$W_{气}>W_{料}$，则 $t_{料空}-t_{料顶}>t_{气空}-t_{气顶}$，说明炉料温度上升比煤气温度下降值大。且

$$W_{料}(t_{料空} - t_{料顶}) = W_{气}(t_{气空} - t_{气顶}) \tag{4.29}$$

$$t_{气顶} = t_{气空} - \frac{W_{料}}{W_{气}}(t_{料空} - t_{料顶}) = t_{气空} - \frac{W_{料}}{W_{气}}(t_{气空} - \Delta t - t_{料顶}) \tag{4.30}$$

对于一般情况，当 $t_{气空}=950$ ℃，$\Delta t=50$ ℃，$t_{料顶}=300$ ℃时，则：

$$t_{气顶} = 950 - 600\frac{W_{料}}{W_{气}} \tag{4.31}$$

由式(4.30)可知，$t_{气顶}$取决于 $t_{气空}$与 $W_{料}/W_{气}$，当 $t_{气空}$一定时，则主要取决于 $W_{料}/W_{气}$ 值，凡有助于增大 $W_{料}/W_{气}$ 的措施，都可以降低炉顶温度，例如提高风温，降低焦比，富氧鼓风等都可以减少煤气量，使 $W_{气}$ 下降，因而导致炉顶温度降低。如果风温提高的同时而焦比不变的话，则 $W_{料}/W_{气}$ 不变，故顶温也不会有大变化。当焦比升高时，会使煤气量增大，则 $W_{气}$ 增大，$W_{料}/W_{气}$ 比值降低，则顶温升高。$W_{料}$ 减少也会使 $W_{料}/W_{气}$ 比值降低，例如高炉热装料，顶温会升高至500 ℃或更高。因此调节高炉上部 $W_{料}/W_{气}$ 比值，可以改善上部热交换，有益于煤气能量的利用。

(4)高炉下部热交换规律

对于下部热交换区，炉料与煤气间交换的热量平衡，即有：

$$G_{料} C_{料}(t_{料缸} - t_{料空}) = G_{气} C_{气}(t_{气缸} - t_{气空}) \tag{4.32}$$

式(4.32)中，$t_{料缸}$为炉缸内炉料温度，℃；$t_{气缸}$为炉缸内煤气温度，℃。

$$W_{料}(t_{料缸} - t_{料空}) = W_{气}(t_{气缸} - t_{气空}) \tag{4.33}$$

$$\frac{W_{料}}{W_{气}} = \frac{t_{气缸} - t_{气空}}{t_{料缸} - t_{料空}} \tag{4.34}$$

则：

$$t_{料缸} = t_{气空} - \Delta t + \frac{W_{气}}{W_{料}} t_{气缸} - t_{气空} \frac{W_{气空}}{W_{料}} \tag{4.35}$$

由于 $W_{料} > W_{气}$，则 $t_{气缸} - t_{气空} > t_{料缸} - t_{料空}$，说明煤气温度下降比炉料温度升高的值大。

由式(4.35)见，炉缸渣铁温度取决于炉缸煤气温度、空区温度、$W_{气}/W_{料}$ 的比值。

如果保持焦比一定，提高风温，则 $W_{气}/W_{料}$ 一定，因而炉缸渣铁温度升高。

如果提高风温又降低焦比，结果 $Q_{气缸}$(炉缸气体热量)、$W_{气}/W_{料}$ 减少使比值下降，但 $t_{气缸}$ 增加，故最终 $t_{料缸}$ 可能变化不大。

富氧鼓风使炉缸煤气量减少，$W_{气}/W_{料}$ 下降，但 $t_{气缸}$ 升高大于 $W_{气}/W_{料}$ 下降的影响，故炉缸温度仍有很大的提高。

提高风温与富氧鼓风，不仅可以提高炉缸温度，同时由于 $W_{气}/W_{料}$ 比值下降，使高温区下移，因而扩大了间接还原区，改善了还原过程。在一定的条件下，保持焦比不变，增大风量也可以提高炉缸温度，这主要是由于单位时间内燃烧焦炭量增加，炉缸的热收入增加，热损失相对减少，因而有利于炉缸温度的升高，如小高炉即是如此。

炉内热交换与煤气分布存在着很密切的关系，因此生产中如何使煤气分布合理，对于炉料的顺行及焦比的降低等都有重要意义。

(5)水当量变化特点

高炉内存在吸热，因此炉内的炉料与水当量就不是一个定值，而是随高炉高度变化。在高炉上部，$W_{气} > W_{料}$；在高炉下部，$W_{气} < W_{料}$；在空区，$W_{气} = W_{料}$。炉料刚进入高炉时，由于本身温度低，需要吸收热量来加热本身，但是发生间接还原反应时，其中有些反应放热，因而它又将降低其升高 1 ℃所需的热量，使水当量减少。炉料中的 $CaCO_3$ 大量分解和直接还原大量进行、矿石开始熔化生成铁与炉渣的地方，又需要吸收大量的热来满足反应的需要，同时还要提供熔化潜热与过热，这样提高 1 ℃所需的热量又大大增加，炉料水当量增大。因此，炉料水当量变化的特点是下部大、上部小，上下部水当量可差几倍，又例如，用热自熔性烧结矿时，由于炉料是热的，且较易还原，因此它的水当量要比难还原天然矿小。

煤气上升过程中，其成分与数量发生变化，煤气水当量也随着变化，但是与炉料水当量的变化相比则是很少的，可以忽略不计。根据以上分析可以看出，在高炉下部炉料水当量增加很多，因此这一部位产生强烈热交换使煤气温度迅速降低，炉料温度缓慢升高。在煤气向上运动时，遇到的炉料已在上部被加热，而且还有间接还原放出热量，所以炉料水当量是逐渐减少的，在某一高度上炉料与煤气水当量达到相接近，而这一段的热交换则显得很缓慢，在这一段内煤气与炉料间的温差也小，一般为 50 ℃左右，因而出现了一个所谓热交换空区。当煤气再上升时遇到刚加入的冷料，两者间温差很大，因此热交换很强烈，但是由于 $W_{气} > W_{料}$，故煤气温度下降很慢，炉料温度上升较快。

4.3.2 沿高炉高度上煤气流温度分布

高炉内风口燃烧带的煤气温度很高，理论燃烧温度可高达 2 200 ℃以上，但是当煤气离开炉缸之后，由于经历热交换与参加化学反应，煤气温度在上升过程中不断下降。实际测定的煤气在上升过程中温度变化示于图 4.6、图 4.7 中。

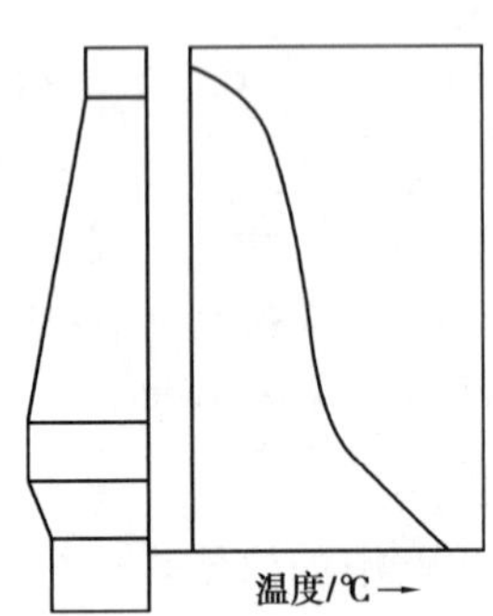

图 4.6　横向煤气温度变化示意图

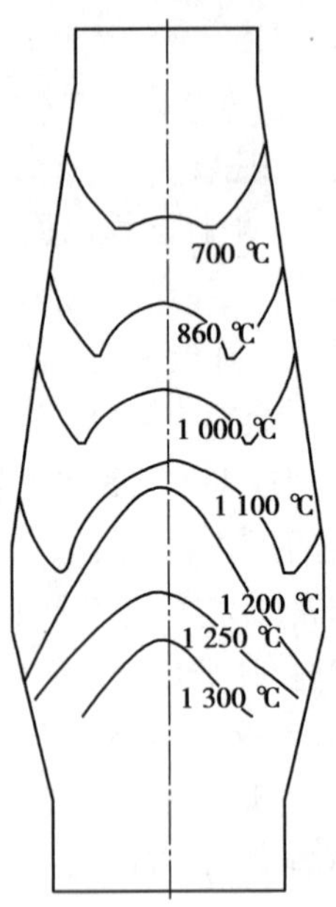

图 4.7　高炉内煤气纵向温度分布示意图

由图 4.6、图 4.7 可知，高炉内温度分布规律：

①高炉的上部与下部区域的煤气温度变化较快，而中部有一段区间温度变化较慢，这种现象不论高炉容积大小如何，其变化规律大体相同。

②沿高炉横切面上的煤气温度分布也是不均匀的。根据等温线分布的形状可以归纳为 3 种形式，即"V"形，倒"V"形与"W"形分布。其温度分布形状主要受煤气流分布的影响。而煤气流分布又是由炉顶布料来调剂的，煤气流大的地方煤气温度高，而焦炭多的地方煤气流大，由于冶炼设备与操作的需要，一般情况下边缘与中心部分通过的煤气流多些，其煤气温度也高些，当高炉采用上部调剂增加正装时，则边缘煤气温度低，往中心部分则不断升高。

复习思考题

4.1　影响散料层中气体运动的参数主要有哪些？

4.2　散料层中煤气压力损失影响因素有哪些？各因素是如何影响的？

4.3　什么是透气性指数？炉料的孔隙率对透气性指数有何影响？

4.4　什么是液泛现象？

4.5　高炉冶炼过程中，煤气成分是如何变化的？压力又是如何变化的？

4.6　(1)高炉内炉料下降在受力上应满足的条件是什么？

(2)写出高炉内 L 高度的料柱压力降厄根公式。

(3)根据厄根公式以及炉料下降的受力条件说明球团矿代替部分烧结矿为什么有利于炉料下降？

4.7　何谓冶炼周期？如何计算？

4.8　探料尺是如何探测高炉下料情况的？如何应用料尺曲线？

4.9　什么是炉料的水当量？煤气水当量？高炉内煤气水当量与炉料的水当量改变将怎样影响煤气向炉料传热？

4.10　高炉内上部热交换区、下部热交换区、空区是如何产生的？这些区内炉料、煤气温度是如何变化的？

5 高炉冶炼工艺计算

本章学习提要：

高炉配料计算、物料平衡、热平衡、Rist 操作线、生产现场计算。

高炉炼铁工艺计算主要有设计高炉的配料计算、物料平衡计算和热平衡计算、现场计算、焦比计算等，这是确定高炉各种原料用量、各项生产技术经济指标和工艺参数的重要依据。在钢铁冶炼全过程中，高炉炼铁能源消耗量很大，开展高炉炼铁工艺计算有助于全面了解和定量分析高炉冶炼过程中物质消耗、能量消耗，制订降低高炉能量消耗的措施。

5.1 配料计算

高炉配料计算的主要任务是在已知原料成分条件下，求出满足炉渣碱度要求、生铁规定成分所需的铁矿石、燃料和熔剂用量。一般有联合计算法和简易计算法。联合计算法是根据给定原料的特性指数和冶炼条件，列出一系列物质平衡等式，然后联立求解出矿石、燃料和熔剂用量。简易计算法是依据冶炼条件、根据生产实际假定一些对计算结果影响较大的参数等进行铁矿石、燃料和熔剂用量计算，然后计算可能产生的渣成分和性能，校核生铁成分、高炉冶炼收支各物料量，以保证配料结果尽可能较为合理。在简易计算法中，考虑了物质守恒的要求，是一种较全面的配料计算方法。

简易配料计算一般是在高炉冶炼 1 t 生铁条件下计算所需的铁矿石、熔剂量、焦炭、喷吹燃料量。其中，焦炭和喷吹燃料量一般根据生产经验确定，配料计算大多只计算高炉冶炼 1 t 生铁条件下铁矿石和熔剂的需要量。

由于高炉有使用熔剂和不使用熔剂两种情况，相应实行下述的配料计算。

(1)高炉冶炼使用熔剂的配料计算

高炉冶炼使用熔剂的目的是保证配料后的炉渣碱度能符合冶炼中渣碱度值。在这种情况下,可根据矿石情况、冶金性能,预先确定出几种矿石之间的配比,获得混合矿石成分,再进行矿石和熔剂用量计算。

这种情况下的配料计算分两步进行:第1步,结合生铁成分(主要是Fe)、进入渣中的铁量及其他炉料带入的铁量,根据收(原料)支(产品)铁平衡求出混合矿石用量;第2步,结合CaO、SiO_2收支守恒、炉渣碱度要求,获得渣碱度平衡式,再求出熔剂用量。

简易配料计算法的特点是,因为熔剂不含铁(或很少,计算时忽略),所以可以保证生铁成分的矿石用量不受熔剂的影响,矿石用量的方程是独立的,可先行求出。此种计算适用于炉料中熟料比较高,烧结矿碱度不太高而需配加石灰石,或使用高碱度烧结矿配加硅石的情况。具体是使用碱性熔剂还是酸性熔剂,可通过编制程序(图5.1)时将"是否有硅石可用"作为一个条件,由计算机编程计算得到。特殊情况下也不需要添加熔剂,它发生于特定的冶炼条件,炉料中的CaO和SiO_2数量比恰好达到规定的炉渣碱度要求,或稍有偏差但在允许的范围内,为适应这种情况,计算时需要给出炉渣碱度的允许波动范围。

(2)高炉冶炼不使用熔剂的配料计算

当高炉使用高碱度烧结矿,不配加熔剂,而使用含酸性脉石较多的生矿或球团矿来调剂渣碱度时,可通过列出的铁元素方程、渣碱度方程求得各种矿石用量。

这种配料计算法的特点是,由于酸性矿石既含有较多的SiO_2,又含有铁成分,其用量不仅影响炉渣碱度,而且也影响单位生铁的矿石消耗量,因此铁元素方程需要和渣碱度方程联立求解。这种方法可以解决两种矿石用量问题,如果使用两种以上矿石冶炼时,那么其他矿石用量(或在多种矿石用量中的占比)应预先给定。在这种情况下,各种矿石的配比及混合矿成分在配料计算完成后才能确定。

不使用熔剂的配料计算可通过如图5.2所示程序完成,它主要是通过方程组未知项系数和常数项的建立以及用二阶行列式求解出矿石用量。解出的值应大于0,是程序运行计算的条件。

配料计算以及其他的工艺计算可采用Excel工具或编程进行计算,计算中可通过配矿比输入改变,探讨在不同的矿石配比条件下,矿石和熔剂用量、渣量及炉渣成分等计算结果的变动情况,有利于改善高炉操作。

下面通过实例介绍高炉冶炼使用熔剂的简易配料计算。注:本章所有实例计算开展均使用了Excel工具,计算数据结果均取自Excel表中计算。

5.1.1 原始数据的准备

高炉冶炼使用的铁矿石、熔剂、焦炭、煤粉等原料中的元素大都以简单或复杂化合物形式存在,但各种原料中的成分在化学检验时只能得到一些元素或简单化合物的含量,为便于后续计算,需要进行成分间转换,如利用表5.1中某一原料的铁化合物换算出该原料的Fe元素含量(简写为TFe,称为全铁含量),TFe换算见式(5.1),处理后的原料成分见表5.2。

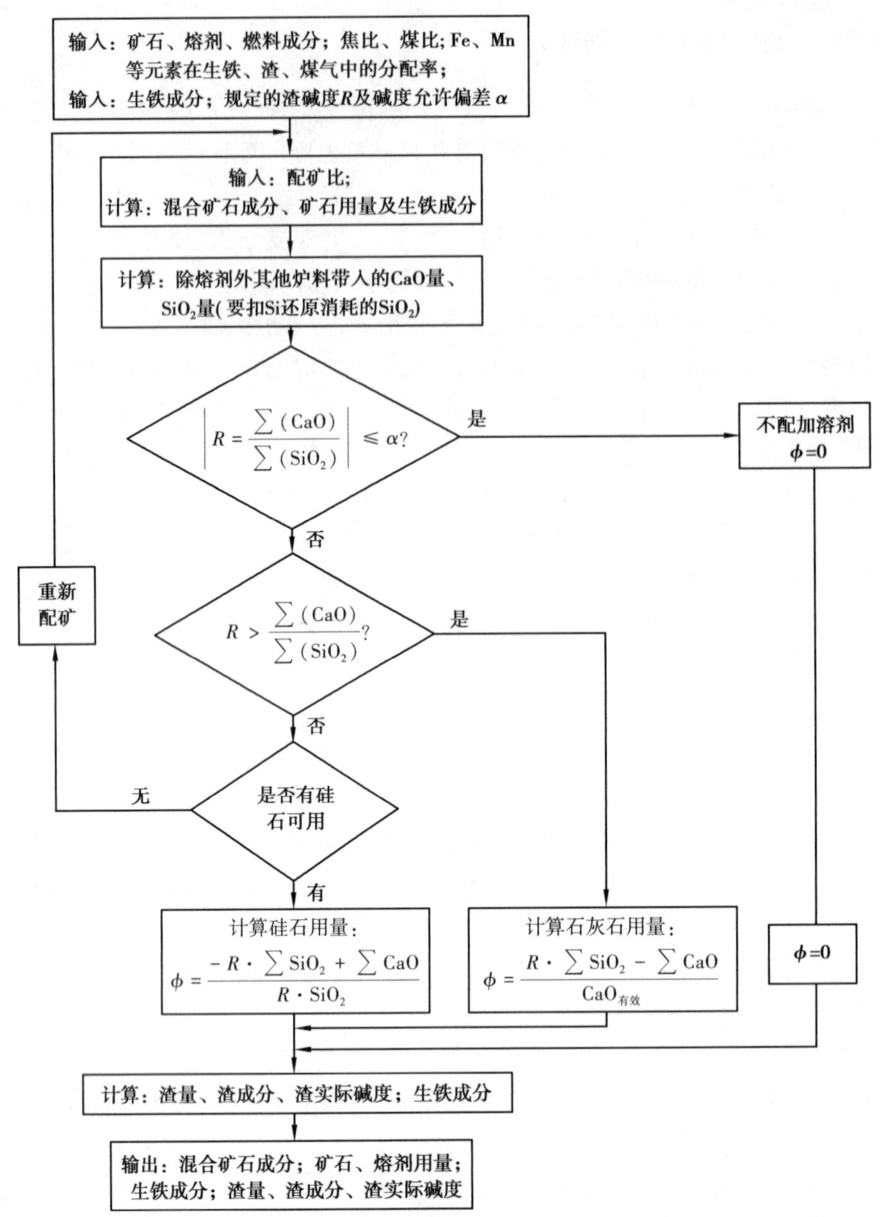

图 5.1 使用熔剂时的配料计算框图

$$\begin{aligned}TFe &= Fe_{Fe_2O_3}\times Fe_2O_{3料}+Fe_{FeO}\times FeO_{料}+Fe_{FeS_2}\times FeS_{2料}+Fe_{FeS}\times FeS_{料}\\ &=\frac{112}{160}\times Fe_2O_{3料}+\frac{56}{72}\times FeO_{料}+\frac{56}{120}\times FeS_{2料}+\frac{56}{88}\times FeS_{料}\end{aligned}\tag{5.1}$$

式(5.1)中，$Fe_{Fe_2O_3}$、Fe_{FeO}、Fe_{FeS_2}、Fe_{FeS} 分别为 Fe_2O_3、FeO、FeS_2、FeS 中 Fe 的含量，%；$Fe_2O_{3料}$、$FeO_{料}$、$FeS_{2料}$、$FeS_{料}$ 分别为原料分析的 Fe_2O_3、FeO、FeS_2、FeS 含量，%。

表 5.1 原料成分/%

原料	成分							
	Fe_2O_3	FeO	CaO	Al_2O_3	MgO	MnO_2	MnO	P_2O_5
烧结矿	58.524	8.490	12.872	2.989	2.480	0	0.600	0.153
天然矿	56.632	11.080	9.090	2.290	2.290	0.240	0	0.050
球团矿	83.129	0.360	2.046	1.710	1.867	0	0.807	0.137
混合矿	70.675	4.632	7.156	2.294	2.158	0.019	0.656	0.137
石灰石	0	0	41.610	0.330	12.111	0	0	0.009
原料	成分							
	TiO_2	V_2O_5	FeS_2	FeS	SO_3	烧损 CO_2	$\sum$	水分
烧结矿	5.380	0.490	0	0.083	0	0	100	0
天然矿	0	0	0.250	0	0	6.018	100	9.62
球团矿	5.730	0.440	0	0.050	0	0.245	100	0
混合矿	5.125	0.426	0.020	0.060	0	0.604	100	0.77
石灰石	0	0	0	0	0.010	44.560	100	0

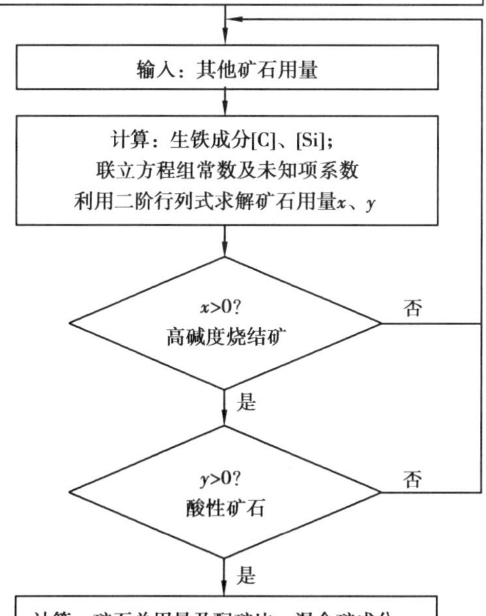

图 5.2 不使用熔剂时的配料计算框图

表5.1中，混合矿由烧结矿：天然矿：球团矿=42：8：50构成；烧损 CO_2 指原料中碳酸盐可能产生的 CO_2 含量；锰、硅、磷、钒、钛等元素在矿中的含量计算方法类似于 TFe 含量计算。根据其他原料情况，本高炉冶炼初步判定熔剂使用碱性熔剂，选用石灰石（成分见表5.1）。冶炼中使用的焦炭、喷吹煤粉成分分别见表5.3、表5.4。设定的生铁成分见表5.5，高炉冶炼过程中各元素分配率使用生产统计值（表5.6）。

表5.2 处理后的原料成分/%

原料	成分										
	TFe	Mn	P	S	V	Ti	Fe_2O_3	FeO	CaO	Al_2O_3	MgO
烧结矿	47.570	0.465	0.067	0.084	0.275	3.228	58.524	8.490	12.872	2.989	2.480
天然矿	48.260	0.152	0.022	0.133	0.000	0.000	56.632	11.080	9.090	2.290	2.290
球团矿	58.470	0.625	0.060	0.018	0.247	3.438	83.129	0.360	2.046	1.710	1.867
混合矿	53.075	0.520	0.060	0.055	0.239	3.075	70.675	4.632	7.156	2.294	2.158
石灰石	0	0	0.004	0.004	0	0	0	0	41.610	0.330	12.111
原料	成分										
	MnO_2	MnO	P_2O_5	TiO_2	V_2O_5	FeS_2	FeS	SO_3	烧损 CO_2	$\sum$	水分
烧结矿	0	0.600	0.153	5.38	0.49	0	0.083	0	0	100	0
天然矿	0.24	0	0.050	0	0	0.25	0	0	6.018	100	9.62
球团矿	0	0.807	0.137	5.73	0.44	0	0.050	0	0.245	100	0
混合矿	0.019	0.656	0.137	5.125	0.426	0.02	0.060	0	0.604	100	0.77
石灰石	—	—	0.009	—	—	—	—	0.01	44.560	100	0

表5.3 焦炭成分/%

固定碳	灰分							挥发分					$\sum$	全S	游离水
	SiO_2	Al_2O_3	CaO	MgO	FeO	FeS	P_2O_5	CO_2	CO	CH_4	H_2	N_2			
85.54	6.184	5.03	0.72	0.22	0.73	0.04	0.02	0.616	0.72	0.02	0.05	0.11	100	0.70	2.40

表5.4 煤粉成分/%

C	H_2	O_2	H_2O	N_2	S	灰分					$\sum$
						SiO_2	Al_2O_3	CaO	MgO	FeO	
69.77	8.51	1.95	2.96	3.53	0.84	7.64	3.45	0.64	0.30	0.41	100

表5.5 生铁成分/%

Fe	C	Si	Mn	Ti	V	S	P	$\sum$
94.72	4.053	0.24	0.418	0.11	0.319	0.03	0.11	100

表 5.6 元素分配率/%

产品	Fe	Mn	P	S	Ti	V
生铁	99.7	45	100	0	2	75
炉渣	0.3	55	0	0	98	25
煤气	0	0	0	6	0	0

其他条件：

炉渣二元碱度 $R(CaO/SiO_2)$:1.10

焦比 K:418 kg/t

煤比 M:115 kg/t

高炉有效利用系数 η_V:3.3 t/(m^3 · d)

鼓风温度:1 100 ℃

炉顶温度:200 ℃

本例中以冶炼 1 000 kg 生铁为计算单位，高炉用原料未考虑其他辅助料，由炉尘带走的铁量忽略不计。

高炉内，原料提供的各成分随冶炼的进行发生着变化，最后分配入冶炼产品中，整个过程各物质是守恒的。由配料计算获得高炉冶炼需要加入的矿石和石灰石用量后，对终渣成分及数量、生铁成分、物料平衡再进行计算，以验证配料计算所得渣性能能否符合高炉的冶炼要求、冶炼物料收支差能否达到要求，以保证配料计算的结果合理。

5.1.2 铁矿石需用量计算

分析表 5.1 ~ 表 5.4 可见，高炉冶炼中，铁元素主要由铁矿石带入，其次是焦炭和煤粉带入。绝大部分铁氧化物在高炉冶炼中经 CO、H_2 和 C 共同还原成为单质 Fe 进入生铁中，小部分铁氧化物以低价氧化物形式进入渣中。整个冶炼过程中，铁收入与支出是守恒的，即符合：

$$Fe_{收入} = Fe_{支出} \tag{5.2}$$

高炉冶炼中，铁的收支情况可用表 5.7 示出。

表 5.7 高炉冶炼中铁的收支

收入项		支出项	
原料	化学成分	产品	化学成分
混合矿	Fe_2O_3、FeO、FeS_2、FeS	铁水	Fe
焦炭	FeO、FeS	渣	FeO
煤粉	FeO	炉尘	Fe、Fe_2O_3、FeO

设铁矿石用量为 m_1，则高炉冶炼中收入的总铁量 $Fe_{收入}$、支出的总铁量 $Fe_{收入}$ 为：

$$Fe_{收入}=矿石带入Fe+焦炭带入Fe+煤粉带入Fe$$

$$=m_1\times TFe_{矿}+K\times FeO_K\times\frac{56}{72}+K\times FeS_K\times\frac{56}{88}+M\times FeO_M\times\frac{56}{72}$$

$$=m_1\times 53.075\%+418\times 0.73\%\times\frac{56}{72}+418\times 0.04\%\times\frac{56}{88}+115\times 0.41\%\times\frac{56}{72}$$

$$=0.530\,75m_1+2.373+0.106+0.367$$

$$Fe_{支出}=生铁中Fe+渣中Fe+炉尘中Fe=1\,000[Fe]+Fe_{渣}+Fe_{尘}$$

本例中，$Fe_{尘}$计为0；$Fe_{渣}$可通过Fe在生铁、渣间的分配率计算得到。

$$Fe_{支出}=1\,000[Fe]+Fe_{渣}=1\,000\times 94.72\%+1\,000\times 94.72\%\times\frac{0.003}{0.997}=950.050(kg)$$

由铁质量守恒得：

$$0.530\,75m_1+2.373+0.106+0.367=950.050$$

$$m_1=1\,784.645\ kg$$

根据混合矿中各原料占比可得：

烧结矿用量=1 784.645×42%=749.551(kg)

球团矿用量=1 784.645×50%=892.322(kg)

天然矿用量=1 784.645×8%=142.772(kg)

5.1.3 石灰石用量计算

石灰石在高炉冶炼中主要用来调节炉渣碱度，发挥助熔剂作用，石灰石用量可采用渣碱度（一般为二元碱度）平衡计算得出。

由表5.1～表5.4可知，高炉冶炼中，CaO由熔剂、混合矿、焦炭和煤粉带入，不考虑炉尘时，CaO全部进入渣中；SiO_2由熔剂、混合矿、焦炭和煤粉带入，除去少部分SiO_2还原成为Si进入生铁外，不考虑炉尘时，剩余SiO_2进入渣中。则，渣的二元碱度与CaO、SiO_2量之间关系可表示为：

$$R=\frac{CaO}{SiO_2}=\frac{CaO_{收入}+\phi\times CaO_{\phi}}{SiO_{2收入}-SiO_{2还原}+\phi\times SiO_{2\phi}} \tag{5.3}$$

式(5.3)中，$CaO_{收入}$为除熔剂外，由混合矿、焦炭和煤粉带入的CaO质量，kg；$SiO_{2收入}$为除熔剂外，由混合矿、焦炭和煤粉带入的SiO_2质量，kg；ϕ为石灰石用量，kg；CaO_{ϕ}为石灰石中CaO含量，%；$SiO_{2\phi}$为石灰石中SiO_2含量，%；$SiO_{2还原}$为C还原SiO_2产生Si反应中被还原的SiO_2量，kg。

整理式(5.3)得：

$$\phi=\frac{R\times(SiO_{2收入}-SiO_{2还原})-CaO_{收入}}{CaO_{\phi}-R\times SiO_{2\phi}} \tag{5.4}$$

混合矿带入CaO=1 784.645×7.156%=127.709(kg)

焦炭带入CaO=418×0.72%=3.01(kg)

煤粉带入CaO=115×0.64%=0.736(kg)

合计收入$CaO_{收入}$=127.709+3.01+0.736=131.455(kg)

混合矿带入SiO_2=1 784.645×6.039%=107.775(kg)

焦炭带入 SiO_2 =418×6.184% =25.849(kg)

煤粉带入 SiO_2 =115×7.64% =8.786(kg)

合计收入 $SiO_{2收入}$ =107.775+25.849+8.786=142.410(kg)

由生铁成分及反应：$SiO_2+2C═══Si+2CO$ 得：

入生铁中 Si 还原消耗的 $SiO_{2还原}$ =1 000×0.24% ×60/28=5.143(kg)

则：

$$\phi=\frac{1.1\times(140.764-5.143)-129.739}{41.61\%-1.1\times1.370\%}=48.711(\text{kg})$$

实际冶炼过程中考虑水分和运输产生的机械损失，混合矿、石灰石、焦炭的实际用量计算见表5.8。

表5.8 炉料实际需要量

名称	干料/kg	机械损失/%	水分/%	实际用量/kg
混合矿	1 784.645	3	0.77	1 852.440
石灰石	48.711	1	0	49.198
焦炭	418	2	2.4	436.844
合计	2 251.356	—	—	2 338.483

5.1.4 终渣成分及数量计算

钒钛磁铁矿冶炼过程，Fe、C、Si、Mn、Ti、V、S、P 等元素会大部分或少部分经还原成为单质进入生铁里，剩余的以氧化物形式进入渣中。开展渣成分的计算有助于了解高炉冶炼过程物质变化，获得渣的熔化温度和黏度值，从而判断高炉的冶炼过程能否顺利进行。

(1)渣中硫质量

高炉渣中硫质量可通过硫平衡计算获得。在加入高炉的原料中，矿石、焦炭和煤粉都含有硫，高炉里的硫除部分进入生铁和煤气外，其余进入渣中。

1)混合矿、焦炭、煤粉带入的 S 质量

由混合矿、焦炭、煤粉带入的 S 质量可通过下式计算：

$$S_Y=S_H+S_S+S_J+S_M \tag{5.5}$$

式(5.5)中，S_Y 为原料中的 S 质量，kg；S_H 为混合矿中 S 质量，kg；S_S 为石灰石中 S 质量，kg；S_J 为焦炭中 S 质量，kg；S_M 为煤粉中 S 质量，kg。

$$S_Y=1\ 784.645\times0.055\%+48.487\times0.04\%+418\times0.7\%+115\times0.84\%=4.875(\text{kg})$$

2)进入生铁的 S 质量

由生铁中 S 占比计算得到：

$$进入生铁的\ S\ 质量=1\ 000\times0.03\%=0.3(\text{kg})$$

3)进入煤气的 S 质量

由 S 分配率计算得：

$$进入煤气的S质量=4.875\times 6\%=0.292(\text{kg})$$

4)进入炉渣的 S 质量

$$进入炉渣的S质量=4.875-0.3-0.292=4.283(\text{kg})$$

(2)渣中 FeO 质量

通过 Fe 元素分配率计算得:

$$渣中FeO质量=1\ 000\times 94.72\%\times\frac{0.003}{0.997}\times\frac{72}{56}=3.664(\text{kg})$$

(3)渣中 MnO 质量

由 Mn 元素分配率计算得:

$$渣中MnO质量=1\ 784.645\times 0.52\%\times 0.55\times\frac{71}{55}=6.588(\text{kg})$$

(4)渣中 SiO_2 质量

由高炉的 SiO_2 部分通过还原转变为 Si 进入生铁,剩余的进入炉渣中得:

$$炉渣中SiO_2质量=142.413+48.711\times 1.37\%-5.143=137.938(\text{kg})$$

(5)渣中 CaO 质量

根据炉料的 CaO 入高炉后全部入渣中得:

$$渣中CaO质量=131.463+48.711\times 41.61\%=151.731(\text{kg})$$

(6)渣中 Al_2O_3 质量

炉料中的 Al_2O_3 入高炉后全部入渣中得:

$$渣中Al_2O_3质量=1\ 784.645\times 2.294\%+418\times 5.03\%+115\times 3.45\%+48.711\times 0.33\%=66.086(\text{kg})$$

(7)渣中 MgO 质量

由炉料的 MgO 入高炉后全部进入渣中得:

$$渣中MgO质量=1\ 784.645\times 2.158\%+418\times 0.22\%+115\times 0.3\%+48.711\times 12.111\%=45.682(\text{kg})$$

(8)渣中 TiO_2 质量

入高炉的 TiO_2 部分通过还原为 Ti 入生铁,剩余的入渣中,结合 Ti 在渣中的分配率得:

$$渣中TiO_2质量=1\ 784.645\times 3.075\%\times 0.98\times 80/48=89.627(\text{kg})$$

(9)渣中 V_2O_5 质量

入高炉的 V_2O_5 部分还原为 V 入生铁,剩余的入渣中,结合 V 在渣中的分配率得:

$$渣中V_2O_5质量=1\ 784.645\times 0.239\%\times 0.25\times 182/102=1.900(\text{kg})$$

将上述得到的渣中各个组分质量列入表 5.9 中,进一步计算各组分含量,结果一并列入

表5.9中。

由表5.9可见，该渣中含量最大的前3个组分为CaO、SiO_2、TiO_2。使用Factsage 7.0软件计算CaO-SiO_2-TiO_2三元渣系的等熔化温度，结果如图5.3所示。使用Factsage 7.0软件计算具有表5.9成分的渣黏度，结果如图5.4所示。采用性质相近的成分合并法处理表5.9渣的成分，再由图5.3采用平行线法得到具有表5.9成分的渣熔化性温度大约为1 320 ℃；由图5.4得到具有表5.9成分的渣在1 500 ℃下的黏度大约为0.1 Pa·s。结果表明，具有表5.9成分的渣能满足高炉冶炼的要求。

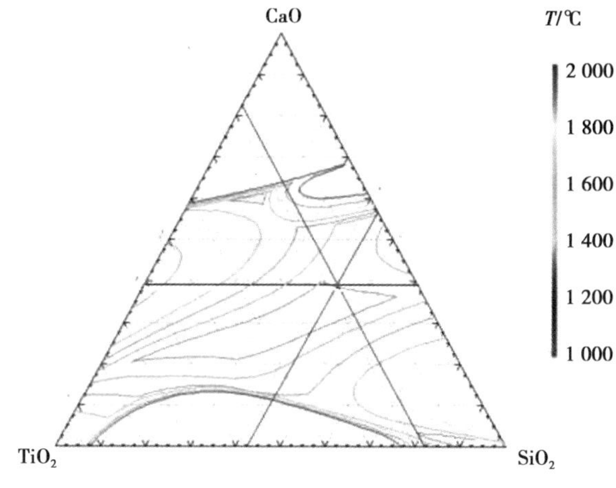

图5.3　CaO-SiO_2-TiO_2等熔化温度图

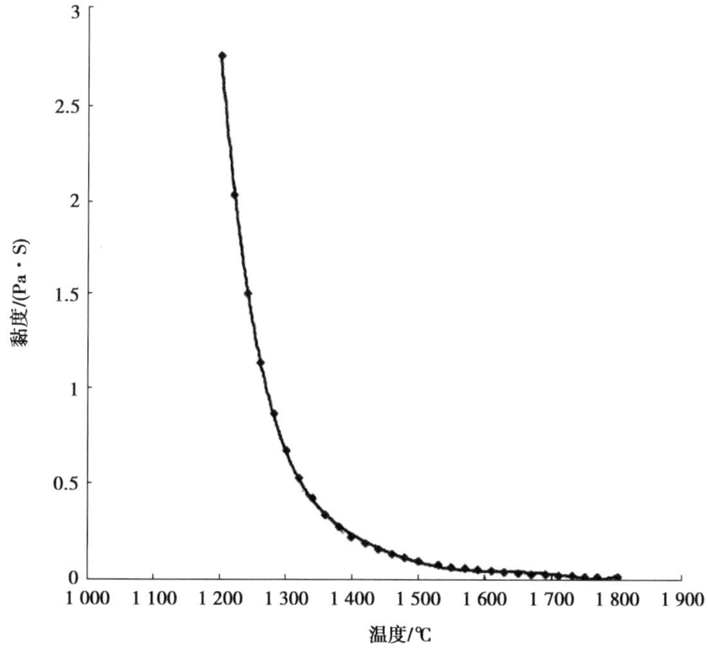

图5.4　具有表5.9成分渣计算的黏度

表 5.9　渣成分

成分	CaO	SiO_2	TiO_2	Al_2O_3	MgO	MnO	FeO	V_2O_5	S/2	∑	R
kg	151.731	137.938	89.627	66.086	45.682	6.588	3.664	1.900	2.141	505.357	1.1
%	30.025	27.295	17.735	13.077	9.040	1.304	0.725	0.376	0.424	100	

5.1.5　生铁成分检验

在炉渣的各种参数满足高炉冶炼要求之后,再进行生铁成分计算并与设定的生铁成分对比,有利于进一步判断配料计算的合理性。

(1)生铁中 P 含量

基于原料带入炉内的 P_2O_5 在冶炼中全部被还原为 P 进入生铁中,得生铁中 P 含量:

生铁中 P 含量=(1 784.645×0.06% +415×0.02% ×62/142+48.711×0.004%)×100% /1 000
=0.110%

(2)生铁中 S 含量

生铁中 S 含量为 0.03% 。

(3)生铁中 Si 含量

生铁中 Si 含量为 0.24% 。

(4)生铁中 Mn 含量

基于由原料带入炉内的锰氧化物在冶炼中还原转变为 MnO 后,部分 MnO 经直接还原转变为 Mn 进入生铁中,大部分 MnO 进入渣中的变化,结合 Mn 元素分配率得:

生铁中 Mn 含量=1 784.645×0.52% ×0.45×100% /1 000=0.418%

(5)生铁中 Fe 含量

生铁中 Fe 含量为 94.72% 。

(6)生铁中 Ti 含量

由 Ti 元素分配率得:

生铁中 Ti 含量=1 784.645×3.075% ×0.02×100% /1 000=0.11%

(7)生铁中 V 含量

由 V 元素分配率得:

生铁中 V 含量=1 784.645×0.239% ×0.75×100% /1 000=0.319%

(8)生铁中 C 含量

生铁中 C 含量=100%-(0.11%+0.03%+0.24%+0.418%+94.72%+0.11%+0.319%)=4.053%

计算所得的生铁成分汇总入表 5.10 中。校核的生铁成分与预定生铁成分基本相符,表明配料计算结果是合理的。

表 5.10 校核的生铁成分

成分	Fe	C	Si	Mn	Ti	V	S	P	合计
%	94.72	4.053	0.24	0.418	0.110	0.319	0.030	0.110	100

5.2 物料平衡计算

物料平衡计算是在配料计算的基础上进行的,其计算原则仍然是物质质量守恒。通过物料平衡计算,可进一步全面了解高炉冶炼过程中各物质的来源和去向,对高炉冶炼有一个更清晰的认识,从而能对高炉进行更全面的认识和深入的研究,并从另一方面再判断配料计算的结果是否合理。同时,物料平衡计算也是为后面的热平衡计算做准备。

5.2.1 计算条件的补充

物料平衡计算除了需要引用前面配料计算一些已知条件及其计算结果,还需要补充铁的直接还原度、鼓风湿度、富氧率、生成 CH_4 用碳比和参加还原反应 H_2 占比等其他一些条件。

物料平衡计算要区分是生产高炉还是设计高炉的物料平衡计算。对于生产高炉物料平衡计算,因炉顶煤气已知,铁的直接还原度是确定的,这种情况下物料平衡计算主要内容是每吨生铁所需要的风量、产生的煤气量。这项工作对生产高炉具有校验性,它要求各种物料成分和数量准确可靠,否则计算得到的收入与支出物料误差较大。

对于设计高炉的物料平衡计算,铁的直接还原度依据冶炼条件、矿石性能或经验选取。铁的直接还原度选取是否合适,对物料平衡计算及后面的热平衡计算影响很大。这种情况下物料平衡计算的主要内容是每吨生铁所需要的风量、产生的煤气成分和数量。

下面实例介绍设计高炉的物料平衡计算。

补充已知条件:铁的直接还原度 $r_d=0.45$、鼓风湿度 $f=1.25\%$、富氧率 $x_{O_2}=4\%$。假定入炉总碳量的 1.2% 与 H_2 反应生成 CH_4、入炉总 H_2 的 40% 参与还原反应。

5.2.2 入炉风量计算

入炉风量指的是在高炉冶炼过程中,从风口吹入的风量。入炉风量提供氧使高炉内风口前的碳进行燃烧,主要为高炉提供热量。

入炉风量计算有氮平衡法、氧平衡法、碳平衡法等。本例中,根据风口前燃烧碳量和鼓风中的氧量,采用碳平衡法计算入炉风量。风口前碳素燃烧量根据燃料带入碳量、生铁中溶入的碳量、CH_4 生成消耗的碳量、难还原氧化物直接还原耗碳量和 Fe 氧化物直接还原耗碳量之间平衡关系计算得到;鼓风氧量通过空气中氧、湿分中的氧和富氧计算得到,再由风口前碳燃烧反应 $2C+O_2 \longequal 2CO$ 中的化学计量关系计算出鼓风量。

(1)计算风口前碳素燃烧量(C_b)

1)燃料带入碳量(C_R)、溶于生铁的碳量(C_S)

高炉冶炼过程中,燃料带入碳量为:

$$C_R = C_J + C_M \tag{5.6}$$

式(5.6)中,C_R 为燃料带入的碳量,kg;C_J 为焦炭带入碳量,kg;C_M 为煤粉带入碳量,kg。

本例中,

$$C_R = C_J + C_M = 418\times85.54\% + 115\times69.77\% = 437.793(\text{kg})$$

$$\text{溶于生铁的碳量 } C_S = 1\,000\times4.053\% = 40.53(\text{kg})$$

由假定入炉总碳量的 1.2% 与 H_2 反应生成 CH_4 得:

$$\text{生成 } CH_4 \text{ 消耗的碳量 } C_{CH_4} = 437.793\times1.2\% = 5.254(\text{kg})$$

2)难还原氧化物直接还原碳量(C_{da})

直接还原的非铁元素包括 Si、Mn、P、V、Ti 等,所消耗的碳量由 C 还原氧化物反应中物质间计量关系可计算得到。

Mn 的直接还原:$MnO+C \longequal Mn+CO$

Si 的直接还原:$SiO_2+2C \longequal Si+2CO$

P 的直接还原:$P_2O_5+5C \longequal 2P+5CO$

V 的直接还原:$V_2O_5+5C \longequal 2V+5VO$

Ti 的直接还原:$TiO_2+2C \longequal Ti+2CO$

本例中,

$$C_{dMn} = 1\,000\times0.418\%\times\frac{12}{55} = 0.912(\text{kg})$$

$$C_{dSi} = 1\,000\times0.24\%\times\frac{24}{28} = 2.057(\text{kg})$$

$$C_{dP} = 1\,000\times0.11\%\times\frac{60}{62} = 1.605(\text{kg})$$

$$C_{dV} = 1\,000\times0.319\%\times\frac{60}{101} = 1.895(\text{kg})$$

$$C_{dTi} = 1\,000\times0.11\%\times\frac{24}{48} = 0.55(\text{kg})$$

难还原氧化物直接还原消耗碳量为:

$$C_{da} = C_{dMn} + C_{dSi} + C_{dP} + C_{dV} + C_{dTi} = 0.912+2.057+1.065+1.895+0.55 = 6.479(\text{kg})$$

3)Fe 氧化物直接还原消耗碳量(C_{dFe})

根据 $FeO+C \longequal Fe+CO$ 反应产生的 Fe 进入生铁,结合直接还原度得:

$$C_{dFe}=[Fe]_r\cdot r_d\times\frac{12}{56} \tag{5.7}$$

式(5.7)中,$[Fe]_r$ 为还原方式得到的进入生铁中的 Fe 质量,kg;r_d 为 Fe 的直接还原度。

本例中,

$$C_{dFe}=1\ 000\times 94.72\%\times 0.45\times\frac{12}{56}=91.337(kg)$$

则风口前燃烧的碳量 $C_{风}$ 为:

$$C_{风}=C_R-C_S-C_{CH4}-C_{da}-C_{dFe}=437.793-40.53-5.254-6.479-91.337=294.193(kg)$$

风口前燃烧碳量和入炉总碳量之间的比值为:$C_f=\frac{294.193}{437.793}\times 100\%=67.199\%$

风口前碳素燃烧量一般占入炉总碳量的 65% ~75%,本计算的风口前碳素燃烧量符合高炉冶炼要求。

(2)高炉鼓风量(V_b)计算

1)计算鼓风中氧含量(O_{2b})

鼓风氧含量为高炉鼓风中参与 C、H_2O 燃烧的氧气占比,根据空气组成可得:

$$O_{2b}=O_{2干空气}+O_{2H_2O}+O_{2富氧}=0.21(1-f-x_{O_2})+0.5f+x_{O_2} \tag{5.8}$$

式(5.8)中,$O_{2干空气}$为鼓风中干空气中的含氧量,%;O_{2H_2O} 为鼓风中水分中的含氧量,%;$O_{2富氧}$为鼓风的富氧率,%。

本例中,

$$O_{2b}=0.21\times(100\%-1.25\%-4\%)+0.5\times 1.25\%+4\%=24.523\%$$

2)煤粉带入氧量

由煤粉中 O_2 和 H_2O 的占比得喷吹煤粉中的氧含量 $O_{喷}$:

$$O_{喷}=115\times\left(1.95\%+2.96\%\times\frac{16}{18}\right)\times\frac{22.4}{32}=3.688(m^3)$$

3)鼓风量

由风口前碳燃烧反应中 C、O_2 计量关系

$$\begin{array}{lll} 2C & +O_2 & =2CO \\ 2\times 12 & 32 & \\ C_b & \frac{(V_b\times O_{2b}+O_{喷})\times 32}{22.4} & \end{array}$$

得:

$$V_b=\frac{\frac{22.4}{24}\times C_b-O_{喷}}{O_{2b}} \tag{5.9}$$

式(5.9)中,V_b 为鼓风量,m^3;C_b 为风口前碳燃烧量,kg;$O_{喷}$为喷吹煤粉带入的氧量,m^3;O_{2b} 为鼓风含氧量,%。

本例中，

$$V_b=\frac{\frac{22.4}{24}\times 294.193-3.688}{24.523\%}=1\ 104.65(m^3)$$

5.2.3 煤气成分计算

这里的煤气指的是炉顶煤气。鼓风进入高炉后，使高炉风口内燃料燃烧生成炉缸煤气（初始煤气），煤气上升过程中，吸收直接还原、间接还原、化合物分解等变化产生的气体，到达炉顶形成炉顶煤气，其成分一般包括有 CO_2、CO、N_2、H_2、CH_4 等。

(1)煤气中 CH_4

煤气中的 CH_4 主要来源于：①装入高炉的焦炭挥发分中的 CH_4；②由进入高炉中的焦炭、喷吹煤粉中所带的碳素在高温下与 H_2 发生反应生成的 CH_4。

1)焦炭挥发分中 CH_4

$$焦炭挥发分中\ CH_4=418\times 0.02\%\times\frac{22.4}{16}=0.117(m^3)$$

2)由燃料碳素生成的 CH_4

由假定入炉总碳量 1.2% 与 H_2 反应生成 CH_4 求得：

$$碳素生成\ CH_4=5.254\times\frac{22.4}{16}=9.807(m^3)$$

$$进入煤气的\ CH_4=0.117+9.807=9.924(m^3)$$

(2)煤气中 H_2

高炉炉顶煤气中的氢来源：①鼓风中水分带入的氢；②焦炭挥发分中的氢（有机物中含有的氢量太少，不考虑）；③煤粉中的氢；④矿石中结晶水分解产生的氢。高炉使用熟料比较高时，结晶水含量不多，计算时这部分 H_2 不考虑。

高炉内氢主要消耗于：高温区参与还原；与碳在高温下发生反应生成 CH_4。

1)鼓风水分分解产生 H_2

由鼓风湿度计算得：

$$鼓风水分分解产生\ H_2=1\ 104.670\times 1.25\%=13.808(m^3)$$

2)焦炭挥发分产生 H_2

$$焦炭挥发分产生\ H_2=418\times 0.05\%\times\frac{22.4}{2}=2.341(m^3)$$

3)煤粉产生的 H_2

由煤粉中的 H_2 和 H_2O 的占比求出：

煤粉产生的 H_2 = 煤粉中的 H_2 + 煤粉中水分分解的 H_2

$$=115\times\left(8.51\%+2.96\%\times\frac{2}{18}\right)\times\frac{22.4}{2}=113.845(m^3)$$

上述 3 项的 $H_2=13.808+2.341+113.845=129.994(m^3)$

4）参加还原的 H_2

由假设入炉 H_2 的 40% 参加还原反应计算得：

$$参加还原的\ H_2=129.994\times40\%=51.998(m^3)$$

5）生成 CH_4 的 H_2

由化学式 $C+2H_2 = CH_4$ 可得：

$$生成\ CH_4\ 的\ H_2=9.807\times2=19.613(m^3)$$

则

$$进入炉顶煤气的\ H_2=129.994-51.998-19.613=58.383(m^3)$$

（3）煤气中的 CO_2

煤气中的 CO_2 主要来源于：①高炉内氧化物间接还原产生。主要由铁、锰高级氧化物间接还原、部分 FeO 被 CO 还原产生 CO_2；②炉料带入。包括焦炭挥发分中的 CO_2、矿石中碳酸盐分解产生的 CO_2，以及石灰石和白云石等熔剂分解产生的 CO_2。石灰石分解温度较高，分解产生的 CO_2 在高温区部分与 C 反应生成 CO，计算 CO_2 时这部分要扣除。

1）间接还原产生的 CO_2

计算 CO_2 的体积前，由于高炉的高温区反应复杂多变，为简便计算，假设 Fe_2O_3 全部进行间接还原，而 H_2 只参与对 FeO 的还原。

间接还原的 CO_2 量可由 Fe_2O_3 还原至 FeO 生成的 CO_2、FeO 还原成 Fe 生成的 CO_2 和 MnO_2 还原至 MnO 生成的 CO_2 三者之和，减去 H_2 间接还原的量得到。

a. Fe_2O_3 还原至 FeO 生成的 CO_2。混合矿中 Fe_2O_3 全部通过 CO 间接还原成 FeO，同时生成 CO_2，其反应式为：$3Fe_2O_3+CO = 2Fe_3O_4+CO_2$ 和 $Fe_3O_4+CO = FeO+CO_2$，由两个反应式计量关系可知，消耗的 Fe_2O_3 物质的量和生成 CO_2 物质的量相等，则：

$$Fe_2O_3\ 还原成\ FeO\ 生成的\ CO_2=1\ 784.645\times70.675\%\times\frac{22.4}{160}=176.581(m^3)$$

b. FeO 还原成 Fe 生成的 CO_2。混合矿带入的 FeO 除直接还原外全部被间接还原，其反应式为：$FeO+CO = Fe+CO_2$。

$$FeO\ 还原成\ Fe\ 生成的\ CO_2=1\ 000\times94.72\%\times(1-0.45)\times\frac{22.4}{56}=208.384(m^3)$$

c. MnO_2 还原成 MnO 生成的 CO_2。高炉冶炼中，Mn 还原与 Fe 类似，但由于 MnO 化学性质稳定，只有 C 才能将其还原，从 MnO_2 至 Mn 还原可简化为：$MnO_2+CO = MnO+CO_2$、$MnO+C = Mn+CO$，则：

$$MnO_2\ 还原成\ MnO\ 生成的\ CO_2=1\ 784.645\times0.019\%\times\frac{22.4}{87}=0.088(m^3)$$

高炉内存在 H_2 代替 CO 还原情况，计算 CO_2 体积时应减去这部分体积。由 $FeO+H_2 = Fe+H_2O$ 可知，参加还原的 H_2 和生成 CO_2 的体积在数量上相等。

间接还原产生的 CO_2 = Fe_2O_3 还原成 FeO 生成的 CO_2 + FeO 还原成 Fe 生成的 CO_2 + MnO_2 还原成 MnO 生成的 CO_2 − 参加还原的 H_2 = 176.581+208.384+0.088−51.998 = 333.055(m^3)

2)碳酸盐分解产生的 CO_2

混合矿、焦炭和石灰石中碳酸盐分解产生的 CO_2 可由混合矿的烧损项、焦炭挥发分中的 CO_2 项、石灰石烧损项计算得到。

混合矿中碳酸盐分解产生 $CO_2=1\ 784.645\times0.604\%\times\frac{22.4}{44}=5.487(m^3)$

焦炭中碳酸盐分解产生 $CO_2=418\times0.616\%\times\frac{22.4}{44}=1.311(m^3)$

石灰石分解产生 $CO_2=48.711\times44.56\%\times(1-\alpha)\times\frac{22.4}{44}$

$=48.487\times44.56\%\times(1-50\%)\times\frac{22.4}{44}$

$=5.525(m^3)$

其中,α 为石灰石高温分解产生的 CO_2 中与 C 反应成为 CO 时消耗的 CO_2 比例。

则:

$$煤气中总\ CO_2=333.055+5.487+1.311+5.525=345.379(m^3)$$

(4)**煤气中的 CO**

煤气中的 CO 来源:风口前碳素燃烧生成的 CO;各元素直接还原生成的 CO;焦炭挥发分带入的 CO。煤气中的 CO 在上升过程中主要消耗于氧化物间接还原。

1)风口前碳素燃烧生成 CO

由风口前燃烧的碳量,以及 $2C+O_2 \xlongequal{} 2CO$ 得:

$$风口前碳素燃烧生成\ CO=294.193\times\frac{22.4}{12}=549.161(m^3)$$

2)直接还原生成 CO

由氧化物直接还原反应可得知,各氧化物直接还原消耗的碳量与生成的 CO 物质的量相等,结合前面求出的直接还原消耗碳量,得:

$$氧化物直接还原生成\ CO=(6.479+91.337)\times\frac{22.4}{12}=182.590(m^3)$$

3)石灰石分解的 CO_2 与 C 反应生成 CO

由 $C+CO_2 \xlongequal{} 2CO$,以及石灰石分解的 CO_2 中与 C 反应生成 CO 的占比得:

石灰石分解的 CO_2 与 C 反应生成的 $CO=2\times48.711\times44.56\%\times\alpha\times\frac{22.4}{44}=2\times48.487\times44.56\%\times50\%\times\frac{22.4}{44}=11.05(m^3)$

4)焦炭挥发分中的 CO

$$焦炭挥发分中的\ CO=418\times0.616\%\times\frac{22.4}{28}=2.06(m^3)$$

5)间接还原消耗的 CO

间接还原生成的 CO_2 和消耗的 CO 在物质的量上相等,则:

$$间接还原消耗的\ CO=间接还原生成的\ CO_2=333.056(m^3)$$

由上述计算可得：

煤气中总的 CO 含量 = 549.161+182.590+11.05+2.06−333.055 = 411.805(m^3)

(5) 煤气中的 N_2 含量

由鼓风、焦炭、煤粉带入 N_2，N_2 化学性质稳定，在高炉中不发生反应直接进入煤气。

1) 鼓风中的 N_2 量

鼓风中的 N_2 量为干空气中的 N_2 量，则：

$$\text{鼓风中的 } N_2 \text{ 量} = 1\,104.67\times0.79\times(100\%-12.5\%-4\%) = 826.873(\text{m}^3)$$

2) 焦炭带入的 N_2 量

由焦炭挥发分中的 N_2 量得：

$$\text{焦炭带入的 } N_2 \text{ 量} = 418\times0.11\%\times\frac{22.4}{28} = 0.368(\text{m}^3)$$

3) 煤粉带入的 N_2 量

$$\text{煤粉带入的 } N_2 \text{ 量} = 115\times3.53\%\times\frac{22.4}{28} = 3.248(\text{m}^3)$$

$$\text{煤气中的 } N_2 \text{ 量} = 826.873+0.368+3.248 = 830.488(\text{m}^3)$$

将煤气的各成分数量汇总入表 5.11 中，并计算各成分含量，结果一并列入表 5.11 中。

表 5.11　煤气成分表

成分	CO_2	CO	N_2	H_2	CH_4	总计	$V_{煤}/V_{风}$
体积	345.379	411.805	830.488	58.383	9.924	1 655.979	1.499
%	20.856	24.868	50.151	3.526	0.599	100	

5.2.4　物料平衡表

高炉物料收入项包括从炉顶加入的炉料（包括矿石、焦炭、熔剂等）、炉缸风口鼓入的富氧空气和喷吹煤粉。高炉物料支出项包括生铁、炉渣、煤气、炉尘、水分等。

(1) 高炉鼓风质量

高炉鼓风质量由鼓风密度与其体积求出。

$$\text{鼓风密度} = 0.21\times(1-1.25\%-4\%)\times\frac{32}{22.4}+0.79\times(1-1.25\%-4\%)\times\frac{28}{22.4}+1.25\%\times\frac{18}{22.4}+4\%\times\frac{32}{22.4} = 1.287(\text{kg/m}^3)$$

$$\text{鼓风质量} = \text{鼓风体积}\times\text{鼓风密度} = 1\,104.67\times1.287 = 1\,421.814(\text{kg})$$

(2) 煤气质量

高炉炉顶排出的煤气质量由其密度与体积求出。

$$煤气密度=20.595\%\times\frac{44}{22.4}+25.760\times\frac{28}{22.4}+49.497\%\times\frac{28}{22.4}+3.544\%\times\frac{2}{22.4}+0.604\%\times\frac{16}{22.4}$$

$$=1.355(\text{kg/m}^3)$$

煤气质量=煤气体积×煤气密度=1 655.979×1.355=2 243.590(kg)

(3)总水分量计算

水分主要由炉料带入的水分和 H_2 还原生成的水分两者构成。其中,H_2 还原生成的水分量与还原的 H_2 量相等。

总计水分=混合矿带入水分+焦炭带入水分+H_2 还原生成的水分

$$=\frac{1\ 784.645}{1-0.77\%}\times0.77\%+\frac{418}{1-2.4\%}\times2.4\%+51.998\times\frac{18}{22.4}=65.904(\text{kg})$$

(4)炉料的机械损失(含尘量)

炉料的机械损失为炉料的实际加入量和理论加入量之间的差值。

炉料的机械损失=1 784.645×3%+418×2%+48.711×1%=62.386(kg)

根据上述计算结果列出物料平衡表,见表5.12。参照行业标准要求,由表5.12可见,计算的物料收入与支出质量相对误差为0.05%<0.3%,表明配料计算结果是合理的。

表5.12 物料平衡表

序号	收入项	kg	序号	支出项	kg
1	混合矿	1 852.440	1	生铁	1 000
2	焦炭	436.844	2	炉渣	505.357
3	煤粉	115	3	煤气	2 243.590
4	石灰石	49.198	4	水分	65.904
5	鼓风	1 421.814	5	炉尘	62.386
共计		3 875.296	共计		3 877.237
绝对误差		1.940	相对误差		0.05%

5.3 热平衡计算

5.3.1 热平衡计算方法

热平衡计算是按照能量守恒定律,向高炉冶炼提供的热量等于冶炼过程消耗的热量加上热损失的总和,以高炉物料平衡为基础对高炉过程的各项热收入和热支出进行的计算。据此可了解以及分析高炉内热量消耗状况,找出进一步改善能量利用、降低燃料消耗的途径。它还是计算理论焦比及各种因素对焦比影响的基础。在高炉采用某些新技术新措施时，通过热平衡计算，联合物料平衡一起可预测冶炼效果，从而可拟订出最适宜的冶炼制度。

热平衡计算可分为两类：一类是以整个高炉为对象的计算，称为全炉热平衡计算；另一类是以高炉局部区域为对象的，称为区域热平衡计算。20 世纪 60 年代前高炉炼铁工作者大都采用全炉热平衡计算，其原因在于区域热平衡的边界条件，特别是边界处炉料和煤气温度差的确定有较大的任意性，而这个温度差的大小又在很大程度上决定着区域热平衡分析的可靠性。20 世纪 60 年代后，高炉传输过程和解剖的研究结果帮助了这一温度差的选定，决定高炉冶炼指标的因素又较多地集中于高炉下部的高温区，因此高温区的区域热平衡计算得到重视和应用。

在高炉内收入和支出的热量项中：一类是化学反应热，它可由每千克或每立方米反应物在反应中热效应（即单位热效应）与实际反应数量的乘积算出；另一类是物理热，它由物料量及其比热容（$c_{料}$）和温度（$t_{料}$）的乘积算出。

全炉热平衡计算又分为两种。

第 1 种全炉热平衡方法出现较早，原理简单，属经典性的。它建立在盖斯定律的基础上，即依据炉料入高炉时的初始状态和离开高炉时的最终状态计算高炉产生和消耗的热量，而不考虑炉内的实际变化过程。例如，对于 C 还原 FeO 反应热量消耗计算，按 FeO 分解为 Fe 和 $1/2O_2$ 的耗热和 $C+1/2O_2$ 结合成 CO 的放热两方面综合计算，而不是按 C 还原 FeO 实际反应的吸热计算。

第 1 种全炉热平衡的热收入有 5 项：

（1）碳素氧化热

高炉内每 1 kg C 氧化成 CO 放热 2 340 kcal，1 kg C 氧化成 CO_2 放热 7 980 kcal，高炉内碳素氧化分为风口前碳燃烧成 CO、直接还原中 C 氧化成 CO 和间接还原中 CO 氧化成 CO_2。碳素氧化热是热收入的主要项，占热收入的 70% ~80%。碳素氧化放热可按下式计算：

$$Q_c = 4.186 \times 2\ 340(C_{风} + C_d) \tag{5.10}$$

$$Q_{CO\text{-}CO_2} = 12\ 600 V_{CO_{2i}} \tag{5.11}$$

式(5.10)、式(5.11)中，Q_c 为碳素氧化为 CO 放热量，kJ/t Fe；$C_{风}$ 为风口前燃烧碳量，kg；C_d 为氧化物直接还原消耗碳量，kg；$Q_{CO\text{-}CO_2}$ 为 CO 间接还原中 CO 氧化为 CO_2 放热量，kJ/t Fe；$V_{CO_{2i}}$ 为 CO 还原氧化物产生的 CO_2 量，m^3。

（2）热风物理热

热风物理热可按下式计算：

$$Q_{风} = V_{风}\ c_{风}\ t_{风} - 10\ 800 V_{风} f \tag{5.12}$$

式(5.12)中，$V_{风}$ 为高炉鼓风量，m^3；$c_{风}$ 为 $t_{风}$ 温度下热风的比热，kJ/(m^3 · ℃)；$t_{风}$ 为热风温度，℃；f 为鼓风湿度，%。

式(5.12)中扣除了鼓风中水分分解耗热。1 m^3 H_2O 分解耗热 10 800 kJ，水分分解消耗热计算：

$$Q_{H_2O分解} = 10\ 800 V_{风} f \tag{5.13}$$

(3)氢氧化放热

这是 H_2 还原氧化物产生 H_2O 放出的热量,1 m^3H_2 氧化成 H_2O 放热为 10 800 kJ,放热量计算式如下:

$$Q_{H_2\text{-}H_2O}=10\ 800V_{H_2O还} \tag{5.14}$$

式(5.14)中,$Q_{H_2\text{-}H_2O}$ 为 H_2 还原氧化物反应放出的热量,kJ;$V_{H_2O还}$ 为 H_2 还原氧化物中 H_2O 产生量,m^3。

(4)成渣热

这是熔剂和生矿带入炉内的 CaO 和 MgO 成渣时放出的热量,1 kg CaO 或 MgO 成渣放热 1 130 kJ。成渣热计算式如下:

$$Q_{成渣}=1\ 130(CaO+MgO) \tag{5.15}$$

式(5.15)中,CaO、MgO 为熔剂和生矿带入的 CaO 和 MgO 量,kg。

现代高炉冶炼中大量使用自熔性、熔剂性和高碱度烧结矿或球团矿,加入高炉熔剂量很少或完全不加,为简化热平衡,常将此项微小的热收入在热支出项的碳酸盐分解耗热中扣除。

(5)炉料物理热

对使用冷矿的高炉,这项热量很小,可以忽略不计。使用热烧结矿的高炉,这项热量计算式如下:

$$Q_{料}=G_{料}\ c_{料}\ t_{料} \tag{5.16}$$

式(5.16)中,$G_{料}$ 为炉料量,kg;$c_{料}$ 为 $t_{料}$ 下炉料的比热,kJ/(kg·℃);$t_{料}$ 为炉料温度,℃。

第一种全炉热平衡中的热支出主要有 9 项:

①氧化物分解耗热。它包括铁氧化物和少量 Si、Mn、P、V、Ti 等元素氧化物分解为 Si、Mn、P、V、Ti 等单质元素耗热,用生铁中所含数量与其氧化物单位分解热乘积求得。

②脱硫耗热。按每吨生铁进入炉渣的硫量 $u_{(S)}$ 和硫化物单位分解热计算。

③碳酸盐分解耗热。进入高炉的碳酸盐可能有 $FeCO_3$、$MnCO_3$、$CaCO_3$、$MgCO_3$ 等。

④风中水分分解。常将此项在鼓风带入的物理热中扣除。

⑤喷吹物分解耗热。1 kg 喷入高炉的煤粉的分解热波动在 1 050 ~ 1 250 kJ,一般无烟煤用低值,烟煤用高值。喷吹物分解耗热使用喷吹物质量与 1 kg 喷吹物分解热乘积求得。

⑥炉料中水分蒸发和加热耗热。焦炭、天然生矿及熔剂带入的物理水,尤其是水熄焦带入 3% ~5% 或更高的水分,它们会蒸发并加热到炉顶温度,如果使用褐铁矿生矿或含有结晶水矿物(如脉石中的高岭土等)的生矿,这些结晶水也要分解蒸发和加热到炉顶温度。

⑦铁水和炉渣的焓。可根据测定铁水和炉渣的温度,按各组分的量和它们的平均比热容相乘加和算得。也可根据实测温度和冶炼生铁品种选取统计出的经验热焓值(冶炼炼钢生铁时,渣热焓 q_u =1 717 ~ 1 800 kJ/kg 渣,生铁热焓 q_e =1 130 ~ 1 172 kJ/kg 生铁;冶炼铸造生铁时,q_u =1 884 ~ 20 090 kJ/kg 渣,q_e =1 256 ~ 1 298 kJ/kg 生铁)计算,即:

$$Q_{铁}=1\ 000q_e \tag{5.17}$$

$$Q_{渣}=u\cdot q_u \tag{5.18}$$

式(5.18)中,u 为吨铁产渣量,kg。

⑧炉顶煤气的热量。它包括干煤气、还原生成的 H_2O 和炉尘三者带走的热量,用它们的质量、比热容和炉顶温度的乘积算得。

⑨热损失。高炉热损失包括冷却水带走的热量、通过炉壳表面辐射散热和对流热损失热量以及通过炉底传给地层的热量等。除冷却水带走热量可较精确地测得外,其他几种是难以测得的,通常采用总热收入减去上述①—⑧项热支出而得出,有时也用统计经验式估算。

高炉热损失随炉子大小,冶炼强度高低和冶炼生铁品种而不同。一般冶炼铸造生铁时热损失占全部热收入的6%～10%,而冶炼炼钢生铁时的热损失为3%～8%。

第2种全炉热平衡计算是考虑各物质的实际变化过程而进行的热平衡计算。它通过高炉内每一个物质的真实变化列出能量方程,从而计算出能反映高炉真实冶炼情况的热量收支项。它更能反映高炉冶炼在热量交换和热能利用方面的实质。因此在分析高炉热现象,寻求节能降耗的途径时被广泛应用。这两种热平衡相同的物理热有:在热收入项中是热风、炉料带入的热量;在热支出项中是炉料中水分蒸发和加热,生铁、炉渣及煤气的焓。两种热平衡不同的是化学反应热:碳的氧化放热在第2种热平衡中只计算风口前碳氧化成CO的放热 $q_C = 9\,800C_{风}$,kJ;还原耗热只计算吸热反应的铁直接还原和少量元素直接还原耗热;脱硫耗热按实际的反应热计算;碳酸盐分解除计算 $CaCO_3 = CaO + CO_2$ 的分解热外,还要计算进入高温区后该反应分解出来的 CO_2 与焦炭的碳发生溶解损失反应的耗热;结晶水分解出来的 H_2O 进入高温区也要计算 $H_2O + C = H_2 + CO$ 反应的吸热。

高炉高温区热平衡计算是以高炉下部发生直接还原的高温区作为研究对象,分析计算其中各种热量收支情况。高炉炼铁焦比主要取决于高温区的热交换,因此,高温区热平衡计算对研究高炉冶炼工艺过程更具有实际意义。

高炉冶炼过程能否顺利进行不仅取决于所需要的热量,还取决于过程所在区域的温度,人们已完全了解清楚,同样的热量,在高炉不同部位因温度不同而具有完全不同的价值,如热风带入的高温1 kJ热量能使炉缸变热,促进Si还原而使生铁含Si量升高;而热烧结矿带入炉喉的1 kJ热量只能使炉顶温度升高,由煤气带出炉外,而不能使炉缸变热。因此,用全炉热平衡分析高炉的热现象具有片面性。由于高炉内存在热交换空区,边界上的煤气和炉料温度选择相对较稳定和易于切合生产实际,再加上决定高炉技术经济指标的过程也较多地集中在炉子下部。区域热平衡计算常选区域边界煤气温度950～1 000 ℃的下部高温区为对象。

高温区热平衡类似于第2种全炉热平衡,其收入热量为碳素在风口前氧化为CO的放热和热风带入的有效热量两项;而热支出为直接还原耗热、脱硫耗热、石灰石在高温区分解耗热、分解出的 CO_2 参与溶损反应耗热、铁水和炉渣的焓(扣除进入边界区时的焓)以及煤气离开高温区时的热量(扣除生成煤气的焦炭进入高温区时的热量),为简化计算,将它们归入高温区热平衡的热损失项中;在喷吹燃料时还要计算煤粉分解耗热和加热到边界温度时的耗热。高温区热损失也是采用总收入减上述消耗总热的差值来表示。

5.3.2 第二热平衡计算

下面在配料、物料平衡计算基础上,介绍第二热平衡案例计算。

(1)风口前碳素燃烧热

到达风口内的焦炭和从风口喷入的煤粉中的碳燃烧最终产物是CO,由式(5.10)得:

$$风口前碳素燃烧热=294.193\times4.186\times2\ 340=2\ 881\ 694.335(kJ)$$

(2)鼓风带入的物理热

鼓风中含有干空气、水蒸气、富氧,按这三者的比热及其在鼓风中的占比可计算1 100 ℃下鼓风的比热,进一步可计算1 100 ℃下鼓风的热量。

1 100 ℃下空气、H_2O、O_2 的比热分别为 $c_{空气}=372.2\ kcal/m^3$、$c_{H_2O}=456.6\ kcal/m^3$、$c_{O_2}=386.8\ kcal/m^3$。则1 100 ℃下鼓风比热为:

$$c_{鼓风}=c_{空气}(1-f-x_{O_2})+c_{H_2O}f+c_{O_2}x_{O_2}=372.2\times(1-0.012\ 5-0.04)+0.012\ 5\times456.6+386.8\times0.04$$
$$=373.839(kcal/m^3)$$

则1 100 ℃下鼓风所带热量为:

$$Q_{风}=4.186\times373.839\times1\ 104.67=1\ 728\ 687.096(kJ/m^3)$$

(3)混合矿带入热

由于本例工艺计算考虑炉顶加入的是冷矿,带入热量少,故混合矿带入的热量忽略不计。

(4)成渣热

在高炉冶炼中,CaO和MgO与酸性氧化物生成低熔点化合物成渣时会放出热量,这部分热量即为成渣热。1 kg CaO或MgO成渣大约放出270 kcal热量。

1)混合矿中参与成渣的CaO和MgO量

在混合矿中,只有生矿和球团矿中的CaO、MgO会参与成渣,而烧结矿中的CaO、MgO在烧结过程中已经成渣。

生矿和球团矿中CaO和MgO数量=1 784.645×50%×(2.046%+1.867%)+1 784.645×8%×(9.09%+2.29%)=51.164(kg)

2)熔剂石灰石中参与成渣的CaO和MgO量

熔剂中的CaO和MgO全都会成渣放热。

$$熔剂中\ CaO\ 和\ MgO\ 量=48.711\times(41.61\%+12.111\%)=26.168(kg)$$

则,成渣热=4.186×270×(51.164+26.168)=87 402.173(kJ)

(5) CH_4 生成热

由 $C+2H_2=CH_4+18\ 600\ kcal$ 可得:

$$1\ kg\ CH_4\ 生成热=18\ 600/16=1\ 162.5(kcal/kg\ CH_4)$$

$$CH_4\ 生成热=4.186\times1\ 162.5\times9.807\times\frac{16}{22.4}=34\ 086.365(kJ)$$

由上述计算结果可得:

冶炼1 t生铁的热量总收入=风口前碳素燃烧热+鼓风带入热量+混合矿带入热+成渣热+

CH_4 生成热=2 881 694.335+1 728 687.096+0+87 402.173+34 086.365=4 731 869.968(kJ)

(6)水分分解耗热

鼓风、喷吹煤粉中的水蒸气都是从高炉风口进入,它们在炉内会全部分解带走热量。此外,矿石中结晶水进入高炉后发生分解也会吸收热量,本例中考虑结晶水量少,结晶水分解吸热忽略不计。

鼓风中的水分分解 $H_2O=H_2+0.5O_2-2\ 580\ kcal/m^3H_2O$,则:

鼓风中的水分分解耗热=4.186×2 580×1 104.67×1.25%=149 128.767(kJ)

煤粉中的水分 $H_2O=H_2+0.5O_2-3\ 211\ kcal/kg\ H_2O$,则:

煤粉中的水分分解耗热=4.186×3 211×115×2.96%=45 754.001(kJ)

则水分分解总耗热:

$Q_{水分分解}$=鼓风中的水分分解耗热+煤粉中的水分分解耗热=149 128.767+45 754.001
=194 882.768(kJ)

(7)喷吹物分解耗热

煤粉从高炉风口喷入后,其中的碳氢化合物进行热分解需要消耗热量,按 1 kg 无烟煤分解热 250 kcal 考虑,则喷吹的煤粉分解耗热为:

$$Q_{喷吹物分解}=4.186\times250\times115=120\ 347.5(kJ)$$

(8)氧化物还原耗热

1)铁氧化物还原耗热

铁氧化物还原耗热包括复杂铁氧化物和高级铁氧化还原到 FeO 以及 FeO 还原到 Fe 所消耗的热量。

a.硅酸铁分解成 FeO 耗热。在烧结矿、球团矿、焦炭、煤粉中以硅酸铁($FeO\cdot SiO_2$)形式存在的 FeO 除去进入炉渣的 FeO 即为需要还原的 FeO。烧结矿、球团矿中的 FeO 一般 20%~25%以硅酸铁的形式存在,此处根据原料属性取 20%。焦炭、煤粉中的 FeO、进入渣中的 FeO 均以硅酸铁的形式存在。

烧结矿、球团矿中以硅酸铁形式存在的 FeO 质量为:

$$FeO_{硅酸铁}=1\ 784.645\times(0.42\times8.49\%+0.5\times0.36\%)\times20\%=13.37(kg)$$

矿石中以 Fe_3O_4 形式存在的 FeO 质量为:

$$FeO_{Fe_3O_4}=1\ 784.645\times4.632\%-13.37=69.298(kg)$$

矿石中以 Fe_3O_4 存在的 Fe_2O_3 质量为:

$$Fe_2O_{3Fe_3O_4}=69.298\times\frac{160}{72}=153.997(kg)$$

则矿石中的 Fe_3O_4 质量为:

$$Fe_3O_4=69.298+153.997=223.295(kg)$$

矿石中自由 Fe_2O_3 的质量为:

$$Fe_2O_{3自由}=1\ 784.645\times70.675\%-153.997=1\ 107.298(kg)$$

焦炭、煤粉带入的 FeO(均为 $FeO \cdot SiO_2$)质量为:

$$FeO_{燃料}=418\times0.73\%+115\times0.41\%=3.523(kg)$$

渣中 FeO=3.664kg

由 $2FeO \cdot SiO_2=2FeO+SiO_2-47\ 443$ kJ 得:

$$分解 1\ kg\ FeO 耗热=\frac{47\ 443}{72\times2}=329.465(kJ)$$

则:

硅酸铁分解出 FeO 时耗热=(13.37+3.523−3.664)×329.465=4 358.25(kJ)

b. $Fe_2O_{3自由}$还原耗热。

由 $Fe_2O_3+CO=\!=\!=2FeO+CO_2-3.3$ kcal/kg(Fe)得:

$$Fe_2O_{3自由}还原耗热=4.186\times3.3\times\frac{112}{160}\times1\ 107.298=10\ 707.194(kJ)$$

c. Fe_3O_4 还原到 FeO 耗热。

假设全部的 Fe_3O_4 被 CO 还原。由 $Fe_3O_4+CO=\!=\!=3FeO+CO_2-29.7$ kcal/kg(Fe)得:

$$Fe_3O_4 还原到 FeO 耗热=4.186\times29.7\times223.295\times\frac{168}{232}=20\ 102.778(kJ)$$

d. H_2 还原 FeO 耗热。

高炉入炉 H_2 的 40% 对 FeO 进行还原。由 $FeO+H_2=\!=\!=Fe+H_2O-118.2$ kcal/kg(Fe)得:

$$H_2 还原 FeO 耗热=4.186\times118.2\times\frac{129.994\times40\%}{22.4}\times56=64\ 319.138(kJ)$$

e. C 还原 FeO 耗热。

由 $FeO+C=\!=\!=Fe+CO-649.1$ kcal/kg(Fe)、铁的直接还原度计算出:

C 还原 FeO 耗热=4.186×649.1×1 000×94.72%×0.45=1 158 150.599(kJ)

f. CO 还原 FeO 放热。

由 $FeO+CO=\!=\!=Fe+CO_2+58.1$ kcal/kg(Fe)、CO 间接还原的铁量得:

$$CO 还原 FeO 放热=4.186\times58.1\times\left[1\ 000\times94.72\%\times(1-0.48)-\frac{129.994\times40\%}{22.4}\times56\right]$$

$$=95\ 085.994(kJ)$$

由上述计算结果可得铁氧化物还原耗热为:

$Q_{铁氧化物还原}$=硅酸铁分解出 FeO 耗热+$Fe_2O_{3自由}$还原耗热+Fe_3O_4 还原到 FeO 耗热+H_2 还原 FeO 耗热+C 还原 FeO 耗热−CO 还原 FeO 放热=4 358.25+10 707.194+20 102.778+64 319.138+1 158 150.599−95 085.994=1 162 551.965(kJ)

2)其他元素氧化物还原耗热

其他元素氧化物还原耗热包括 Si、Mn、P、V、Ti 等元素氧化物进行直接还原时消耗热量。

a. 硅的还原耗热。

根据 $SiO_2+2C=\!=\!=Si+2CO-5\ 360$ kcal/kg(Si)得:

硅的还原耗热=4.186×5 360×1 000×0.24%=53 848.704(kJ)

b. 锰的还原耗热。

Mn 的高级氧化物还原到 MnO 为间接还原,热效应很小,在计算时忽略不计。从 MnO 还原到 Mn 是直接还原，根据 $MnO+C = Mn+CO-1\ 248\ kcal/kg(Mn)$ 得：

$$锰的还原耗热=4.186\times1\ 248\times1\ 000\times0.418\%=21\ 836.855(kJ)$$

c. 磷的还原耗热。

根据 $P_2O_5+5C = 2P+5CO-6\ 275\ kcal/kg(P)$ 得：

$$磷的还原耗热=4.186\times6\ 275\times1\ 000\times0.11\%=28\ 893.865(kJ)$$

d. 钒的还原耗热。

根据 $V_2O_5+5C = 2V+5CO-2\ 270\ kcal/kg(V)$ 得：

$$钒的还原耗热=4.186\times2\ 270\times1\ 000\times0.319\%=30\ 312.082(kJ)$$

e. 钛的还原耗热。

根据 $TiO_2+2C = Ti+2CO-3\ 460\ kcal/kg(Ti)$ 得：

钛的还原耗热 $=4.186\times3\ 460\times1\ 000\times0.11\%=15\ 931.916(kJ)$

则其他元素氧化物还原耗热为：

$$Q_{其他元素氧化物还原}=53\ 848.704+21\ 836.855+28\ 893.865+30\ 312.082+15\ 931.916=150\ 823.422(kJ)$$

根据上述计算结果可得氧化物还原耗热为：

$$Q_{氧化物还原}=Q_{铁氧化物还原}+Q_{其他元素氧化物还原}=1\ 162\ 551.965+150\ 823.422=1\ 313\ 375.388(kJ)$$

(9)脱硫耗热

由 $[FeS]+(CaO)+C = (CaS)+CO+[Fe]-1\ 139\ cal/kg\ S$ 得：

$$Q_{脱硫}=4.186\times1\ 139\times4.282=20\ 416.323(kJ)$$

(10)碳酸盐分解耗热

碳酸盐包括存在于矿石和石灰石中的 $CaCO_3$ 和 $MgCO_3$。碳酸盐分解产生的 CO_2 在高温处参与碳素溶解吸收热量。

1)$CaCO_3$ 和 $MgCO_3$ 分解耗热

由 $CaCO_3 = CaO+CO_2-966.4\ kcal/kg(CO_2)$、$MgCO_3 = MgO+CO_2-594.3\ kJ/kg(CO_2)$，以及混合矿和熔剂中的碳酸盐数量可计算 $CaCO_3$ 和 $MgCO_3$ 分解耗热。

$$混合矿中\ CO_2\ 含量=1\ 784.645\times0.604\%=10.778(kg)$$

假设其中分解产生 CO_2 的 $CaCO_3$ 与 $MgCO_3$ 是按在混合矿中的比例进行，则：

$$混合矿中以\ CaCO_3\ 存在的\ CO_2=10.778\times\frac{7.156\%}{7.156\%+2.158\%}=8.281(kg)$$

$$混合矿中以\ MgCO_3\ 存在的\ CO_2=10.778\times\frac{2.158\%}{7.156\%+2.158\%}=2.497(kg)$$

$$石灰石中的\ CO_2=48.711\times44.56\%=21.706(kg)$$

$$石灰石中\ CaCO_3\ 中的\ CO_2=48.711\times41.61\%\times\frac{44}{56}=15.925(kg)$$

$$石灰石中\ MgCO_3\ 中的\ CO_2=21.706-15.925=5.781(kg)$$

$$CaCO_3\ 分解耗热=4.186\times966.4\times(8.281+15.925)=97\ 922.342(kJ)$$

$MgCO_3$ 分解耗热 = 4.186×594.3×(2.497+5.781) = 20 592.623(kJ)

2)碳素溶损反应耗热

石灰石在高温区分解率一般为40% ~50%,此处计算选择50%。碳素溶损反应为:CO_2+C ══2CO−3 300 kcal/C。则:

$$碳素溶损反应耗热 = 4.186\times3\ 300\times48.711\times44.56\%\times0.5\times\frac{12}{44} = 40\ 886.851(kJ)$$

考虑碳素溶损反应耗热,碳酸盐分解总耗热:

$$Q_{碳酸盐分解} = 97\ 922.342+20\ 592.623+40\ 886.851 = 159\ 401.815(kJ)$$

(11)游离水蒸发耗热

炉料中的游离水包括焦炭、生矿、石灰石带入的游离水,其从20 ℃升温到100 ℃时消耗热量,超过100 ℃变为水蒸气也消耗热量。1 kg的水由20 ℃升温到100 ℃吸热80 kcal,再转变为水蒸气时吸热540 kcal,则游离水蒸发耗热:

$$Q_{游离水蒸发} = 4.186\times(80+540)\times(418\times2.40\%+1\ 784.645\times0.77\%) = 61\ 681.998(kJ)$$

(12)铁水和炉渣带走热量

计算用生铁、渣的热焓见表5.13。本例中,炼钢生铁热焓值取280 kcal/kg、渣热焓值取420 kcal/kg,故铁水和炉渣带走热:

$$Q_{铁水和炉渣} = 4.186\times280\times1\ 000+4.186\times420\times505.357 = 2\ 060\ 557.502(kJ)$$

表5.13 常见生铁热焓值/(kcal/kg)

比焓	炼钢生铁	铸造生铁	锰铁	硅铁
铁水热焓值	270 ~ 280	300 ~ 310	280 ~ 290	320 ~ 350
炉渣热焓值	410 ~ 430	450 ~ 480	440 ~ 470	480 ~ 500

(13)炉顶煤气带走热

200 ℃下煤气中各成分的比焓见表5.14。

表5.14 200 ℃煤气中一些成分的比热容/(kcal/m³)

CO_2	CO	N_2	H_2	CH_4	H_2O
87.3	63.1	62.9	61.6	85.4	73.1

$Q_{干煤气带走} = 4.186\times(87.3.1\times20.856\%+63.1\times24.868\%+62.9\times50.151\%+61.6\times3.526\%+85.4\times0.599\%)\times1\ 655.977 = 472\ 256.377(kJ)$

$$Q_{水分带走} = 4.186\times73.1\times65.904\times\frac{22.4}{18} = 25\ 095.828(kJ)$$

炉尘比热容为0.18 kcal/(kg·℃)

$$Q_{炉尘带走} = 4.186\times0.18\times200\times62.386 = 9\ 401.388(kJ)$$

根据上述计算可得炉顶煤气带走总热量：

$$Q_{炉顶煤气带走}=Q_{干煤气带走}+Q_{水分带走}+Q_{炉尘带走}$$
$$=472\ 256.377+25\ 095.828+9\ 401.388=506\ 753.593(\text{kJ})$$

冶炼 1 t 铁热量总支出

$$Q_{支出}=Q_{氧化物还原}+Q_{脱硫}+Q_{碳酸盐分解}+Q_{水分分解}+Q_{喷吹物分解}+Q_{游离水蒸发}+Q_{铁水和炉渣}+Q_{炉顶煤气带走}$$
$$=1\ 313\ 375.388+20\ 416.323+159\ 401.815+194\ 882.768+120\ 347.500+61\ 681.998+2\ 060\ 557.502+506\ 753.593=4\ 437\ 416.888(\text{kJ})$$

$$Q_{高炉损失}=Q_{热收入}-Q_{热支出}=4\ 731\ 869.968-4\ 437\ 416.888=294\ 453.08(\text{kJ})$$

上述计算结果及其各项占比汇总入表 5.15 中。其中，热损失占比为 6.223%，处于高炉冶炼一般的热损失范围。

表 5.15　第二热平衡计算结果表

序号	收入项	kJ	%	序号	支出项	kJ	%
1	碳素燃烧热	2 881 694.335	60.900	1	氧化物还原耗热	1 313 375.388	27.756
2	鼓风带入热量	1 728 687.096	36.533	2	脱硫耗热	20 416.323	0.431
3	成渣热	87 402.173	1.847	3	碳酸盐分解耗热	159 401.815	3.369
4	混合矿带入热	0	0	4	水分分解耗热	194 882.768	4.119
5	CH_4 生成热	34 086.365	0.720	5	游离水蒸发耗热	61 681.998	1.304
				6	喷吹物分解耗热	120 347.500	2.543
				7	铁水、渣带走热	2 060 557.502	43.546
				8	炉顶煤气带走热	506 753.593	10.709
				9	热损失	294 453.081	6.223
共计		4 731 869.968	100	共计		4 731 869.968	100

5.3.3　热平衡指标

在高炉冶炼中，主要通过两个指标来评判高炉冶炼能量是否高效地被利用。指标之一是高炉有效热量利用系数 K_T，另一个指标是碳素热能利用系数 K_C。

(1) K_T 的计算

K_T 是指将炉顶煤气带走的热量从高炉全部热支出中减去，得到的值再与高炉全部热支出相除得到的百分比。在高炉冶炼过程中，除煤气带走以外，其余的热消耗都可以通过其他方法有效减少。因此在第一热平衡中，K_T 越大则说明能量利用越高。一般的高炉 K_T 为 75% ~ 85%，设计优秀的高炉可达到 90%。

本例计算中，

$$K_T=100\%-炉顶煤气带走热量占比-热损失占比=100\%-10.709\%-6.223\%=83.068\%$$

(2) K_C 的计算

K_C 是指高炉内碳素氧化成 CO_2 与 CO 所放出的热量和这些碳素全部氧化成 CO_2 所放出的热量之间的比值。K_C 的计算与热平衡本身的计算方法无关，一般而言，正常的 K_C 值为 45% ~56%，而能量利用更高的高炉可达到 60%。K_C 计算式为：

$$K_C=\frac{Q_C}{4.186\times 7\ 980C_{氧化}}\times 100\% \tag{5.19}$$

式(5.19)中，Q_C 为高炉冶炼过程中碳素氧化成 CO_2 与 CO 所放出的热量，J；$C_{氧化}$ 为每吨生铁氧化成 CO_2、CO 的碳量，kg。

由物料平衡中，燃料带入的总碳素分别氧化为 CO_2 与 CO 的计算数据可列出：

$$\begin{aligned}Q_C=Q_{CO_2}+Q_{CO}&=4.186\times 7\ 980\times 333.056\times 12\div 22.4+4.186\times 2\ 340\times(392.009-333.056)\times\\&\quad 12\div 22.4\\&=6\ 269\ 439.998(\text{kJ})\end{aligned}$$

$$K_C=\frac{Q_C\times 100\%}{4.186\times 7\ 980C_{氧化}}=\frac{6\ 269\ 439.998\times 100\%}{4.186\times 7\ 980\times 392.009}=47.877\%$$

两个热平衡指标都在合理范围之内，说明计算的高炉冶炼能量利用水平合格。

5.4 高温区热平衡计算

为了避免将高炉的热量整体看待，使计算更接近高炉实际冶炼过程，在较接近实际冶炼的第二热平衡计算基础上，可以高炉热交换空区为分界线，将高炉分为高温区和非高温区。铁矿石的直接还原需要大量的热量和固体碳，在高炉下部发生直接还原的区域，即发生 $C+CO_2 = 2CO$ 的区域被定作高炉高温区。为了计算方便，本例计算中将 950 ℃作为高温区界限，温度高于 950 ℃的区域设为高炉高温区。下面在前述案例计算基础上进行高温区热平衡案例计算。

(1) 高温区热量收入

1) 风口前碳素燃烧放热

同第二热平衡计算中的风口前碳素燃烧放热。

风口前碳素燃烧放热 = 2 881 694.335 kJ

2) 热风带入高温区的热量

鼓风 V_b = 1 104.67 m^3、鼓风湿度 f = 1.25%、鼓风富氧率 x_{O_2} = 4%

鼓风中水分 = 1 104.67×f = 1 104.67×1.25% = 13.808(m^3)

1 100 ℃时，干空气、H_2O、O_2 的比热分别为 372.2 kcal/m^3、456.6 kcal/m^3、386.8 kcal/m^3；950 ℃时，干空气、H_2O、O_2 的比热分别为 318.1 kcal/m^3、386.3 kcal/m^3、330.3 kcal/m^3。

热风带入高温区的热量 = 4.186×1 104.67×[(1−1.25%−4%)×(372.2−318.1)+1.25%×

$(456.6-386.3)+4\%\times(386.8-330.3)]-4.186\times13.808\times2\ 580=102\ 417.938$(kJ)

高温区热收入=2 881 694.335+102 417.938=2 984 112.273(kJ)

(2)高温区热量支出

由于第二热平衡是完全按照高炉的实际反应进行的计算,其计算结果与高温区反应有许多相同的地方。

1)C、H_2 还原 FeO、C 还原 Mn、Si、P、V、Ti 氧化物耗热(直接还原耗热)

$$Q_{\text{氧化物直接还原}}=1\ 158\ 150.599+64\ 319.138+53\ 848.704+21\ 836.855+28\ 893.865+30\ 312.082+15\ 931.916=1\ 373\ 293.159\text{(kJ)}$$

2)碳酸盐分解耗热

进入高温区的碳酸盐主要是 $CaCO_3$,这项耗热包括石灰石分解耗热、分解的 CO_2 参与碳溶损反应耗热,再扣除高温区 CaO 成渣热。取高温区石灰石分解率为 0.5。

碳酸钙分解:$CaCO_3 = CaO+CO_2-966.4$ kcal/kg CO_2

CO_2 参与溶损反应:$C+CO_2 = 2CO-900$ kcal/kg CO_2

高温区碳酸盐分解耗热 $Q_{\text{碳酸盐分解}}=4.186\times48.711\times44.56\%\times0.5\times(966.4+900-270\times56/44)=69\ 178.899$(kJ)

3)炉渣带走热量

950 ℃时炉渣的热焓量为 220 kcal/kg(渣)。

$$Q_{\text{炉渣带走}}=4.186\times(420-220)\times505.357=423\ 084.525\text{(kJ)}$$

4)铁水带走热量

950 ℃时生铁的热焓量为 150 kcal/kg(生铁)。

$$Q_{\text{铁水带走}}=4.186\times(280-150)\times1\ 000=544\ 180\text{(kJ)}$$

5)煤粉升温和分解耗热

煤粉分解耗热 250 kcal/kg(煤粉),950 ℃时煤粉的热焓量为 345 kcal/kg(煤粉)。

高温区煤粉升温和分解耗热=4.186×(250+345)×115=286 427.05(kJ)

6)高温区热支出

$$Q_{\text{高温区热支出}}=1\ 373\ 293.159+69\ 178.899+423\ 084.525+544\ 180+286\ 427.05=2\ 696\ 163.633\text{(kJ)}$$

(3)高温区热损失

$Q_{\text{高温区热损失}}=Q_{\text{高温区热收入}}-Q_{\text{高温区热支出}}=2\ 984\ 112.273-2\ 700\ 320.969=283\ 791.304$(kJ)

将高温区热平衡的各项收入、支出汇总入表 5.16 中。

表 5.16　高温区热平衡表

序号	收入项	kJ	序号	支出项	kJ	%
1	风口前碳素燃烧放出的有效热量	2 881 694.335	1	直接还原	1 373 293.159	46.020
2	热风带入的热量	102 417.938	2	碳酸盐分解	69 178.899	2.318
			3	炉渣带走热	423 084.525	14.178
			4	铁水带走热	544 180.000	18.236
			5	热损失	286 427.050	9.598
合计		2 984 112.273	合计		2 984 112.273	100

5.5　理论焦比计算

理论焦比的计算方法有工程计算法、拉姆计算法、赖斯特(Rist)操作线计算法和联合计算法等。工程计算法主要是根据高炉的碳平衡和物料平衡计算出理论焦比;拉姆计算法是将铁平衡、造渣氧化物平衡和热平衡联立方程,然后求解出理论焦比;赖斯特(Rist)操作线计算法是由碳平衡、热平衡、氧平衡建立方程组,联立求解焦比及风量、煤气量和煤气成分等多项高炉冶炼指标和重要参数;联合计算法主要是联立高温区热平衡和碳氧平衡方程,解出高炉焦比的理论值。Rist 操作线的计算过程能体现高炉炼铁的本质。

5.5.1　Rist 操作线计算焦比原理

Rist 操作线是由法国钢铁研究院 A. Rist 教授于 20 世纪 60 年代提出,他在一直角坐标图里,将高炉原料成分、生铁成分、炉顶煤气成分、直接还原度及热平衡状态和焦比之间的关系通过 Fe-O-C 三元素间的变化与转移简单、直观地表达出来,揭示高炉冶炼过程的实质与规律。随着现代高炉喷吹燃料(含 H_2)量提高,入炉氢量增大,氢对高炉冶炼的影响不能忽视。因此,有研究者对 Rist 操作线进行了拓展,得到加氢操作线,即 Fe-O-C-H 四元系 Rist 操作线图。根据操作线图变化规律,可以帮助高炉操作者得到进一步节焦的方向和潜力,加深操作者对高炉内部反应过程的理解。

Rist 操作线(图 5.5)也反映高炉内部氧的传递过程,即从铁矿石与鼓风带入高炉的氧迁移到煤气中。纵坐标为 O/Fe(原子氧/原子铁,相当于 kmol 氧/kmol 铁),为氧的来源,表示炉内参与还原的铁氧化物,Si、Mn、P、V、Ti 等氧化物以及鼓风带入的氧;横坐标为 O/C(原子氧/原子碳,相当于 kmol 氧/kmol 碳),为氧的去向(也可以理解为燃烧、直接还原和间接还原剂还原中夺取的氧)。在该坐标系下的直线斜率为 C/Fe,即代表高炉冶炼碳比,代表高炉冶炼的原燃料消耗水平。喷吹燃料(含 H_2)比较高时,有研究者提出,纵坐标定义为 $(O+H_2)/Fe$,横坐标为 $(O+H_2)/(C+H_2)$。

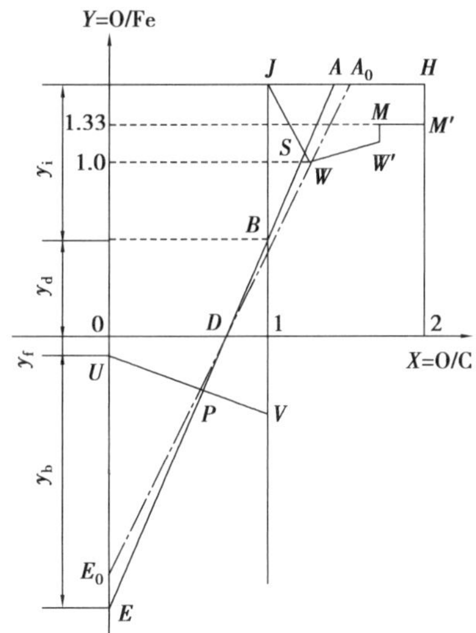

图 5.5 Rist 操作线

高炉中氧有 3 个来源：

①矿石铁氧化物中的氧。赤铁矿 Fe_2O_3 的 O/Fe = 1.50、磁铁矿 Fe_3O_4 的 O/Fe = 1.33，浮氏体 Fe_xO 的 O/Fe = 1.05（或近似地为 1.0）。

②少量元素（Si、Mn、P 等）氧化物还原以及脱硫过程中被夺取的氧。

③鼓风带入的氧。y_i 为间接还原夺取铁氧化物中的氧量；y_d 为直接还原铁氧化物夺取的氧量。y_f 为 Si、Mn、P、S 等难还原氧化物直接还原被夺取的氧量；y_b 为鼓风带入的氧量。W、W′为 850 ~ 1 000 ℃温度范围 CO 间接还原浮士体平衡点（因浮氏体含氧量是变化的，所以平台呈倾斜状）；M、M′ 为 850 ~ 1 000 ℃温度范围 CO 间接还原 Fe_3O_4 平衡点。JSW 线为炉身工作效率线。

下面介绍高炉 Rist 操作线图绘制。

（1）A 点的纵坐标（y_A）

y_A 代表高炉含铁原料带入的氧元素原子数，与高炉入炉料中铁的氧化度有关。根据元素守恒，可以认为入炉含铁料的铁存在的简单形式分为 FeO、Fe_2O_3，所以，$1 < y_A < 1.5$。随着 O/Fe 比值的增加，炉料中铁氧化程度越来越高。一般冶炼条件下，$y_A = 1.33 \sim 1.50$，采取金属化炉料时，y_A 可能小于 1.05。

y_A 按下式计算：

$$y_A = \frac{\dfrac{\omega_{FeO}}{72} + \dfrac{3\omega_{Fe_2O_3}}{160}}{TFe/56} \tag{5.20}$$

式（5.20）中，ω_{FeO}、$\omega_{Fe_2O_3}$、TFe 为入炉料中 FeO、Fe_2O_3、Fe 的质量百分含量，%。

高炉喷吹燃料（含 H_2）比较高时，入炉的 H_2 增加，H_2 的作用不能忽视。在此情形下，计算由铁矿石中氧化物还原被夺取的氧，应该扣除 H_2 还原所夺取的氧，相应在 Rist 操作线图中，A 点横坐标不变，纵坐标需修正为 y'_A，具体修正如下：

$$Y_{H_2}=\frac{V_g(H_2+H_2O)}{TFe/56}\times\eta_{H_2}\tag{5.21}$$

$$y'_A=y_A-Y_{H_2}\tag{5.22}$$

式(5.21)、式(5.22)中，V_g 为炉顶煤气量，m^3/t Fe；H_2、H_2O 分别为炉顶煤气中 H_2、H_2O 的体积分数，%；η_{H_2} 为 H_2 利用率，%。

(2)A 点横坐标(x_A)

x_A 代表高炉内氧最后的去向，为炉顶煤气中的氧原子与碳原子之比，可按下式计算：

$$x_A=\frac{CO+2CO_2}{CO+CO_2}\tag{5.23}$$

高炉喷吹燃料(含 H_2)比较高时，x_A 按下式计算：

$$x_A=\frac{O+H_2}{C+H_2}=\frac{CO+2CO_2+H_2+H_2O}{CO+CO_2+H_2+H_2O}\tag{5.24}$$

式(5.23)、式(5.24)中，CO_2、CO、H_2、H_2O 分别为炉顶煤气中 CO_2、CO、H_2、H_2O 的体积分数，%。

(3)E 点坐标

横坐标：$x_E=0$，即 O/C=0，表示碳进入高炉，没有与氧结合。

E 点的纵坐标代表高炉鼓风带入的氧和 Si、Mn、P、S 等非铁元素氧化物还原被夺取的氧，与吨铁耗氧量和铁水成分有关，可按下式计算：

$$y_E=-(y_f+y_b)\tag{5.25}$$

式(5.25)中，y_f 为冶炼单位原子铁时非铁元素氧化物还原失去的原子氧量，kmol；y_b 为冶炼单位原子铁时鼓风带入的原子氧量，kmol。

$$y_b=\frac{V_b\times O_{2b}\times 2/22.4}{1\,000[Fe]/56}\tag{5.26}$$

式(5.26)中，V_b 为吨铁鼓风体积，m^3；O_{2b} 为鼓风中氧气的体积含量，%；[Fe]为生铁中 Fe 含量，%。

高炉喷吹燃料(含 H_2)比较高时，

$$y_E=-(y_f+y_b+y'_{H_2})\tag{5.27}$$

$$y'_{H_2}=\frac{V_b\times f/22.4+M\times(H_{2M}+H_2O_M\times 2/18)/2+K\times H_{2K}/2}{1\,000[Fe]/56}\tag{5.28}$$

式(5.28)中，H_{2M}、H_2O_M 分别为喷吹煤粉中的 H_2、H_2O 质量百分含量，%；H_{2K} 为焦炭中 H_2 含量；f 为鼓风湿度，%；M、K 分别为煤比、焦比，kg/t Fe；[Fe]为生铁中 Fe 的质量百分含量，%。

(4)实际操作线 AE、实际碳比和实际焦比

操作线 AE 斜率可称为实际碳比(μ)，

$$\mu=\frac{O/Fe}{O/C}=\frac{C}{Fe}\tag{5.29}$$

μ 表示 C 与 Fe 的 mol 数之比值，与焦比 K 意义相同，其值越小，焦比越低。μ 与焦比 K 的换算关系为：

$$K=\frac{12\mu/56\times Fe_h+C_{CH_4}+C_e+C_{CO_2}+C_0-M\times C_M}{C_K} \tag{5.30}$$

式(5.30)中，Fe_h 为冶炼一吨生铁从炉料中还原出来的铁质量，kg；C_{CH_4} 为 CH_4 生成时消耗 C 的质量，kg；C_e 为生铁中溶解碳质量，kg；C_{CO_2} 为 C 溶损反应时消耗的碳质量，kg；C_0 为炉尘带走的碳质量，kg；M 为喷吹燃料比，kg/t Fe；C_M 为喷吹燃料中碳的质量百分含量，%；C_K 为焦炭中碳的质量百分含量，%。

高炉喷吹燃料(含 H_2)量比较高时，操作线 AE 斜率(μ')为：

$$\mu'=\frac{\dfrac{O+H_2}{Fe}}{\dfrac{O+H_2}{C+H_2}}=\frac{C+H_2}{Fe} \tag{5.31}$$

即为冶炼 1 kmol 铁消耗的碳原子数和 H_2 原子数的总和，它与燃料比类同。

(5) V 点

$$x_V=1$$

V 点纵坐标表示每还原 1 kmol Fe 时，除浮士体直接还原外的其他有效热量消耗。按下式计算：

$$y_V=\frac{Q}{q_d} \tag{5.32}$$

式(5.32)中，Q 为冶炼 1 kmol Fe 时，高温区内除浮士体直接还原外其他有效热消耗，kJ；q_d 为直接还原 1 kmol Fe 所消耗的热量，由 $FeO+C=Fe+CO-649.1$ kcal/kg(Fe) 可得 $q_d=4.186\times649.1/(1/56)=152\ 159.426$(kJ/kmol Fe)。

(6) W 点

W 点是浮士体间接还原平衡点。W 点横坐标 x_W 根据浮士体间接还原平衡气相成分计算，W 点纵坐标利用浮士体中的 O/Fe 比计算。1 000 ℃时，浮士体间接还原可近似表示为 $FeO+CO=Fe+CO_2$，反应完全达到平衡时 CO_2 的体积含量大约为 29%，则 $x_W=1.29$。在实际高炉内上升的煤气与下降的炉料不可能完全充分接触，所以 W 点是不可能超过的点。

W 点的纵坐标为该温度下浮氏体的含量，一般取 1，即 $y_W=1$。

喷吹燃料(含 H_2)比较高时，W 点横坐标：

$$x_W=1+CO_2{}^*\times(1-\alpha)+H_2O^*\times\alpha \tag{5.33}$$

式(5.33)中，$CO_2{}^*$、H_2O^* 分别为 CO、H_2 还原浮氏体反应达平衡时气相中的二氧化碳、水蒸气的体积分数，1 000 ℃时分别为 0.29、0.42；α 为氢气占还原气体(碳素燃烧、直接还原、非铁元素还原与脱硫产生的一氧化碳以及炉内存在的氢气)的体积分数。

$$\alpha=\frac{n_{H_2}}{y_b+y_d+y_f+n_{H_2}} \tag{5.34}$$

$$n_{H_2}=\frac{\sum H_{2料}/22.4}{1\,000[\mathrm{Fe}]/56} \tag{5.35}$$

式(5.34)、式(5.35)中,y_d 为直接还原从 FeO 中夺取的氧,y_d 值等于直接还原度 r_d; $\sum H_{2料}$ 为高炉入炉料带入的总 H_2 量,m^3/t Fe。

(7) U、P 点

U 点横坐标: $x_U=0$;纵坐标 $y_U=-y_f$,表示生铁中 Si、Mn、P 和 S 等元素氧化物直接还原时失去的氧。

UV 线方程: $y=(y_f+y_V)x-y_f$

P 点为高炉热平衡限制点,风温水平、生铁中的铁和非铁元素氧化物还原情况等影响热平衡都会影响 P 点位置。P 点在直线 UV 线上,将 x_P 带入 UV 线方程即可求得 P 点纵坐标。

(8) 理想操作线 PW、理想碳比和理想焦比

通过 P 和 W 点线称为理想操作线,该理想操作线的斜率称为理想碳比,利用理想碳比按类似于式(5.30)计算出的焦比称为理想焦比。

(9) 炉身工作效率

炉身工作效率可用来衡量实际操作线 AE 接近理想操作线 PW 的程度,按下式计算:

$$\eta=\frac{x_S-1}{x_W-1} \tag{5.36}$$

式(5.36)中,x_S、x_W 分别为图 5.5 中 S、W 点的横坐标值。

5.5.2 Rist 操作线预测技术措施效果

Rist 操作线图是分析高炉冶炼过程以改善冶炼状况的重要手段,可用来分析节焦潜力,也可用来评定预测高炉采用新技术新措施后的效果。

(1) 节焦潜力

根据实际操作线与理想操作线碳比差,可分析高炉节焦潜力值,节焦潜力值:

$$\Delta K=\frac{1\,000[\mathrm{Fe}]\times 12\times(\mu-\mu_0)}{56\times C_K} \tag{5.37}$$

式(5.37)中,μ 为实际操作线 AE 的斜率;μ_0 为理想操作线 PW 线的斜率(理想碳比);C_K 为焦炭固定碳含量,%。

(2) 高炉操作因素对操作线的影响

高炉操作(如采用金属化炉料、提高风温、减少石灰石用量、降低生铁硅含量、喷吹含氢燃料等)因素的变化可能影响操作线的两个方面:一是改变实际操作线的斜率和炉身工作效率;二是改变理想操作线的状态。前者可通过 A、B、E 等点的新值连接出新操作线,计算或测出新的斜率和炉身工作效率;而后者则是通过 W 点和 P 点坐标的改变来影响操作线状态。

1）使用金属化炉料

其他条件不变时，高炉使用金属化炉料后，其操作线变化如图 5.6 所示，W_0 点的纵坐标下移动至 W_1，V_0 点的纵坐标下移动至 V_1。使用金属化炉料后，理想操作线由 W_0P_0 转变为 W_1P_1，斜率降低，焦比下降。

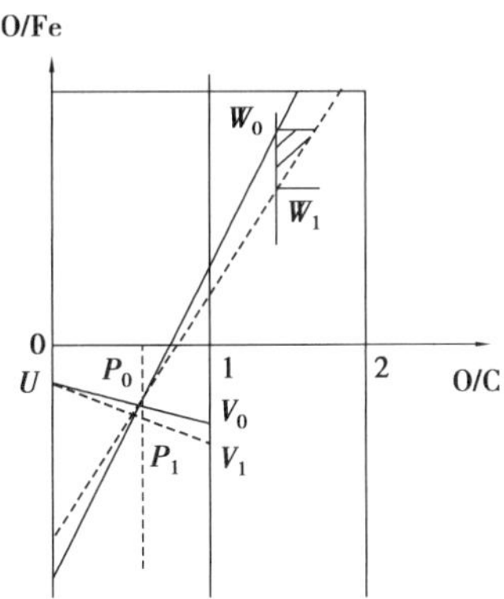

图 5.6　使用金属化炉料对操作线的影响

2）提高风温

风温提高后，操作线的变化如图 5.7 所示。风温提高，首先影响的是 P 点的横坐标 x_P，从而使操作点由 P_0 向左上方 P_1 移动，理想操作线由 WP_0 转变为 WP_1，斜率降低，焦比下降。

3）减少石灰石用量

石灰石用量减少后，操作线的变化如图 5.8 所示。高炉内石灰石用量减少后，石灰石在高温区分解消耗的热量减少，V 点上移至 V_1 点，P 点上移至 P_1 点，理想操作线由 AE 线变化为 A_1E_1 线，斜率减少，焦比降低。

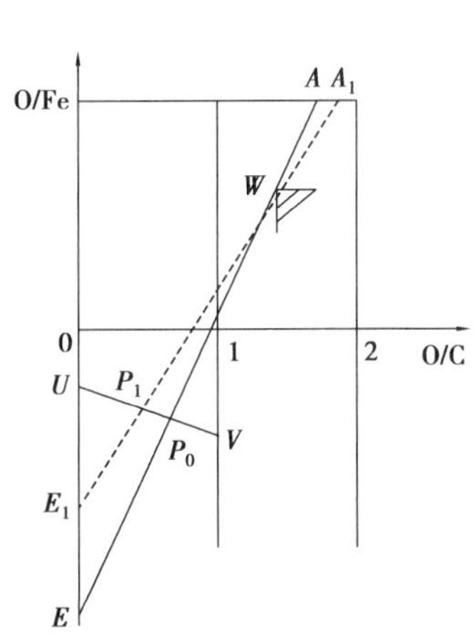

图 5.7　风温提高对操作线的影响

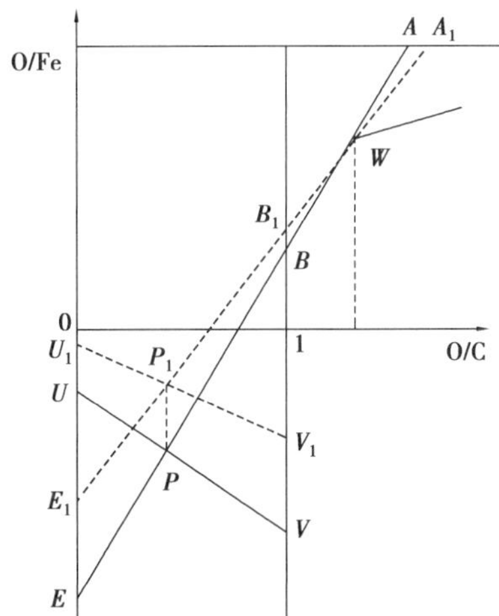

图 5.8　石灰石减少对操作线的影响

4）减少生铁中的硅含量

减少生铁中的硅含量的操作线的变化如图 5.9 所示。高炉冶炼中生铁中的硅含量减少，意味着，SiO_2 还原数量减少，相应还原吸收的热量减少，使 U、V 点分别上移至 U_1、V_1 点，从而使 P 点上移至 P_1 点，理想操作线由 AE 线变化为 A_1E_1 线，斜率减小，焦比降低。

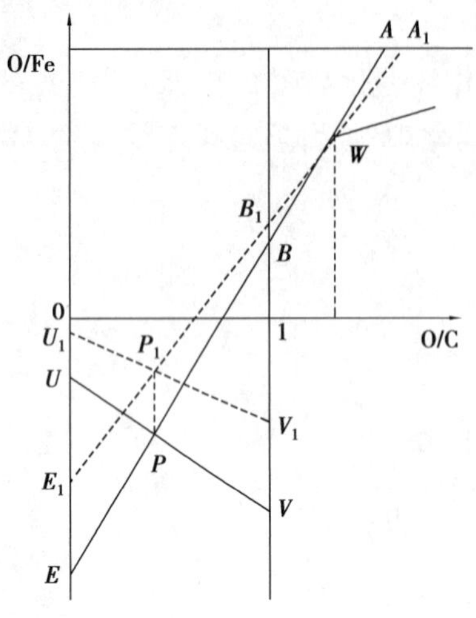

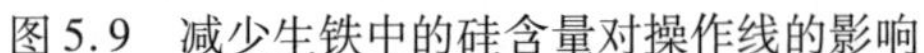
图 5.9　减少生铁中的硅含量对操作线的影响

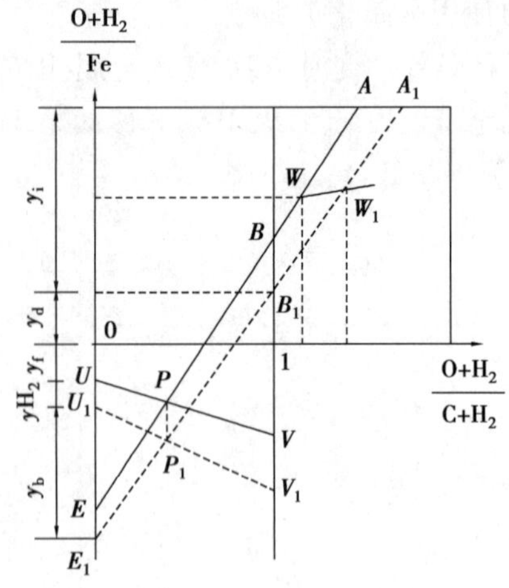

图 5.10　喷吹含 H_2 燃料对操作线的影响

5)喷吹含 H_2 燃料

喷吹含 H_2 燃料后的操作线变化如图 5.10 所示。高炉喷吹含 H_2 燃料后,其操作线中 E 点坐标绝对值增加 y_{H_2},E 点下移至 E_1 点;H_2 与 CO 一起参与铁氧化物还原,其 W 点变化至 W_1 点,操作线斜率减小,焦比降低。

5.5.3　Rist 操作线绘制实例

本实例中计算沿用前面配料计算、物料平衡计算、热平衡计算一些已知条件及其计算结果。

(1)A 点的坐标

根据炉顶煤气中各成分的数量可得:

$$x_A=\frac{CO+2CO_2+H_2+H_2O}{CO+CO_2+H_2+H_2O}=\frac{411.805+2\times345.379+58.383+65.904}{411.805+345.379+58.383+65.904}=1.392$$

根据原料中 TFe、Fe_2O_3、FeO 的占比、参与还原的 H_2 量可得:

$$y_A=\frac{\omega_{FeO}/72+3\omega_{Fe_2O_3}/160}{TFe/56}=\frac{4.632/72+3\times70.675/160}{53.075}=1.466$$

(2)E 点的坐标

$$x_E=0$$

$$1\ \text{t 生铁需还原铁的原子数}=\frac{1\ 000\times94.72\%}{56}=16.914$$

由物料平衡中的 Si、Mn、P、V、Ti 等元素氧化物还原失氧量 = 6.479/12 = 0.54(kmol),可得:

$$y_f=\frac{0.54}{16.914}=0.032$$

高炉风量为 1 104.67 m^3,风中氧含量=0.21×(1−0.012 5−0.04)+0.5×0.012 5+0.04=0.245,则:

$$y_b=\frac{V_b\times O_{2b}\times 2/22.4}{1\ 000[Fe]/56}=\frac{1\ 104.67\times 0.245\times 2/22.4}{16.914}=1.43$$

$$y'_{H_2}=\frac{1\ 104.67\times 0.012\ 5/22.4+115\times(8.51\%+2.96\%\times 2/18)/2+418\times 0.05/2}{16.914}$$

$$=0.343$$

$$y_E=-(y_f+y_b+y'_{H_2})=-(0.032+1.43+0.343)=-1.805$$

(3)AE 直线方程

由 $A(1.392,1.466)$、$E(0,-1.805)$,则 AE 的斜率为:

$$\mu=\frac{1.466-(-1.805)}{1.392}=2.35$$

由此得 AE 的方程为 $y=2.35x-1.805$

(4)U 点坐标

U 点的纵坐标即为$-y_f$,横坐标为 0,所以 U 的坐标为:

$$U(0,-0.032)$$

(5)V 点坐标

$$x_V=1$$

由热力学第二平衡的计算可知,冶炼 1 kmol Fe 时,高温区内除浮士体直接还原外其他有效热消耗 $Q=\frac{2\ 984\ 112.273-287\ 948.639-1\ 158\ 150.599}{16.914}=90\ 929.825$

$$y_V=-\frac{90\ 929.825}{152\ 159.426}=-0.598$$

由此求得 UV 直线方程式为:$y=-0.566x-0.032$

联立 AE、UV 直线方程可求得两直线的交点 P 的坐标为:$P(0.608,-0.376)$

(6)W 点坐标

$$y_b=1.43,y_d=r_d=0.45,y_f=0.032$$

$$n_{H_2}=\frac{\sum H_{2料}/22.4}{1\ 000[Fe]/56}=\frac{129.994/22.4}{16.914}=0.343$$

$$\alpha=\frac{n_{H_2}}{y_b+y_d+y_f+n_{H_2}}=\frac{0.343}{1.43+0.45+0.032+0.343}=0.152$$

则,W 点的横坐标为:

$$x_W=1+CO_2^*\times(1-\alpha)+H_2O^*\times\alpha=1+0.29\times(1-0.152)+0.42\times 0.152=1.31$$

$$y_W=1$$

故 $W(1.31,1)$。

由此可计算出 PW 的斜率 μ_0 为：

$$\mu_0=\frac{1-(-0.376)}{1.31-0.608}=1.961$$

(7) 节焦潜力值

由 $\Delta K=\dfrac{1\ 000[\mathrm{Fe}]\times 12\times(\mu-\mu_0)}{56\times C_K}$ 得：

$$\Delta K=\frac{1\ 000\times 0.947\ 2\times 12\times(2.35-1.961)}{56\times 85.54\%}=92.303(\mathrm{kg/t\ Fe})$$

即得节省焦炭值可达 92.303 kg/t Fe。

5.6 生产现场的几项计算

生产中，为了及时了解高炉冶炼经济指标，检查高炉下料情况、装入炉内燃料提供能量是否符合要求、放铁的好坏和铁损情况、入炉料成分发生波动时如何变料以及盛装渣和铁水罐数量安排等，生产现场需进行高炉有效容积利用系数、焦炭负荷、理论出铁量、出渣量、矿石或焦炭成分发生改变时的原料用量变化等方面的计算。下面采用案例介绍生产现场几项计算。

5.6.1 高炉利用系数、焦炭负荷计算

高炉利用系数是高炉生产产量的重要衡量指标，也是高炉生产技术发展的一个重要体现。焦炭负荷变化直接影响高炉内的能量变化，以冶金焦为燃料的冶炼，一般焦炭负荷为 3.0 左右，视高炉具体情况而调整。

【例 5.1】某高炉有效容积 2 000 $\mathrm{m^3}$，日消耗烧结矿 7 000 t，球团矿 1 000 t，焦炭 2 000 t，其中，烧结矿 TFe=54%；球团矿 TFe=65%；冶炼钢铁[Fe]=95%。求：此高炉的利用系数、焦炭负荷、焦比分别是多少？

解：日生铁产量 $=\dfrac{\text{日入炉矿量}\times\text{矿石品位}\times\text{铁元素收得率}}{\text{生铁中铁元素百分比}}=\dfrac{7\ 000\times 0.54+1\ 000\times 0.65}{0.95}$

$=4\ 663.158(\mathrm{t})$

高炉利用系数 $=\dfrac{\text{日生铁折合产量}}{\text{高炉有效炉容}}=\dfrac{4\ 663.158}{2\ 000}=2.332[\mathrm{t/(m^3\cdot d)}]$

焦炭负荷 $=\dfrac{\text{日入炉矿总量}}{\text{日入炉干焦总量}}=\dfrac{7\ 000+1\ 000}{2\ 000}=4$

入炉焦比 $=\dfrac{\text{日入炉干焦量}}{\text{日生铁产量}}=\dfrac{2\ 000\times 1\ 000}{4\ 663.158}=428.893(\mathrm{kg/t})$

5.6.2 理论出铁量的计算

高炉上料按批进行，高炉一般每小时安排 6～8 批料。高炉理论批铁量指一批料能冶炼

产生的生铁量。考虑除铁矿石以外其他料带入的铁量与高炉冶炼中进入渣中的铁量大致相抵消,理论批铁量 L 可按下式计算:

$$L = Q_{批} \times TFe / [Fe] \tag{5.38}$$

式(5.38)中,$Q_{批}$ 为矿石批重,t/批;TFe 为矿石的铁品位,%;[Fe]为生铁中 Fe 含量,%。

【例 5.2】某高炉一昼夜消耗烧结矿 9 000 t、球团矿 1 250 t、焦炭 2 500 t,其中,烧结矿 TFe=54%、球团矿 TFe=65%,冶炼炼钢生铁[Fe]=95%,此高炉一昼夜出铁量是多少?

解:高炉一昼夜由烧结矿、球团矿带入高炉的铁量=9 000×54%+1 250×65%=5 672.5(t)

该高炉一昼夜出铁量=5 672.5/95%=5 973.053(t)

【例 5.3】某高炉料批组成为:烧结矿 44 t、球团矿 11 t,烧结矿含铁量 56%、球团矿含铁量 60%,冶炼炼钢生铁[Fe]=95%,若高炉二次铁间下料 20 批,渣铁比 300 kg/t,一次出铁量是多少? 二次出铁间出渣量又是多少?

解:高炉一次出铁量=(44×56%+11×60%)×20/95%=657.684(t)

二次出铁间出渣量=657.684×0.3=197.305(t)

5.6.3 出渣量的计算

冶炼 1 t 生铁的渣量,现场常按出渣情况估计,当准确考核时按 CaO 或 $CaO+MgO+SiO_2+Al_2O_3$ 四组分平衡计算。按 CaO 或 $CaO+MgO+SiO_2+Al_2O_3$ 四组分平衡计算的渣量一般称为"理论渣量"或"计算渣量"。

按 CaO 平衡计算渣量:

$$U = \frac{\sum [A_i \times \omega_{(CaO)_i}] - D \times \omega_{CaO_d}}{\omega_{(CaO)_Z}} \tag{5.39}$$

式(5.39)中,U 为冶炼 1 t 生铁的出渣量,kg/t Fe;A_i 为冶炼 1 t 生铁所用矿石、溶剂、焦炭、煤粉等原料(干料)i 的用量,kg/t Fe;D 为冶炼 1 t 铁产生的重力尘、洗涤尘等炉尘数量,kg/t Fe;ω_{CaO_d} 炉尘中 CaO 含量,%;$\omega_{(CaO)_i}$ 为原料 i 中 CaO 的含量,%;$\omega_{(CaO)_Z}$ 为渣中 CaO 的含量,%。

按 $CaO+MgO+SiO_2+Al_2O_3$ 四组分平衡计算渣量:

$$u = \frac{\sum [A_i \times \omega_{(CaO+MgO+SiO_2+Al_2O_3)_i}] - D \times \omega_{(CaO+MgO+SiO_2+Al_2O_3)_d} - (SiO_2)_r}{\omega_{(CaO+MgO+SiO_2+Al_2O_3)_Z}} \tag{5.40}$$

式(5.40)中,$\omega_{(CaO+MgO+SiO_2+Al_2O_3)_i}$ 为所用矿石、溶剂、焦炭、煤粉等原料(干料)i 中 $CaO+MgO+SiO_2+Al_2O_3$ 四组分含量之和,%;$\omega_{(CaO+MgO+SiO_2+Al_2O_3)_d}$ 为重力尘、洗涤尘等炉尘中 $CaO+MgO+SiO_2+Al_2O_3$ 四组分含量之和,%;$(SiO_2)_r$ 为直接还原消耗的 SiO_2 数量,kg;$\omega_{(CaO+MgO+SiO_2+Al_2O_3)_Z}$ 为渣中 $CaO+MgO+SiO_2+Al_2O_3$ 四组分含量之和,%。

【例 5.4】某高炉用原料及产品数量与成分见表 5.17,试计算该高炉所产渣量为多少?

表 5.17 高炉物料成分、数量

物料	数量/(kg/tFe)	含量/%			
		CaO	MgO	SiO_2	Al_2O_3
烧结矿	1 675.221	11.78	3.86	9.292	1.335

续表

物料	数量/(kg/tFe)	含量/%			
		CaO	MgO	SiO_2	Al_2O_3
澳矿	107.708	0	0.28	2.47	1.514
石灰石	34.161	55.301	0.623	1.031	0.117
焦炭	462.927	0.846	0.234	6.002	4.469
煤粉	65.414	0.827	0.262	5.506	4.432
重力尘	9.316	8.718	3.131	8.818	2.119
洗涤尘	7.103	7.327	3.544	11.247	3.29
生铁中 Si	5.24	—	—	—	—
炉渣	—	42.165	10.457	37.021	9.092

解:按 CaO 平衡计算渣量:

$$u = \frac{\sum[A_i \times \omega_{(CaO)_i}] - D \times \omega_{(CaO)_d}}{\omega_{(CaO)_Z}}$$

$$= \frac{1\ 675.221 \times 11.78\% + 34.161 \times 53.301\% + 462.927 \times 0.846\%}{42.165\%} +$$

$$\frac{65.414 \times 0.827 - 9.316 \times 8.718\% - 7.103 \times 7.327\%}{42.165\%} = 520.235(kg)$$

按 $CaO+MgO+SiO_2+Al_2O_3$ 四组分平衡计算渣量:

$$\sum[A_i \times \omega_{(CaO+MgO+SiO_2+Al_2O_3)_i}] = 1\ 675.221 \times (11.78\% + 3.86 + 9.292\% + 1.335\%) + 107.708 \times (0.28\% + 2.47\% + 1.514\%) + 34.161 \times (55.301\% + 0.623\% + 1.031\% + 0.117\%) + 462.927 \times (0.846\% + 0.234\% + 6.002\% + 4.469\%) + 65.414 \times (0.827\% + 0.262\% + 5.506\% + 4.432\%)$$

$$= 334.745(kg)$$

$$D \times \omega_{(CaO+MgO+SiO_2+Al_2O_3)_d} = 9.316 \times (8.718\% + 3.131\% + 8.818\% + 2.119\%) + 7.103 \times (7.327\% + 3.544\% + 11.247\% + 3.29\%) = 2.307(kg)$$

$$\omega_{(CaO+MgO+SiO_2+Al_2O_3)_Z} = 42.165\% + 10.457\% + 37.021\% + 9.092\% = 0.987$$

则:$u = \frac{334.745 - 2.307 - 5.24}{0.987} = 331.390(kg)$

5.6.4 变料计算

(1)矿石成分变化时的变料计算

矿石的成分(如含铁量、脉石成分含量)发生变化时,会影响到焦炭、熔剂用量的变动。若矿石中含铁量发生变化,但其变动前后高炉入炉焦比、矿石批重保持不变,此时焦批调整量按下式计算：

$$焦批调整量=\frac{矿石批重\times矿石品位变动量}{生铁含铁量} \tag{5.41}$$

矿石中脉石成分发生变化时，其变化前后，渣碱度 R 不变时，石灰石的调整量可按下式计算：

$$石灰石调整量=\frac{SiO_{2k}\ 变动质量\times R-CaO_k\ 变动质量}{\omega_{CaO\,石灰石}-R\times\omega_{SiO_2\,石灰石}} \tag{5.42}$$

式(5.42)中，$\omega_{CaO石灰石}$、$\omega_{SiO_2石灰石}$为石灰石中 CaO、SiO_2 质量百分含量，%；$\omega_{CaO石灰石}-R\times\omega_{SiO_2石灰石}$为石灰石有效熔剂性，生产中未测定此数据时，一般取 50%；SiO_{2k} 为矿石中 SiO_2 质量百分含量，%；CaO_k 为矿石中 CaO 质量百分含量，%；R 为炉渣碱度。

【**例 5.5**】新旧矿石成分(%)如下：

成分/%	TFe	SiO_2	CaO
变化前	49.59	10.87	11.0
变化后	46.42	12.82	10.30

矿石批重 1 000 kg，焦比 729 kg，炉渣碱度 1.15，生铁含铁 93%，石灰石有效 CaO 含量 50%。求：石灰石及焦批的调整量。

解：进行计算时，注意调整前后高炉的矿石批重不变、渣碱度不变、焦比不变、焦炭中的 CaO、SiO_2 质量前后不变，石灰石中各成分含量前后不变。

1)焦批改变量计算

设矿成分改变前后焦批用量分别为 x_1、x_2。

改变前一批料中的焦比 $K=\frac{x_1}{每批料产生的生铁量}$，则：

$$x_1=K\times每批料产生的生铁量=729\times\frac{1\ 000\times49.59\%/93\%}{1\ 000}=388.722(\text{kg})$$

改变后一批料中的焦比 $K=\frac{x_2}{每批料产生的生铁量}$，则：

$$x_2=K\times每批料产生的生铁量=729\times\frac{1\ 000\times46.42\%/93\%}{1\ 000}=363.873(\text{kg})$$

$$焦批的调整量=x_2-x_1=363.873-388.722=-24.849(\text{kg})$$

2)由

$$石灰石调整量=\frac{SiO_{2k}\ 变动质量\times R-CaO_k\ 变动质量}{\omega_{CaO\,石灰石}-R\times\omega_{SiO_2\,石灰石}}$$

得：

$$\begin{aligned}石灰石调整量&=\frac{1\ 000\times(12.82\%-10.87\%)\times1.15-1\ 000\times(10.30\%-11.0\%)}{50\%}\\&=58.85(\text{kg})\end{aligned}$$

【**例 5.6**】烧结矿碱度从 1.25 降到 1.10，已知烧结矿含 SiO_2 为 12.72%，矿批为 20 t/批，

如何调整石灰石用量？

解：补充石灰石有效熔剂性值为50%。

由：

$$石灰石调整量=\frac{SiO_{2k}\ 变动质量\times R-CaO_k\ 变动质量}{\omega_{CaO 石灰石}-R\times\omega_{SiO_2 石灰石}}$$

得：

$$石灰石调整量=\frac{20\times(1.10\times12.72\%-1.25\times12.72\%)-0}{50\%}=-0.382(kg)$$

(2)焦炭成分变化时的变料计算

焦炭固定碳含量、硫含量改变时，按焦炭中含硫每改变0.1%影响焦比1.5%，可得焦批变化的计算：

$$新焦批质量=原焦批质量\times\left(1+\frac{硫变动百分比}{0.1}\times0.015\right) \tag{5.43}$$

【**例**5.7】焦炭一些成分前后改变如下：

成分/%	$C_{固}$	灰分	硫	灰分中 SiO_2
变化前	84	14	0.70	48
变化后	82	16	0.75	48

原焦批500 kg，炉渣碱度1.10，石灰石有效CaO含量为50%。试求焦炭成分改变后，焦批量、石灰石调整量分别为多少？（注：变化前后C质量保持不变）

解：由变化前后C质量保持不变可得焦批调整量1：

$$新焦批量1=500\times\frac{84\%}{82\%}=512.20(kg)$$

再由以上条件下计算S变化时焦炭调整量2：

$$新焦批量2=原焦批量1\times\left(1+\frac{硫变动百分比}{0.1}\times0.015\right)$$

$$新焦批质量=512.20\times\left(1+\frac{0.75-0.70}{0.1}\times0.015\right)=516.04(kg)$$

$$焦批调整量=516.04-500=16.04(kg)$$

由：

$$石灰石调整量=\frac{焦炭中\ SiO_2\ 变动质量\times R-焦炭中\ CaO\ 变动质量}{\omega_{CaO 石灰石}-R\times\omega_{SiO_2 石灰石}}$$

得：

$$石灰石调整量=\frac{(516.04\times16\%\times48\%-500\times14\%\times48\%)\times1.1-0}{50\%}=13.27(kg)$$

(3)冶炼生铁成分发生改变时的变料计算

冶炼生铁中成分（如Si含量）改变、生铁品种（如由炼钢生铁改变为铸造生铁）时，高炉配料要作相应的调整,调整内容包括焦炭负荷调整、炉渣碱度调整、石灰石用量调整、锰矿用量调整等。

【例 5.8】某高炉冶炼经验得出,生铁中[Si]±0.1%,影响焦炭 10 kg,当该炉每批料出铁量为 3 600 kg 时,生铁[Si]由 0.4% 上升到 0.6% 时,焦炭调整量为多少?

解:$$焦炭调整量=\frac{生铁中[Si]变化百分比}{0.1}\times 10\times 每批料铁量=\frac{0.6-0.4}{0.1}\times 10\times\frac{3\ 600}{1\ 000}$$

$$=72(kg)$$

复习思考题

5.1 高炉配料计算的主要任务是什么?

5.2 高炉冶炼中 Fe、CaO、SiO_2 是如何变化的? 试写出 Fe、CaO、SiO_2 质量平衡等式。

5.3 高炉冶炼过程中,原料主要收入、支出各有哪些项?

5.4 什么是高炉第一热平衡计算? 什么是高炉第二热平衡计算?

5.5 从第二热平衡计算角度看,高炉冶炼过程中热量收入、支出项分别有哪些?

5.6 化学反应热效应值如何计算?(试写出其计算公式)

5.7 什么是高炉理论焦比?

5.8 高炉冶炼过程中,由燃料提供的碳消耗在哪些方面?

5.9 根据 Rist 操作线图分析,列出 3 个方面的降低高炉操作焦比的措施,并说明其理由。

5.10 什么是高炉炼铁的理论出铁量? 如何计算高炉炼铁的理论出铁量?

5.11 如何计算高炉炼铁的理论出渣量?

5.12 某高炉生产中焦炭质量发生变化,灰分由 12% 升高至 14.5%,按焦批 1 000 kg,固定碳含量 85% 计算,每批焦炭应调整多少?

5.13 已知:某高炉冶炼生产中,使用烧结矿 54%,球团矿 65%。焦批 6.4 t,矿批 21 t,100% 烧结矿。如保持矿批和焦批不变,以 2 t 球团矿代替 2 t 烧结矿,计算焦批变动量。

5.14 设某日某高炉入炉矿为 4 000 t,品位为 50%,生铁中含铁 95%,铁的回收率 97.6%,渣铁比为 0.6,求该高炉产生炉渣量为多少?

5.15 某高炉每批料中,焦炭 12 400 kg,原含水量 4.5%,新含水量变为 7.6%,试计算每批料焦炭调整量。

5.16 有一高炉有效容积为 1 000 m^3,设计利用系数为 2.4 $t/(m^3\cdot d)$,从铁口中心线到渣口中心线的距离为 1.5 m,炉缸直径为 7.5 m,该高炉日出铁次数为几次?

5.17 某高炉球团矿中,含 SiO_2 9.62%、CaO 0.44%,炉渣二元碱度 1.06,求 1 000 kg 球团矿需配加的石灰石量(石灰石有效氧化钙含量为 50%)。

5.18 假定某高炉冶炼中,鼓风湿度为 $f=1.2\%$,试计算该高炉燃烧 1 kg 碳所需要的风量、产生的煤气量分别是多少。

6
高炉炼铁工艺

本章学习提要：

高炉炼铁生产原则；高炉装料制度、送风制度、热制度、造渣制度四大操作制度；高炉炉前操作；高炉炉况判断；高炉强化冶炼技术及其对高炉冶炼的影响。

6.1 高炉炼铁生产原则

高炉炼铁是现代主要炼铁方法，具有高效、长寿、低耗、规模大、产量高等特点，现代化大高炉点火从开始到结束可连续冶炼 12～25 年。高炉炼铁实现“优质、低耗、高产、长寿、环保、安全、稳定、顺行”目标的条件主要为：

①炉内煤气流分布合理。

②炉缸工作状态良好，正常出渣、出铁。

③原燃料结构和质量满足高炉布料和装料要求。

④供上料系统设备运转满足高炉布料和装料要求。

⑤送风、富氧及喷吹系统满足高风温、高富氧、大喷吹量要求。

⑥高炉炉体冷却系统工作正常，无损坏及漏水现象，供水系统运转正常。

⑦高炉操作炉型合理。

⑧基本操作制度与原燃料、设备及炉型适应。

⑨电气系统能满足高炉监控、调节、数据统计等要求。

⑩高炉工作者能做到将失常炉况和事故消灭在萌芽状态，能减少对高炉顺行的影响。

高炉操作实践与理论性很强，操作者需要不断加强对高炉生产过程的认识，其认识内容主要有：

①由于原料与设备的特点，炉况的波动与不稳定是不可避免的。

②炉况的稳定与顺行是相对的、暂时的。

③高炉操作者能掌握炉况变化的规律、能掌握引起炉况波动的因素、能尽早知道导致炉况不稳定的原因,具有处理炉况波动的方法与手段。

④操作者的主观判断要符合炉况实际变化,且要虚心、不断地修正自己的误判。

⑤实际的冶炼效果,良好的技术经济指标是检验工长技术水平的标准。

⑥统一三班操作人员的思想与调节方法以及精心操作与调动工长的积极性,对于做好高炉操作是至关重要的。

当好高炉操作者的关键是能掌握高炉冶炼的基本规律,选择合理的操作制度,能运用不同的操作手段进行判断,以保持炉况的稳定与顺行,争取优良的操作技术指标。

6.2 高炉操作制度

高炉操作是指对高炉冶炼过程的监测、判断和控制。高炉操作制度是指对炉况有决定性影响的一系列工艺参数集合,包括装料制度、送风制度、造渣制度、热制度。

6.2.1 装料制度

装料制度是炉料装入炉内方式方法的总称。炉顶布料基本要求是使煤气和炉料在炉内达到良好分布。结合下部送风制度及冶炼条件,选择正确的装料制度使炉料得到合理的分布,是保证煤气流分布合理,能充分利用煤气能量的重要手段。利用炉顶布料控制炉内煤气与炉料达到良好分布的操作称为上部调剂。上部调剂与下部调剂属于高炉重要的两大调剂手段。

上部调剂作用与要求:

①根据原燃料的物理性质、粒度及组成,改变它们在炉喉的分布。

②改变炉料在炉内的堆尖位置。堆尖处料层厚,粉末多,透气性差。通过料线的变动,能改变炉料堆尖在炉墙的位置。

③利用各种炉料堆角不同,改变炉料在炉喉的分布。

④通过炉料在炉喉圆周的分布及料层厚度和均匀程度,调剂煤气在高炉圆周及整个横断面的合理分布。

⑤通过炉顶布料控制和纠正煤气在块状带分布的合理性,以改善炉内温度分布、造渣制度和还原过程。

(1)炉料布料性质

炉料在炉喉的分布状况取决于炉料的布料性质及装料制度。炉料的布料性质主要包括堆角和粒度。在高炉内炉料布入炉内后要求形成具有一定堆尖,即要求形成有一定的堆角形式的料,且堆尖应处于燃烧带正上方。在图6.1中,表示散状料在自然状态下落入水平面形成的料堆状态,其中 *AB* 与 *BC* 形成的夹角称为该散状料的自然堆角。高炉装料时受装料设备影响,炉料落入炉内形成的堆角与其自然堆角有一定差异,但其决定于自然堆角。

从当前炉顶布料设备来看,原料堆角越大,炉料在炉喉处炉墙边缘相对分布多、炉喉中心分布相对比较少,若所布的料同时透气性较差时,会使边缘煤气通过量相对较少,即对边缘煤气流有压制作用,或者称为加重边缘作用。

不同的炉料在高炉内布料时具有不同的堆角,堆角由大至小的排列顺序为:天然矿石→烧结矿→球团矿→焦炭。

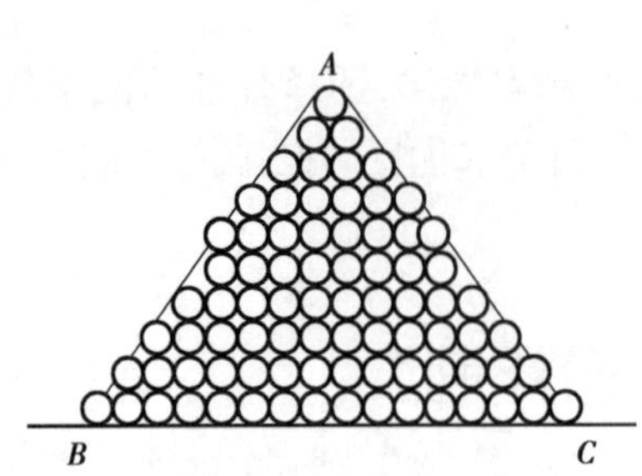

图 6.1　散状料自然堆角形成示意图

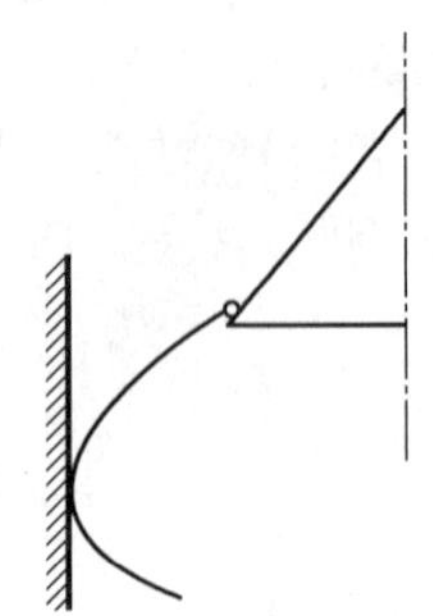

图 6.2　炉料落入炉内轨迹线

炉料粒度大易分布于高炉中心,粒度小的物料易分布于堆尖处。因此,堆尖处炉料的粒度较小(甚至是粉料),透气性较差,对煤气阻力影响最大。生产上也主要是借助于堆尖位置改变来影响煤气流分布。

为实现炉料入炉形成堆尖及在炉喉分布较均匀,炉料落入高炉时的运动轨迹线一般要求设计成如图 6.2 所示的抛物线形式。在图 6.2 中,中间上部三角形代表打开的大钟;左端部分代表炉喉炉墙,炉料轨迹线与炉墙交点称为碰撞点。高炉一批料装入高炉后,在炉内原有料面上形成的堆尖大致处于抛物线上。

(2)煤气流的检测

散状料布入炉内后,沿炉喉圆周方向的分布状况可借助炉身煤气流的检测结果进行分析判断。

传统的炉身煤气流检测方法是定期从炉喉钢砖下面 4 个方位上各插入一个煤气取样管,取出煤气流,根据煤气的化学成分分析而推断炉内煤气流的分布状况。

煤气取样方法:取样管头部有一小孔,煤气沿小孔进入管中,而被导出炉外;一般一个方位上取 5 个点,第 1 点在炉墙边上,第 3 点在大钟边缘的下方,第 5 点在高炉中心,而第 2 点在 1—3 点的中间,第 4 点在 3—5 点的中间。根据煤气分析成分中的 $CO_2\%$,绘制 CO_2 含量与距离炉喉炉墙之间的关系曲线(称为煤气 CO_2 曲线)。在图 6.3 中,给出的是高炉上对称的两个方位上煤气 CO_2 曲线。生产上记录该曲线时,一般去掉横坐标和纵坐标,只画出曲线。分析该曲线时可补画出横坐标和纵坐标。图 6.3 中示出了日常型、边缘发展型、中心发展型 3 种煤气曲线,这里的“发展”是过多的含义。

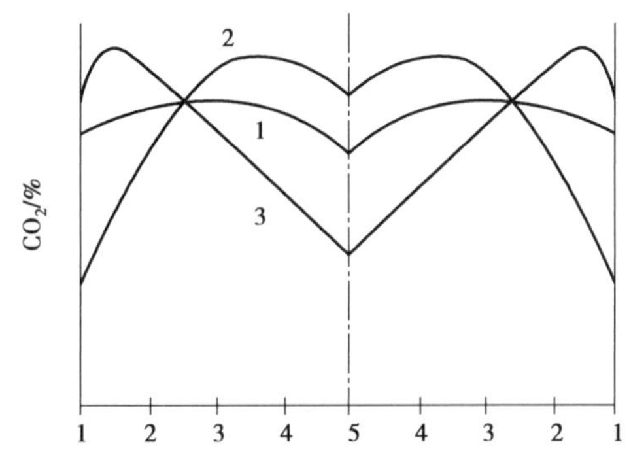

图 6.3　煤气 CO_2 曲线

1—日常型;2—边缘发展型;3—中心发展型

根据检测结果结合如下常识可分析判断高炉内煤气分布情况,进一步可推测出炉内炉料分布、高炉内软熔带可能出现的形状等。

①矿石透气性比焦炭差,高炉内料柱的透气性主要取决于矿石。

②矿多焦少的部位透气性差;透气性差部位,矿多焦少,通过此部位的煤气量相对较少,通过此部位后的煤气中 CO_2 含量高;通过某部位后的煤气中 CO_2 含量高时,则此部位矿多焦少、煤气通过量相对较少。

③从高炉内逸出的煤气中 CO_2 含量高时,则煤气能量利用较好。

利用煤气 CO_2 曲线还可以分析:

①曲线的平均水平,看煤气总体能量利用情况。

②曲线的对应性,判断炉内煤气分布是否均匀,有无管道,或长期某侧透气性差,甚至出现炉瘤征兆。

③分析各点的 CO_2% 含量及其差异。由于曲线上各点的距离是不相等的,而各点代表的圆环面积不一样,所以各点的 CO_2 值对总的煤气利用影响是不一样的,其中 2 点影响最大,1、3 点次之,5 点最小。煤气分布中最高点从 3 点移至 2 点,也能使煤气能量利用改善;如煤气曲线 2、3 点 CO_2 含量均很高,则煤气的利用是好的。

(3)装料制度内容

装料制度制订的内容主要包括料线、料批重、装料顺序、装料设备工作制度、布料器的控制及生产中装料制度常用的调剂方法等。

1)料线

对于钟式炉顶,料线是指大钟打开位置下沿线至炉内料面之间的距离;对于无钟式炉顶,料线是指溜槽处于垂直位置时下沿线到炉内料面之间的距离。

料线高意味着料面距离大钟打开位置下沿线位置短,提高料线即缩短两者之间距离。

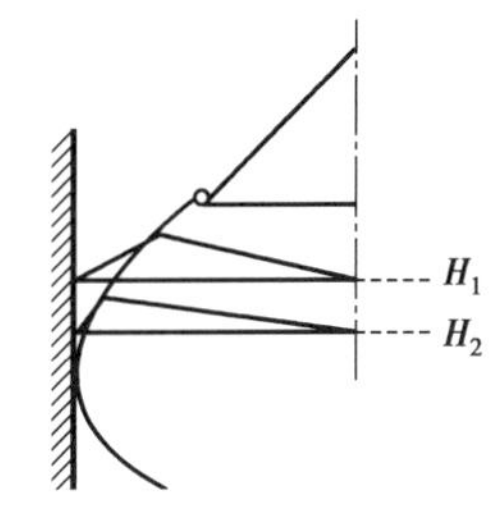

图 6.4　料线高低对布料影响

料线改变对炉顶布料会产生如图 6.4 所示的影响。碰撞点之上,提高料线(如料面从 H_2 提升到 H_1),入炉料堆尖向中心移动，加重中心，疏松边缘；在碰撞点之上，降低料线，入炉料堆尖向边缘移动，加重边缘，疏松中心。注意：这里主要是针对矿石布料的分析。

料线多少合适应根据炉喉间隙、炉型侵蚀程度等情况决定，凡是炉喉间隙较大，炉衬侵蚀严重的高炉，料线高度都应接近碰撞点。为稳定布料，料线一般选在碰撞点之上。实际生产中每个高炉有一个相对合适的料线，以稳定入炉料堆尖位置，使高炉煤气分布稳定且合适。正常生产高炉的料线一般为1.5～2 m；对无钟的旋转溜槽，料线过高也会使溜槽不能下落或溜槽旋转受阻，损坏有关传动部件，因此料线不能高出旋转溜槽前端倾斜最低位置以下的0.5～2.0 m，且两个料尺相差不超过0.5 m。无钟式炉顶一般用布料挡位调整堆尖位置。

2)料批大小

炉料按批装入高炉，一批料中主要为矿石和焦炭，有些高炉在某些批料中安排有熔剂和其他的添加料。一批料中矿石重量称为矿批，一批料中焦炭重量称为焦批。生产上，在料的批重上主要是利用矿批重的改变以改变炉料在炉内的分布。

每座高炉有一个临界矿批重，超过临界矿批重后，增大批重，矿石在炉喉边缘处分布变得较为均匀，较多的矿石分布于中心，相对会加重中心、疏松边缘。

生产中，在所有装料制度各参数中，料批大小对炉料分布的影响最重要。

矿石批重必须与炉容、炉喉直径、冶炼强度、喷吹燃料量相适应。如冶炼强度有较大幅度变动时，也必须相应地增减矿石批重。

3)装料顺序

一批料装炉时，矿石和焦炭是按不同次序装入炉内的，基本装入顺序有正装、倒装、同装和分装。正装是指一批料中矿石先入炉、焦炭后入炉的装料方法；同装是指一批料中的矿石和焦炭一次性装入炉内，大钟开一次。正装时，矿石先入炉，在炉墙边缘形成自己的堆角，后入炉的焦炭按自己堆角方式平行向高炉中心滚动，因此，正装时，边缘矿石分布较多，中心焦炭分布较多，即加重边缘，疏松中心；相反倒装疏松边缘，加重中心。同装时，矿石与焦炭存在混杂面，透气性较差，较分装相对会加重边缘。

生产上最基本的装料方法有正同装(如KKKJJ↓)、正分装(如KKK↓JJ↓)、倒同装(JJKKK↓)、倒分装(JJ↓KKK↓)，其加重边缘由重至轻排列顺序依次为正同装→正分装→倒同装→倒分装。注，“K”表示一车矿石、“J”表示一车焦炭，“↓”表示开一次大钟；一批料中向高炉炉顶每装入一车料时，小钟均开关一次。

(4)装料设备的工作制度

目前，大中型高炉上料设备方式有：

①料车式上料。中小高炉单料车上料，大型高炉采用双料车上料，优点是速度快，调剂灵活，缺点是炉顶结构复杂。

②皮带式上料。先进的大型高炉一般采用高架皮带上料，配合无钟炉顶。

A.钟式炉顶布料。双钟式炉顶设备装料时，沿炉喉圆周炉料的分布控制是通过布料器实现的，布料器有旋转布料器和快速布料器。采用双料车轮流装料，两个料车分布于高炉上料斜桥两旁，且倒料中心线与斜桥中心线成20°夹角。布料时，为克服炉料偏行，每个循环的车数不能为6的倍数或者约数。

传统的马基式旋转布料器布料方式可分为每车料和每批料旋转角度增加60°的两种。采用旋转布料器布料时，对于上述两种不同装料方式，炉料布入炉内状况有较大的差异。对于KKKJJ↓采用每车料布料器旋转角度增加60°布料方式时，矿石和焦炭装入炉喉圆环内形成的堆尖位置如图6.5所示。

由图6.5可以看出，第1车为右料车装矿石，布料器不转动，炉料入炉后产生的堆尖对应20°处，第2车为左料车装矿石，布料器转60°，炉料入炉后产生的堆尖对应40°处，第3车为右料车装矿石，炉料入炉后产生的堆尖对应140°。其余两车为焦炭，堆尖对应160°、260°处。此后循环布料，第6车装矿石，炉料入炉后产生的堆尖对应280°，其余类推。注：图6.5中，相邻两直径线间角度为20°。

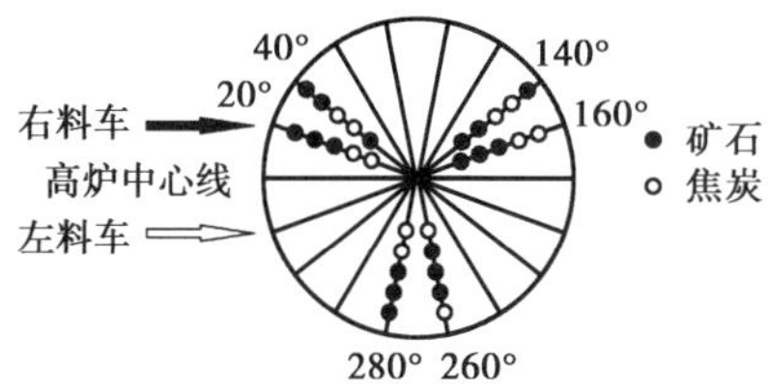

图6.5　KKKJJ↓、每车料旋转角度增加60°装料时，炉喉圆周上矿石与焦炭堆尖分布

KKKJJ↓改用每批料布料器旋转角度增加60°的布料方式后，6批料的矿石和焦炭装入炉喉圆环内形成的堆尖位置如图6.6所示。第1批料的第1、3、5车料在20°处，第1批料的第2、4车料在340°；第2批料第1、3、5车料在40°处，第2批料第2、4车料在80°处；第3批料第1、3、5车料在140°处，第3批料第2、4车料在100°处；第4批料第1、3、5车料在160°处，第4批料第2、4车料在200°处；第5批料第1、3、5车料在260°处，第5批料第2、4车料在220°处；第6批料第1、3、5车料在280°处，第6批料第2、4车料在320°处。

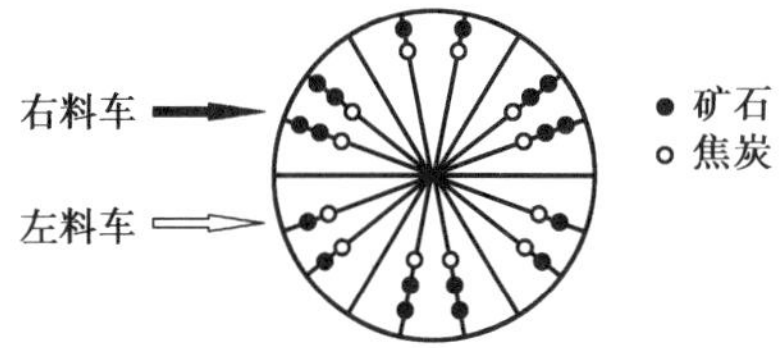

图6.6　每批料旋转角度增加60°，KKKJJ↓装料时，炉喉圆周上矿石与焦炭堆尖分布

比较图6.5与图6.6可以发现，采用每车料布料器旋转角度增加60°布料方式布料时，炉料在炉内堆尖分布有6个位置处，而采用每批料布料器旋转角度增加60°布料方式时，炉料在炉内堆尖分布有12个位置处，表明每批料布料器旋转角度增加60°布料方式炉内布的料相对较为均匀。类似分析可得，若长期采用某一装料方式时，会导致布料不均匀，如长期采用正同装，边缘矿石较多，会加重边缘，因此实际生产中高炉装料采用综合装料的方法，按规定的周期装入炉内，以便达到调整煤气流分布目的。这种装料方法一般周期不能太长，不大于10批。综合装料加重边缘的程度取决于$m/(m+n)$值（m表示m个正装、n表示n个倒装）的比值，比值增大则加重边缘，反之加重中心。

钟式炉顶上也可使用变径炉喉（又称为推料板），根据高炉需要，可分别将矿石或焦炭推向中心，以达到煤气合理分布。

B. 无钟式炉顶布料。无钟式炉顶的溜槽可通过改变倾角（溜槽底面与高炉中心线之间夹角，或溜槽中心线与高炉中心线之间夹角）和方位角（炉料落入点与高炉水平投影中心点连线与高炉水平投影的中心线夹角）实现灵活布料。无钟式炉顶基本布料方式有：

a. 环形布料。溜槽倾角固定的旋转布料。

b. 螺旋形布料。溜槽倾角变化的旋转运动布料，就倾角变化的特点分为倾角渐变的螺旋形布料、倾角跳变的同心圆布料。

c. 定点布料。溜槽倾角、方位角固定的布料。

d. 扇形布料。溜槽倾角固定，方位角在规定范围内反复变化的布料。

(5) 布料器的控制

①溜槽倾角的调节与控制。一般规定溜槽底线垂直为0°，水平为90°，通常为10°~60°。因为无级调节时，电气设备复杂，故分档调节。

②溜槽方位角的调节与控制。多按60°为一点，圆周共6点工作。在布料周期控制中，溜槽旋转一次以$(n+1)/6$为宜，以避免因启动和制动所造成的圆周布料不匀固定化，每次布料层数为4~12层，太少圆周料会布得不匀，太多因离心的影响，会最后集中一起布下，所以布料若要均匀，需将漏料时间和溜槽转速配合起来。溜槽停止时的方位角应不影响料尺探料。

(6) 生产中装料制度常用的调剂方法

作为临时调剂手段，改变装料制度的主要方法有：

①改为倒装时疏松边缘，能促进炉料顺行，但也有降低炉温作用，因此炉况向凉时不宜采用倒装。炉凉为预防悬料而改倒装时，必须相应减料或增加焦炭批重。

②改正装可以压制边缘，并有提高炉温作用。当炉温急剧转热时，不应改正装以免引起悬料。为调节边缘气流过大，可采取逐渐加重边缘的措施，否则突然堵塞边缘通路而中心又未及时疏通，势必造成悬料。

③改双装加厚料层，能促进煤气分布均匀，也有堵塞中心气流的作用。

④加净焦，可改善料柱透气性，促进气流均匀分布，并能提高炉温。在炉况严重失常时，大量加净焦极有利于恢复炉况。

⑤在提高冶炼强度时，不宜同时采用加重边缘的措施，以免炉况不顺。

⑥控制布料器旋转角度以向炉喉装偏料，可调整圆周气流分布不均匀性。

6.2.2 热制度

热制度直接反映炉缸的热状态。表示炉缸热状态的参数有：

(1) 铁水温度

正常生产时，铁水温度为1 400~1 500 ℃。

(2) 铁水中的[Si]含量

因为硅通过直接还原获得，炉缸热量越充足，越有利于硅的还原，铁液中含硅量就越高。冶炼含钒钛矿石时，允许较低的生铁含硅量，一般用铁水中的[Si]+[Ti]来表示炉温。

确定高炉热制度时，一般要考虑以下因素与相应的条件：

①根据冶炼生铁品种、炉容大小、炉缸结构形式来确定生铁含硅量的控制范围。冶炼制钢铁时，250～1 000 m^3 的高炉，炉缸工作正常条件下，一般含硅量控制在 0.45%～0.75%，原料条件好的大高炉，生铁含硅量可控制在 0.25%～0.55%。

②原料条件。所用矿石如果含 Ti、V、F 等，一般选择低硅生铁冶炼。

③根据炉缸内衬状况确定生铁含硅量的范围。炉役后期，炉缸炉墙侵蚀变薄，水温差升高达到警戒线时，[Si]控制为 0.85%～1.25%（提高生铁含硅量后有利于石墨碳析出，形成保护层，减缓炉缸炉墙的侵蚀速度），必要时还可以改炼铸造生铁。

④根据炉缸工作状况选取生铁含硅量的范围，炉缸工作均匀活跃，生铁含硅量可低些；如果炉缸堆积，生铁含硅量就须相应提高。

影响热制度的因素主要有：

①原燃料质量变化，如矿石 Fe 含量、粒度、还原性、含粉率，焦炭灰分、含硫量、强度，熟料率，熔剂用量，金属附加量等。

②冶炼参数变化，如风温、湿度、富氧量、顶压高低、喷吹量、炉喉煤气中 CO_2 含量、透气性指数变化等。

③设备条件变化，如冷却器漏水，布料器工作失灵，亏料线作业，称量误差，阴雨天气，槽下过筛情况变化。

6.2.3 造渣制度

造渣制度是根据原燃料的条件（主要是含硫量）和生铁成分的要求，选择合适的炉渣成分和碱度，以保证炉渣流动性好，脱硫能力强，生铁成分合格，炉况顺行。

造渣制度选择时主要根据原燃料的硫负荷、Al_2O_3 含量及炉缸工作状态，确定出渣的适宜的化学组分、碱度及 MgO 和 Al_2O_3 含量。

造渣制度主要依靠调整熔剂和其他附加物的加入量来控制。

炉渣性能应满足以下一些要求：

①炉渣具有良好的稳定性，在炉温波动时，炉渣的温度变化不大。

②有良好的流动性，熔化温度为 1 250～1 350 ℃。在 1 450 ℃左右时黏度小于 1 Pa·s。炉渣中 Al_2O_3 的含量控制小于 16%，当 Al_2O_3 的含量超过 16%时，炉渣的流动性变差。如果受原燃料条件的限制 Al_2O_3 含量超过 16%时，应将炉渣中 MgO 含量适当提高，以利于改善渣的流动性。

③具有足够的脱硫能力。

④有利于获得稳定充沛的炉温，初渣熔化温度不能太低，否则，不利于提高炉缸温度。

⑤有利于维护高炉内型剖面的规整。

⑥有利于形成较为稳定的渣。

⑦根据生产需要，洗炉时炉渣既要有利于消除炉缸堆积的附着物，又要有足够的脱硫能力，尽量减少洗炉过程中产生高硫号外铁。

确定炉渣碱度应符合的原则：

①根据渣量确定炉渣碱度。若入炉料铁分高，渣量少，炉渣中 Al_2O_3 含量又偏高时，应适

当提高炉渣中 MgO 含量，同时将碱度（CaO/SiO_2）控制在 1.1～1.20 范围内。

②根据入炉料的硫负荷确定炉渣碱度。若渣量少、原燃料的硫负荷又偏高时，在适当提高炉温的同时，使炉渣碱度（CaO/SiO_2）保持在 1.15～1.20 范围内。

③根据冶炼生铁的品种确定炉渣碱度。中、小高炉冶炼制钢铁时，炉渣碱度（CaO/SiO_2）可保持在 1.15～1.20 范围内；大高炉冶炼制钢铁时，炉渣碱度保持在 1.0～1.15 范围内。冶炼铸造铁时炉渣碱度保持在 0.9～1.0 范围内。

当需要调节炉渣碱度时，以终渣碱度为依据，在具体调节时应注意：

①炉况不顺时，可相应选下限碱度。

②冶炼中锰制钢铁时，碱度可选中、下限。

③硫负荷升高至 5 kg/t Fe 及以上时，渣碱度应选中、上限。

④炉缸水温差升高和炉身下部及以下部位冷却壁烧坏后炉皮破损时，渣碱度应选中、下限。

配料要求：

①配料时控制入炉原燃料硫负荷不大于 5 kg/t Fe，含硫高的原料，须搭配含硫低的原料。

②控制原料中的难熔组分（如 TiO_2）和易熔组分（如 CaF_2）含量，确保初成渣温度适宜。

③易挥发的钾、钠对炉衬有很大的破坏作用，含量越低越好。

④原料含有少量的 MnO、MgO，有利于改善炉渣的流动性、有利于脱硫。

⑤原料含 TiO_2 时，由于高钛渣是一种熔化性温度高、流动性区间窄的短渣，液相线温度为 1 395～1 440 ℃，固相线温度为 1 070～1 075 ℃，因此，必须在配料中注意防止出现高 TiO_2 渣。

6.2.4 送风制度

送风制度是指通过风口向高炉内鼓送具有一定能量风的控制参数的总称，包括风量、风温、风压、风中含氧量、鼓风湿度、喷吹量、风口直径、风口中心线与水平线之间夹角、风口伸入炉内的长度以及工作风口个数等。通过上述参数的控制，保持适宜的鼓风动能和理论燃烧温度，可实现炉缸内初始煤气流分布合理、炉缸工作均匀活跃、炉况顺行。送风制度的稳定是煤气流稳定均匀的基础，是顺行和炉温稳定的必要条件。

调节送风制度各参数又称为下部调节，它与上部调节配合是控制炉况顺行、煤气流合理分布和提高煤气能量利用的关键。一般而言，下部调节的效果比上部调节快，调节送风制度是生产者常用的调节手段。

由送风制度参数可确定风速（分为标态风速和实际风速）和鼓风动能，这两个是很重要的参数，可作为送风制度的指标。

标态风速 $V_{标}$ 可按下式计算：

$$V_{标}=\frac{Q}{n\dfrac{\pi d^2}{4}} \tag{6.1}$$

式(6.1)中，Q 为每秒送风量，m^3/s；n 为风口个数；d 为风口直径，m。

一般来说，大于 2 000 m^3 的高炉，$V_{标}$>220 m/s；大于 1 000 m^3 的高炉，$V_{标}$>160 m/s；255～

300 m^3 的高炉，$V_{标}$>140 m/s；100 m^3 以下的高炉，$V_{标}$>80 m/s。

实际风速 $V_{实}$可按下式计算：

$$V_{实}=V_{标}\times\frac{1}{1+P}\times\frac{t+273}{273} \tag{6.2}$$

式(6.2)中，P 为热风表压力，Pa；t 为热风温度，℃。

不同炉容的合适鼓风动能为：255 m^3 高炉，鼓风动能为 30 000～40 000 J/s；500～1 000 m^3 高炉，鼓风动能为 60 000～70 000 J/s；1 000～1 200m^3 高炉，鼓风动能为 70 000～85 000 J/s。

在日常操作中须遵循以下原则：

①固定适宜的风口面积，在一定冶炼条件下，每座高炉都有适宜的冶炼强度和鼓风动能，一般情况下风口面积不宜经常变动。生产条件变化较大时，可根据变化因素对炉况影响程度进行适当调整。

②在原燃料条件波动不大的情况下，操作中应该稳定风量、风压、压差。特别当原料、燃料质量变差（如强度降低，粉末增加），风压不稳时，不能强行加风。

③喷吹燃料时，风温应充分利用，用喷吹燃料量调节炉温。如果炉温急剧升高并有悬料的征兆时，撤风温时必须一次到位（100～150 ℃）。恢复风温时要视炉温和炉况接受能力逐步加回到需要水平。如果炉况应变能力较低，原则上每小时调节风温不超过 50 ℃，换炉前后控制风温波动不超过 30 ℃。

④调节原则是早动、少动，以保持炉况长期稳定顺行。对炉况的发展趋势和变化幅度要有预见性，避免在出渣出铁状态不好时再调节，这种滞后调节会造成炉况周期性的波动。

6.2.5 基本操作制度之间的关系

基本操作制度之间是互相影响、互相制约的，决不能孤立地或等同看待。

炉缸热制度和造渣制度是高炉操作的基本要求，造渣制度又是实现热制度和生铁质量的基本保证。热制度既是装料制度和送风制度的集中表现，又是判断装料制度和送风制度是否相适应的依据。热制度、造渣制度在一段时间内应相对稳定，它们的变动对高炉的高产、优质、低耗有决定性的影响。送风制度和装料制度又是根据既定的热制度和造渣制度，纠正炉况波动，控制煤气流分布的手段。

属于下部调剂的送风制度，对炉缸工作状况起着决定性的影响。高炉冶炼过程反应完善与否，最终集中表现在炉缸工作状况上，因为炉缸是煤气的发源地，煤气在炉缸的初始分布状态，不仅决定炉缸截面的温度分布和热量分布，而且在很大程度上决定了整个高炉沿其高度及截面的气流和温度分布；炉缸又是煤气对炉料进行加热和还原加工过程的终点，加工过程的好坏必然在炉缸反映出来。同时在炉缸还必须消除炉料在上部加热和还原必然存在的不均匀性，因此炉缸的工作状态对炉料、渣、铁等的物理化学反应的进行状况具有决定性影响。此外，炉缸工作状态在很大程度上影响炉料的下降，从而影响炉喉料面形状和炉料的再分布。总之，炉缸工作在高炉冶炼中的地位非常重要，操作者要力求使整个炉缸截面温度分布均匀稳定，热量充沛、工作活跃。应该选择合理的送风制度，促使炉缸内起始气流和炉内整个气流分布合理，为炉缸工作打下良好的基础。

属于上部调剂的装料制度，对气流沿高炉高度和截面继续保持合理分布有着重要的作用,同时对炉缸工作也有一定影响。选择高炉操作制度,必须以下部调剂为原则,上下部调剂相结合,以达到气流分布合理炉缸工作良好,炉况稳定顺行的效果。

正确分析和认识高炉操作制度的相互关系和各自的矛盾运动规律,是充分发挥操作人员主观能动性,在既定的原燃料和设备条件下做好操作的前提。

6.3 高炉炉前操作

6.3.1 炉前操作水平高低衡量指标

炉前操作主要任务是通过渣口和铁口及时将铁水和渣出净,维护好风口、铁口、渣口、砂口和炉前设备,以保证高炉生产正常进行。

衡量炉前操作水平高低的指标主要有出铁正点率、铁口合格率、铁量差、上下渣量比。

出铁正点率指正点出铁次数与总出铁次数的比值。正点出铁指按规定时间及时打开铁口,并在规定时间内出完铁,并堵好铁口。此指标用来衡量出铁操作水平。不同容积高炉出铁时间长短不同。

铁口合格率指铁口深度合格出铁次数与实际出铁总次数的比值。此指标用来衡量铁口维护好坏程度。高炉每次出完铁后,为维护好炉缸,均需打入一定量炮泥,以形成泥包,使炉缸内炉墙有一定厚度,即为铁口深度。一定容积的高炉均应有合适的铁口深度。

铁量差指按下料批数计算的理论出铁量与实际出铁量之差值。此指标用来衡量每次出铁是否出净,也是出铁操作水平好坏标志。

上下渣量比指两次出铁间放出的上渣(渣口流出的渣)量与下渣(铁口流出的渣)量之比值。此指标用来衡量放渣水平好坏。在冶炼条件不变条件下,此值提高,则说明放渣水平提高。不同冶炼条件下上下渣比不同。具体影响因素如下:

①原燃料条件。矿石品位提高,有利于降低上下渣量比。

②冶炼强度。冶炼强度提高,在不增加出铁次数的情况下,有利于提高上下渣量比。

③炉缸浸蚀程度。炉缸浸蚀程度高时,则上下渣量比高。

④炉缸状况。炉缸产生堆积时,上下渣量比增加。

6.3.2 出铁次数确定

高炉应有适宜的出铁次数,以利于铁口的维护和炉况的顺行,减少铁口损坏。

出铁次数确定原则:

①每次最大可能的出铁量不超过炉缸的安全容铁量。一般以渣口中心线至铁口中心线间的炉容所容纳的铁量为安全容铁量。随着炉缸、炉底的侵蚀,炉缸容积扩大,安全容铁量也相应增加。

②确保及时出净铁,以利于炉料顺行和铁口维护。出铁次数过多,上渣不好放,下渣量多对铁口不利。出铁次数太少,炉缸经常贮存较多铁水,对高炉顺行与炉缸炉底维护不利,并易

烧坏风口、渣口。

③应与相关高炉的铁次统一，以便于渣铁罐的周转。

出铁次数 n 可按下式计算：

$$n=\frac{\alpha_1 P}{T_a} \tag{6.3}$$

式(6.3)中，α_1 为出铁不均匀系数，一般取 1.2；P 为高炉昼夜出铁量，t；T_a 为理论炉缸安全容铁量，t。

实际安全容铁量可按下式计算：

$$T_a=k_y\cdot\frac{\pi}{4}\cdot D^2\cdot h_z\cdot\gamma_t \tag{6.4}$$

式(6.4)中，k_y 为炉缸容铁系数，一般取 0.6；D 为炉缸直径，m；h_z 为低渣口三套前端下沿至铁口中心线间的距离，m；γ_t 为铁水密度，一般取 7.0 t/m^3。

生产中，由于炉缸浸蚀，使炉缸实际安全容铁量增加，其增加量可按下式计算：

$$\Delta T_a=k_y\cdot\frac{\pi}{4}\cdot D^2\cdot L_t\cdot\gamma_t \tag{6.5}$$

式(6.5)中，L_t 为铁口正常深度，m。

实际生产中高炉出铁次数比理论出铁次数一般要多 2 次。

【例 6.1】某高炉炉缸直径为 8 m，渣口中心线到铁口中心线距离为 1.5 m，死铁层高度 1 m，计算此高炉的安全容铁量为多少？（铁水比重取 7 t/m^3、安全系数取 0.6）

解：由

$$T_a=k_y\cdot\frac{\pi}{4}\cdot D^2\cdot h_z\cdot\gamma_t$$

得安全容铁量 T_a 为：

$$T_a=0.6\times\frac{\pi}{4}\times8^2\times1.5\times7=316.673(\text{t})$$

【例 6.2】有一高炉有效容积为 750 m^3，设计利用系数为 2.5 t/(m^3 · d)，从铁口中心线到渣口中心线的距离为 1.4 m，炉缸直径为 6.9 m，该高炉日出铁次数为几次？

解：由：$T_a=k_y\cdot\frac{\pi}{4}\cdot D^2\cdot h_z\cdot\gamma_t$

得安全容铁量 T_a 为：

$$T_a=0.6\times\frac{\pi}{4}\times6.9^2\times1.4\times7=219.87(\text{t})$$

$$\text{最低出铁次数}=\text{安全系数}\times\frac{\text{日生铁产量}}{\text{安全容铁量}}=1.2\times\frac{750\times2.5}{219.87}=10.233$$

该高炉日出铁最低次数为 11 次。

【例 6.3】某高炉炉缸直径为 7.5 m，渣口中心线至铁口中心线之间距离为 1.5 m，矿批重 25 t，生铁中[Fe]=93%，矿石品位为 55%，求炉缸安全容铁量为几批料？（铁入生铁的百分比为 99.7%）

解：由：$T_a=k_y\cdot\frac{\pi}{4}\cdot D^2\cdot h_z\cdot\gamma_t$

得安全容铁量 T_a：

$$T_a = 0.6\times\frac{\pi}{4}\times7.5^2\times1.5\times7 = 278.326(\text{t})$$

$$每批料出铁量 = \frac{矿石带入炉内铁质量\times铁入生铁百分比}{生铁中 Fe 含量}$$

$$= \frac{25\times55\%\times99.7\%}{93\%} = 13.709(\text{t})$$

$$安全料批数 = \frac{安全容铁量}{每批料出铁量} = \frac{278.326}{13.709} = 20.303(批)$$

所以炉缸安全容铁量为 20 批。

6.3.3　出铁口的维护

日常生产中的铁口结构如图 6.7 所示。铁口内维护铁口结构的有新旧泥包。生产中，影响铁口工作的因素主要有：

①熔渣和铁水的冲刷。

②风口循环区对铁口的磨损。

③炉缸内红焦的沉浮。

④煤气流对铁口的冲刷。

⑤熔渣对铁口的化学浸蚀。

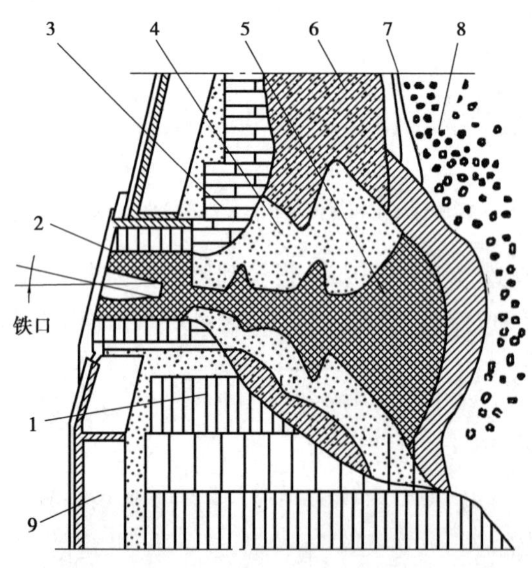

图 6.7　铁口结构示意图

1—残存的炉底砖；2—铁口泥套；3—残存的炉缸砌砖；4—旧炮泥形成的铁口泥包；5—新泥包；6—炉墙渣皮；7—铁口泥包的增长范围；8—炉缸中的焦炭；9—光面冷却壁

有水炮泥的主要成分由酸性氧化物组成。在冶炼制钢生铁时，炉渣二元碱度为 1.05 ~ 1.10，碱性氧化物含量高于二氧化硅含量，碱性氧化物与炮泥中的酸性氧化物进行化学作用生成低熔点化合物而熔蚀铁口。炉渣碱度越高，这种化学浸蚀越强。

为维护好铁口,生产上可采用如下措施:

①按时出净渣铁,全风堵铁口。要做到按时出净渣铁,首先要正点配好渣铁罐,同时按操作规程开好铁口。根据炉温、铁口深度选择铁口眼的大小,以确保渣铁在规定时间平稳顺畅出净。只有渣铁出净后,铁口前才有焦桩存在,炮泥才能在铁口前形成泥包。

全风堵铁口时,炉内具有一定的压力,打进的炮泥才能被硬壳挡住向四周延展,较均匀地分布在铁口四周炉墙上,形成坚硬的泥包。

②勤放上渣,多放上渣,减少下渣量,可以减少炉渣对铁口的机械磨损和化学浸蚀。

③严禁潮铁口出铁。潮铁口出铁时,炮泥中的残存水分剧烈蒸发,产生巨大压力,使铁口泥包产生裂缝,同时产生大喷,铁口孔道迅速扩大,易发生跑大流。

④打泥量适当且要稳定。为了使炮泥克服炉内阻力和铁口孔道的摩擦阻力,全部进入铁口,形成泥包,打泥量一定要适当且稳定。此外铁口泥套必须完整,深浅适宜。

⑤固定适宜的铁口角度。铁口角度是指铁口孔道中心线与水平线之间的夹角。保持一定铁口角度的意义在于使死铁层保持一定厚度,有利于恒定死铁层和炉底温度,以保护炉底以及出净渣铁。

⑥稳定炉内操作。炉内操作变化大时,高炉炉温和渣碱度波动大,炉缸炉墙的渣铁易受到破坏,渣铁直接浸蚀砖衬,使炉墙很快变薄,使铁口不好维护。渣皮脱落后,铁口泥包暴露在炉墙上,直接受到渣铁的冲刷和焦炭的磨损,极易断裂。

⑦提高炮泥质量。要求炮泥具有一定可塑性、良好的抗渣铁冲刷、浸蚀性以及一定的高温结构强度。现在大高炉普遍使用无水炮泥。

【例 6.4】某高炉铁口直径 50 mm,深 1.5 m,炮泥堆比重为 2 000 kg/m^3,堵口时附在炉墙上的炮泥消耗的泥量为 30 kg,问该次堵口需要的打泥量为多少千克?(铁口通道为圆柱体,不考虑打泥压缩)

解:铁口通道体积 $=\frac{\pi}{4}\times$铁口直径$^2\times$铁口深度 $=\frac{\pi}{4}\times 0.05^2\times 1.5=0.002\ 9(m^3)$

$$\text{铁口通道打泥量}=\text{铁口通道体积}\times\text{炮泥比重}+\text{炉墙上炮泥}$$
$$=0.002\ 9\times 2\ 000+30=35.8(kg)$$

堵铁口需要的打泥量为 36 kg。

6.3.4 出铁操作

出铁操作包括出铁前的准备工作、出铁操作及铁口事故及其处理。

(1)出铁前的准备工作

出铁前的准备工作包括下述内容:

①把主沟和下渣沟中的残铁残渣清理干净,保证渣铁顺利流入渣铁罐。

②检查铁口泥套是否完好,如发现破损,应及时修补烤干。

③定期铺垫渣铁沟,经常保持渣铁沟完好无损。

④出铁前把铁沟和下渣沟各道拨流闸放下,并用砂子叠好烤干。

⑤叠好砂坝、砂闸并烤干,开铁口前把砂口上的残渣凝结硬壳打开。

⑥渣铁沟流嘴应定期修补,发现破损及时处理,以防渣铁流到罐外。

⑦炮泥装满后,打泥活塞应顶紧炮泥;装泥时不要把冻泥、太硬和太软的泥装进炮膛,泥炮装满炮泥后,用水冷却炮头。

⑧检查开口机和泥炮运转是否正常,发现故障应及时处理。

⑨准备好出铁用的各种辅助工具。

⑩开铁口前应检查铁罐是否到位,若没有到位,应及时同调度联系,待重新到位后才能打开铁口出铁。

(2)出铁操作

出铁操作包括开铁口和堵铁口。

①开铁口操作。开动钻铁口机走行机构,使钻头对准铁口泥套漏斗深窝的中心。开动钻头开始钻铁口。当发现铁口内冒火花时,停止钻铁口,改用氧气烧铁口,直到铁流流出。

钻铁口时,钻头一定要对准铁口泥套漏斗深窝的中心,否则易产生钻坏铁口泥套或把铁口钻偏,堵铁口时冒泥或发生渣铁喷出沟外的现象。启动开铁口机要稳,尤其是钻孔式开口机,防止钻杆摆动过大和卡钻头。

开铁口过程要根据炉温情况和铁口变化,正确地掌握好铁口眼大小。确定铁口眼大小原则为:

a. 根据高炉有效容积及炉内压力确定。高炉有效容积越大,炉内压力越高,铁口眼应小些。

b. 根据炉温确定。炉温较高,冶炼铸造铁时铁水流动性较差,铁口眼应大些;炉温太低时,渣铁物理热不足,易于凝结,铁口眼应开大些。

c. 根据铁口眼深浅来确定。铁口过深时,铁口应开大些。

②堵铁口。采用泥炮(堵铁口机),将炮泥打入铁口孔道内,炮泥在铁口孔道高温作用下烧结而将铁口孔道堵住。

(3)铁口事故及其处理

炉前操作的好坏直接影响高炉的安全生产,炉前事故中发生最多、影响最大的问题之一是浅铁口出铁。铁口是高炉炼铁过程中产生的渣铁排放出口,不同容积的高炉对铁口深度有不同的要求。在固定的铁口角度下,铁口深,容易把炉缸内的渣铁出净;铁口浅,炉缸中的渣铁液面就高。由于炉内的压力大,铁口浅时控制不住铁流,就会出现跑大流、过早出现喷炉现象。很多恶性事故都是浅铁口造成的,了解浅铁口的危害和成因,预防浅铁口的发生,处理好浅铁口,使铁口能在正常状态下工作非常重要。

①浅铁口的成因。

a. 渣铁未出净。由于渣铁灌满、渣铁上坑、冲渣停水等原因造成铁口不吹而被迫堵炮。由于炉缸内存有大量渣铁,堵炮后炮泥在炉缸中存不住而漂起来,并与渣铁反应被烧损,导致泥包被破坏,造成下次铁口深度下降。

b. 泥包断裂。打泥量的波动和铁口过浅,铁出来后在孔道内爆炸,或炮泥质量有问题,导致铁口断裂。铁口断裂后泥包可能一次掉很多,造成下次铁口过浅。

c. 操作不当。开铁口中，操作不当，铁口底部隔层太厚，铁口透不开但又来铁，被迫闷炮，把铁口从中间闷断，形成浅铁口。

d. 炮泥质量差。炮泥质量下降，或炉前工人装泥时打水过多，造成铁口孔道出现断泥现象，孔道过松，出铁时跑大流，堵炮后形成浅铁口。

e. 铁口卡焦炭。冷却系统漏水、炉况不顺、潮铁口等原因造成出铁时铁口卡焦炭。如在堵炮时铁口卡住，就会打不动泥，造成浅铁口。

f. 铁口冒泥。铁口泥套坏、泥炮压力不够、炮头坏等原因都可能造成铁口冒泥，一旦冒泥，就易形成浅铁口。

g. 开炉时泥包破坏。

②浅铁口的处理。

a. 有渣口的高炉要尽可能放好渣，减轻渣对铁口的侵蚀。

b. 炉内操作要把炉温提到上限，有利于涨铁口，必要时可改炼铸造生铁。

c. 为出净渣铁，在出铁后期可适当减风，减少炉内压力，这样可在原基础上多出一点渣铁，也有利于涨铁口，形成泥包。

d. 堵铁口时可采取分段打泥，即封上铁口后，先打 75 ~ 150 kg 泥，间隔 1 min 左右，再打 50 ~ 300 kg 泥，这样可使铁口慢慢涨上来。

e. 在处理铁口时，先用开口机钻一段，再用钢钎打 200 mm 左右，最后用氧气烧开，这样可控制铁流，有利于涨铁口，不易跑大流。

f. 对有 2 个以上铁口的高炉，可采用 1 个铁口见铁后再打开较浅的铁口出铁，在浅铁口喷时，把泥打进去，这时高炉内渣铁液面较低，铁口可一次涨上来。只有 1 个铁口的高炉，可采用“坐窝”办法，即堵铁口后过 10 min 左右拔炮再出铁，连续几次可把铁口涨上来。

g. 使用多种方法无效时，可堵铁口上方的风口，减少铁口方向炉缸的活跃程度，使铁口慢慢涨上来。

h. 改进炮泥的质量。如用有水炮泥的高炉改用无水炮泥，用无水炮泥的高炉可提高强度，增加炮泥中 SiO_2 与 Al_2O_3 含量，提高耐渣铁冲刷能力，并尽量出净渣铁。

③浅铁口的预防。

a. 出净渣铁。每次出铁要喷铁口，每次出铁时间要均匀，缩短和延长出铁的间隔时间，避免渣铁罐不够用和铁口不喷而堵炮。

b. 稳定打泥量。打泥量要相对稳定，每次出铁都要根据炉温和渣铁排放情况适当打泥，打泥量波动不大于 40 kg。

c. 稳定炉温。对于炉内操作，要尽量稳定炉温，长期低炉温对铁口的危害很大，在操作上要尽量避免。

d. 尽量避免潮铁口出铁，如铁口过潮可用风或氧气烘干，然后出铁。铁口潮时绝不允许钻漏，用风吹或用氧气烧时，风量、氧量也不要太大，避免把潮泥吹出来，形成内大外小的喇叭形铁口。

e. 提高操作水平。每次钻铁口都要根据炉内风压、炮泥情况选择合适的钻头，避免铁口孔道过大或过小，使出铁时间均匀，特别是尽量避免闷炮操作。

f. 加强检查。对开口机、泥炮要认真检查，避免出现故障。对铁口泥套要认真制作，保持合适深度和形状,避免堵铁口时冒泥。同时,加强炮泥检查,减少炮泥质量的波动。

g. 高炉长期休风后,开炉时根据高炉炉内状况,选择合适的开炉方案,避免破坏泥包。

6.3.5 砂口操作

砂口又称为撇渣器。其作用主要是在出铁过程中用来分离渣与铁。

砂口结构如图6.8所示,它主要由前沟槽、大闸、过道眼、小井、砂坝和砂口眼等组成。

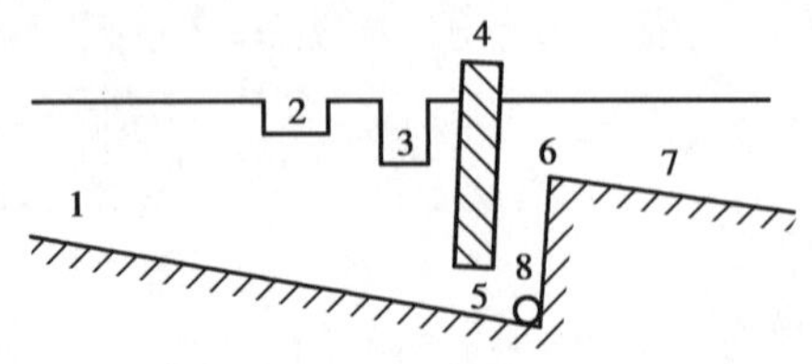

图6.8 砂口断面示意图

1—主沟;2—砂坝;3—砂闸;4—大闸;5—砂口眼;6—棱;7—铁沟;8—残铁眼

(1)渣铁在砂口处分离原理

从铁口流出来的渣铁按其密度不同,经过砂口眼使渣铁分离。渣比铁水轻,浮在其上面,利用铁沟铁水出口处沟头的一定高度,使大闸前后保持一定平面的铁水,砂口眼连通大闸前后,使铁水流经砂口眼,大闸起挡墙作用,把熔渣撇在大闸前,浮在铁水上面,通过砂坝流进下渣沟内。从而实现渣铁分离。

(2)砂口操作

其主要任务是完成砂口内渣铁分离,使渣沟不过铁,铁沟不过渣,顺利出净渣铁,其操作分为焖砂口操作和不焖砂口操作。

焖砂口的操作过程:

①出铁前把铁水面上的渣壳打碎,使铁水顺利流经砂口眼,防止铁水溢出漫上炉台。

②出铁过程中刚见下渣时,适当往大闸前铁水面上撒一层焦粉,起保温作用,同时防止熔渣结成硬壳。

③来渣后,待铁水面上积存一定数量的熔渣后,将砂坝推开,使熔渣从砂坝处流出,在铁口开喷前,把大闸的凝渣块推入下渣沟内,使其随渣流流走,以利于堵上铁口后,减少主沟内的残渣清理量。

④铁口堵上后,将砂坝推开,用推耙推出砂口内铁水面上的存渣,使砂口内的铁水面低于砂坝的底面,防止残存的熔渣凝结,并有利于清理主沟内的残渣残铁。然后撒上焦粉保温,减少铁水的散热,防止凝结。

⑤出完铁水0.5 h后,将砂坝内的残渣清理干净,用砂子叠好,并用火烤干。

(3)砂口事故及其处理

砂口常见事故有砂口放炮、砂口眼漏、砂口撇流、砂口凝结。

①砂口放炮。

a. 产生原因:用炮泥修补砂口后,为了赶时间,烘烤时间短,砂口未彻底烘干,出铁时砂口内壁新的泥层中水分受热剧烈蒸发,体积骤然膨胀而爆炸(放炮)。砂口放炮产生后,轻者砂口局部损坏,严重时整个砂口炸坏。

b. 预防措施:为避免产生砂口放炮事故,糊砂口用的炮泥不要太软,水分过大不易烤干,且易产生裂纹。烘烤新砂口时,烘烤时间应根据糊泥层厚度确定,一般烘烤时间为 40 ~ 60 min。

②砂口眼漏。

a. 产生原因:不采用焖砂口操作,每次出铁后均放残铁,在堵砂口眼时由于残铁没抠干净,出铁时残铁未熔化,铁水渗进新堵砂层,新砂层内水分受热膨胀,将砂口眼胀开。

b. 预防措施:堵砂口眼时,一定要抠干净残铁,堵铁口眼内壁要紧,堵砂层适当疏松,烘烤时利于水分排出。

③砂口撇流。

a. 产生原因:糊砂口操作不当,使砂口眼偏小。

b. 预防措施:糊砂口时砂口过道眼一定要符合规定尺寸,出铁时,要防止残渣块随铁水流下堵住砂口过道而憋住铁流;开铁口眼时应根据铁口深度来控制铁口眼的大小,防止跑大流。

④砂口凝结。

a. 产生原因:在炉凉、铁水温度低、流动性差的情况下,如果砂口保温不好,出铁间隔时间长,铁液凝结而造成砂口凝固。有时因计划休风过长,休风后没放砂口铁,又由于某原因计划休风延长而造成砂口内铁液凝固。

b. 预防措施:预计砂口有可能凝固时,应立即配罐捅开砂口,避免全部凝死。然后用氧气烧砂口过道眼,烧至一定程度后,大致能出铁便立即出铁,开铁口时严格控制铁口眼大小,既要防止跑大流,又要防止铁流过小而不能很快充满砂口,造成进一步凝固。出完铁后要放砂口铁,待高炉正常后再焖砂口。

6.3.6 放渣操作

(1)放渣时间确定

合适的放渣时间是炉缸内熔渣面达到或者超过渣口中心线时开始放渣。在正常生产中,根据上料批数和上次出铁情况来确定放渣时间。若上次铁未出净,放渣时间应提前。

渣口打开时,若喷煤气或火花,说明炉缸中渣未达到渣口平面,应堵上渣口,等一会儿再放渣。

(2)放渣准备工作

放渣准备工作主要有:

①将渣沟里的残渣清理干净,用砂叠好渣沟中各道拨流闸板。

②检查堵渣机是否灵活好用,渣口泥套和流嘴是否完好无损,如果破损,应及时修补。

③检查渣罐是否到位,渣罐有无破损,罐内有无积水和潮湿物。罐位不正,应通知调度室

对位,损坏罐不能使用,罐内有积水或潮湿物时,放渣时引进小渣流进行烘烤,严防大流进入罐内。

④检查渣口小套有无破损,小套和三套接触是否严密,销子有无松动,发现问题应及时处理。

⑤准备好烧渣口和打开渣口的工具。

(3)放渣操作

准备工作做好后,用锤将堵渣机打松,然后退出堵渣机,挂上安全钩。打渣口时,钎子应对准渣口中心,防止打偏损坏渣口;若渣口有凝铁打不开,应打开另一个渣口先放渣,然后用氧气烧开此渣口。

(4)渣口的维护

①渣口泥套的维护。放渣前泥套必须完好无损,否则应及时修补,并烘烤干。做新泥套时,要把渣口内的残渣残铁抠干净。泥套和渣口小套接触要严密,并同小套下沿平齐,不能偏高或偏低,泥套偏高渣口堵不上;泥套偏低,渣流将泥套冲出深坑,积存铁水,烧坏小套,严重时甚至会烧坏三套。

②渣流带铁多时,操作人员应勤透、勤堵、勤放,防止烧坏小套。

③发现渣口破损漏水时,应及时堵口。

④拔堵渣机时应先用大锤打松后再拨,对新换渣口更应注意,以防小套拔出,拉坏渣口和三套等事故发生。

⑤定期检查渣口各套的销子是否松动,松动的应打紧。

(5)放渣事故及处理

放渣常见事故有:渣口爆炸、渣口拔出和冒泥、渣口泥套事故、渣口连续破损事故。

①渣口爆炸。

A. 产生原因:

a. 连续几次渣铁未放净,操作上又未采取措施,炉缸内积存的渣铁水过多,铁水面上升烧坏渣口三套引起爆炸,或放渣时,渣口过铁引起爆炸。

b. 炉缸不活跃,有堆积现象,渣口附近有积铁存在,放渣时渣中带铁引起爆炸。

c. 长期休风后开炉或炉缸冻结,炉底凝铁增厚,铁水面升高,烧坏三套或小套发生渣口爆炸。

d. 发现渣口破损不及时,漏水严重后堵不上渣口,渣流带铁引起爆炸。

B. 预防措施:放渣时,渣口操作人员应随时观察渣口情况,发现渣口破损漏水或渣口过铁时应立即堵口。封炉后的开炉或炉缸冻结,送风前必须先打开铁口上方两侧的风口,同时铁口用氧气烧通,送风后渣铁从铁口放出,根据炉况再打开风口,开风口应向渣口方向发展,在出铁顺畅后,打开渣口干喷一下,然后逐渐恢复渣口放渣。

②渣口拔出和冒泥。

A. 产生原因:堵铁口时,由于操作不当,堵渣机冲力过猛,堵渣机头与渣口接触过紧,拔堵渣机时速度过快,拉力过猛,在固定销子松动情况下,容易将小套拔出,小套拔出后,焦炭和熔渣从三套口喷出,造成事故。

B. 事故处理:a. 渣口小套被拔出时,操作者应立即按堵渣机反方向开关按钮,将堵渣机和渣口重新堵上去。b. 立即组织出铁,出铁后休风更换小套。若三套烧坏,应同时更换。

③渣口泥套事故。

A. 产生原因:泥套破损后继续放渣时,渣中带的铁积存下来,顺裂缝或深坑渗透下去与三套接触烧坏三套,有时还会渗透到二套和大套的砌砖中间,顺砖缝钻下去烧坏二套和大套。

B. 预防措施:在日常放渣操作中,除按规定时间做新泥套外,每次放渣后应立即检查泥套是否完好,发现破损应立即修补。若泥套高堵不上时,立即采取人工堵口,炉内由高压改为常压,待渣口封住后,将风量恢复到正常水平。

④渣口连续破损事故。

A. 产生原因:炉缸堆积,炉缸内有铁水积聚,或者边缘过重,煤气流分布失常,造成渣铁分离不好,渣中带铁多所致。表现为一昼夜之内某个渣口连续破损几次。

B. 预防措施:a. 更换渣口时,将渣口小套前面烧出一个坑,装入少量食盐后填上炮泥,然后把小套安装好。b. 有两个渣口的高炉,另一个渣口先放渣。出铁前先将渣口打开,用氧气往里深烧,放渣时要用钢钎勤捅渣口,使渣流更大,渣流越小越容易烧坏渣口。c. 炉内操作人员要采取适当的措施调节炉况,使炉缸工作均匀活跃,这是从根本上消除渣口连续破损的措施。

6.4 高炉炉况判断

高炉炉况判断方法:一是直接观察判断法;二是利用计器仪表分析间接判断法(间接判断法)。直接观察指用目力直接观察判断高炉行程,包括看渣、看铁、看风口和看料速。间接判断指通过安装在高炉各部位的计器仪表测量出的数据来分析判断炉况。直接观察仍是目前判断高炉炉况的主要手段,它比各种计器仪表能得出较为肯定的结论,尤其对仪表数量较少和装备水平较低的高炉,操作者掌握直接观察炉况的方法来判断炉况就更加重要。

间接判断法可灵敏及时地反映炉况的变化,它早于直接观察。

在判断炉况时,主要应抓住两方面:一是炉温;二是煤气流的分布。一切因素的变化,经常是通过这两方面反映出来,或是最终归结到这两方面上来。

6.4.1 炉况的直接观察判断

直接观察判断是建立在实践经验不断积累的基础上,是高炉工长操作高炉基本功之一。

(1)看风口

炉缸风口前面的区域是高炉内温度最高的部位,也是唯一可以随时直接观察到炉内状况的地方。通过看风口可以判断高炉炉缸圆周各点的工作情况、温度和顺行情况。经常观察风口可为操作者提供较早的炉况变化情况,能够做出及时的调节,确保高炉稳定顺行。

由风口可观察的内容及判定的炉况:

①观察风口判断炉缸工作状态。主要观察各风口明亮均匀情况及焦炭活跃均匀情况。各风口明亮均匀说明炉缸圆周各点工作正常;各风口焦炭运动活跃均匀,说明炉缸圆周各点鼓风量和鼓风动能一致,也说明炉缸圆周各点工作正常。

②看风口判断炉缸温度。高炉炉况正常、炉温充足时,风口明亮、无生降、不挂渣。炉温下降时,风口亮度也随之变暗,有生降出现时,风口挂渣。炉缸大凉时,风口挂渣、涌渣,甚至灌渣。炉缸冻结时,大部分风口会灌渣。

③看风口判断炉况顺行。高炉顺行时,各风口明亮但不耀眼,而且均匀活跃。每小时料批数均匀稳定,风口前无生降,不挂渣,风口破损少。

④看风口判断大小套漏水情况。当风口漏水时,风口挂渣,发暗,并且水管出水不均匀,夹有气泡,出水温度差升高。

(2)看出渣

高炉冶炼过程有热惯性,可通过看渣碱度、温度、渣的流动性及出渣过程中渣的变化来判断炉缸温度、炉缸工作状态及炉渣碱度等,是调剂炉渣碱度及焦炭负荷的重要依据之一。

从上渣可以判断本次铁的状况。在出铁后期看下渣的状况,对下次铁有着重要的指导作用。

①从熔渣温度判断炉缸温度。炉缸温度的高低,通常指渣铁液的温度水平。炉热时,熔渣温度充沛,光亮夺目。炉渣碱度正常时,渣液流动性良好,不易粘沟。上下渣温度基本一致。渣中不带铁,上渣口出渣时有大量煤气喷出,渣液流动时表面有小火焰;炉凉时,渣液温度逐渐下降,渣液颜色暗红。炉渣流动性差,易粘沟。渣口易被凝渣堵塞。上渣带铁,出渣时喷出的煤气量少、渣面起泡,渣液流动时表面有铁花飞溅。炉温进一步降低时,渣液颜色变为褐色,炉子大凉时,渣液颜色变为黑色。

水力冲渣时,如炉热,冲出的水渣颜色雪白,呈棉絮状,在渣沟中或渣池中轻轻浮起;炉温稍有降低时,冲出的水渣仍为白色,在渣沟和渣池中不再浮起或只有少量浮起;炉凉时,冲出的水渣颜色变为褐绿色或褐色;炉子大凉时冲出的水渣颜色变为黑色,沉于渣池底部。

②从上下渣液温度判断炉缸工作状态。炉缸工作均匀时,上下渣温度基本一致;炉缸中心堆积时,上渣热而下渣凉,放上渣时开始炉渣温度高而后温度低;当炉缸边缘堆积时,上渣凉而下渣热,有时渣口不易打开,放上渣时渣液开始温度低而后温度高,渣口易破损;在炉缸圆周工作不均匀时,两渣口温度相差很大;高炉发生偏料或管道行程时,低料面一侧或接近管道处的渣口比另一侧渣口温度低。

③用渣样判断炉缸温度和渣碱度。

a. 棍样。用细铁棍粘取渣液,观察其凝固状态,用来判断渣液温度和碱度。

炉热时，棍样表面凹凸不平、无光泽、表面有气孔，呈灰白色；炉凉时，棍样表面光滑，颜色变为黑色。

炉渣碱度高时，棍样为灰白色石头状渣；碱度低时即酸性渣时，棍发黑呈褐玻璃状，粘取时可拉出长丝。

b.勺取断口样。用取样勺取渣液，待冷凝断裂后观察断口状态。观察其断口的颜色和光泽度可以判断渣碱度和炉温高低。渣中(CaO)高低决定了炉渣断口呈玻璃状还是石头状，渣中(FeO)的增高促使渣断口褐色增加。

炉温高时，渣样断口呈蓝白色，渣碱度 CaO/SiO_2 为 1.2～1.3。如断口呈褐玻璃状并夹杂着石头状斑点，表明炉温较高，渣碱度 CaO/SiO_2 为 1.1～1.2。如断口呈玻璃状表明炉温中等，渣碱度 CaO/SiO_2 为 1.0～1.1。如果渣碱度 $CaO/SiO_2>1.4$，冷却风化后为灰色粉末。渣碱度 $CaO/SiO_2<1.0$ 时，渣逐渐失去光泽，变为暗褐色玻璃状渣。

如果渣中 MgO 含量增加，渣失去玻璃光泽而变为淡黄色石头状；如渣中 MgO 含量>10%，渣断口即变为淡黄色石头状渣。

(3)看出铁

看出铁包括看铁沟中流动的铁水上的火花、烟雾，铁水流动性，铁水冷却试样断口及凝固状态等内容，通过看出铁可判断生铁[Si]和[S]含量，从而判断炉缸温度变化、炉缸工作状态及生铁质量。

炉温充沛时，生铁中[Si]升高而[S]降低。炉凉时，生铁中[Si]降低而[S]升高。当炉缸温度变化时，生铁中[Si]的波动幅度较[S]快10倍左右。在炉渣碱度不变炉缸工作状态正常的情况下，生铁含[Si]量和炉缸温度成正比。

炉缸中心堆积时，生铁中含[Si]无变化，生铁[S]升高。出铁时，后期比前期[S]高。

高炉边缘堆积时，生铁中[Si]无变化而生铁中[S]前期比后期高。

高炉失常时，生铁中含[S]大幅度上升，[Si]量波动幅度较小。

一般是热制度失常则出现低硅高硫生铁。但煤气分布失常、炉缸中心或边缘堆积、炉缸圆周工作不均时即使炉温很高，也会出现高硅高硫生铁；碱度过高与炉温不相适应时，也会出现碱度高、硫也高的情况。

1)看火花

在出铁过程中观看铁沟中铁流上的火花是最简单的方法之一，火花是小铁滴在空气中氧化的结果，它随生铁含[Si]量的不同可出现不同的形态。如冶炼制钢生铁时，当生铁中含[Si]<1.0%时，铁水流动火花急剧增多，跳得很低；当生铁中[Si]<0.7%时，铁水表面分布密集的针状火花束，非常多而跳得低，可以从铁口一直延伸到铁模或铁水罐。

2)看烟雾

在冶炼钢生铁时，出铁时从铁水表面升腾起红褐色烟雾而且随着生铁中[Si]含量的降低，烟雾增多变浓，尤其当[Si]<1.0%时烟雾多而浓。

3)看铁水冷却试样断口及凝固状态

用取样勺取铁水注入铁模内，从铁水冷凝状态、结晶状况和断口颜色可判断出生铁含[Si]量。冶炼制钢生铁时，生铁[Si]<1.0%时，试样断口边缘为白色；生铁[Si]<0.5%时，试

样断口呈全白色；生铁[Si]0.5% ~1.0%时，边缘白色，中心灰色，[Si]越低，白边越大；生铁中含[Si]<1.0%时，冷却后铁样中心凹下去，生铁中[Si]越低凹陷程度越大。生铁中[Si]<1.5%时，铁样的中心略有凹陷。生铁中[Si]为1.5% ~2.0%时，铁样表面较平。生铁[Si]>2.0%时，随着[Si]的升高，铁样表面鼓起程度越大。

铁水注入铁模内，也可根据铁样的冷凝情况和断口颜色等来判断生铁[S]含量。铁水注入试样铁模内，生铁[S]<0.04%时，铁水入模内后很快凝固。生铁[S]为0.04% ~0.06%时，稍过一会儿铁水即凝固。生铁[S]在0.03%以下时，铁水凝固后表面较光滑。生铁[S]>0.1%时，铁水凝固后表面斑痕增多，[S]特别高时，模样表面布满斑痕。急剧冷却样，生铁[S]>0.06%时，断口呈灰色，边缘有白边。缓慢冷却时，边缘呈黑色；生铁[S]<0.03%时表面没有油皮。生铁[S]>0.05%时表面出现油皮。生铁[S]>0.1%时，铁水表面完全被油皮覆盖。

6.4.2 间接分析判断法

利用热工仪表的间接分析判断能分析高炉内部变化，随着科技发展，高炉计器仪表监测范围越来越大，精确度越来越高，预见性越来越强，已成为观察判断炉况的重要手段。

高炉炉况的间接判断使用的热工仪表有压力计、温度计、流量计、炉顶和炉喉煤气成分分析仪、探料尺、透气性指数仪、料面测试仪等。由计器仪表测定的高炉状态参数、测量位置点及反映的炉况内容见表6.1。

表6.1 送风及煤气的参数检测一览表

状态参数	鼓风			
	项目	单位	测量点	反映内容
物理状态参数	冷风流量	Nm^3/min	冷风管上	每分钟鼓入炉的风量
	热风压力	kg/mm^2	热风总管上	炉缸内煤气压力大小
	热风温度	℃	热风总管上	送入炉内热风温度
化学成分参数	鼓风湿度	g/Nm^3	冷风管上	风中水蒸气含量
	富氧率	Nm^3/h	氧气管路上	单位时间入炉氧量
	喷重油量	t/h	输油管上	单位时间入炉重油量
	喷煤量	t/h	喷吹罐重量测量器上	单位时间入炉煤粉量
	喷天然气量	Nm^3/h	输天然气管路上	单位时间入炉天然气量
状态参数	煤气			
	项目	单位	测量点	反映内容
物理状态参数	炉顶煤气压力	kg/mm^2	上升管上	煤气离开炉内时的压力与波动
	炉身静压力	kg/mm^2	炉身下部	炉身高度上煤气压力变化
	炉顶煤气温度	℃	四上升管上各测一点	煤气离开高炉时的温度与波动
	炉喉温度	℃	保护板后测4点	炉喉边缘气流的分布
	炉身温度	℃	炉身多层多点	炉身煤气分布及炉墙状况

续表

状态参数	煤气			
	项目	单位	测量点	反映内容
化学成分参数	混合煤气成分（CO、CO_2、H_2、CH_4、N_2）	%	除尘器后荒煤气管上，或净煤气管上	用 CO_2/CO 及 CO_2 绝对量表示煤气能量利用好坏
	炉喉煤气曲线（CO_2）	%	炉喉下面，4 个方位上，每个方位取 5 点	煤气在炉内的分布、能量利用

(1)看料速和料尺运动状态判断炉况

看料速主要是比较下料批数、批重和批距（两批料的间隔时间）。探料尺运动状态直接表示炉料的运动状态，真实反映下料情况。

由料速和料尺运动状态可判断：

①炉料正常时，料尺均匀下降，没有停滞现象。

②炉温向凉时，每小时下料批数增加；向热时，料批数减少；难行时，料尺停滞。

③炉况反常时，料尺突然下降（300 mm 以上时，称为崩料）；若料尺停滞不动，时间较长称为悬料（约超过两批料）；若两尺料经常性地相差 300 mm 以上时，称为偏料，偏料属于不正常炉况。如两料尺距离相差很大，若装完一批料后，距离缩小很多时，一般是管道行程引起的现象。

(2)利用 CO_2 曲线判断炉况

①高炉剖面变化与炉缸工作状态、CO_2 曲线关系。

A. 炉况正常时表现：在焦炭、矿石粒度不均匀的条件下，有较发展的两道气流，即边缘与中心的气流都比中间环圈内的气流相对发展，这有利于顺行，同时也有利于煤气能量利用。对应 CO_2 曲线表现是：边缘与中心两点的 CO_2 含量低，而最高点在第 3 点的双峰式曲线。如果边缘与中心两点 CO_2 含量不大于 2%，表明炉况顺行，整个炉缸工作均匀、活跃，其曲线呈平坦式。

B. 失常炉况表现：

a. 在煤气曲线上的表现是炉缸中心堆积时，中心气流微弱，边缘气流发展，这时边缘第一点与中心点 CO_2 含量差值大于 2%，有时边缘很低，最高点移向第 4 点，严重时移向中心，其 CO_2 曲线呈馒头状。

b. 炉缸边缘气流不足，而中心气流过分发展时，CO_2 曲线上中心点 CO_2 含量最低，而最高点移向第 2 点，严重时移向第 1 点，边缘与中心的 CO_2 差值大于 2%，其曲线呈“V”形。

c. 高炉结瘤时，第 1 点的 CO_2 值升高，炉瘤越大，第 1 点的 CO_2 值越大，甚至第 2 点、第 3 点的 CO_2 值也升高，而炉瘤上方的那一点的 CO_2 值最低。如果一侧结瘤时，则一侧煤气曲线失常，圆周结瘤时，CO_2 曲线全部失常。

d. 高炉产生管道行程时，管道方向第 1 点、第 2 点的 CO_2 含量值下降，其他点 CO_2 值正常。管道方向最高点移向第 4 点。

e. 高炉崩料、悬料时,曲线紊乱,无一定的规则形式,曲线多表现平坦,边缘与中心气流都不发展。

②炉温与 CO_2 曲线关系。当 CO_2 曲线各点 CO_2 值普遍下降时,或边缘 1、2、3 点显著下降,表明炉内直接还原度增加,或边缘气流发展,预示炉温向凉。同时,混合煤气中的 CO_2 值也下降。煤气曲线由正常变为边缘气流发展,预示在焦炭负荷不变的条件下炉温趋于向凉,煤气利用程度下降。

③炉况与混合煤气成分关系。利用 CO 和 CO_2 含量比例能反映高炉冶炼过程中的还原和煤气能量利用状况。一般在焦炭负荷不变的情况下,CO 和 CO_2 含量比值升高,说明煤气能量利用变差,预示炉子向凉。

(3)利用热风压力判断炉况

热风压力计(表)是目前判断高炉炉况重要的仪器之一,它直接反映了高炉内煤气流与料柱透气性相适应的情况。影响风压波动的因素主要有两个方面:一方面是料柱透气性,包括炉料的粒度、气孔率、机械强度,炉料在炉喉的分布情况;矿石与焦炭的比例;矿石的品位和焦炭的灰分多少,即渣量的多少;另一方面是煤气流,包括风量、风温和鼓风湿度,煤气流的分布情况,炉内热制度的变化,炉顶压力的变化。热风压力的波动,可以看成高炉行程的综合反映。

高炉顺行时,风压保持在一定水平。当风压逐渐下降,低于正常水平时,可能是炉凉或有管道产生的征兆。风压逐渐上升,超过正常水平时,可能是炉热或是炉料透气性恶化的征兆。当风压剧烈波动时,则可能是产生管道行程。

(4)利用煤气压力、压差判断炉况

煤气开始产生于炉缸,初始煤气压力接近于热风压力。热风压力计安装在热风总管上。

炉顶煤气压力计安装在炉顶煤气上升管上,代表煤气在上升过程中克服料柱阻力而到达炉顶时的煤气压力。

当炉温向凉时,由于煤气体积缩小而风压下降,压差降低,炉顶煤气压力变化不大或稍有升高(常压操作)。

当炉温向热时,由于炉内煤气体积膨胀,风压缓慢上升,压差随之升高,炉顶煤气压力则很少变化,高压操作高炉更是如此。

失常炉况下的煤气压力表现:

①煤气流分布失常时,下料不顺,热风压力剧烈波动。

②高炉炉料难行时由于料柱透气性相对变差,使热风压力升高,而炉顶煤气压力降低,因此压差升高,高压操作高炉虽然炉顶煤气压力不变,因热风压力的升高,压差也升高。

③高炉崩料前热风压力下降,崩料后转为上升。

④高炉悬料时,料柱透气性恶化,热风压力升高,压差也随之升高。

(5)用冷风流量判断炉况

冷风流量计安装在放风阀与热风炉之间的冷风管上。当料柱透气性恶化时,风压升高,

风量相应自动减少。当料柱透气性改善时,风压降低,而风量自动增加;炉凉时,风压升高而风量降低;炉凉进则相反。

(6)利用炉顶温度判断炉况

炉顶温度是指煤气离开炉喉料面的温度。利用炉顶煤气温度可以用来判断煤气能量利用程度;也用来判断炉内煤气分布。

炉顶煤气温度的测定方式:在煤气上升管根部或煤气封盖上安装热电偶测定煤气温度。

不同炉况下炉顶煤气温度表现:

①正常炉况时,煤气利用好,各点温度差不大于 50 ℃,而且相交。

②中心堆积时,各点温度大于 50 ℃,甚至有时达 100 ℃左右,曲线分散,而且各点温度普遍升高。

③高炉中心气流过分发展时,炉顶各点温度缩小只有 30 ~ 50 ℃,而且温度水平比正常炉况时高。

(7)利用炉喉、炉身温度判断煤气流分布

炉喉、炉身温度表示炉衬温度的变化的情况,从而可间接判断边缘气流分布的强弱和温度,并能形象地反映出炉墙的侵蚀程度。

炉况正常时,炉喉、炉身各点温度差不大于 50 ℃。

炉缸堆积时,各点温度差上升 100 ~ 150 ℃,而且曲线分散;当炉子中心过吹,边缘气流发展时,各点温度比正常温度普遍低 50 ~ 150 ℃,并且各点温度差缩小到 50 ℃以内,曲线呆滞。

(8)利用炉身压力判断炉况

炉身压力测定使用的是炉身压力计,安装在炉身成渣带以上。

热风压力与静压力之差称为半压差,分为下部半压差与上部半压差。

下部半压差表示成渣区即高炉下部料柱的透气性;上部半压差则表示高炉上部料柱透气性,也就是散料区的料柱透气性。半压差能更早地、更灵敏地预示煤气和炉料相向运动的情况及趋势。

6.4.3 正常炉况的表现

正常炉况的主要标志是炉缸工作均匀活跃,炉温充沛稳定,煤气流分布合理稳定,下料均匀顺畅。具体表现是:

①风口明亮、圆周工作均匀,风口前无大块生降,不挂渣、不涌渣、焦炭活跃、风口破损少。

②炉渣物理热充足,流动性好,渣碱度正常,上、下渣及各渣口的温度相近,渣中带铁少,渣中 FeO 在 0.5% 以下,渣口破损少。

③生铁含硅、硫量符合规定,物理热充足。

④下料均匀,料尺没有停滞、陷落、时快、时慢的现象,在加完一批料的前后,对较大高炉两个料尺基本一致,相差不超过 0.5 m。

⑤风压、风量微微波动,无明显锯齿状,风量与料速相适应。

⑥炉喉 CO_2 曲线，边缘含量较高，中心值比边缘低一些。

⑦炉顶温度各点互相交织成一定宽带，温度曲线随加料在 100 ℃左右均匀摆动。

⑧炉顶压力曲线平稳、没有较大的尖峰。

⑨炉喉、炉身、炉腰各部温度正常、稳定、无大波动，炉体各部冷却水温差正常。

⑩炉身各层静压力值正常，无剧烈波动，同层各方向指示值基本一致。

⑪透气性指数稳定在正常范围。

⑫上、下部压差稳定在正常范围。

⑬除尘器瓦斯灰量正常，无大波动等。

6.4.4　失常炉况及处理

高炉常见的失常炉况有低料线、偏料、崩料、悬料、高炉炉瘤和炉缸冻结等，它们不是一种独立的失常炉况，而是因失常炉况没有及时处理，使炉内矛盾激化的表现。

(1)低料线

由于各种原因，不能及时上料，致料尺较正常规定料线低 0.5 m 以上，即称为低料线。

低料线使矿石不能进行正常的预热和还原，造成煤气流分布紊乱，同时是造成炉凉和不顺的重要原因，必须及时处理。

低料线产生原因：

①生产不稳定，高炉顺行变差，崩料或连续崩料；

②坐料形成低料线，特别是顽固悬料坐料形成低料线特别深；

③设备故障不能上料或上料慢，以及原燃料供应不上等。

低料线征兆：

①炉顶温度升高，有时超过 500 ℃；

②长期低料线作业，炉顶温度转凉，生铁质量变差。

低料线的危害：

①打乱了炉料的正常分布，使料柱的透气性变坏，炉内煤气流分布失常，炉料得不到正常预热和正常还原，是造成炉凉和炉况失常的重要原因。

②低料线会使高炉顺行变坏，炉温向凉，生铁含硫升高 1 ~2 倍。

③风渣口易破损低料线易损坏炉衬，打乱软熔带的正常分布，易造成炉墙结厚和结瘤，也容易烧坏炉顶设备。

④低料线的炉料到达软熔带时，高炉难操作。炉料透气性差，风量和压差不对应。

处理方法：由于上料系统故障，估计低料线不能在 1 h 内恢复时，应立即减风至炉况允许的最低水平，待装料正常后再恢复风量；当矿石系统发生故障造成低料线时，可以灵活地先装焦炭，而后补回全部或大部分矿石。但集中装焦不宜大于 6 批，以免炉温波动太大；当焦炭系统出现故障时，一般不应先装矿石而后补焦炭；由于冶炼原因(崩料、悬料)造成低料线时，应酌情减风，以防炉凉及更加不顺；估计低料线在 1 h 以上时，应适当减轻负荷，以免炉凉；为减少低料线对气流分布的恶劣影响，在低料线装入过程中，可采取适当疏松边缘和稍许减风等措施以防不顺；低料线时减去的风量可在料线正常后逐步恢复。

(2)偏料

偏料是指高炉截面下料速度不一致,在料尺上呈现料面一边高一边低的现象。

产生原因:炉内煤气分布不均匀或各风口进风不均匀,使得局部区域料速过快或过慢,炉墙部分被侵蚀或结瘤造成高炉内型不规整;装料设备中心不正;旋转布料器长期工作不正常或料罐内矿石分布不均匀。

主要特征:炉顶及炉身温度曲线带明显分散;低料面一边的炉喉 CO_2 含量少且风口有剧烈生降;各渣口及上下渣的温度差别大,两料尺相差0.5 m以上。

处理措施:如因进风不均引起偏料,可调整风口直径和长度,将进风多的风口直径适当缩小;利用旋转布料器或在料罐内漏偏料,使多量的矿石落入料线低的一边;偏料初期可疏松边缘并采用双装或装净焦3~5批,然后补回全部矿石,炉凉可酌情补回部分矿石;减少风量;若上述措施无效而炉温足够,在渣铁出净后立即拉风坐料,并加净焦3~5批酌情补回矿石;经常发生偏料的高炉,应检查装料设备和探测炉瘤,消除偏料的根源。

(3)崩料

炉料突然下降,其他计器显示有相应反应的现象称为崩料。炉料多次突然下降,称为连续崩料。

崩料在正常情况下是高炉行程调节失误之后,引起一种必然表现,炉温过高或过低,煤气流分布失常,炉缸工作失常,布料设备失常,原燃料品质恶化等未能及时得到纠正时,进一步发展会导致崩料。

连续的崩料行程是一种严重的特殊炉况,它可能促使炉缸急剧向凉,稍有迟疑,可能引起炉缸大凉甚至冻结,必须注意处理。

崩料征兆主要有:

①探尺不断地停滞或陷落;

②风量、风压不稳,剧烈波动,崩料时风压上升,风量下降,管道行程时崩料前风压下降,风量上升,崩料时风压猛增,风量急剧下降;

③崩料时全压差增大,透气性指数变差,但管道行程时透气性指数明显增加,崩料后急剧下降;

④炉顶温度波动大,各点温度相差较大;

⑤崩料时炉温变化:下部崩料,炉温剧烈下降,风口有大量的生降物,风口工作不均,严重时甚至涌渣,生铁[Si]下降[S]上升,但是上部崩料炉温变化不会及时反映,且下降幅度一般也要小一点。

崩料分为上部崩料和下部崩料。

上部崩料产生原因有:

①炉料和煤气流分布失常。长期边沿或中心煤气流过分发展或管道行程造成炉况失常没有及时调节;

②炉顶布料设备失常。炉料在炉喉区分布不合理,使煤气流分布失常;

③原燃料质量变差。如强度差,粉末多(包括过筛效果差或吃仓底料),使料柱透气性差,

破坏高炉顺行；

④上部炉墙结厚，炉缸堆积，使煤气流分布失常；

⑤高炉剖面有较大变化，引起煤气流失常，而产生崩料。

下部崩料产生原因有：

①热制度波动大。造渣制度波动，煤气体积发生变化，使煤气托力发生变化；

②炉墙下部结厚，炉缸堆积造成黴渣、铁时，容易引起下部崩料。

上部崩料处理方法有：

①由于原燃料质量变差而引起的崩料处理：原燃料变差后，会引起料柱透气性变坏，可采用适当发展边沿的装料制度，风压偏高时应适当降低冶炼强度，稳定风压，同时加强对槽下原燃料质量的检查工作，合理搭配原燃料，加强原燃料的过筛工作，杜绝用仓底料。

②炉顶布料设备出现故障。要及时处理，保证炉料在炉喉的合理分布。

③高炉上部结厚。结厚处往往煤气流被抑止，其他炉墙处煤气比较旺盛，由于边沿气流在边沿分布不均而出现管道气流而崩料，因此应采取抑止边沿气流的装料制度。

④上部炉墙严重破坏。特别是炉墙形成凹陷区，炉料在下降过程中由于矿石的"超越"现象使凹陷区集中大量的焦炭而形成疏松，该区炉身温度较高，气流旺盛，容易形成间断性的管道气流而出现上部崩料现象，此时除采用抑止边沿的装料制度外，还应定期（每间隔 20 批料左右）加一厚料层，用疏导和抑制的办法，改善煤气流的合理分布，避免上部气流的出现，防止周期性的崩料出现。

下部崩料处理方法：

①炉子向热引起的崩料：可一次减风温 40 ~ 50 ℃或更多，以减小煤气体积，但应注意当炉况恢复正常时，应逐步将风温恢复到所需水平。

②炉子向凉引起的崩料：不允许提风温，也不允许减风温，只能减风量来使风压降到正常水平，崩料时风量水平减 10% ~20%。在减风的同时应及时减轻焦炭负荷，短期内视崩料情况可减轻负荷 10% ~15% 甚至更多，其目的是保证炉温不致剧烈下降并尽快恢复，另外还有疏松料柱的作用。在配合措施中，应该注意尽快将凉渣、铁放出，同时采取比较疏松边沿的装料制度，适当降低炉渣碱度，防止渣碱过高而增加恢复炉况的难度。

③炉渣碱度过高：高碱度炉渣流动性能差，黏度大，容易恶化料柱透气性，而产生下部崩料现象。下部崩料往往会出现炉凉，应及时降低炉温碱度，提炉温防止崩料的连续发生。

④炉缸堆积和炉墙下部结厚：此时下部空间减小，容易出现铁前黴压现象，使风压逐步升高，料速明显减慢，出完铁后，风压下降，料速加快，往往会出现崩料现象，应及时清洗炉缸和清除炉子下部结厚。

(4)悬料

悬料指高炉炉料停止下降超过 1 ~2 批料的现象。根据发生部位，悬料可分为上部悬料和下部悬料。高炉煤气流分布失常和热制度的破坏都可引起悬料。

①上部悬料。上部悬料是由高炉上部未熔融的炉料卡塞引起的。这种卡塞多是管道突然被堵塞所造成。炉凉、炉热或炉温正常都可能产生上部悬料。

特点：悬料前有崩料；热风压力稍降低，然后突然高于正常水平，但没有下部悬料高，有时仅比正常略高一些；风口情况一般也均匀；拉风坐料往往下降到0.1～0.2 kg/cm^2（一般坐料时风压降低的值）料即塌下。

②下部悬料。

特征：悬料前1～1.5 h风压已逐渐升高，随着出现崩料和停滞，下料不均；一次或数次崩料后风压迅速上升（超过正常风压水平0.1 kg/cm^{2}以上），同时风口迟钝不均匀。

下部悬料分为热悬和凉悬。热悬是指因炉缸过热，煤气体积与速度大大增加，破坏了煤气流的合理分布，引起管道崩料等失常炉况，未及时处理形成的悬料。热悬刚刚发生后，应及时减喷或降低风温0～100 ℃，改倒装3～6批，以争取料自行下降。在炉料尚未停止下降时，还可以减喷吹减风。如果悬料已发生，只有拉风坐料。

凉悬是高炉发生的一种严重情况，如处理不当，很容易造成风口灌渣，炉缸冻结。凉悬预防：首先防止炉凉。如已炉凉，则应采取包括减风在内的各种措施防止悬料。如已悬料，应迅速减风10%左右，争取炉料不坐而下。若无效，则应立即坐料（坐料前应将风温升到最高，蒸汽全关）。坐料应在出铁以后，紧迫时要提前出铁，否则也应打开渣口尽量放出上渣，防止坐料时风口灌渣。小高炉凉悬时不要急于坐料，一般可以等它自行崩落，或等炉顶温度上升到400 ℃以上后再坐料，否则容易坐死。

（5）高炉炉瘤

①炉瘤分类与成因。按组成可分为碳质瘤、灰质瘤和铁质瘤3种。按形状划分有遍布整个高炉截面的环状瘤，也有居于炉内一侧的局部瘤。按炉瘤生成部位又分为上部炉瘤和下部炉瘤。

上部炉瘤，瘤根长在炉腰或炉身。生成原因：低熔点的高FeO初成渣，在熔融状态下掺进粉状料或石灰，以及初成的FeO在下降过程中被还原产生金属铁，使得初渣变稠熔点升高，由熔融到凝固，黏结到炉墙上形成瘤根，并在炉况波动时逐渐长大。这种炉瘤大部分是在装入大量粉料、长期低料线操作或高炉上部温度过高而温度剧烈波动的情况下产生的。

下部炉瘤，瘤根长在炉腹的下部，产生成因：一是原料成分或炉温波动使得成渣带波动，此时遇到强度差粉末多的焦炭，或遇到石灰石大量集中边缘，或炉渣碱度过高，使炉渣变稠或难熔而附着在炉墙的渣皮上，这种情况如只引起炉墙结厚，洗炉时可以洗掉，或设法把它熔掉。只有它自下而上发展到炉身中部时才形成难洗也难熔的炉瘤。另一种情况是：冷却设备漏水使相应部位低温，金属铁在此大量凝结而成。

②炉瘤的判断与处理。特征：炉况经常不顺，难行、频繁崩料，不能维持正常风量；经常偏料，炉缸工作不均匀；结瘤部位炉墙温度降低，炉瘤下方的炉墙温度升高；煤气分布紊乱，炉瘤上方CO_2升高，炉瘤前沿CO_2降低；有环形瘤时，中心气流发展，炉顶温度各点相差很小；有局部瘤时，炉顶温度各点相差增大；炉尘量增加，且粒度变大。

结瘤以后，如局部炉瘤，初期可用发展边缘气流或装入洗炉料的办法进行洗炉，以清除炉瘤。对于金属铁凝结成的下部炉瘤，首先是找出结瘤的原因，这类炉瘤往往能被熔融而逐渐消失。因粉末和温度波动造成的高炉下部结厚或结瘤，可装洗炉料洗炉，或用降低风温减轻焦炭负荷使高温区上移的办法将其熔掉。一些小高炉结瘤后可采取空料线人工打瘤法处理。

无论高炉上部或下部，当炉瘤已长得相当大时，清除炉瘤的有效办法只有休风炸瘤。

(6)炉缸冻结

炉缸冻结指炉缸温度降低到渣铁不能自渣口、铁口自由流出的程度，是高炉的严重事故，它容易在以下一些情况中发生：

①连续崩料未能及时制止。

②洗炉时，炉瘤熔化进入高炉下部（甚至炉缸）进行直接还原，而减轻焦炭负荷或以加入净焦量不足以弥补这种过分的热消耗，造成炉缸温度剧烈降低。

③操作失误或炉料称量误差。

④冷却设备大量漏水。

发生炉缸冻结事故后，主要采取的措施：首先大量减风 20% ~30%（以风口不灌渣为限）；尽量设法让渣铁流出来，同时勤放渣铁；尽量保持较多的风口能正常工作，至少要使靠近渣铁口的风口畅通；必须使工作的风口同渣铁的出口形成通道，否则容易烧坏风口，对恢复炉况不利；立即加净焦，视炉况加 10 ~20 批并减轻焦炭负荷；停止喷吹，相应减轻焦炭负荷；减少熔剂使渣碱度维持低水平；避免在冻结期间坐料或休风换设备，免得炉况进一步恶化；炉缸严重冻结，铁口打不开时，可将渣口 3、4 套取下，砌上耐火砖，由渣口出铁；如渣口也冻结时，应将渣口与风口用氧气烧通，并扩大烧开的面积，填上新焦，用渣口上 1 ~2 个风口送风，从渣口出渣出铁；当炉温转热时，应首先恢复渣铁口的工作，同时根据炉况恢复风口工作，以后再恢复风量、焦炭负荷及喷吹物。

6.5 高炉强化冶炼措施

高炉强化冶炼的确切含义是指高炉以最小的消耗（或投入），获得最大的产量（或产出）。高炉强化冶炼的根本目的是提高生铁产量。

高炉无休风条件下，日产铁量 P 可表示为：

$$P=\eta_V \cdot V_u=\frac{I}{K} \cdot V_u \tag{6.6}$$

式(6.6)中，η_V 为高炉有效容积利用系数，t/(m³·d)；V_u 为高炉有效容积，m³；I 为高炉冶炼强度，t/(m³·d)；K 为高炉焦比，kg/t Fe。

从式(6.6)可知，扩大炉容可提高高炉产量，这是高炉发展的一个趋势。自 20 世纪 70 年代以来，国内外投建 5 000 m³ 以上的超大型高炉经济效益良好。

由式(6.6)可知，对于一定容积的高炉，提高高炉产量的方法有：

①焦比不变，提高冶炼强度。

②冶炼强度不变，降低焦比。

③冶炼强度提高，同时降低焦比。

④冶炼强度增加，焦比增加，但冶炼强度增加幅度高于焦比增加幅度。

以上 4 种途径在生产上都有被应用过，但第 4 种产量增加相对较小，往往要消耗较多昂贵的焦炭。

控制好冶炼强度对焦比的影响很关键,冶炼强度与焦比相互影响,如图 6.9 所示。由图 6.9 可知,同一种原料条件,焦比有一最低值,低于焦比最低值时,冶炼强度提高,焦比降低;高于焦比最低值时,冶炼强度提高,焦比提高。随原料条件改善(线 1 向线 4 方向改进),最低焦比值不断降低,同时冶炼强度提高。应根据每座高炉的冶炼条件,选择适宜的冶炼强度,以达到最大限度地降低焦比和提高产量的目的。我国生产实践表明,大型、常压高炉的冶炼强度为 0.6 ~ 1.1,高压高炉的冶炼强度为 0.6 ~ 1.2。

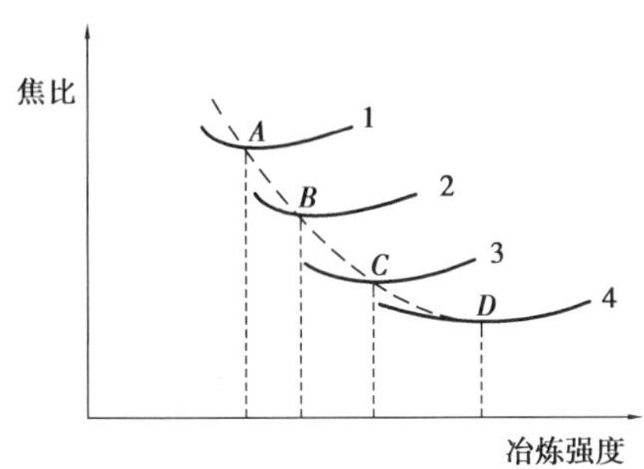

图 6.9 高炉冶炼强度与焦比关系

1、2、3、4—原料条件不断改善的 4 种冶炼条件

高炉冶炼强化的目的,就是要采取一系列技术措施,使高炉冶炼条件不断改善(线 1 向线 4 方向改进,即采用精料),以获得较高的冶炼强度和较低的焦比,从而使高炉生产得到较好的经济效益,可以说精料是强化高炉冶炼的物质基础。

为了保证在高的冶炼强度条件下,高炉焦比降低或基本不变,除了加强上下部调剂外,还需要如下一些技术措施:

①改善原料条件。如提高矿石和焦炭强度,保持合适粒度、筛除粉末。与此同时提高矿石品位,减少渣量。

②采用强化高炉冶炼技术。如采用高压操作、富氧鼓风、高风温等。

③及时放好渣铁。

④设计合理炉型。如设计适度的矮胖型高炉、大炉缸、多风口炉型等。

6.5.1 提高冶炼强度措施

提高冶炼强度即在单位时间内,单位高炉容积燃烧更多的燃料,从化学反应角度去分析,即需要在单位时间内向风口燃烧带内供应更多的焦炭,或者向风口内鼓入更多风量。提高冶炼强度措施可从以下几个方面进行:

(1) 增大入炉风量

风量改变,会影响焦炭在风口内燃烧率、下料批数、炉缸内与焦炭的燃烧强度。燃烧强度是指高炉每小时每平方米炉缸截面积燃烧的焦炭量。

焦炭在风口内燃烧率 $K_{风口}$ 与入炉风量关系有:

$$K_{风口} = \frac{V_{风}}{3.086 C_{K} \cdot Q_{K}} \tag{6.7}$$

式(6.7)中,$V_{风}$为高炉鼓入的风量,m^3/min;C_K 为焦炭中的固定碳含量,%;Q_K 为高炉每昼夜入炉的焦炭量,kg。

高炉内下料速度 n 与风量关系为:

$$n=13.5\times10^{-3}\times\frac{V_{风}}{K_{批}\cdot C_K\cdot K_{风口}} \tag{6.8}$$

式(6.8)中,$K_{批}$为每批料中的干焦量,t/批料;n 为高炉每小时下料批数,批/小时。

由式(6.8)可知,在一定条件下,下料批数与鼓风量成正比,下料速度随风量增大,则单位时间内能燃烧更多的焦炭,使冶炼强度提高。

燃烧强度 J 与风量关系可表示为:

$$J=13.5\times10^{-3}\times\frac{V_{风}}{F\cdot C_K\cdot K_{风口}} \tag{6.9}$$

式(6.9)中,F 为炉缸截面积,m^2。

由式(6.7)—式(6.9)可知,在一定冶炼条件下,C_K、Q_K、$K_{批}$、F 为定值,入炉风量越大时,焦炭在风口内燃烧率、下料速度以及燃烧强度越大,则风口前燃烧的焦炭量越大,从而使冶炼强度越高。

由上述分析可见,冶炼强度要提高,其实质应是增大风量。

(2)缩短煤气在炉内的停留时间

缩短煤气在炉内停留时间的措施可采用增大风量的方式。煤气在炉内停留时间 τ 与鼓风量关系:

$$\tau=\frac{\varepsilon V}{V_{煤}\frac{Q_K}{86\,400}}=\frac{266\,630.4\varepsilon C_K K_{风口}V}{V_{煤}\ V_{风}} \tag{6.10}$$

式(6.10)中,V 为高炉工作容积,m^3;ε 为炉料孔隙率;$V_{煤}$为每吨焦炭生成的煤气,m^3。

由式(6.10)可知,风量提高,煤气在炉内停留时间缩短,冶炼强度增大。

提高冶炼强度对高炉进程会产生一定的影响:

①对顺行的影响。冶炼强度提高,总体来说不利于炉料顺行。有观点认为考虑冶炼强度提高对炉料顺行的影响,高炉有一个极限风量。

②对焦比的影响。提高冶炼强度对焦比的影响是两方面的,冶炼强度提高,有可能使焦比降低,也有可能使焦比升高,要视具体情况而定。

考虑冶炼强度对炉料顺行及焦比的影响,冶炼强度应维持在一定的有限范围内,一般认为冶炼强度维持在1.0左右较为合适。

6.5.2 精料

精料是高炉高产、优质、低耗的物质基础,国内外都将精料放在首位。高炉冶炼强化后,一方面单位时间内产生的煤气量增加,煤气在炉内的流速增大,煤气穿过料柱上升的阻力增加;另一方面,炉料下降速度加快,炉料在炉内停留时间缩短,煤气与矿石接触时间缩短,不利于间接还原进行。为保持强化冶炼后炉况顺行、煤气利用好、产量高、燃料比低,原燃料质量成为决定性因素。要想高炉强化冶炼获得良好的生产指标,必须提高原燃料质量,使原料具有品位高、粒度均匀、强度好、还原和造渣性能好等条件,使焦炭具有灰分低、硫低、强度高、反应性低等条件。

高炉精料技术发展大致方向:进一步提高入炉品位,改进焦炭质量,灰分降到12%以下、M40(抗碎强度)提高到85% ~90%、M_{10}(耐磨强度)降到6%以下;提高烧结矿质量,控制铁含量波动±0.05,碱度波动±0.03,粒度大于50 mm的烧结矿不超过10%、不大于10 mm的在30%以下,小于5 mm的不超过3%;大力发展球团矿,提高其在人造富矿总量中的占比,生产金属化炉料。

综上所述,精料指高炉冶炼所使用的原料要达到“高、熟、净、匀、小、稳”六字要求。“高”指提高入炉矿石品位、焦炭强度、焦炭固定碳含量、熔剂的有效熔剂性;“熟”指提高入炉料的熟料比,使高炉多用或全部使用人造富矿;“净”指筛除入炉料的粉末,保持入炉料的干净;“匀”指缩小入炉料粒度的上下限差距,保持其粒度均匀;“小”指降低炉料粒度的上限,使入炉料的粒度不至于过大;“稳”指稳定入炉料的物理、化学和冶金性能。

6.5.3 合理的炉料结构

炉料结构指高炉炼铁时装入高炉的含铁炉料的构成。其中的含炼铁炉料指天然富块矿、烧结矿和球团矿。

生产厂根据自己的矿石供应情况和各种矿石的特性,确定它们的合理配比,以使高炉获得良好的技术经济指标和经济效益,这种合理搭配称为合理炉料结构。

20世纪50年代前,天然富块矿是高炉冶炼的主要原料。由于天然矿的脉石大部分是酸性的,冶炼时要往高炉内加很多熔剂(石灰石和白云石),再加上天然矿的冶金性能差,高炉冶炼指标差,最突出的是渣量大、产量低、焦比高。

进入20世纪50年代后,烧结矿生产迅速发展,由原来仅是处理矿山粉末和钢铁厂含铁粉尘的手段,发展成富矿粉和粗粒度磁精矿粉造块的主要方法。特别是将本应加入高炉的石灰石粉碎成小于3 mm的细粉配入烧结料中,生产出自熔性烧结矿后,它成为高炉使用的主要含铁炉料。

自熔性烧结矿的强度差,还原性也不很好,限制了高炉强化和生产指标的进一步改善。20世纪60年代后,开始生产碱度为1.7 ~2.2的高碱度烧结矿,克服了自熔性烧结矿的缺点。尤其是进入20世纪70年代后,用低温烧结法生产出以针状铁酸钙为黏结相、低FeO、高还原性的高碱度烧结矿进一步改善了烧结矿的性能,为高炉冶炼提供了很好的含铁炉料。

高碱度烧结矿不能在高炉冶炼中单独使用,因为完全使用高碱度烧结矿冶炼时,形成的高炉终渣的碱度超过了高炉冶炼允许的范围,高炉冶炼提供不了高碱度烧结矿熔化性温度所要求的高温。所以这种高碱度烧结矿必须与酸性含铁炉料(如酸性球团矿)配合使用形成合理的炉料结构。

球团矿是处理极细精矿粉的另一种人造富矿。生产中生产较多的是酸性(氧化)球团矿,单独使用它冶炼也需要往高炉内加很多熔剂,从而影响了高炉冶炼指标。

球团矿生产技术已有了很大进步,已能够生产性能良好的半自熔性球团矿和自熔性球团矿,成为北美和北欧高炉冶炼的主要含铁炉料。但是大部分球团厂仍生产含MgO的酸性球团矿和半自熔性球团矿作为高碱度烧结矿的配合料。

合理炉料结构选择原则:高炉不加或少加石灰石,造出适宜碱度的高炉渣;使炉料具有良好的高温冶金性能,在炉内形成合理、稳定的软熔带,以利于高炉强化和提高冶炼效果;矿种不宜过多,以2~3种为宜,因为复杂的炉料结构将给企业管理和高炉生产带来困难。

发展到现在,高炉冶炼中使用的炉料结构概括来看,主要有以下几种:

①高碱度烧结矿配加酸性球团矿。

它已在许多国家广泛采用。一般以高碱度烧结矿为主,酸性球团矿为辅。中国鞍山钢铁公司、本溪钢厂、杭州钢铁厂等都有采用这种炉料结构。美国钢铁联合公司绍姆森钢厂使用过的高炉炉料结构有:55%高碱度烧结矿+30%酸性球团矿+15%块矿。日本一些高炉也采用这类炉料结构。

②高碱度烧结矿与酸性烧结矿配合。这是取酸性烧结矿强度好的优点而组合的一种炉料结构形式,苏联下塔吉尔钢铁厂采用碱度2.2和0.9两种高、低碱度烧结矿相配合的炉料结构,比单用碱度1.15的自熔性烧结矿效果好。高炉增产2.8%,焦比降低1.5%。中国酒泉钢铁厂等也成功地采用了这种炉料结构进行生产。

③高碱度烧结矿配加天然富铁矿。在有天然富铁矿资源或来源的地区,适宜采用这种炉料结构模式。它工艺流程简化,只需组织高碱度烧结矿的生产和天然富铁矿的整粒和混匀处理。日本由于大量进口天然富铁矿,其矿粉用于生产高碱度烧结矿,常配加15%~20%块矿入炉。中国宝山钢铁集团公司、上钢一厂、梅山冶金公司等厂因进口澳大利亚等国的天然富铁矿,也有采用这种炉料结构。

④高碱度烧结矿配加硅石。这种结构主要用于生产铸造生铁和高炉硅铁合金。在使用高品位低 SiO_2 铁精矿生产高碱度烧结矿的条件下,为了增加铁中易还原的硅源和调节炉渣碱度,生产中配加一定量的硅石(含 SiO_2 90%以上)。本溪钢铁公司一炼铁厂、梅山冶金公司高炉冶炼铸造生铁时都采用过这种炉料结构。

⑤酸性球团矿为主配加高碱度烧结矿。这是在美国使用过细铁精矿大量生产酸性球团矿的特定条件下的炉料结构形式。如印第安纳厂7号高炉(4 200 m^3):75%酸性球团矿+25%高碱度烧结矿的炉料结构。中国一些中、小型高炉也采用这种以酸性球团矿为主的炉料结构。

⑥酸性球团矿和自熔性球团矿配合。近年来随着自熔性球团矿和自熔性球团矿的生产,酸性球团矿已部分或全部被取代。如加拿大多发斯柯厂2号高炉(906 m^3)使用酸性球团矿与 CaO/SiO_2=0.8~1.0,含MgO1.5%~1.7%的自熔性球团矿,同使用80%酸性球团矿冶炼相比较,利用系数和煤气利用率都有所提高,综合焦比降低。日本加古川厂也采用此炉料结构。因此采用酸性球团矿同含MgO的自熔性或熔剂性球团矿相配合是一种正在发展、很有前途的新型炉料结构。

我国钢铁企业较普遍采用高碱度烧结矿+酸性球团矿+部分块矿的炉料结构。

6.5.4 高压操作

高压操作是指人为地将高炉内煤气压力提高,以超过正常高炉的煤气压力水平,以求强化高炉冶炼的操作。高压操作水平高低常以炉顶煤气压力水平值来表示。高压操作下的压力一般高于 0.03 MPa,通过调节设在煤气除尘管道上的高压阀组来实现。

高压操作于 1871 年由法国冶金学家贝塞麦提出的,到 20 世纪 50 年代开始采用并迅速被推广。我国 1956 年首先在鞍钢 9 号高炉(944 m^3)采用,当前高压水平一般为 0.1 ~0.15 MPa。

实践证明,高压操作能增加鼓风量,提高冶炼强度,促进高炉顺行,从而增加产量,降低焦比。国内生产实践表明,炉顶压力每提高 0.01 MPa,可增产 2% ~3% 。

(1)高压操作的设备系统

高压操作由高压调节阀组来实现。我国高炉高压操作工艺流程如图 6.10 所示。此系统可采用高压操作,也可转为常压操作。在常压操作时,为了改善净化煤气的质量,启用静电除尘器。高压操作后,一般可省去静电除尘器。

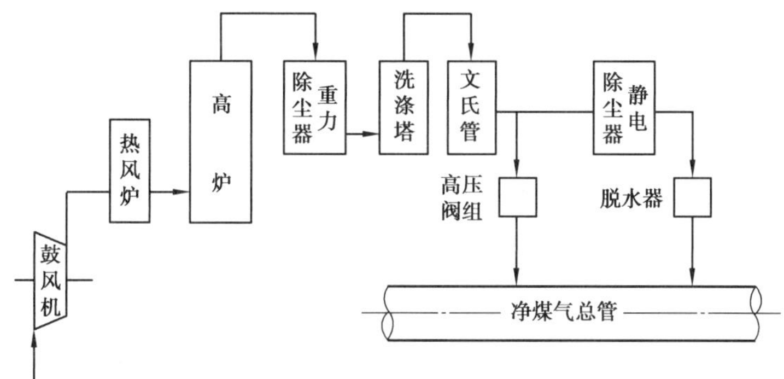

图 6.10 高炉高压操作工艺流程图

(2)高压操作对高炉冶炼的影响

1)对炉况顺行的影响

高炉炉料中的煤气压力降 ΔP 与其压力 P 的关系:

$$\Delta P = k \cdot \frac{P_0 \cdot \omega_0^2 \cdot \gamma_0}{P} \tag{6.11}$$

式(6.11)中,k 为系数;P_0 为标准状况下气体的压力,Pa;ω_0 为标准状况下气体的流速,m/s;γ_0 为标准状况下气体的密度,kg/m^3;P 为煤气压力,Pa。

由式(6.11)可见,高炉实行高压操作,当气体流速不变时,P 提高,ΔP 降低,有利于炉料下降,同时可减少管道行程及炉尘吹出量。

2)对冶炼强度的影响

高炉实行高压操作后,ΔP 降低,炉料变得较为顺行,为高炉接受高风量创造了条件,从而有利于提高高炉冶炼强度,以利于提高生铁产量。

3)对焦比的影响

高炉实行高压操作后,其焦比会降低,其原因主要是:

①高压操作后,炉内炉料顺行,煤气分布稳定,煤气利用改善,炉温稳定。

②高压操作后,风量提高,冶炼强度提高,生铁产量提高,单位热损失降低。

③高压操作后,炉尘吹出量减少,实际焦炭负荷增加。

④高压操作使反应:$2CO=CO_2+C$ 向右进行,从而抑制了直接还原。

⑤高压操作也能抑制硅的还原,减少热量消耗。

(3)高压操作高炉的操作特点

①高压采用的前提条件。

a. 鼓风机要有满足高压操作压力的能力,保证向高炉供应足够的风量。

b. 高炉及整个炉顶煤气系统和送风系统符合高压操作密封性及强度要求。

②高压操作布料时要求适当加重边缘。由于高压后能降低煤气流速,改变煤气流分布促使边缘比较发展。为此,在常压改高压之前应适当加重边缘。

③高压后高炉内总体压差水平在下降,但上部的压差降低较多,下部压差降低较少。

④高压操作高炉在炉温比较充沛、原料条件较好的情况下发生悬料时,立即改高压为常压,与此同时应减风量至正常的90%,并停止上料,待风压稳定后可逐渐上料,待料线赶上后即可改为高压操作。如果悬料发生在高炉下部时,也需要改高压为常压,但主要措施应该是减少风量(严禁高压放风坐料),使下部压差降低,这样有利于下部炉料的降落。

6.5.5 高风温操作

1828 年英国 D. Neilson 建议在高炉使用“热鼓风”炼铁,1829 年在苏格兰克拉依特厂高炉上首次采用“热鼓风”炼铁,当时风温只有 149 ℃,但高炉燃料比降低 30% 以上,产量提高 46%。从此以后,热风很快被推广,成为高炉炼铁史上极重要的进步技术之一。目前,我国重点钢铁企业高炉用风温平均 1 200 ℃左右,国际上先进企业的高炉风温可达 1 300 ℃。在我国高炉风温范围内,每提高 100 ℃风温,可降低焦比 15 ~20 kg/t Fe,提高产量 3% 左右。

热风带入炉内的是物理热,其热量 $Q_{风}$ 与风温关系如下:

$$Q_{风}=V_{风}\cdot C_{风}\cdot t_{干风} \tag{6.12}$$

式(6.12)中,$V_{风}$ 为鼓风量,m^3;$C_{风}$ 为热风的比热,$J/(m^3\cdot ℃)$;$t_{干风}$ 为干风的温度,℃。

高风温还是高炉实行喷吹煤粉的必要条件,能为提高喷吹量和喷吹效率创造条件。

(1)提高风温对高炉冶炼的影响

主要影响有:

①风温提高,入炉风带入热量增加,减少了作为发热剂那部分热所消耗的焦炭量。

②风温提高,炉缸热量收入增多、温度升高,有利于降低焦比、提高产量,降低炉顶温度,保护炉顶设备。

③风温提高,高温区下移,中温区范围扩大,热量集中于高炉下部,有利于促进间接还原、提高煤气能量利用率。

④提高风温有利于增大喷吹量和提高喷吹效果。

⑤利用风温的改变可以调剂炉况。

⑥风温提高有利于理论燃烧温度提高。

(2)高风温与喷吹燃料的关系

喷吹燃料一般是从风口喷入的,从常温加热到炉缸温度,需消耗热量,同时,燃料在风口内进行分解消耗热量。此外,喷吹燃料使煤气体积增加等原因均会使理论燃烧温度降低,炉缸可能有暂时冷化现象。为避免喷吹时炉缸冷化现象产生,炉缸内的热量应相应同时提高,最有效的手段是提高风温。

(3)高风温与炉况顺行关系

当风温提高到一定水平时,如果不采取相应措施,炉况顺行可能受到影响,原因一是风温提高后,炉缸温度升高,高温区下移,炉缸煤气体积膨胀,煤气流速增大,特别是高炉下部的煤气压力降增大,不利于顺行;二是风口燃烧区 SiO_2 直接还原产生的 SiO 发生挥发,并随煤气上升到炉腹以上较低温度区域,又凝结成细小颗粒的 SiO 或 SiO_2 沉积于炉料的空隙间,严重恶化料柱的透气性。

高炉接受高风温具备的条件应考虑上述因素。

(4)高炉接受高风温的条件

凡能降低炉缸理论燃烧温度和改善料柱的透气性的措施,都有利于高炉接受高风温。

高炉接受高风温的条件主要有:

①改善原燃料的条件。如采用精料,精料是接受高风温的基本条件,只有原料条件好,粒度组成均匀,粉末少,才能在高温下保持炉料顺行。

②高炉实行燃料喷吹。喷吹燃料使高炉理论燃烧温度降低,而风温提高有助于提高理论燃烧温度,两者互补。

③高炉实行加湿鼓风。加湿鼓风时,高炉入炉风中水蒸气量增加,水分在风口前分解消耗热量,有助于风温降低。

④高炉要搞好上下部调剂,使炉况顺行。

6.5.6 喷吹燃料

高炉喷吹燃料是指从高炉风口或者特设的喷吹口喷入喷吹燃料(煤粉、重油、天然气、裂化气等),以强化高炉冶炼的操作。

我国高炉从 1964 年开始试验喷煤,是世界上采用喷煤技术较早的国家之一。用煤粉代替价格昂贵的焦炭,不仅可以改善高炉的行程,而且可取得较好的经济与社会效益。高炉煤粉喷吹一般分为烟煤喷吹、无烟煤喷吹、无烟煤与烟煤混合喷吹 3 类。烟煤挥发性大,爆炸危险性高,单独喷吹情况极少。国内高炉喷吹在很长时期内以喷吹无烟煤为主。但无烟煤燃烧性能较差,大煤量喷吹会导致风口处煤粉燃烧率降低,高炉燃料比难以下降,为提高喷煤效率,高挥发性烟煤逐渐作为喷吹配煤,与无烟煤按照一定比例混合喷吹,以达到更好的喷吹效果。

(1)喷吹燃料对高炉冶炼的影响

1)炉缸煤气量增加,煤气还原能力增大,中心气流发展

煤粉含碳氢化合物远高于焦炭。碳氢化合物在风口前气化产生大量氢气,使煤气体积增大。燃料中 H/C 比越高,增加的煤气量越多。喷吹燃料后鼓风动能增大,且喷吹燃料后炉缸

煤气发生量增加以及 H_2 含量增加,煤气向高炉中心渗透能力增大。

2)间接还原条件得到改善

喷煤后炉缸煤气中 N_2 含量减少,CO 和 H_2 浓度增大,有利于间接还原,尤其是 H_2 浓度增加后,下部约 1/3 H_2 将代替碳参与直接还原反应;喷煤后煤气黏度减小,间接还原反应速度加快;喷煤后单位生铁炉料体积减小,炉料在炉内停留时间延长,间接还原条件改善。

3)理论燃烧温度降低,炉顶温度升高,有热滞后现象

喷吹燃料后,炉内煤气发生量增加,理论燃烧温度($t_{理}$)降低。但煤气中的还原性气体量增大,间接还原度提高,直接还原度降低,冶炼消耗的热量降低,有助于提高炉内温度,这一影响在煤气上升到高炉上部以后才能体现出来,从而产生热滞后现象。

高炉喷吹燃料后,$t_{理}$降低,为保持正常炉缸热状态,要求进行热补偿,以便将 $t_{理}$控制在适宜的水平。高炉 $t_{理}$的合适范围,下限应保证渣铁熔化,燃烧完全;上限应不引起高炉失常,一般认为合适值为 2 100 ~ 2 300 ℃。补偿方法可采用提高风温、降低鼓风湿度和富氧鼓风措施。

4)料柱阻损增加,压差升高

高炉喷煤使单位生铁的焦炭消耗量大幅度降低,料柱中矿焦比增大,透气性变差;煤气量增加,流速加快,炉料下降的阻力加大;喷吹量较大时,炉内未燃煤粉增加,软熔带和滴落带的透气性恶化。高炉喷煤后压差总体上是升高的。但由于焦炭量减少,炉料有效重力增加,允许高炉适当提高煤气压力。

5)生铁中 S 含量降低

喷吹燃料后,炉缸活跃,炉缸中心温度提高,炉缸内温度趋于均匀,渣铁的物理温度提高,还原情况改善,减轻了炉缸工作负荷,渣中 FeO 含量比较低,这些因素均有利于提高炉渣脱硫能力;焦比和渣量降低,$t_{理}$降低,SiO_2 的来源减少,硅还原得到抑制。

(2)置换比

置换比是指喷吹 1 kg 燃料所能取代的焦炭量。喷吹燃料后,喷吹效果可用喷吹物的置换比表示,置换比高,喷吹效果好。主要原因有:

①煤粉中的碳取代焦炭中的碳,它能取代焦炭的发热剂和还原剂的作用。但不能取代焦炭作为料柱骨架的作用,所以喷吹燃料取代焦炭有一个极限。

②直接还原的变化。由于单位生铁的煤气量增加,特别是煤气中 H_2 量增加,增加了间接还原,由此而降低焦比。所以,喷吹的燃料如果含 C 相同,但含 H_2 高,则该燃料的置换比较高。

不同喷吹物其置换比不同,煤粉为 0.7 ~ 1.0 kg/kg;重油为 1.0 ~ 1.35 kg/kg;天然气为 0.5 ~ 0.7 kg/kg;焦炉煤气为 0.4 ~ 0.5 kg/kg。

高炉喷吹置换焦炭总量提高,有利于降低焦比。生产中为提高喷吹量可采取如下措施:

①煤粉磨细,缩小粒度;重油要喷成雾状,并改善雾化程度,加强喷吹物与鼓风的混合。

②采用多风口均匀喷吹,减少每个风口的喷吹量,配合富氧鼓风,改善燃料燃烧状况。

③保证一定的燃烧温度,尽量提高风温,提高理论燃烧温度。

④配合高压操作,加强原料整粒,改善料柱的透气性。

6.5.7 富氧鼓风

富氧鼓风是指将工业氧加入冷风中与冷风一道送入热风炉中加热，然后送入高炉的操作。

富氧鼓风是强化高炉冶炼的一种措施，它不仅可以提高生产率，还是高炉加大燃料喷吹量的一种手段。据实践统计，富氧率每增加1%，可增产5%，并提高风口理论燃烧温度46 ℃，每吨铁可相应地增喷9 kg重油，或8 m^3 天然气或煤粉15 kg。高富氧量与燃料大喷吹量是相辅相成的，有时统称为富氧喷吹。

(1)富氧鼓风组成与富氧率

富氧风由三大部分物质组成：干风（O_2、N_2）、水蒸气、工业氧（O_2），富氧风中的成分为：O_2、H_2O、N_2。富氧率是指单位体积鼓风中工业氧加入量所占的比例。若用f表示鼓风湿度、x_{O_2}表示富氧率，则1 m^3 富氧风所带各成分数量如下：

$$V_{H_2O}=f$$

$$V_{N_2}=0.79(1-f-x_{O_2})$$

$$V_{O_2}=0.21(1-f-x_{O_2})+x_{O_2}$$

与不进行富氧鼓风相比，热风带入的氧原子体积差值 ΔV_O 如下：

$$\Delta V_O=[2\times0.21(1-f-x_{O_2})+2x_{O_2}+f]-[2\times0.21(1-f)+f]=1.58x_{O_2}$$

由上述计算结果可知，富氧鼓风后由风带入的氧气量增加了 $1.58x_{O_2}$。由此可知高炉实行富氧鼓风，可提高碳的燃烧率，并提高煤气中的CO含量。

(2)富氧鼓风对高炉冶炼影响

1)冶炼强度提高

冶炼强度I增加率与富氧率的关系如下：

$$\frac{\Delta I}{I_0}=\frac{0.79x_{O_2}}{0.21+0.29f}\times100\% \tag{6.13}$$

2)对煤气量的影响

风量固定时，富氧鼓风中氧量增加，冶炼强度提高。当保持焦比、直接还原度不变时，理论上，富氧鼓风的单位生铁煤气发生量增加。实际生产中富氧鼓风后，焦比略有降低，所以固定风量操作时，单位生铁的煤气发生量有所降低。

3)对理论燃烧温度的影响

高炉进行富氧鼓风后，焦比降低时，单位生铁煤气发生量降低，在其他影响理论燃烧温度的因素无变化时，炉缸理论燃烧温度会升高，使高炉高温区域下移。结果使热量集中于炉缸，有利于促进炉缸反应进行。若富氧率过高，炉内透气性和顺行会恶化。

4)对炉顶温度影响

富氧鼓风后，焦比降低后的单位生铁煤气发生量降低，上部热交换区扩大，煤气热量利用率提高，进入炉顶的煤气的温度会下降。

5)对煤气还原能力影响

富氧鼓风后煤气中的 CO 含量增加,有利于提高煤气间接还原能力。

6)对热风带入炉内热量的影响

富氧鼓风单位生铁所需风量减少,从而鼓风带入的热量下降。

复习思考题

6.1 高炉冶炼达到“安全、稳定、顺行”目标的条件主要有哪些?

6.2 什么是高炉操作制度?高炉有哪些基本操作制度?

6.3 高炉炉顶布料基本要求有哪些?

6.4 什么是高炉上部调剂?上部调剂有何作用?

6.5 高炉内透气性与炉料分布有何关系?

6.6 高炉装料制度包括哪些内容?料线高低、料批大小、正装、倒装对炉料入炉在炉内分布有何影响?

6.7 高炉煤气 CO_2 曲线检测结果为“ ”,该高炉炉况是否正常?在装料方面如何处理?

6.8 为什么可以用铁水中的[Si]含量表示高炉内温度高低?

6.9 什么是高炉造渣制度?造渣时所造渣性能应满足哪些要求?

6.10 高炉送风制度中内容参数主要有哪些?

6.11 衡量高炉送风制度的状况的指标有哪些?

6.12 衡量高炉炉前操作水平高低的指标主要有哪些?对各指标进行解释。

6.13 高炉出铁口维护措施主要有哪些?

6.14 高炉砂口是如何分离渣铁的?

6.15 高炉是如何放渣的?什么时候放渣较为合适?

6.16 判断高炉炉况有哪些方法?

6.17 直接判断高炉炉况主要采用哪些方法?

6.18 间接判断高炉炉况检测的参数主要有哪些?高炉失常炉况类型有哪些?何谓低料线、偏料、崩料?

6.19 何谓高炉崩料?有何特征?

6.20 何谓精料?主要内容包括哪些?

6.21 高压操作对高炉冶炼有何影响?

6.22 提高风温对高炉冶炼有何影响?

6.23 解释喷吹燃料操作。并回答喷吹燃料对高炉冶炼主要有哪些影响?

6.24 富氧鼓风对高炉冶炼主要有哪些影响?

7 高炉本体及其附属设备

本章学习提要：

高炉本体构成及其设计方法；高炉供料系统、高炉炉顶装料系统、高炉送风系统、高炉喷煤系统、高炉渣铁处理系统、煤气除尘系统等附属系统的任务、作用及其构成。

高炉设备系统庞大且复杂，主要由高炉本体和供料系统、上料系统、炉顶装料系统、送风系统、喷吹系统、渣铁处理系统等构成。高炉本体是生铁冶炼的主体设备，是由耐火材料砌筑的竖立式圆筒形炉体。

7.1 高炉本体

高炉本体(图7.1)包括高炉基础、钢结构、炉衬、冷却设备等，其内为高炉炉型。高炉的大小以高炉有效容积表示。近代高炉炉型向着大型化方向发展。目前，世界上5 580 m^3 高炉高径比为2.0左右。高炉本体结构是否先进、合理是高炉是否优质、低耗、高产、长寿的先决条件。

7.1.1 高炉座数与有效容积

在设计高炉炉型之前，首先要考虑高炉车间的生产能力，确定所需要的高炉座数和高炉有效容积。

高炉车间的生产能力是根据本钢铁企业中炼钢车间对炼钢生铁需要量及本地区对铸造生铁的产量和质量的需求而定的。同时，应考虑与本高炉车间相配合的原料、燃料资源情况以及与采矿、选矿、造块的生产能力相适应。

高炉座数确定时，从投资、生产效率、经营管理等方面考虑，则座数少些为好，如果从供应炼钢车间铁水及供给轧钢、烧结等用户所需的高炉煤气来看，则高炉座数宜多一些，以保证在一座高炉检修时，铁水和煤气的供应不会中断。此外要考虑企业的发展和远景规划。一般高炉座数设 2 ~4 座为宜。此外，希望高炉有效容积尽可能相同或相近，便于设备及备品备件的准备加工及生产管理。

高炉有效容积可通过下式计算：

高炉车间年产铁量=高炉座数×年平均工作日×高炉有效容积利用系数×高炉有效容积

确定生铁年产量时，应考虑到铸一吨钢锭（或钢坯）要消耗钢液 1.015 ~1.02 t，炼 1 t 钢水耗铁水 1.05 ~1.1 t。上式中年平均工作日是年日历数扣除高炉一代大修、中修、小修的时间后所得的每年实际高炉工作天数，我国采用 355 d。

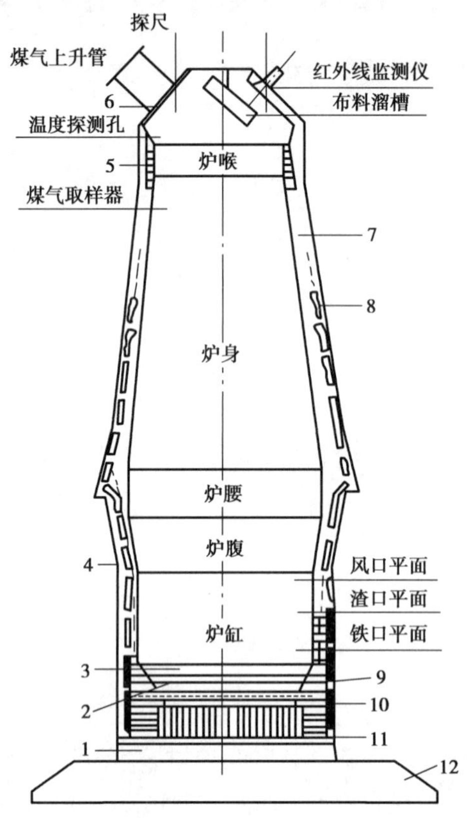

图 7.1　高炉本体

1—基墩；2—炉底；3—死铁层；4—炉壳；5—炉喉钢砖；6—炉头；7—炉衬；8—镶砖冷却壁；9—膨胀缝；10—光面冷却壁；11—炉底风冷管；12—基座

7.1.2　高炉炉型（高炉内型）

高炉炉型指高炉内部冶炼空间的轮廓形状。近现代高炉炉型如图 7.2 所示，由炉缸、炉腹、炉腰、炉身和炉喉 5 部分组成，可称为五段式高炉，也可以将死铁层包含进去，则称为六段式炉型，但习惯上称为五段式高炉炉型。

炉型为上、下部直径小，中间粗的近似圆筒形，这符合炉料下降时受热膨胀、松动、软熔和最后形成液态渣铁时体积收缩变化的需要，也符合煤气流上升温度降低体积慢慢收缩的特点。

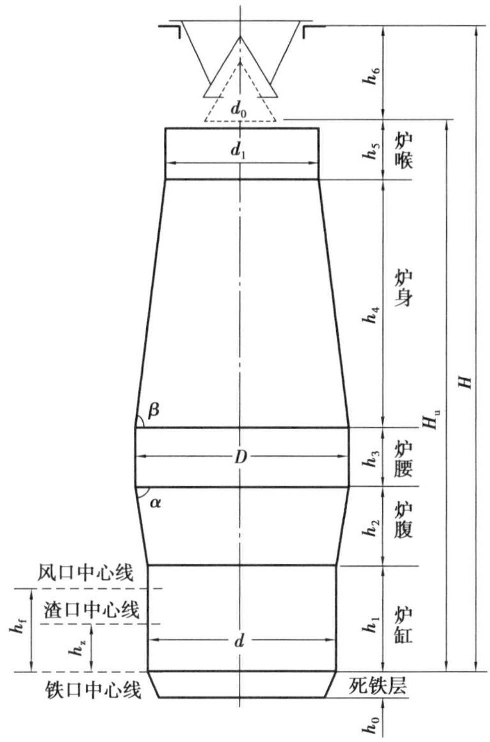

图 7.2　高炉内型示意图

H—全高；H_u—有效高度；h_6—炉顶法兰盘至大钟开启位置底面的高度；h_5—炉喉高度；
h_4—炉身高度；h_3—炉腰高度；h_2—炉腹高度；h_1—炉缸高度；h_0—死铁层高度；
h_f—铁口中心线至风口中心线的高度；h_z—铁口中心线至渣口中心线的高度；
d_0—大钟直径；d_1—炉喉直径；d—炉缸直径；D—炉腰直径；α—炉腹角；β—炉身角

高炉炉型各部分间应该有一个合适的比例关系。这个比例关系随着高炉原料与燃料条件的改善、合理炉衬结构的采用，以及高炉的大型化和生产技术发展，还在不断变化。

确定了高炉有效容积之后，就可进行炉型设计。炉型设计一般根据同类型高炉实践，进行分析和比较确定，通常采用分析和统计公式结合进行。

高炉炉型设计时应达到如下要求：

①燃烧较多量的燃料，在炉缸形成环形循环区，以利于活跃炉缸和疏松料柱，贮存一定量的渣和铁。

②适应炉料下降和煤气上升的规律，减少炉料下降和煤气上升的阻力，为顺行创造条件，有效地利用煤气的热能和化学能，降低燃料消耗。

③易于生成保护性的渣皮，以利于延长炉衬寿命，特别是炉身下部的炉衬寿命。

下面介绍高炉炉型的设计。

(1) 有效容积和有效高度

有效高度(H_u)指钟式炉顶中，高炉大钟开启位置的下沿到铁口中心线间的高度，对于无钟式炉顶，指溜槽垂直位置的下沿到铁口中心线间的高度。有效容积(V_u)指在有效高度间的空间体积。

高炉全高(H)指铁口中心线至炉顶法兰盘(也称炉顶钢圈)间距离。

在我国,习惯地称 $V_u<300\ m^3$ 为小型高炉,$V_u=300\sim999\ m^3$ 为中型高炉,$V_u\geqslant1\ 000\ m^3$ 为大型高炉。国际上,称 $V_u<1\ 000\ m^3$ 为小型高炉,$1\ 000\sim2\ 000\ m^3$ 为中型高炉,$V_u\geqslant2\ 000\ m^3$ 为大型高炉。

高炉有效高度设计考虑因素:

①煤气热能和化学能的利用。高炉有效高度对煤气热能和化学能的利用有很大意义。增加高度能延长煤气和炉料接触时间,有利于还原和传热,有利于降低焦比。

②料柱有效质量的影响。增加料柱高度,料柱有效质量增加。但过分增加料柱高度,料柱有效质量增加很小,甚至不增加,而只能增加料柱对煤气的阻力和形成自然料拱的概率,不利于炉料松动和顺行。

③原料、燃料条件的适应性。燃料质量提高,有效高度增加。

④炉容大小。高炉有效高度一般随炉容增大而增加。近几年来新建高炉容积增长率远大于有效高度的增长率。

有效高度经验计算式如下所示。

大型高炉:

$$H_u = 6.44V_u^{0.2} \tag{7.1}$$

小型高炉:

$$H_u = 4.05V_u^{0.265} \tag{7.2}$$

描述高炉细长或矮胖程度时,习惯用 H_u/D 来表示。H_u/D 和炉容有关,大型高炉 $H_u/D=2.5\sim3.1$,中型高炉 $H_u/D=2.9\sim3.5$,小型高炉 $H_u/D=3.7\sim4.5$。近些年来这一比值不断降低,个别大型高炉 H_u/D 降至1.97,炉型向着“矮胖”方向发展。

(2)炉缸

高炉炉缸呈圆筒形,布置有铁口、渣口和风口。

冶炼过程中炉缸发挥的作用主要有:

①炉缸下部贮存高温铁水和熔渣。

②炽热的碳在风口带进行激烈的燃烧反应。

在炉型各部分有合理比例的先决条件下,同类型高炉炉缸断面大小和产量有直接关系。炉缸尺寸设计考虑的因素有:

①炉腹角。炉缸不宜过大,过大必然导致炉腹角过大,造成边缘气流发展和中心堆积,不利操作。

②高炉有效容积(V_u)。V_u 越大,炉缸截面积(A)也越大,两者应有一定的比例关系。

③炉缸高度。炉缸高度应保证在炉缸内能容纳下两次出铁间所生成的以及因外部事故等造成的时间耽误所生成的渣铁量。除此还要考虑在风口安装时适应结构需要所留的位置。

④渣口高度(渣铁口中心线间的距离)。它取决于原料条件、渣量大小、放渣次数和考虑到因事故所引起的渣铁量的波动。渣口过高则下渣量增加,对铁口维护不利,反之渣口过低,渣中容易带铁并烧坏渣口,势必要增加出铁次数,影响冶炼强度。大中型高炉渣口高度在

1.5～1.6 m。

炉缸高度设计时可按经验选定，也可按经验公式先计算出渣口高度和风口高度，再加上风口安装的尺寸（风口中心线到炉腹下沿的距离，简称风口结构尺寸）。

炉缸尺寸设计：

1）炉缸直径（d）

根据高炉每天燃烧的焦炭量得到关系式：

$$\frac{\pi}{4}d^2 i_{燃} \times 24 = IV_u \tag{7.3}$$

由上式得：

$$d = 0.23\sqrt{\frac{IV_u}{i_{燃}}} \tag{7.4}$$

式(7.3)、式(7.4)中，I 为冶炼强度，t/(m³·d)；$i_{燃}$ 为燃烧强度，t/(m²·h)。

燃烧强度指每小时每平方米炉缸截面积所燃烧的焦炭量，一般为 1.0～1.3 t/(m²·h)，强化高炉可达到 1.5 t/(m²·h)。燃烧强度的选择，应与风机能力和原燃料条件相适应，风机能力大、原料透气性好、燃料可燃性好的燃烧强度可选大些，否则选小些。

炉缸直径设计后再需通过 V_u/A 比值校核，合适的 V_u/A 值为：大型高炉 22～28，中型高炉 15～22，小型高炉 10～13。

2）渣口高度（h_z）

可按下述公式计算：

$$h_z = h_{铁} \times \frac{b}{c} \tag{7.5}$$

$$h_{铁} = \frac{P}{N\gamma_{铁} A} = \frac{4P}{N\gamma_{铁}\pi d^2} \tag{7.6}$$

$$h_Z = \frac{4bP}{N\pi c\gamma_{铁} d^2} \tag{7.7}$$

式(7.5)—式(7.7)中，$h_{铁}$ 为两次出铁之间铁水面最大高度，m；P 为生铁日产量，t；b 为生铁产量波动系数，一般取 $b=1.2$；N 为每日出铁次数；$\gamma_{铁}$ 为铁水比重，t/m³；c 为炉缸容积（渣口以下）利用系数，一般为 0.55～0.6，炉容大，渣量选低值；A 为炉缸截面积，m²；d 为炉缸直径，m。

3）风口高度（h_f）

按下式计算：

$$h_f = \frac{h_z}{p} \tag{7.8}$$

式(7.8)中，p 为风口高度与渣口高度的比，一般 $p=0.5$～0.6，渣量大，取低值。

4）炉缸高度（h_1）

炉缸高度 h_1 由风口高度加风口安装（a）尺寸可得，即：$h_1=h_f+a$。一般为 $a=0.35$～0.5。

5）渣口、风口数目

根据炉容大小和原料条件而定。一般小高炉设一个渣口，大中型高炉设两个渣口，高低渣口标高差一般为 100～200 mm。2 000 m³ 以上高炉渣口数目应和铁口数目一起考虑，如有

3 个铁口可设 2 个渣口。如设一个铁口但渣量大,则可设 3 个渣口。

风口数目应与炉容大小及风机能力相适应。风口数目多有利于减少炉缸"死区"、煤气流分布均匀,也有利于喷吹燃料。风口数目增多,主要受风口间距限制。由于高炉金属结构上的改进,目前多采用大框架,取消了炉缸支柱,为缩小风口间距提供了有利条件。如果原料、燃料条件较差,风机能力不足,工作风口数不能太多。

中小型高炉常用下式计算风口数目(n):

$$n = 2(d + 1) \tag{7.9}$$

风口数目也可以用相邻风口间距(S)来计算,即

$$n = \frac{\pi d}{S} \tag{7.10}$$

随原料条件不断改善,喷吹燃料不断增加,S 有减小的趋势。S 推荐值:大型高炉 1.3 ~ 1.5 m,中型高炉 1.2 ~1.4 m,小型高炉 1 ~1.2 m。

(3)死铁层

死铁层指铁口中心线到炉底耐火材料砌筑表面之间的空间。在高炉冶炼中,死铁层可防止炉底受渣、煤气侵蚀和冲刷,使炉底温度均匀稳定。死铁层高度可按 $h_0 = 0.2d$ 设计。增加死铁层厚度,可有效保护炉底。

(4)炉腹

在高炉冶炼中,从工艺过程来看,炉腹的形状应适应炉料熔化后体积收缩的特点,并使风口前的高温区所产生的煤气流能够远离炉墙,不致烧坏风口上面的炉衬。由于有炉腹存在,也可以使风口前的燃烧带处于炉喉边缘的下方,这正是矿石多下料快的地方,故能使炉料松动,有利于炉料顺行;另一方面,从煤气运动的角度来看,有炉腹,才能使燃烧带处于合适位置,有利于煤气流均匀分布。为适应炉腹的作用要求,炉腹应设计成倒锥台形,其主要参数为炉腹高度(h_2)与角度(α)。

炉腹尺寸设计:

①高度。炉腹高度随高炉容积大小而改变,但不能过高或过低。过高,有可能在炉料尚未熔化时就进入炉型逐渐缩小的炉腹,易产生悬料;过低,等于取消炉腹。近代大中型高炉炉腹高度接近,一般为 3 ~3.6 m,小高炉则低些。

②炉腹角。一般为 79° ~82°,过大时既不利于煤气流分布,也不利于产生稳定的渣皮保护层,过小则不利于炉料顺行。

选定炉腹角后,可用下式计算炉腹高度(h_2):

$$h_2 = \frac{D - d}{2}\tan \alpha \tag{7.11}$$

(5)炉腰

炉腰是炉身向炉腹的过渡段。由于在炉腰部位有炉渣形成,黏稠的初成渣使这里的炉料透气性恶化。增加炉腰的直径能减小煤气流流动时的阻力。渣量大时可适当扩大炉腰直径,

但要和其他部位尺寸保持合适的比例关系。

炉腰高度大小对高炉冶炼过程影响不显著,设计时常用炉腰高度来调整高炉容积,一般为0.5 ~3 m。大中型高炉炉腰和炉腹高度之和通常为5 ~5.5 m。D/d 与 α 一起可以说明高炉下部的尺寸关系。大型高炉 $D/d=1.1\sim1.15$,中型高炉 $D/d=1.15\sim1.25$,小型高炉 $D/d=1.25\sim1.5$。

(6)炉身

炉身呈正置截锥台形,使炉料遇热体积膨胀后不致形成料拱,并能减小炉料下降阻力。炉身角(β)大小对炉料下降和煤气流分布有很大影响。炉料在下降过程中较重的矿石趋于垂直运动,而焦炭则有被推向边缘的趋势。这样即造成靠近炉墙部分的炉料透气性好,沿炉墙形成一个透气性好的环带,炉身角越小,这个环带所占的面积就越大,边缘气流就越发展。反之,炉身角过大,有利于抑制边缘气流、不利于炉料的下降,影响高炉顺行。

炉身角 β 一般为 82° ~85°。对于使用人造富矿率高和经过筛分的炉料,β 可以大些。反之,粉矿多的炉料,β 可小些。大型高炉炉身角小些,小型高炉则大些。

炉身高度 h_4,是炉型各段中最高的一段,当 d_1、D 和 β 确定后,h_4 即已确定。按经验 h_4 为 $H_有$ 的 55% ~65%,随炉容扩大,h_4 也增加,但当炉容大于 2 000 m^3 以上时,h_4 增加逐渐缓慢。炉身高度(h_4)可按下式计算:

$$h_4 = \frac{D - d_1}{2}\tan\beta \tag{7.12}$$

(7)炉喉

炉喉呈圆筒形。炉喉直径(d_1)与炉腰直径应和炉身角一并考虑。d_1/D 和 β 一起可以说明高炉上部的比例关系。d_1/D 正常为 0.65 ~0.72,大中型高炉可取 0.7,小型高炉可取 0.67。

炉喉与大钟的间隙 $e[e=(d_1-d_0)/2]$ 的大小决定着炉料堆尖的位置。e 过小,堆尖靠向炉墙,对发展边缘气流不利,也会使炉喉煤气流速过大,造成炉尘吹出量增加;e 过大又会使堆尖靠向高炉中心,容易造成边缘气流过分发展,也不利于高炉操作。e 大小应和矿石粒度组成相适应,一般含粉末多的炉料间隙应大些。炉喉间隙大小还要考虑炉身角的影响,β 大时炉喉间隙可取大些。

炉型各部位尺寸设定后,最后还需校核。由设计得到的炉型五段容积与设定的炉容相对误差绝对值应低于1%,五段尺寸设计才算合理,否则需重新设计,直到符合要求。

7.1.3 高炉炉衬

高炉炉衬由耐火材料砌筑而成,其作用在于构成高炉的工作空间,减少炉子热损失,保护炉壳和其他金属结构免受热应力和化学侵蚀的作用。由于工作条件不同,高炉内各部位炉衬受损情况不同,采用的耐火材质也不同。

(1)高炉炉衬破损机理

高炉炉衬的寿命是决定高炉是否需要大修和中修的一个主要依据,影响炉衬寿命既有不

利因素,也有有利因素。不利因素主要有:

①热的、化学的、压力的作用,是炉衬损坏的基本条件。

②冲刷、摩擦、渗入、打击等动力因素,是直接或迅速造成炉衬损坏的重要原因。

③炉衬质量。如耐火材料的化学成分、物理性质、外形公差、砌筑质量等。

④操作因素。如开炉时的烘炉质量、炉渣性质,正常操作时各项操作制度是否稳定、合理。

⑤构造因素。如炉身角过小、炉喉间隙过大或不匀等。

有利因素主要有:合理冷却,渣皮、铁壳、沉积石墨层的形成,砖的软化表面等,这些有助于形成保护炉衬砌体的表面层,减弱高温热力的破坏。

高炉内不同部位有不同的物理化学变化,所以不同部位炉衬破损因素、损坏机理不同。

炉底破损有两个阶段,初期是铁水渗入砖缝和裂缝将砖漂浮而成锅底形深坑;第 2 阶段是熔结层形成后的化学侵蚀。熔结层形成后,铁水中的碳将砖中 SiO_2 还原成 Si,Si 被铁吸收的化学侵蚀。

炉底影响因素其一是承受的高压,其二是高温,其三是铁水和渣液放出时的流动和搅动。炉底砖衬在加热过程中产生的温度应力会引起砖层开裂,在高温高压下烧结收缩也会导致砌体产生裂缝。此外,高温下渣铁液对砖衬有化学侵蚀作用,渣液比铁液更甚。

炉缸中铁液流出、炉内渣铁液面升降以及大喷的煤气流等高温流体对炉衬的冲刷是主要的破坏因素,特别是渣口、铁口附近的炉衬更是冲刷厉害的关键部位;高炉炉渣偏于碱性而常用的硅酸铝质耐火砖则偏于酸性,故在高温下易发生化学性渣化,对炉缸砖衬也是一个重要的破坏因素;炉缸的风口带炉衬内表面温度通常达到 1 300 ~ 1 900 ℃,影响砖衬的耐高温性能。

炉腹距风口近,受到很大的高温热力作用;炉腹倾斜受到料柱压力、崩料时冲击力的作用;下降的铁流和含有较多的 FeO 和 MnO 的初成渣流较大的侵蚀作用等。生产几个月后,这部分炉衬会很快被渣皮取代,需要靠冷却维持。

炉身在较高温度下,受到较大热应力的影响;初成渣液的侵蚀;炉身上部,不断膨胀的炉料和夹带着大量炉尘的高速煤气流磨损作用;整个炉身的炉衬温度范围正好处于碳黑沉积反应($2CO = CO_2 + C\downarrow$)温度范围,碳黑会在炉衬中沉积。碳黑沉积在砖缝中,在长期的高温下,结晶状态改变,体积增大会胀坏砖衬,对于强度差的耐火砖和泥浆不饱满的砌体,作用更为明显;使用某些特殊成分(如含锌、氟、钾、钠等)的矿石时,还有特殊的化学侵蚀。

炉喉受到炉料从装料设备上落下时的打击作用,温度分布不均产生的热变形作用;炉内煤气流夹带的粉尘逸出时的磨损作用。

对于大中型高炉来说,炉身部分是整个高炉的薄弱环节,这里的工作条件虽然比下部好,但由于没有渣皮的保护作用,寿命较短,往往在两次大修之间需进行一次小修。对于小型高炉来说,炉缸是薄弱环节,常因炉缸冷却不良、堵口炮泥能力小而发生烧穿事故。

(2)高炉炉衬用耐火材料

高炉用耐火材料应满足如下要求:

①耐火度(耐火砖开始软化的温度)要高,高温下的结构强度要大(荷重软化点高、高温

机械强度大),高温下的体积稳定性好(包括残存收缩和膨胀、重烧线收缩和膨胀要小)。

②组织致密,气孔率小,特别是显气孔率要小,提高抗渣性和减小碳黑沉积的可能。

③Fe_2O_3 含量低,防止与 CO 在炉衬内作用,降低砖的耐火性能和在砖表面上形成黑点、熔洞、熔疤、鼓胀等外观和尺寸方面的缺陷。

④机械强度高,具有良好的耐磨性和抗冲击能力。

高炉常用的耐火材料主要有陶瓷质和碳质两大类。陶瓷质材料包括黏土砖、高铝砖、刚玉砖和不定形耐火材料等;碳质材料包括碳砖、石墨碳砖、石墨碳化硅砖等。

1)黏土砖、高铝砖

高炉用黏土砖和高铝砖的理化性能要求见表 7.1。

表 7.1 高炉用黏土砖和高铝砖的理化性能要求

指标		黏土砖			高铝砖	
		GN-38	GN-41	GN-42	GL-48	GL-55
Al_2O_3 含量/%		≥38	≥41	≥42	≥48	≥55
Fe_2O_3 含量/%		≤2.0	≤1.8	≤2.0	≤2.0	≤2.0
耐火度/℃		≥1 700	≥1 730	≥1 730	≥1 750	≥1 770
0.2 MPa 荷重软化开始温度/℃		≥1 370	≥1 380	≥1 400	≥1 450	≥1 480
重烧线收缩率/%	1 400 ℃,3 h	≤0.3	≤0.3	≤0.2		
	1 450 ℃,3 h				≤0.3	
	1 500 ℃,3 h					≤0.3
显气孔率/%		≤20	≤18	≤18	≤18	≤10
常温耐压强度/MPa		≥30	≥55	≥40	≥50	≥50

黏土质耐火材料使用较广泛,有良好的物理机械性能,耐磨蚀性;化学成分和渣相似,不易渣化;成本较低。高铝砖 Al_2O_3 含量大于 48%,比黏土砖有更高的耐火度和荷重软化点,抗渣性较好,但热稳定性较差,耐磨性好,加工困难,成本较高。GN-42 耐火性能高,主要用于高炉下部,而 GN-41 有较好的机械性能,适用于高炉上部。

高炉用黏土砖与高铝砖的尺寸已标准化。按砖的长度 230 mm 为一砖,而 345 mm 为一砖半(或称倍半砖),交替使用这两种砖可以使砌体错缝。

2)碳砖

碳质耐火材料具有下列一些特性:

①耐火度高。低于 3 500 ℃时,碳不熔也不软,高于 3 500 ℃时升华,用到高炉内不熔不软。

②抗渣性好。除 FeO 高的渣外,即使含氟高流动性好的渣也不易侵蚀它。

③导热性和导电性高。用在炉底和炉缸有利于发挥冷却器的效能,延长炉衬寿命和防止炉底和炉缸烧穿。

④热膨胀系数小,热稳定性好。但碳和石墨在氧化气氛下可燃烧。700 ℃开始和 CO_2 作用,500 ℃和 H_2O 作用,400 ℃以上能被 O_2 氧化。碳化硅在高温下也会慢慢发生氧化作用,这是碳质耐火材料的主要缺点。

我国生产的高炉碳砖要求含碳量不低于 92%,灰分不高于 8%,耐压强度不低于 250 kg/cm^2,显气孔率不高于 24%。国产碳砖最大断面为400 mm×400 mm,最大长度3 200 mm。

3)耐火混凝土

在高炉上使用的有耐火混凝土、大型预制块,有些小型高炉炉衬甚至直接用耐火混凝土砌筑。其主要优点是:生产工艺简单,使用方便,有利于机械化施工,提高劳动生产率和降低工程成本。耐火混凝土不仅用在高炉基础上,现已有用在炉底、下部支柱、炉顶、冷却壁内衬填料等处,也有用在高炉炉身、热风炉大墙和火井墙上。

4)耐火泥浆和填料

用耐火砖砌筑高炉时,必须使用耐火泥浆,它不仅可以将砌体黏结成整体,同时也可以填塞砖缝。实践表明,炉衬往往是从砖缝处开始被侵蚀和损坏,因此耐火泥浆的质量对砖衬寿命有很大的影响。在选择泥浆时,应当使其具有与耐火砖同等的物理和化学性质。此外,对泥浆的筛分组成也有一定要求,要根据砌缝要求(最小的要求<0.5 mm)来选择泥浆粉的粒度。高炉所用的泥浆填料和泥料的成分,应按规定调制。

高强磷酸盐泥浆在高温(>1 000 ℃)下,具有黏结强度大、抵抗铁水与熔渣侵蚀的性能较强和高温下基本不收缩等待点,是高炉和热风炉在砌筑上较理想的泥浆。

(3)炉衬设计

炉衬设计的任务包括砌体材质的确定、砖型选择、砌体厚度、砌级大小、膨胀缝的留法及其填料的成分确定,以及各种材料的消耗量确定等。

1)砖型选择

为获得最小的水平缝,砖的厚度应一致。长度选 1∶1.5,可以使错缝方便;砖型上,包括标准砖型和非标准砖型,标准砖又分为直型砖和砌环形砌体时需用的两头宽度不等的楔型砖。高炉用标准砖型及尺寸要求见表 7.2。

表 7.2　高炉标准砖型及尺寸要求

砖型	砖号	尺寸/mm				体积/cm^3
		a	b	b_1	c	
直型砖	G-1	230	150	—	75	2 588
	G-7	230	115	—	75	1 984
	G-2	345	150	—	75	3 881
	G-8	345	115	—	75	2 776
楔型砖	G-3	230	150	135	75	2 458
	G-4	345	150	125	75	3 557
	G-5	230	150	120	75	2 329
	G-6	345	150	110	75	3 364

表7.2所列以外的砖统称非标准砖,如综合炉底中立砌用的陶瓷质砖(400 mm×150 mm×90 mm)、不同尺寸的炉底炉缸碳砖,以及风口、渣口和铁口砖衬用异型碳砖等。非标准碳砖尺寸根据设计确定,一般断面为400 mm×400 mm,长度按需要设计。

2)砖数计算

对圆筒形部位(如炉底),用砌砖部位总容积除以每块砖的容积计算出该部位砖数。此外考虑损耗,外加2% ~5%的余量砖。对于环形圆柱体或圆锥体,不论上下层或里外层,都是要砌出环圈来。要砌出一定直径的圆环,一般需用两种砖型配合:一般以G-1直型砖与G-3或G-5楔型砖配合,G-2直型砖与G-4或G-6楔型砖配合。不同直径环圈砌砖时,直型砖和楔型砖的配合数也不同。由于标堆楔型砖宽度差是一定的,它砌出环圈的最小内径就一定,例如用97块G-3,可砌成内径为4 090 mm的砖环。

砌筑图7.3所示圆环炉衬时,需用楔型砖两头的宽度差去弥补砖环内外圆周长之差,其每环所用楔型砖的数目 x 可按式(7.13)计算。

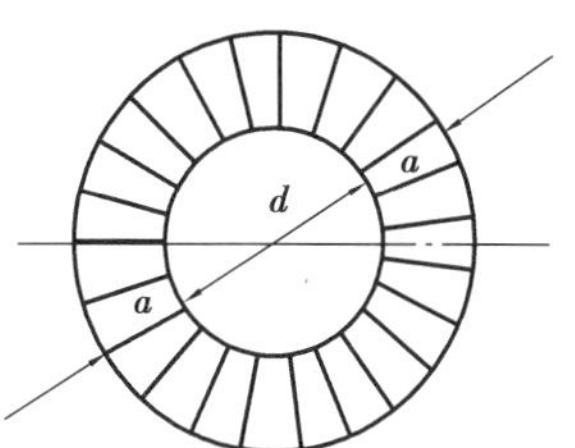

图7.3 砌筑圆环炉衬的尺寸示意图

$$x = \frac{\pi \times 2a}{b - b_1} \tag{7.13}$$

式(7.13)中,a 为每块楔型砖的砖长,mm;b_1、b 分别为楔型砖小头、大头宽,mm。

为了得到内径为 D 的环圈,就需要适当地插入一定数量的直型砖,环圈砌砖所需的总砖数 n、直型砖数 y 可按下面公式计算:

$$n = \frac{\pi D}{b} \tag{7.14}$$

$$y = n - x \tag{7.15}$$

式(7.14)、式(7.15)中,D 为砌体砖环外径,mm,$D=d+2a$。

【例7.1】试用G-3与G-1砖砌筑外径为7.5 m的圆环,求砌筑用的楔型砖数及直型砖数。

解:由 $n=\frac{\pi D}{b}$ 得圆环砌砖总数 n 为:

$$n = \frac{\pi \times 7\ 500}{150} \approx 157(\text{块})$$

由 $x=\frac{\pi\times 2a}{b-b_1}$ 得圆环砌楔型砖数 x 为:

$$x = \frac{\pi \times 2a}{b - b_1} = \frac{\pi \times 2 \times 230}{150 - 135} \approx 97(\text{块})$$

圆环砌直型砖数为:$y=n-x=157-97=60$(块)

高炉炉体内衬砌筑,其环缝要求全部错缝,尽量不砍砖。砌体的厚度和错缝是通过砖长230 mm和345 mm不同砖型组合而成的,通过配合砌体厚度能增减115 mm并达到错缝,在厚度变化不足115 mm时,可利用砌体与炉壳或砌体与冷却壁间的填料缝来调整。

(4)炉衬砌筑

1)炉底

炉底砌体结构有黏土砖、高铝砖、全碳砖、碳捣和综合炉底等。较合理的是带炉底冷却的综合炉底(图7.4)。碳捣与黏土砖或高铝砖相比,具有碳质耐火材料的各项优点,取材、加工容易,成本比碳砖低。

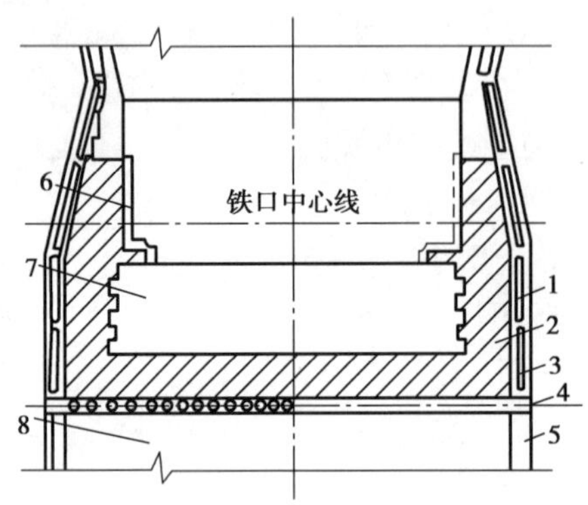

图7.4 综合炉底

1—冷却器;2—碳砖;3—碳素填料;4—冷却管;5—黏土砖;
6—保护砖;7—黏土砖(或高铝砖);8—耐热混凝土

综合炉底在基墩上面是风冷管碳捣层,其上平砌2~3层或立砌一层碳砖,再上面周围是环砌的碳砖直到渣口之下,中心是立砌着的高铝砖或黏土砖。环砌的碳砖和中心高铝砖多为咬砌,而高铝砖的膨胀率高于碳砖,致使碳砖易被顶起,引起上下层间的缝隙张开,铁水和煤气更易侵入,对此改用正台阶或平砌式的方法砌筑较好。铁口以下易受到严重侵蚀的部位用抗渗透性特好的微孔碳砖;炉底最底层用高导热性C-SiC砖,其余部位用普通碳砖或微孔碳砖。同时增加铁口以下炉底周边碳砖的长度,以抵抗铁和碱金属对此处的强烈渗透和侵蚀;砖与砖之间使用细缝(<0.5 mm)砌筑。

2)炉缸

炉缸的主要问题是高温铁水的机械冲刷和铁口维护不良,易出现的事故是炉缸烧穿,所以应维护好铁口深度,安装好风口装置,炉缸砖衬呈截锥形剖面。为了利于生成渣皮和石墨保护层,现代高炉炉缸多用碳砖。国内,碳砖砌到渣口中心线或风口和渣口之间,碳砖与高铝砖交接处应避开渣液面。国外也有全碳炉缸。炉缸侧墙厚为685~1 350 mm,在风口减薄至570 mm。中小型高炉多用高铝砖或黏土砖砌筑炉缸。炉缸炉衬比炉底薄,用加强冷却维护。

3)炉腹、炉腰与炉身

炉腹主要靠渣皮工作,常用结构是一环厚345 mm或230 mm的高铝砖(或黏土砖),以便在开炉时保护镶砖冷却壁的表面不被烧坏。砌筑时要紧靠冷却壁或炉壳错台砌筑,并保证垂直缝错开,与炉缸平砌的砖环相同。砖缝为1 mm。

炉腰结构有厚墙、薄墙和过渡形式。从炉型来看,炉腰是过渡段,厚墙炉腰会被转弯的煤气流迅速冲刷和侵蚀掉,从而使炉腹高度向上扩展,径向截面扩大,虽然可顺利地形成操作炉型,但与设计炉型出入较大。如采用薄墙炉腰,即可避免上述弊端,使炉型固定,但当原设计炉型与合理的操作炉型不符时,则会得到一个不合理的固定炉型。从冷却方面考虑,厚墙加水平卧式冷却片和垂直立式冷却壁的方案,开炉后会很快侵蚀掉大部砖衬,而且侵蚀的结果,在炉腰和炉身下部的内型曲线出现较陡的过渡,不利于炉料顺利下降。所以合理的炉腰结构是冷却器斜置、薄墙炉腰。

炉身部分炉衬的合理结构主要是注意下段。随着新型耐火材料的出现,炉身下部的耐火材料在不断地改进。从高铝砖、硅线石砖、合成莫来石砖、烧成刚玉砖到硫化硅砖、氮化硅结合的碳化硅砖都有应用。炉身砖衬厚度趋于减薄,常为 690 ~ 805 mm,砖缝下段不大于 1.5 mm,上段不大于 2 mm。由于炉身较高,故每砌 5 层一错台以缩小内径。为了防止炉壳间隙中的水渣填料向下松动,每隔 10 ~ 15 层砖可用一圆顶到炉壳。在砌筑支梁式冷却水箱周围炉衬时,下面留 40 ~ 60 mm 的空隙,以供炉衬上涨,而上面和左右两侧各留 20 ~ 40 mm 的缝隙,填以浓泥浆。

4)炉喉保护板(或称炉喉钢砖)与炉头

背后填入耐火材料,用来做炉喉内衬以抵抗炉料打击和高温膨胀。炉头常用镶入耐火砖的铸钢衬板做内衬,用螺钉联结于炉壳上,并在其缝隙内填好黏土火泥-水泥泥浆。钢砖是用铸钢做成的空腔盒子,主要有块状的、条状的和变径的炉喉保护板。大型高炉上采用活动炉喉保护板,它能解决炉喉部位结构的强度问题,可调节炉料的分布和气流分布,是作为装料和布料的一个补充手段。

7.1.4 高炉冷却

(1)冷却介质

高炉冷却是形成保护性渣皮、铁壳、石墨层的重要条件,能降低耐火炉衬本身的温度,使炉衬保持一定的强度,维护合理操作炉型,延长高炉寿命和保证安全生产。通过冷却保护炉壳、支柱等金属结构,免受高温的影响。有些设备如风口、渣口、热风阀等用水冷却以延长其寿命。有些冷却设备埋设在砖衬中,可起支撑砖衬的作用。在高炉炉体设计中,耐火炉衬、金属结构、冷却系统三者是统一考虑的整体。

高炉用的冷却介质有水、风、汽水混合物。最普遍的是水,传热系数大、热容量大、便于输送、成本便宜。风比水导热性差,在热流强度大时冷却器易过热,故多用在冷却强度不大的地方。使用风冷成本比水贵,但安全可靠,故高炉炉底多用空气冷却。汽水混合物冷却的优点是,汽化潜热较大,可以大量节省水,又可回收低压蒸汽。

冷却系统与冷却介质密切相关,同样的冷却系统采用不同的冷却介质可起到不同的冷却效果。因此,合理地选定冷却介质是延长高炉寿命的因素之一。现代化大型高炉除使用普通工业净化水冷却或强制循环汽化冷却外,又逐步向软水或纯水密闭循环冷却方向发展,且对水质纯度的要求越来越严格,根据不同处理方法所得到的冷却用水分为普通工业净化水、软水和纯水。

(2)冷却用设备

高炉水冷设备有冷却壁、冷却板、冷却柱(冷却壁损坏后补救冷却)冷却设备,还有风渣口各套、热风阀、气密箱等专用冷却设备。

1)冷却壁

冷却壁为包在炉衬外面、用螺栓固定在炉壳上的壁形冷却器。它用 HT15-33 灰铸铁铸入 20 号钢的冷拔无缝钢管,钢管外径为 34～44.5 mm、壁厚 4.5～6 mm,做成中心间距为 100～200 mm 的蛇形管,一般铸铁保护层厚度为 25～30 mm。冷却壁可分为镶砖冷却壁(图 7.5)和光面冷却壁(图 7.6)。光面冷却壁的厚度常在 80～100 mm。水管的引出部分须铸入保护套管,并和炉壳焊接,以防开炉后冷却壁上涨把水管切断。

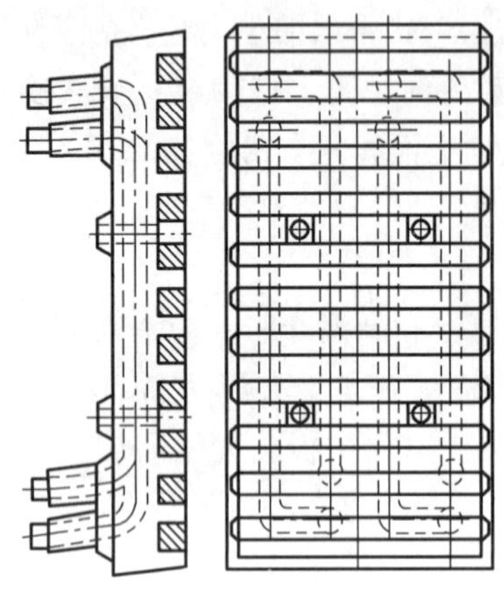

图 7.5　镶砖冷却壁

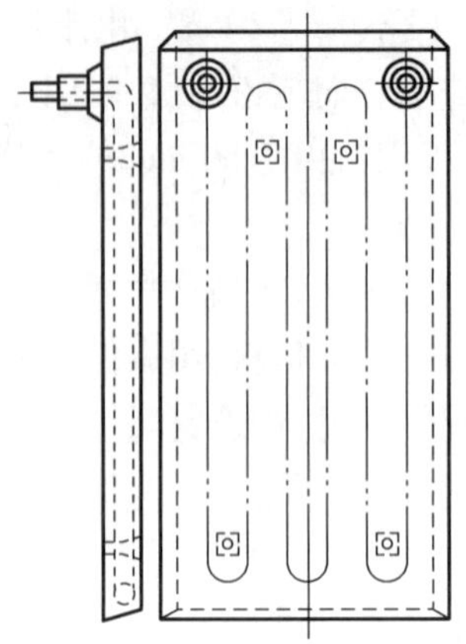

图 7.6　光面冷却壁

光板冷却壁由于铸铁导热性良好,水管不必布置过密。管径太粗会降低水速使传热效率降低,甚至使悬浮杂质沉淀下来;管径太细会使阻力过大,流量减小,以 1.0～2.0 m/s 为宜。

镶砖冷却壁与光板冷却壁比较,耐磨、耐冲刷、易于生成渣皮。一般镶砖面积为 50% 左右,厚度 150～230 mm,过薄容易脱落,过厚则导致铸铁筋与铸铁板间铸造应力大而开裂,且热流一旦波动时会烧坏铁筋。在镶砖冷却壁的热工方面,铸铁筋的表面温度是一个重要参数,一般以不大于 500 ℃为宜,热流越大、镶砖越多、镶砖面积越大,就会导致铸铁筋温度升高而烧坏。镶砖冷却壁一般用于炉腹、炉腰、炉身下部。

2)冷却水箱、冷却柱

冷却水箱也称冷却板,是埋设在高炉砖衬之内的冷却器,冷却板结构及其安装如图 7.7 所示。以铸铁的较多,铸钢、钢板焊的也有,以前则多用青铜铸成(Cu 96%～98%),内部水路以铸入水管的较多,也有空腔、隔板等。外形上有扁平卧式,也有支梁式。

冷却水箱一般用 HT15-33 铸成,卧式的厚度为 75～110 mm,内铸钢管(管径 44.5 mm,壁厚 6 mm 的冷拔无缝钢管)。安装时距炉内砖衬工作表面距离为:炉身上部 230 mm、炉身下部 345 mm。冷却水箱上下有填料层以允许砖衬膨胀。这种冷却器冷却深入,且冷却强度大,故可维持较厚的砖衬,它插入砖衬中,和砖的接触面积大,冷却效果较好,同时也能支承砌体。通水方式多用密闭式。冷却水箱固定在炉壳上,虽然采用了交错布置的排列方法,但插入密度不宜过大,以免影响炉壳强度。

有的高炉在炉墙从薄变厚处,或在炉腹与炉腰间,或在炉腰与炉身间,紧密地布置了一层不可更换的冷却片。间隙 20～40 mm,以保护炉缸支柱上的炉腰支圈。

支梁式冷却水箱可起到支撑砖衬的作用,且冷却水箱本身有与炉壳间固定的法兰阀,密

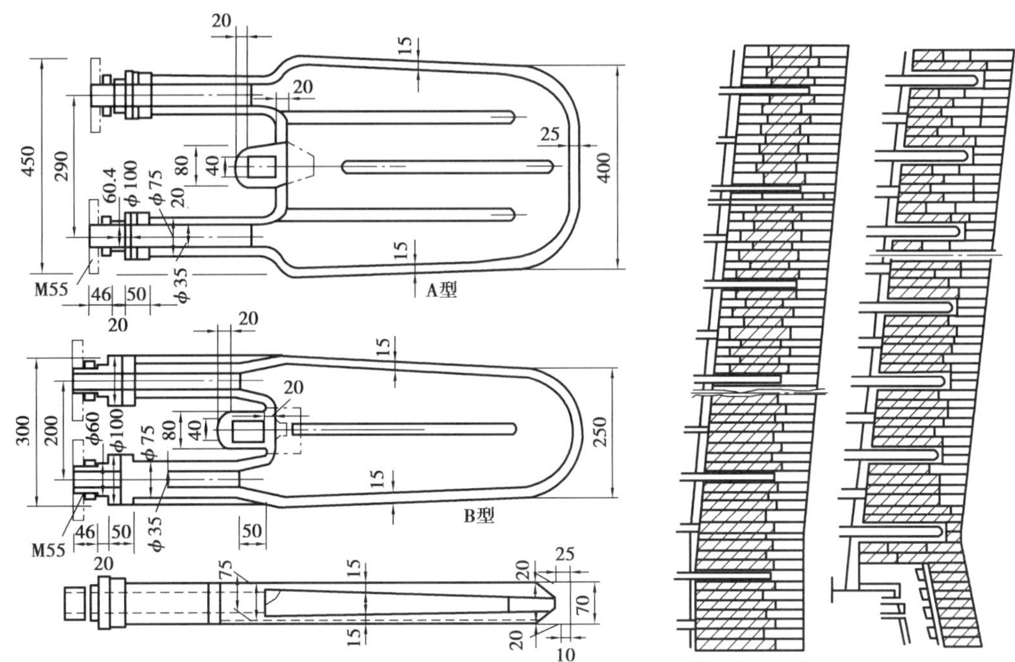

图 7.7　冷却板结构及其安装

封性好。但冷却强度不大,多用于炉身上部。

冷却壁与冷却水箱比较,冷却面积大、冷却均匀,炉壳开孔小,密封性好,不损坏炉壳强度,砖衬侵蚀后形成的操作炉型内壁光滑,呈流线形,利于炉料顺行。同时冷却壁有支托上部炉衬的作用。更适宜用于顶压达 0.2 ~0.25 MPa 的高炉。但它损坏时不能更换,故需辅以冷却柱,利用高炉停炉机会,在坏冷却壁处使用专用钻孔设备,通过炉皮开孔后,从外部将冷却柱安装进去恢复冷却功能。冷却水箱冷却强度大而深入,但冷却不匀,故炉墙内存在较大的温度梯度,可支撑耐火砖衬,可更换,且外层水管损坏时里层水管尚可工作,质量较轻。

3)风口各套

风口是将热风引入炉内的重要设备,由大套、二套、风口组成(图 7.8)。大套材质为铸钢,内部镶嵌螺纹水管通水冷却;二套、风口主体材质为紫铜,结构夹层内腔水循环,其工作区域位于高炉炉体内,工作环境恶劣。再加上人为操作等多种不确定因素,高炉风口套稍有破损就需要更换,每年风口套废弃多,企业损失大。合理提高风口各套冷却强度,延长风口各套使用寿命,减少休风率,是高炉冷却重要工作之一。

(3)高炉炉体冷却

1)炉底冷却

在炉底下面施加冷却,起初是为了保护混凝土炉基,避免炉底烧穿,现在则以延长炉底寿命,从而延长高炉一代寿命为目标。它是在炉底耐火砖下进行强制冷却,在埋设的钢管中通风或通水进行冷却,在炉底砌体周围用光板冷却壁冷却。

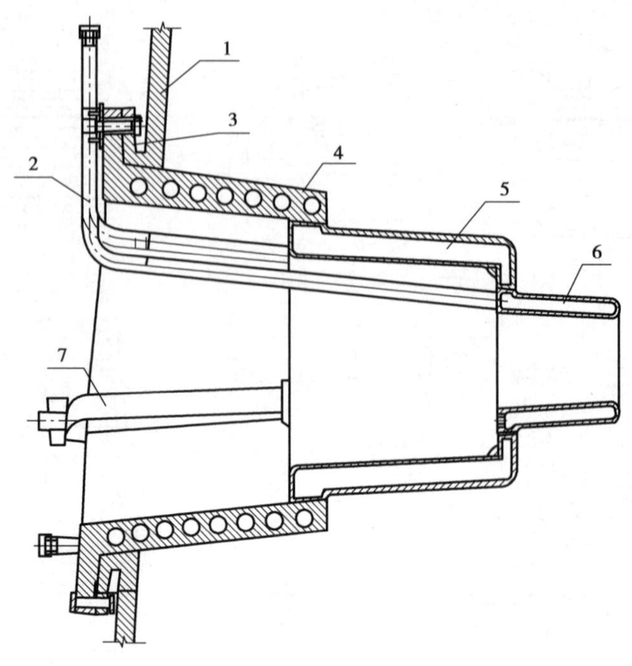

图 7.8　风口各套结构

1—炉皮;2—水管;3—大套法兰;4—大套;5—二套;6—风口;7—二套顶杆

2)炉体冷却型式

合理的炉体冷却型式应与炉体结构型式、内衬材料与厚度一并考虑。如对不设炉身支柱、炉缸支柱的高炉,应特别加强对炉衬的保护,以冷却板或喷水冷却为宜。对采用导热性好的碳素炉衬的部位,则以光板冷却壁为宜。对于厚壁炉衬,则以插入式冷却板为宜。

我国大中型高炉,炉底炉缸部分多采用光板冷却壁,炉腹部分采用镶砖冷却壁,炉腰及炉身下部的冷却型式较多,有冷却壁、卧式冷却水箱、支梁式冷却水箱等,有采用一种冷却设备的,也有两种或多种型式混合使用的。在有炉缸支柱的高炉上,炉腰支圈上常设一层密集布置的卧式冷却片。炉腰及炉身高度的 2/5 ~ 1/2 这段冷却区间中,主要是考虑保留砖衬,而不是散热降温保持强度,所以用镶砖式冷却壁,它本身就带着砖,最上设 2 ~ 4 层支梁式冷却水箱,以支撑砖衬。

国外大中型高炉,炉底周围和炉缸有用光板冷却壁,也有用喷水的,炉腹则用喷水、镶砖冷却壁、卧式冷却水箱多种,只有在采用汽化冷却时才用光板冷却壁。炉腰和炉身则用镶砖冷却壁、带凸缘冷却壁、冷却水箱等,采用汽化冷却时仍用光板冷却壁。

(4)冷却工作制度

1)高炉冷却系统的热工及供水制度

单位时间内某一部位(或某一个)冷却装置每平方米面积所承受的热量称为热流强度。如指高炉上全部冷却装置时,它又称为总的热负荷。高炉冶炼过程,各部位的热流强度值应相对稳定。冷却水带走的热量与水量、进出水温差、水的比热成正比关系,即:

$$Q = M \times (t - t_0) \times C \times 10^3 \tag{7.16}$$

式(7.16)中,Q 为总的热负荷,kcal/h。对于局部来说可写作 $q\times F$,即局部热流强度×相应的冷却面积;M 为冷却水消耗量,m^3/h。对于局部来说可写作 $A\times v$,即水管通道面积×水速;t 为出水温度,℃;t_0 为进水温度,℃;C 为水的比热,kcal/(m^3 · ℃)。

由式(7.16)可知,要适应高炉各处的热流强度,就要从水量和进出水温差等因素来掌握,适当增大进出水温差,可节约用水。

进出水温差中进水温度与大气温度和回水冷却状况有关,出水温度与水质有关,一般情况下工业循环水的稳定温度不超过 50～60 ℃,即反复加热时水中碳酸盐沉淀的温度,否则 Ca、Mg 的碳酸盐会沉淀出来,形成水垢,导致冷却器烧坏。工作中考虑到热流的波动和侵蚀状况的不同,实际的进出水温差应该比允许的进出水温差 $\Delta T_{允}$ 适当低些,各个部位都要有一个合适的后备系数 ϕ,其关系式如下:

$$\Delta T = \phi \cdot \Delta T_{允} \tag{7.17}$$

ϕ 值如下:

部位	炉腹	风口带	渣口以下	风口小套
ϕ	0.4～0.6	0.15～0.3	0.08～0.15	0.3～0.4

炉子上部 ϕ 值较大。炉子下部由于高温熔体,主要是铁水的渗漏,可在其局部地点造成很大热流而烧坏冷却器,但在整个冷却器上,却不能明显地反映出来,所以 ϕ 值要小些。实践发现,炉身部分 $\Delta T_{允}$ 波动 5～10 ℃是常见的变化,而在渣口以下 $\Delta T_{允}$ 波动 1 ℃就是一个极危险的信号。显然出水温度仅代表出水的平均温度,也就是说,在冷却装置内,某局部地区水温完全可以大大超过出水温度,致使暂时硬水沉淀和产生局部沸腾现象。

实际上当允许的进出水温差一定后,采用冷却器串联,既可减少水的消耗量,又可不超过允许范围,故高炉上除风口渣口各套是单独供水外,其他部位都采用不同数目的串联供水。

高炉炉体冷却用水量,一般常用每立方米有效容积每小时消耗的水量来表示,容积越大耗水量可略减少些。

传热速率的大小与水速的关系。有时大面积的热流强度并不大,出水温度也不高,但冷却器却烧坏了,如炉缸烧穿、风口破损等。这是因为局部地区,热流强度极大,水的流速不够,不能带出相应的热量,结果产生了管壁上的局部沸腾(总体并没有沸腾,只从热平衡分析是看不出问题的),造成汽水饱和积垢而导致烧坏。不产生局部沸腾的最低流速 $V_{局沸}$ 可按下式计算:

$$V_{局沸} = \frac{q \times d^{0.2}}{10^5} \tag{7.18}$$

式(7.18)中,q 为热流强度,kcal/(m^2 · h);d 为通道的水力学直径,mm。

合理水速考虑的另一因素是应保证不使水中机械混杂的悬浮物沉淀下来。高炉用冷却水中的悬浮物要求少于 200 mg/L。

既要保证要求的水速,同时也要保证水压要大于该处炉内煤气的压力,以防止冷却装置内渗入煤气时,将冷却器水排出冷却装置之外,引起冷却器大量烧坏。尤其在高压操作时,风口等重要部位,保证并监视好水压是很必要的。一般水压要比风压高 1 kg/cm^2,炉身部位也要比该处静压力高 0.5 kg/cm^2。冷却水管结了垢的冷却器,如要保持水量不变,则要求水压有成倍增加才行。

要有良好的水质。这里的水质指水的暂时硬度,希望它越小越好,良好的高炉冷却水,新水暂时硬度不大于150,循环水暂时硬度不大于80。另外还须注意水的清洁,在江河湖水中常有很多小生物和草、泥沙等杂质,若过滤不好也会造成堵塞。

加强冷却器合理清洗可延长使用寿命。由于水垢的导热性很差,易使冷却器过热而烧坏。故定期清洗掉水垢是很重要的。

2)供水系统

水源是冶金工厂选址的重要条件之一,一般使用河水,用水量不大时也有打井的。由于用水量大,一般多考虑用循环加适当补充些新水,这是因生产过程中0.1%~0.3%的冷却水因蒸发而损失,在冷却池冷却时水量损失为2%~5%。

对高炉车间供水系统的要求:一是水量水压能满足需要;二是安全可靠不能中断。

(5)汽化冷却

1)汽化冷却优点

汽化冷却指将接近饱和温度的软化水,送进冷却件内,热水在冷却件中吸热而产生蒸汽并排出,这样由水变汽的过程(汽化),将吸收大量的热量,从而达到冷却设备的目的。

与水冷相比较,汽化冷却具有如下的优点:

①采用汽化冷却时能防止水垢形成,可延长冷却元件的使用寿命。

②可节约大量工业水,若采用自然循环方式可节电90%,用水量减少,可将大水泵改为小水泵,大管件改为小管件,节省基建投资。

③比较安全可靠,流量小,换热能力大。不必设立事故水塔,当突然停电停水时,在汽包中还有约1 h循环水量的贮备,可维持自然循环,故仍可安全运行。

④汽化冷却产生的大量蒸汽,可以作为二次能源加以利用。

2)汽化冷却原理

汽化冷却原理如图7.9所示。当U形管内充以相同密度和压头的水时,为一个静止系统。若其中一管受热,管中水吸热,密度减小,从而在系统内产生一个推动力,系统开始循环。

$$P_{上} = P_{包} + h \cdot \gamma_{混} \quad (7.19)$$

$$P_{下} = P_{包} + h \cdot \gamma_{水} \quad (7.20)$$

因:$\gamma_{水} > \gamma_{混}$,故:

$$\Delta P = P_{下} - P_{上} = h(\gamma_{水} - \gamma_{混}) > 0 \quad (7.21)$$

式(7.19)—式(7.21)中,$P_{上}$为上升管汽水混合物的压力;$P_{下}$为下降管内水的压力;$P_{包}$为汽包内的蒸汽压力;h为汽包内液面与冷却件之高度差;$\gamma_{水}$为下降管中水的密度;$\gamma_{混}$为上升管中汽水混合物的密度。

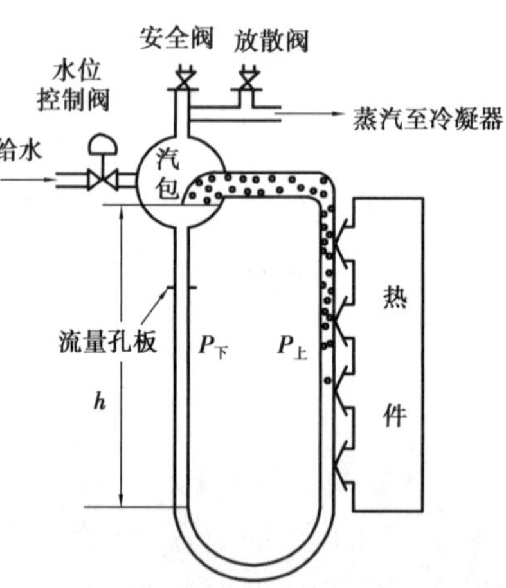

图7.9　汽化冷却原理示意图

ΔP即为汽化冷却循环系统的推动力,或称循环流动压头,用以克服流动过程中遇到的各种阻力(如流动摩擦力、流体流入或流出管口以及管中转弯时所产生的局部阻力)。

借助循环流动压头实现汽化冷却称为自然循环,它在开炉初期热负荷不足时,为了启动,可在上升管内用蒸汽引射。如果靠装在下降管上的水泵推动循环进行冷却,称为强制循环。一般采用自然循环方式居多。

循环流速是指循环水在冷却件或管路中的速度。流速过低会降低传热能力,特别在水平布置或小于 30°布置的冷却件内,流动中易产生蒸汽与水分层的现象。流速过大时,则增加管道阻力。一般自然循环的速度要求大于 0.2 m/s,强制循环时大于 0.3 m/s。

循环倍率是循环系统的一个主要运行参数。通常,进入冷却件中的水只有一小部分变成蒸汽,其余的水回到汽包后再次参加循环。循环回路中单位时间内水流量 G 与单位时间内循环回路中产生的蒸汽量 D 之比,称为循环倍率 $K(K=G/D)$,表示水在循环回路中需循环多少次才能全部变为蒸汽,与流动压头、系统阻力、汽包工作压力、冷却件热流强度等因素有关。

为了保证可靠的水循环,冷却件得到足够的冷却,循环倍率不宜过小,否则冷却件中剩余的水量过少,易使设备过热而损坏。反之,循环倍率选择过大,不利于自然循环。可见循环倍率值也是判断是否安全的指标。一般认为循环倍率 30 ~ 60 较好。

汽包工作压力也是循环系统中的运行参数之一,在一定的热负荷范围内,利于系统循环的气压有一最佳值。在自然循环时不低于 0.2 MPa,以利于系统稳定运行。在强制循环时,可以在常压下工作,因而系统简单。

7.1.5 高炉基础

高炉基础(图 7.10)由埋在地下的钢筋混凝土基座和露出地面的耐热混凝土基墩组成,其作用是将所承受的力均匀地传给地层。

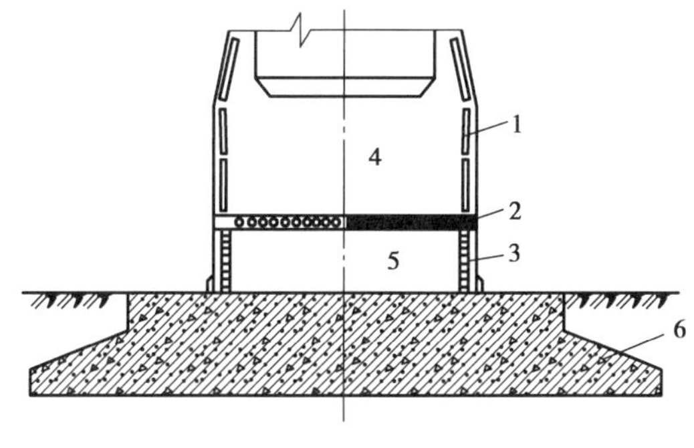

图 7.10 高炉基础

1—光面冷却壁;2—同冷管;3—耐火砖;4—炉底砖;5—耐热混凝土基墩;6—钢筋混凝土基座

(1)炉基的要求

①高炉基础应能将全部荷载传给地基而不发生过度沉陷,特别是不均匀下沉。炉基传给地层的压力应不大于地层耐压力,炉基均匀下沉量不大于 20 ~ 30 mm,倾斜值不大于 0.1% ~ 0.5%。

②基础本身要有足够的强度和耐热性。保证在重负荷和高压条件下正常工作,不发生热应力裂。基座表面温度不应超过混凝土允许的工作温度 350 ℃。

③结构简单、造价低。高炉炉基大、耗用材料多,而且施工的土方量也很大,故在设计型式、结构尺寸、材料选择等方面在满足工艺要求的前提下注重节约,经济合理。

(2)炉基构造

炉底和基座之间的基墩起隔热和传力作用,形状为圆柱体,其直径与炉底相同,包于炉壳之内,其高度不小于其直径的1/4,大高炉不小于2.5~3 m。基墩用硅酸盐水泥耐火混凝土,它采用硅酸盐水泥做胶结料,黏土熟料粉、废耐火砖粉做掺合料,粘上熟料、废耐火枯土砖做骨料,整体浇灌而成。最高耐火度为1 000~1 200 ℃。在其周围砌一圈345 mm厚的耐火砖,再外层即为炉壳,在炉壳和耐火砖之间留10 mm宽的缝隙。内填铬硝质料。为了防止基墩周围开裂和保证有足够的强度,整体基墩应配以环形钢筋。

基座是炉基的承重部位,其水平截面以圆形最好,可使温度分布均匀减少热应力。但为了施工方便,常以正多边形(如八边形、十六边形)代替。基座上表面的圆面积应能放置下基墩和支柱,而其下表面的面积应保证地基的承载力不超过地层耐压力的允许值。

基座底面积 A 可按下式计算:

$$A = \frac{P}{\sigma} \tag{7.22}$$

式(7.22)中,P 为炉基所承受的静负荷,一般为高炉有效容积的7~14倍;σ 为地层允许的耐压力。

基座与基墩之间,由于上下处于不同的温度条件,为避免热应力的影响,两者之间留膨胀缝,缝中填特殊填料,如纯石英砂和白色耐火黏土(高岭土)等调制的硬质塑性砂浆,抹平后再撒上10 mm厚的石墨粉。在基墩下端与基座相接处有炉壳气封结构,避免炉内煤气的逸出和炉外冷却水的流入。煤气封板与炉壳之间的间隙为100~150 mm,内填碳素填料。

7.1.6 高炉金属结构

(1)炉壳

1)炉壳作用与要求

炉壳从炉顶封板到下部坐落在高炉基础之上,是不等截面的圆筒体,其作用是固定冷却设备,保证高炉砌体牢固,密封炉体,有的还承受炉顶载荷。炉壳除承受巨大的重力外,还承受热应力和内部的煤气压力,有时要抵抗崩料、坐料甚至可能发生的煤气爆炸的突然冲击,因此要有足够的强度。炉壳外形尺寸应与高炉内型、炉体各部位厚度、冷却设备结构形式相适应。因炉壳开孔较多,受力复杂,所以不仅要满足强度的要求,而且应具有含碳量低、韧性好的性能。

炉壳必须达到如下一些要求:

①炉壳外形必须和冷却设备配置相适应。存在着转折点,转折点能减弱炉壳强度,因此要减少转折。

②由于固定冷却设备,炉壳需要开孔,折线应和开孔避免在同一平面。

③渣口大套法兰盘和铁口套法兰盘的边缘距离炉壳转折点不小于100 mm。

④炉顶封板与炉喉处连接转角不宜小于50°,此处取55°。

⑤为防止砌体膨胀而使炉壳承受巨大应力,炉腹以下砌体与冷却壁间隙保留130 mm

左右。

2)炉壳厚度确定

炉壳厚度应与工作条件相适应,各部厚度可按下式计算:

$$\delta = KD \tag{7.23}$$

式(7.23)中,δ 为计算部位炉壳厚度,mm;D 为炉体外弦带直径,mm;K 为比例系数,其值如下:$\beta \geqslant 55°$高炉的炉顶封板与炉喉,$K=3.6$;炉身,$K=2.0$;炉身下弦带,$K=2.2$;炉腰、炉腹、炉缸、炉底,$K=2.7$。

炉身下弦带高度一般不超过炉身高度的1/4~1/3.5,炉壳一般由碳素钢板或低合金钢板焊成,厚度大约10 mm的钢板要整平,竖缝采用"V"或"X"坡口焊接,横缝采用斜"V"或"K"坡口焊接。

式(7.23)是苏联在20世纪40年代根据当时的经验提出的。近年来,随着高炉冶炼技术的进步,工艺上的变化较大,如高炉内型的改变,风温和炉内压的增加,冷却系统的改进等。炉壳设计时必须考虑上述因素。若风口数量增多,开孔对炉壳的削弱加大,则风口带的炉壳应适当加厚。又如在高温高压操作过程中,炉身带的煤气流冲刷加剧,该处内衬侵蚀较严重,易发生炉壳烧红变形等现象,该区段的炉壳厚度也应适当加厚。

高炉要求炉壳材质焊接性好,屈服强度高,常用的有12Mn、16Mn钢板,炉壳制作加工时,将钢板结合高炉高度分若干段,先将钢板弯卷好,然后再在工地上预装、焊接,小高炉可在预装时就焊接好而后整体吊装运输,最后进行质量检查。

炉壳在机械加工时,除满足一般机械加工的要求外,还要注意:

①钢板两端要预弯,防止两端出现200~300 mm的直线段。钢板的弧度用1.5 m长的样板检查,其间隙不得大于2 mm。

②坡口要合格,边缘偏差小于1 mm,一般立缝采用X形坡口。横缝采用K形坡口。

③为了防止钢板焊成的筒体在转运过程中变形,应在筒体内焊上拉筋来支撑,安装完毕后再切除。

炉壳应在工地专用平台上预装,还要达到如下一些要求:

①炉壳的椭圆度不大于直径的2‰。

②2段以上(最好3段以上)炉皮组合,缝隙值3~6 mm,装配时用4 mm的垫板来取得缝隙,对竖缝不得小于3块垫板,对横缝每1 m垫一块垫板。

③炉壳中心线偏差不得大于安装高度的2‰。

高炉炉壳安装冷却器、风口、渣口、铁口等开孔时应尽量做成圆角,避免开方孔,以免应力集中而产生开裂。

(2)框架

高炉金属结构主要包括炉壳,炉缸、炉身和炉顶支柱或框架,炉腰支圈,各层平台、走梯、过桥,炉顶框架,安装大梁。此外,还有斜桥、热风炉炉壳、各种管道、除尘器等。要求钢结构简单耐用、安全可靠、操作便利、容易维修和节省材料。大中型高炉一般每立方米有效容积的结构用钢材(包括建筑用钢筋)2 t左右。高炉炉壳由高强度钢板焊接而成,起承重、密封煤气和固定冷却器的作用。

高炉炉体钢结构形式主要取决于炉顶和炉身的荷载传递到基础的方式、炉体各部分的炉衬厚度、冷却方法等。

早期的高炉炉墙很厚，它既是耐火炉衬又是支持高炉及其设备的结构，随着高炉炉容扩大、冶炼强化、炉顶设备加重，高炉炉体的寿命大为缩短。为了延长高炉寿命，用钢结构来加强耐火砌体，从钢箍发展到钢壳。安装冷却器时炉壳上开有许多孔，加之从上到下炉壳的转折和不连续性，使得高炉本体承受上部载荷的能力降低，随之增加了支柱。在我国，其形式有炉缸支柱式、炉缸炉身支柱式、框架式等几种。

①炉缸支柱式(图7.11)，多用于中小高炉，主要考虑保护承量和受热最突出的高炉下部。这种结构节省钢材，但炉身炉壳易受热、受力变形，一旦失稳，更换困难，并可导致装料设备偏斜，同时炉子下部净空较少，不利风口、渣口的更换。

②炉缸炉身支柱式(图7.12)，因冶炼强化、高炉上部的承重和受热矛盾不断突出而得到发展。这种结构减轻了炉身炉壳的荷载，在炉衬脱落炉壳发红变形时不致使炉顶偏斜。但下部净空的工作条件未得到改进，高炉开炉后炉身上涨，被抬离炉缸支柱，炉腰支柱与炉缸、炉身支柱连接区形成一个薄弱环节容易损坏。

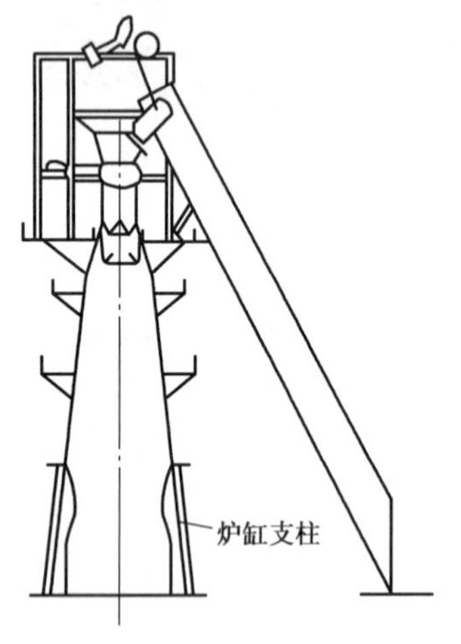

图7.11　炉缸支柱式结构

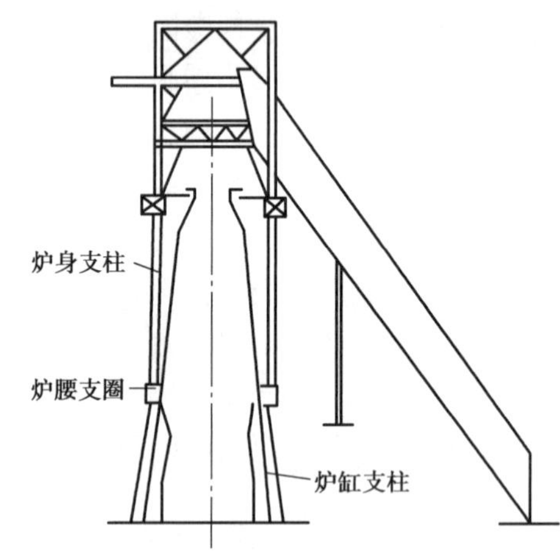

图7.12　炉缸炉身支柱式结构

③随着炉容大型化，炉顶荷载增加，出现了框架式钢结构，它是一个从炉基到炉顶的正方形(大跨距可用六方形)框架结构。它承担炉顶框架上和斜桥的部分负荷。装料设施和炉顶煤气导出管道的荷载仍经炉壳传到基础。按框架和炉体之间力的关系可分为：

a.大框架自立式(图7.13)。框架与炉体间没有力的联系。要求炉壳曲线平滑。

b.大框架环梁式(图7.14)。框架与炉体间有力的联系。用环形梁代替原炉腰支圈，以减少上部炉壳荷载。环形梁则支撑在框架上。也有的将环形梁设在炉身部位，用以支撑炉身中部以上的载荷。

大框架式的特点：风口平台宽敞，适于多风口、多出铁场的需要，有利于炉前操作和炉缸炉底的维护；大修时易于更换炉壳及其他设备；斜桥支点可以支在框架上，与支在单面门型架上相比，稳定性增加。但缺点是钢材消耗较多。大中型高炉采用框架自立式结构较多。

自立式的炉顶全部载荷均由炉壳承受，炉体四周平台、走梯也支撑在炉壳上，因而操作区的工作净空大，结构简单，钢材耗量少。但未贯彻分离原则，带来诸多麻烦，如炉壳更换难等。

设计时工艺上要考虑:尽量减少炉壳的转折点并使之变化平缓;增大炉腹以下砌体和冷却设备之间的碳素填料间隙,以保证砌体有足够的膨胀余地,防止砌体由于上涨而将炉壳顶起或使炉壳承受较大应力;加强炉壳冷却,努力保持正常生产时的炉壳表面温度(60~100 ℃),防止炉壳变形。

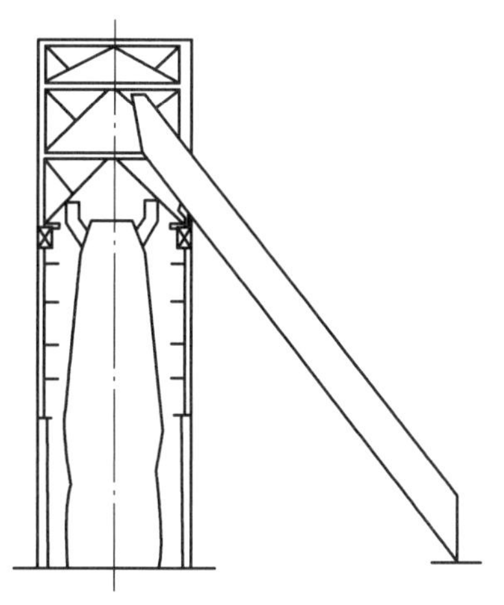

图 7.13　大框架自立式结构

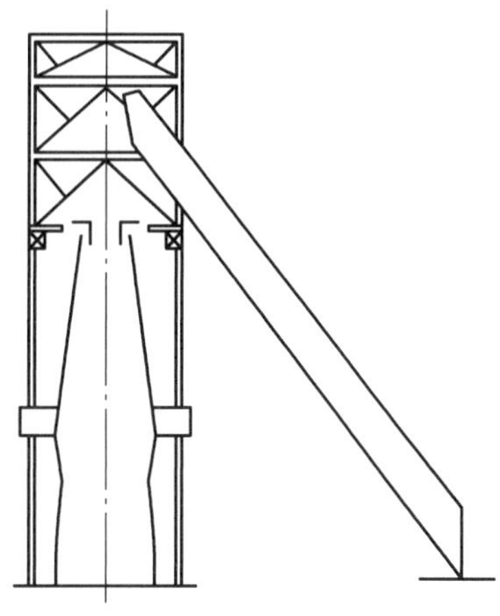

图 7.14　大框架环梁式结构

7.2　高炉供料系统

炼铁原料供应是指原料运入高炉车间并装入高炉的一系列过程,主要任务是及时、准确、稳定地将合格原料送入高炉炉顶。从原料进厂到高炉贮矿槽顶部为原料车间范围,它要完成原料的卸、准、取、运等作业:根据技术要求还需要进行破碎、筛分、混匀和分级等作业,起处理、贮存和供应原料的作用。

现代高炉原料供应系统应满足的要求有:

①生产能力大。保证连续均衡地供应高炉冶炼所需的原料,并留有进一步强化的余地。

②在贮运原料过程中,考虑建设高炉冶炼所必需的原料处理环节,如破碎、筛分、混匀、称量等设备,并力求在运输过程中减少碎末的产生。

③由于原料数量巨大,应能实现机械化和自动化,力求设备操作与维修方便,减轻工人劳动强度。

7.2.1　供料设施及流程

焦炭、烧结矿等原料应根据高炉炉料的配比及贮存时间的要求由皮带机等输送到焦、矿槽,焦、矿槽下根据高炉料批按程序组织供料。供料时,槽下给料机将炉料输送至振动筛进行筛分,合格粒度的炉料进入称量漏斗称量,返矿、返焦,由皮带或小车输送到返矿槽或返焦槽,再由皮带机或汽车运至烧结厂或焦化厂。炉料在称量斗按料批大小进行称量后,由主供矿、供焦皮带输送至料车或主皮带,再输送至炉内。为了节约焦炭,返焦一般还需进行二次筛分,将粒度大于5 mm的焦丁回收利用，随烧结矿等料一起进入炉内，代替部分焦炭。

供料设施可分为集中供料和专用的高炉供料两种。一般大型钢铁联合企业，比较先进的都采用集中供料设施，供应炼铁、炼钢、炼焦、烧结和自备电厂等。

供料设施的流程主要指卸车、堆存、取料、运出、破碎、筛分、混匀等工序。

(1)卸车

从厂外来的原材料大多由铁路运输，炼铁车间每天有数百个车皮卸车。大中型厂普遍采用翻车机，中型厂有的采用铲斗卸车机、螺旋卸车机；小厂多采用抓斗桥式(或门式)起重机，有的则用吊钩起重网斗卸车，最好的卸车方式是采用高道栈桥或地下料槽。

(2)堆存、取料

原料的堆存、取料和混匀都在贮料场进行。贮料场的结构型式、推取料方式与卸车方式、原料的粒度以及混匀破碎筛分等与设备有关。当矿山与高炉车间相距较近，而且有专用的铁路线，矿石又不需要加工混匀时，高炉车间可以不设原料场。

贮料场的储存量除了考虑高炉容量之外，还必须考虑厂外原料的供应情况，铁路、船舶正常的运输周期及中途可能发生的阻滞情况等。一般情况下，铁矿石和锰矿石的储存量按30~45 d考虑；石灰石按20~30 d考虑。当原料产地较远，使用矿石种类又比较多时，原料的储存天数取上限，反之取下限。

大型高炉的贮矿场可采用堆取分开的堆料机，一般在大型集中供料设施中，可采用道轨式斗轮堆取料机进行堆料和取料作业，这种机械是将地面皮带运来的料，经进料车送往悬臂输送带上，最后落在贮料场上。如果要取料，则悬臂输送带作反方向运转，并依靠末端带有旋转斗轮的取料装置完成取料。

(3)原料的运输

由贮料场运往各车间贮料仓的运输方式，一般采用带式运输机等连续运输设备。优点是运输量大，物料的适应性强，工作安全可靠，结构简单，动力消耗少，易实现自动化，且矿槽结构简单。对用量较少而路程较远的车间，考虑用自卸汽车。用热矿，或用量较多，路程又太远时，考虑铁路车辆运输方式。

焦炭一般不在原料场堆放，直接由炼焦车间运到贮焦槽，既可减少焦炭的转运次数，降低破碎率，又可避免露天堆放。通常，炼铁车间与炼焦车间是互相毗邻的，可用皮带运输机直接将焦炭运至贮焦槽，只有个别厂采用专用的运焦车运输。

大型钢铁厂都设有两条皮带，其中一条是备用或与烧结矿共用，烧结矿从冷却机出来用带式运输机送到高炉贮矿槽，皮带运输机输送的烧结矿和焦炭，一定要冷却至100 ℃以下，否则将会烧坏皮带。

7.2.2 焦、矿槽

焦、矿槽的布置形式多种多样，采用斜桥料车上料的高炉其焦槽与矿槽一般采用一列式布置。采用皮带上料的高炉，其焦槽、矿槽之间一般采用并列式布置，各自成独立系统。就焦槽、矿槽本身而言,可以是一列式,也可以是共柱并列式,实际情况以一列式布置为主。

贮焦槽贮焦 6 ~8 h,贮矿槽贮矿 12 ~24 h,辅助原料贮存 20 h 左右。贮矿槽的数目一般不少于 10 个,最多可达 30 个,每个贮矿槽的有效密积,对用火车运输的大型高炉可达到 75 ~100 m^3,中型高炉达 50 m^3。在大量使用烧结矿的条件下,品种大为减少,每个矿槽的容积可达 250 ~400 m^3,采用没有隔墙的大矿槽。焦槽的数目一般为两个,考虑到大型高炉焦炭要分级使用,为了提高系统的可靠性,也可以均设两个备用焦槽,每个焦槽的容积为 400 mm^3,而且装有防雨的房盖装置。

贮矿槽长度要考虑到槽下的称量车两个料斗与闭锁器的配合,也要考虑到槽上火车卸车时不混料,即贮矿槽上面尺寸为车皮长度或其一半长度,下面为称量车两料斗中心距的 2 倍,一般为 4 570 mm,使用皮带机时 5 m。贮矿槽的宽度要考虑槽上皮带机或铁路车辆要求的净空宽度和必要的间隙,以及铁路和皮带条数来确定,一般为 5 ~6 m。

贮矿槽有钢筋混凝土结构和混合结构。后者是指支柱和槽体用钢筋混凝土,下面漏嘴与上面轨道梁用钢结构。为了保护贮矿槽表面不被磨损,焦槽内衬以废耐火砖或 25 ~40 mm 的辉绿岩铸石板。生矿槽内衬以铁屑混凝土或铸铁衬板,在废铁槽内部衬以钢轨加以保护。对于热装烧结矿的贮矿槽,损坏比较严重,贮矿槽应衬以带绝热层的铸铁板或衬废耐火砖,有的厂在槽内留一部分冷烧结矿作为保护层。将槽做成平底的,检修时只需更换损坏部分,可节省投资,但缺点是清仓困难,工作量较大,新建厂不再采用。对于北方冶金厂的矿槽还须有一定的防冻措施,向矿槽内通蒸汽,在漏嘴处用高炉煤气烘烤。

储矿槽形状应做到自动顺利下料,槽倾角不小于 50°,以消除人工捅料的现象。金属矿槽应安装振动器。矿槽上必须设置隔栅,周围设栏杆,并保持完好。料槽应设料位指示器,卸料口选用开关灵活的阀门,最好采用液压闸门。对于放料系统应采用完全封闭的除尘设施。

7.2.3 槽下运输及称量设备

槽下运输系统完成的作业包括取料、称量、运输、筛分、卸料等。在贮矿槽下将原料按品种和数量以及称量后运到料车的方法有称量车和皮带机运输两种。称量车是一个带有称量设备的电动机车,分为料车式和料卸式两种。

槽下筛分系统包括焦炭筛及碎焦卷扬系统、烧结矿筛及粉矿运出系统。根据环境保护要求,槽下须装除尘降温设备。筛分系统一般布置在地平面上,长度与贮矿槽相同,斜桥底端设有料车坑。

(1)称量设备

根据称量传感原理不同,槽下称量设备可分为机械秤(杠杆秤)和电子秤(使用电阻应变仪),从设备形式上分为称量车、称量漏斗和皮带秤。

称量车机架是由纵向和横向梁组成的金属结构,上面铺金属板,基架安装在两台铁道行走小车上,每台小车装有电力驱动装置和气动制动器。由刚性漏斗通过 4 根竖杆支承在称量机构的杠杆上。称量机构则挂在基架上,操纵台在称量漏斗的上方。在台上设有司机室。

称量车上还设有称量记斗启闭器的操纵机构、行走机构和料仓启闭机构等。

称焦漏斗固定在焦炭筛和上料料车之间,漏斗用柱子支托在秤的平台上,4 个支点将焦炭负荷传递到秤头的指针上。

电子秤的基本装置由一次元件和二次仪表组成，一次元件称为传感器，在上面贴有电阻应变片。由于传感器上的应变片电阻值变化很小，必须将其放大，因此，将贴在传感器上的应变片构成电桥以便输出较大信号，这就是二次仪表。

电子秤质量小、体积小，结构简单、拆装方便，不存在刀口磨损和变形的问题，计量精度较高，一般误差不超过5%。

(2)运输设备

运输设备包括称量车系统和带式运输机系统。

称量车系统其行走机构与一般的电动车辆相同，闭锁器操纵机构随闭锁器型式不同而各异，有气动顶杆式、圆筒式闭锁器用的齿轮咬合式，当气缸和电磁阀安装于贮矿槽下时，称量车上的操纵机构只要解决通电和断电的问题就可以了，料车的卸料机构是有自锁能力的底开门式结构，它能借料重新使闸门紧闭。

当进行称量作业时，将称量车开到指定的贮矿槽下，对准闭锁器后，打开闭锁器使其漏料，车上的料斗容积与料车容积相对应，当两斗取料完毕后，料车返回到料车坑口，按规定上料程序将料卸入料车，完成取料、称量、运输、卸料等作业。

为了改善槽下的劳动条件和提高运行能力，许多厂都将手动称量车改造为程序控制的自动称量车，其控制系统包括程序、走行、取料、信号等部分。

槽下的带式运输机主要是指胶带运输机，只有用热矿时才使用钢板做的链板式运输机。带式运输机自动化程度高，生产能力强，可靠性强，可改善劳动条件，但它只适用于矿料少的情况。用链板运输热烧结矿，既笨重且很易变形，润滑比较困难，现已淘汰。

7.2.4 槽下筛分系统

(1)焦炭筛分

焦筛有振动筛和辊筛两种，目前常用的是辊筛。辊筛结构复杂、耗电多，焦炭破碎率大，焦末量较多，随圆盘磨损间隙扩大，合格焦炭也可能会被筛下。振动筛已广泛应用于高炉上，从结构上分为偏心振动筛、惯性振动筛、自定中心振动筛(图7.15)。从结构运动分析来看，自定中心振动筛[图7.15(c)]较为理想，偏心振动筛已被淘汰。自定中心的转轴是偏心的，平衡重与偏心轴是对应的。振动时，皮带轮的空间位置基本上不变，只作单一的旋转运动，皮带不会因时紧时松而疲劳断裂。

惯性振动筛取消了固定的轴承，是一根无偏心的直轴，振动是利用固定在传动轴两端的偏心质量，主要缺点是皮带轮旋转中心与筛子一起运动，传动皮带张力不稳定，时紧时松，甚至脱落。

在焦筛下产生的碎焦中，25 ~ 40 mm 的一级碎焦返回称焦漏斗，给高炉分级使用，小于10 mm的一级碎焦供烧结使用。一般大中型高炉多用碎焦卷扬机将碎焦运出，如果焦筛位置较高时或高炉采用阶梯布置时，可用皮带机运输。

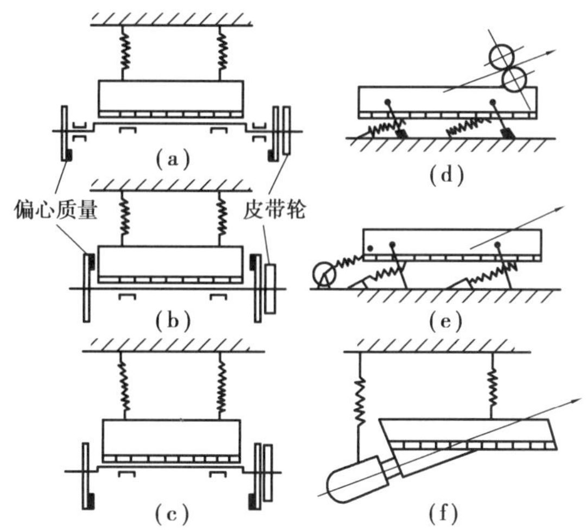

图 7.15 各种振动筛机构原理图

(2)烧结矿筛分

烧结矿在入炉前必须槽下过筛,使送给高炉的烧结矿中小于 5 mm 的粉尘降低到 3% ~ 5% ,甚至更小。小于 5 mm 的粉尘用皮带运输机送至烧结厂。

7.2.5 料车坑

采用斜桥料车上料的高炉均在斜桥下端设有料车坑。料车坑内通常安装有称焦漏斗,称为矿漏斗或中间漏斗,料车,碎焦仓及其自动闭锁器,碎焦卷扬机,还有排除坑内积水的污水泵等。在料车坑的上面一般设槽下操作室,其室内安装下述设备:

①上料系统作业情况信号盘。如控制料车、探料尺和大小料钟的位置、各种料仓的空仓和满仓,旋转布料器的旋转角度,料车的装料批次、车次和料种,各种设备的运转和停止状态等信息的信号盘。

②自动控制发生故障,或因特殊需要由自动改为手动的操纵设备,如附加焦炭、禁止开大钟、各个驱动装置单独操作的开关。

③与卷扬机房和高炉值班室联系的装置,如灯光信号、音响信号、警报及通话装置。

④必须在槽下操作室进行操作的设备,如焦炭称量漏斗和矿石称量漏斗的机械秤,控制有关阀门的主令控制器等。

此外,由于在槽下不断地漏料和筛分,料车坑中的灰尘很大,在设计原料操作室时,应考虑通风除尘和隔热设备。

7.2.6 炉顶上料设备

从高炉贮矿槽顶部到高炉炉顶属于炼铁车间的上料系统,其作用是将贮存在矿槽、焦槽中的各种原燃料按程序分期分批地运至高炉炉顶装料设备中。目前,高炉上料方式有用斜桥料车卷扬机上料和用皮(胶)带运输机上料两种。我国中、小型高炉和部分大型高炉大多采用斜桥料车上料。斜桥料车上料方式又分单料车上料和双料车上料两种,单料车上料只适用于小高炉,已逐步淘汰。300 m^3 以上高炉多采用双料车上料。新建大中型高炉多采用皮带运输机上料。

(1)料车式上料系统

主要由料车、斜桥和卷扬机等组成。

1)料车

料车容积一般为高炉容积的0.7% ~1%,大多以增加料车高度和宽度,并扩大开口的办法来扩大料车容积,而很少用加长料车的办法,因为它受到料车倾翻、曲轨长度以及运行时稳定性的限制。

料车(图7.16)车体一般由10~12 mm钢板焊成,为防止车体磨损,车底部和侧壁均镶有铸钢或锰钢保护衬板。为防止矿粉黏结车体,后部做成圆角,尾部上方设一个小窗口,供撒在料车坑内的料装回料车。料车前后两对车轮的构造不同(图7.17)。前轮只能沿主轨道滚动,后轮不仅沿主轨道、在炉顶曲轨段还要沿辅助轨道滚动,以便倾翻卸料,所以后轮做成具有两个踏面形状的轮子。料车上的4个轮子,可以单独转动,也可以做成轮子和轴固定的转轴式。单独转动的轮子采用双列向心球面轴承,能避免车轮滑行、啃边及不均匀磨损。

2)斜桥

斜桥多采用桁架式和实腹梁式两种结构。前者用角钢或型钢以一定的形式焊接成长方体框架。料车就在这个框架内移动,轨道设在桁架的下弦的钢梁上,而料车钢绳的导向轮则安装在桁架的顶端。这种桁架质量较小,结构较简单。

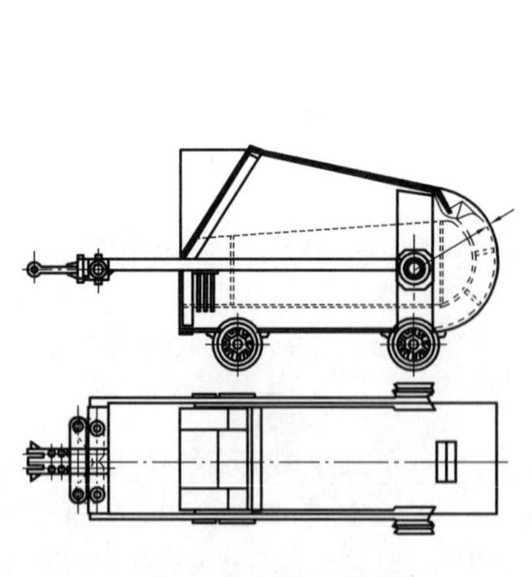

图7.16 料车示意图

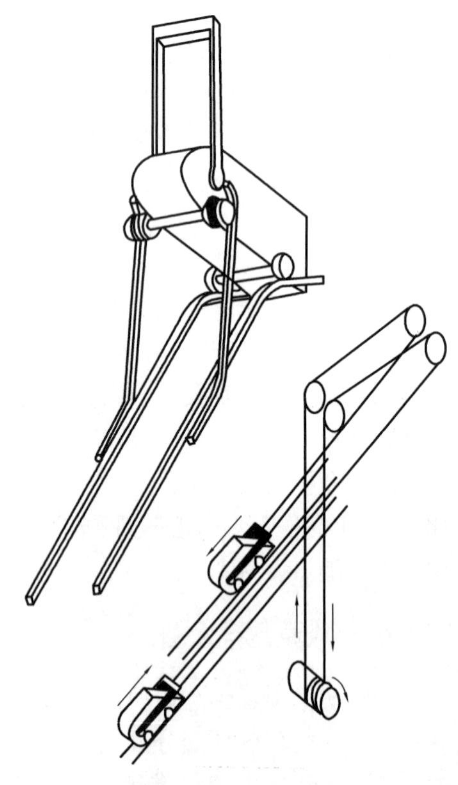

图7.17 料车的运动

实腹梁式斜桥为用钢板代替型钢铆焊的桁架,有的仅在下弦部分铺满钢板,两侧仍用角钢桁架。有的两侧采用钢板围成槽形断面,料车行走轨道都铺设在槽的底板上,而料车钢绳的顶部绳轮都安装在炉顶金属框架上。实腹梁式斜桥结构比较简单,可以自动化焊接,对斜度小、跨度大的高炉钢材消耗相对要多一些。

斜桥倾角主要取决于桥下铁路线数目和高炉的平面布置形式,一般为55°~60°(岛式布置的最小,只有40°)。倾角不能过大,避免通过料车重心的垂线可能落在后轴上,前轮出现负轮压,使料车行走不稳定。料车坑内的一段铁轨倾角可适当大一点,以便于装满料,倾角可达到60°以上。

斜桥的宽度取决于内部尺寸(料车尺寸)与外部尺寸(炉顶金属框架支柱间的距离)。一般料车与斜桥的间距:侧面不小于150 mm,上部250 mm左右。主桁架外缘与炉顶金属框架间距不小于75 mm,否则由于制造和修建的误差可能引起碰撞。

选择斜桥结构时要预先考虑料车的更换,为此将斜桥上个别拉杆改为可拆卸构件。

斜桥上料,料车设有两个相对方向的出入口,并设有防水防尘措施。卸料口卸料方向必须与胶带机的运转方向一致,机上应设有防跑偏、打滑装置。

在斜桥的顶端料车走行轨道应做成曲轨,常用的卸料曲轨形式如图7.18所示。当料车的前轮沿主轨道前进时,后轮则靠外轮轮面沿分支轨上升使料车自动倾翻卸料,这时料车的倾角达到60°,并立即停车。在设计曲轨时,应考虑倾翻过程始终要平稳,钢绳张力没有急剧变化,卸料过程产生的粒度偏析小,而在卸料后料车能在自重作用下以较大的加速度返回。图7.18中曲轨(c)结构简单、制作方便,但工艺性差,一般用于小高炉上,曲轨(a)和(b)常用于大中型高炉,曲轨(a)工艺性能好,尺寸要求严格,结构复杂,(b)的结构相对简单。为了保证倾翻和返回时平稳可靠,一般还在走行轨道上部装有护轮轨。

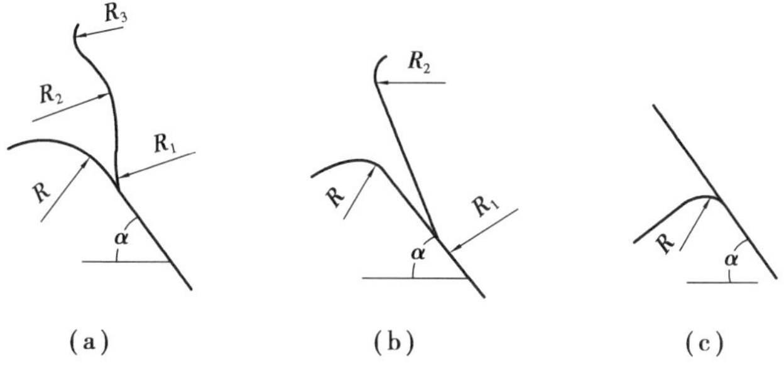

图7.18 卸料曲轨形式

料车上料系统还包括卷扬机(主要任务是使料车安全运行)、卷扬机室等。卷扬机室由机械设备系统和电磁站组成,机械设备系统主要有料车卷扬机、大小料钟卷扬机、探料尺卷扬机、高压操作用的大小钟均压阀卷扬机,以及必要的检修设施等。电磁站包括上料系统的控制设备,无触点控制柜和有触点控制盘。目前,现代化高炉都采用计算机程序控制。

上料控制系统包括装料顺序、装矿、装焦、主卷扬机、旋转布料器、均压、大小钟、探料尺、碎焦、电源等控制系统。斜桥料车式高炉装料作业程序如图7.19所示。

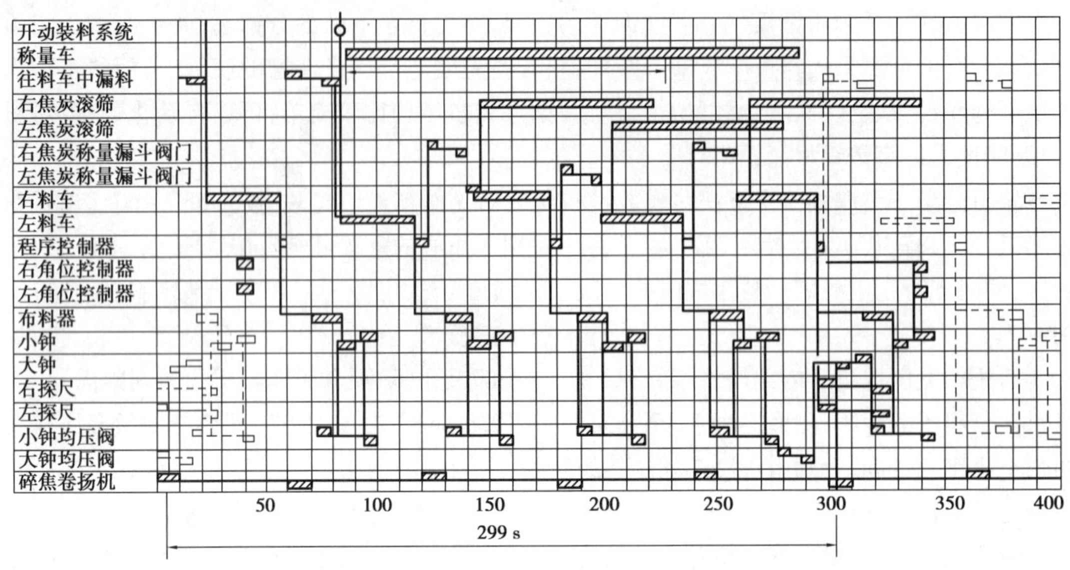

图 7.19　斜桥料车式高炉装料作业程序

(2) 皮带上料机系统

随着高炉大型化，料车容积和质量加大，料车在斜桥上的振动力很大，使钢绳加粗到难以卷曲的程度，为克服此困难，新建大型高炉都采用皮带上料系统，其优点有：

①生产能力大，效率高，灵活性大，连续上料，炉料破损小，配料可实现自动控制。

②采用皮带运输代替价格昂贵的卷扬机和发电机组，投资减少、设备质量减小，控制系统简化，节约钢材和动力，维修简单。

③皮带上料机是高架结构，占地面积小，坡度为 10°～18°，皮带长达 300 m，高炉周围的自由度加大，原料系统远离高炉，适应高炉大型化发展。

④控制技术简单，易实现自动化，各料槽都有卸料、称量等装置，直接与中央控制室联系，皮带使用寿命可达 6～7 年。

⑤改善炉顶装料设备工作条件。

使用皮带机应注意：上料前须设置铁片清除装置，避免刮伤皮带；输送的烧结矿和球团矿温度低于 120 ℃；为承担皮带的张力，须采用夹钢绳芯的高强度胶带，并采用多辊驱动；胶带机在运转时容易伤人，必须停机后才可进行检修、加油和清扫工作。

皮带上料机上料工艺流程如图 7.20 所示。在离高炉 270～340 m 处，设称量配料库，内设 3 排矿槽，焦炭占一排，烧结矿占一排，杂矿和熔剂等其他原料占一排，槽下用电磁振动给料器给料，振动筛筛分，称量漏斗称量，然后分别送往各自的集中料斗，按照上料程序（和料车式上料作业程序图相近）和装料制度，开动料斗下部的电磁振动给料器，将料均匀地分布在不停运转的皮带机上，然后送往炉顶装入炉内。

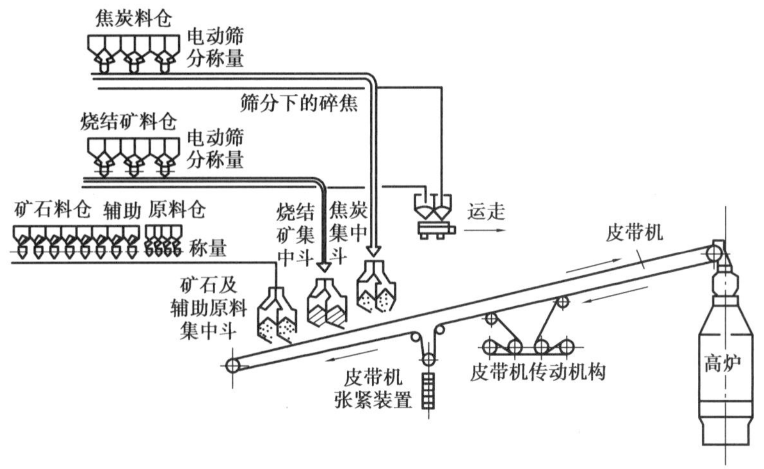

图 7.20 高炉皮带机上料流程

7.3 高炉炉顶装料设备

高炉炉顶装料设备的作用是将供料系统送来的料装入炉内,并使炉料在炉内分布合理,同时将煤气密封于炉内,即具有布料和密封炉顶煤气两个重要作用。

为了便于人工加料,过去很长时间炉顶是敞开的。后来为了利用煤气,在炉顶安装了简单的料钟与料斗,即单钟式炉顶装料设备,将敞开的炉顶封闭起来,煤气用管导出加以利用,但在开钟装料时仍有大量煤气逸出。后改用钟式炉顶装料设备,交错启闭。钟式炉顶装料设备中使用较多的是马基式炉顶,即双钟带小料斗旋转式布料器,随着高压操作和高炉大型化的发展,炉顶装料设备越加庞大复杂,维修量巨大。20 世纪 60 年代后期以来,出现了各种新型炉顶。从应用广泛的程度来看,新型炉顶可分为两大类,第 1 类以双钟密封阀式为多,第 2 类以摆动旋转溜槽(无钟式)为多。双钟密封阀式炉顶中钟结构与马基式炉顶中的钟结构相似,而其密封阀结构与无钟式炉顶结构中的密封阀相似。

无论何种炉顶装料设备均应满足如下基本要求:

①就炉料装入方面,要求布料时,在半径方向达到合理分布,在圆周方向上尽量均匀,而装料时不使炉料过碎。

②就煤气导出方面,要有可靠的气密性,满足高压操作要求。

③就设备本身方面,要坚固长寿,能耐高温、耐磨损、抗冲击,结构简单,易维修,更换方便。

④就操作方面,要求设备的操纵、润滑尽可能地自动化。

7.3.1 马基式炉顶(双钟式炉顶)

马基式炉顶构造如图 7.21 所示。

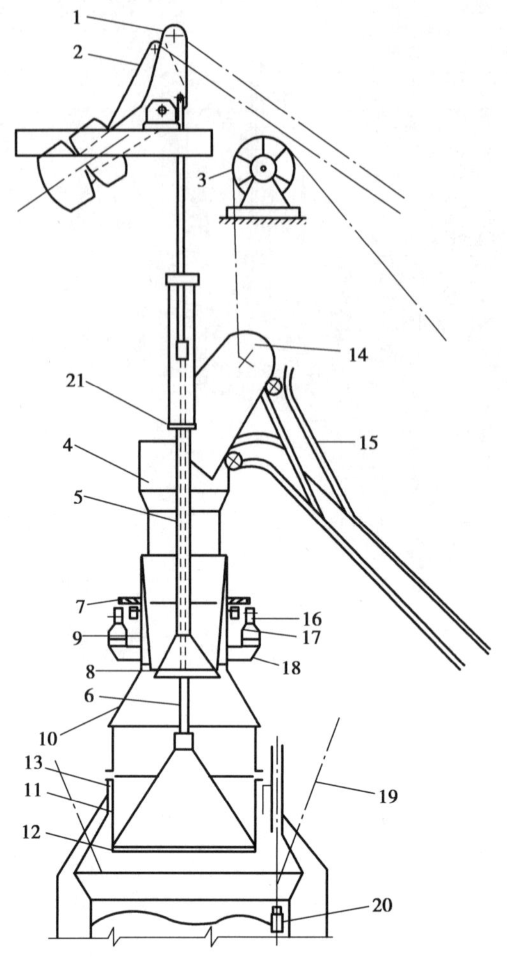

图 7.21　马基式炉顶装料设备

1—大钟平衡杆;2—小钟平衡杆;3—料车天轮;4—受料漏斗;5—小钟杆;
6—大钟杆;7—大齿轮;8—小钟;9—小料斗;10—煤气封盖;
11—大料斗;12—大钟;13—炉口钢圈;14—料车;15—斜桥弯轨;
16—托压辊;17—布料器;18—布料器密封圈和托圈;19—煤气上升管中心线;
20—探尺;21—小钟推力轴承和大小钟杆间的封圈

马基式炉顶装料设备包括:

①装料器,包括大料钟、大料斗、煤气封盖、大钟杆等。

②布料器,包括小料钟、小料斗、小钟杆、旋转驱动机构、受料漏斗等。

③装料设备的操纵装置,包括大小钟拉杆、平衡杆、平衡重锤、料钟卷扬机、料面探测装置和均压系统等。

(1)装料器

大料钟与大料斗的构造和安装如图 7.22 所示。

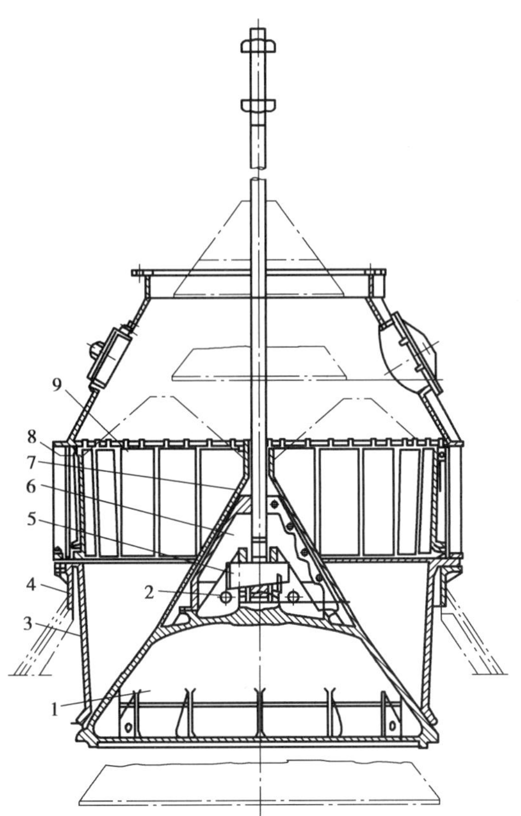

图 7.22 大料钟与大料斗的构造和安装示意图

1—大料钟;2—大钟杆;3—大料斗;4—炉顶支圈;5—连接楔;
6—保护钟;7—钢板保护罩;8—筒形环圈;9—衬板

大料钟一般用 ZG35 整体铸成,大钟壁厚 55 ~ 60 mm,大钟倾角通常采用 53°,根据炉料的流散性好坏而适当减小或加大。大钟直径应在设计炉型时与炉喉直径配合考虑,以获得合适的漏料间隙,一般高炉的炉喉间隙为 900 ~ 1 100 mm,也可用下式算得炉喉间隙。

$$a = 0.1d_{喉} - 0.2 \tag{7.24}$$

式(7.24)中,a 为炉喉间隙,m;$d_{喉}$ 为炉喉直径,m。

大钟下部内侧铸有水平刚性环和垂直加强筋,以减少扭曲和变形。大钟与大料斗的接触面,一般带宽为 100 ~ 150 mm,接触角为 53°,接触处焊上硬质合金。

大钟拉杆由 15 号钢做成,长度可达 14 ~ 15 m。大钟拉杆与大钟的连接方法可以是刚性的楔连接,也可以是挠性的铰链连接。为了保护此连接处,在大钟上有铸钢的保护钟和用钢板焊成的保护罩。

大料斗用 ZG35 整体铸成,壁厚 50 ~ 55 mm,料斗壁倾角大于 70°,一般为 85° ~ 86°,料斗下缘无水平的加强环,也没有垂直的加强筋,以保证下口具有良好的弹性。大料斗上与大料钟接触面处,也焊有硬质合金,并进行抛光。

煤气封盖与大料斗相连,是封闭大小料钟之间的外壳,它由上、下两部分组成,下部为圆筒形,内壁衬以锰钢板保护层,上部为圆锥形,由两半钢板焊接而成,其上设有 2 个均压阀的管道接头孔和 4 个人孔。4 个人孔中 3 个小的人孔作为日常维修时的窥视孔,一个大的椭圆形孔用于修理时,放进或取出半个小料钟之用。

(2)布料器

布料器主要作用是把承载着炉料的小料斗旋转起来,按规定把堆尖分别送到炉内圆周上的各个位置上。

从斜桥方向将炉料倒入受料漏斗,进入小料斗,炉料偏于一个方向,产生粒度偏析,料车倒车速度越快,炉料粒度偏析现象越严重。为了消除布料偏析,增加了旋转布料器。此外还有快速旋转漏斗和空转定点漏斗。

快速旋转布料器的结构设计原则是旋转部分不密封和密封部分不旋转,即受料漏斗下面,小料斗上面安放一个快速旋转布料器,当料车向炉顶受料漏斗卸料时,炉料通过正在快速旋转的漏斗,使原料在小钟上均匀分布,消除准尖。

快速旋转漏斗和空转定点漏斗将受料漏斗分为上、下两部分,上面部分是固定受料漏斗,下面的则给以旋转传动,实现旋转部分不用密封,密封的部位不用旋转。使设备的制造维修变容易,寿命延长。就布料来看,空转定点的布料方式,仍然是把堆尖分散在圆周各点的位置上,而快速旋转斗,则是在受料过程中消灭堆尖,特别是大高炉用的双坡口的料斗,更能消灭堆尖,因而避免了因炉料多少和粒度大小而造成的偏析。

小料斗每装一车料后旋转不同角度,再打开小钟漏料。通常,后一车料比前一车料旋转递增60°,即0°、60°、120°、180°、240°、300°。有时为了操作灵活,在设计上有的做成15°个点,这样就有可能采用2、3、4、6、8、12、24点布料,为了传动迅速,当转角超过180°时,采用反方向旋转的方法,如240°就可变为向反方向旋转120°。

小料钟一般用焊接性能好的ZG35Mn2钢铸成,为了增加抗磨性,也有用ZG50Mn2铸钢件。小料钟倾角为50°~55°,与小料斗接触处,甚至整个小钟表面都堆焊有硬质合金,为了在不拆卸炉顶装料设备的条件下更换小钟,一般小钟由两个半瓣组成,以便于拆卸。两瓣通过垂直结合面用螺栓从内侧连接。小钟刚性联结在小钟拉杆上(小钟拉杆为空心拉杆,中心可自由通过大钟拉杆),其上部经过悬挂装置与小钟平衡杆相连,悬挂装置支持在止推滚动轴承上。

钟斗型式的炉顶,为加强煤气密封,出现多钟式炉顶、钟阀式炉顶等结构,炉顶结构复杂、体积庞大、质量大,难以制造、运输、安装和维修,寿命短。从大钟锥形面的布料结果看,大钟直径越大,径向布料越不均匀,虽然在钟阀炉顶上配用了变径炉喉,但仍不能解决根本问题。料钟数目的增多和直径的加大,使辅助设备越来越多、越来越复杂,炉顶钢结构庞大,炉顶总高度往往占整个高炉高度之半,投资巨大。

7.3.2 无钟炉顶

(1)无钟炉顶的优缺点

无料钟炉顶具有如下优点:

①布料理想调剂灵活。在炉内采用溜槽,既可作圆周旋转,又能改变倾角,从理论上讲,炉喉截面上的任何一点都可以布料,两种运动形式既可独立进行,又可复合在一起,故布料极为灵活。

②取消了庞大笨重而又需要精密加工的部件,代之以积木式的部件,解决了制造、运输、

安装、维修和更换方面的困难。

③炉顶有两层密封,不受原料摩擦和磨损影响,寿命较长,能保证高压操作正常进行。

④基建投资少。无料钟炉顶高度较钟阀式低 1/3,设备质量减小到钟阀式的 1/3 ~ 1/2。休风率减少 80% ~90%,维修费用低,炉顶设备总功率为普通炉顶的 1/5,故一次性投资和维修费用都有较大节省。

但无料钟炉顶的布料器传动系统比较复杂,要自动控制,充分发挥溜槽的灵活性较困难,要有可靠的监护系统,防止堵料、卡料,要求炉顶温度不能太高,要用优质材料,特别是溜槽、耐高温轴承、润滑材料、密封材料等。

(2)无钟炉顶的结构

如图 7.23 所示,无钟炉顶由受料漏斗、料仓、中心喉管、气密箱、旋转溜槽等几部分组成。

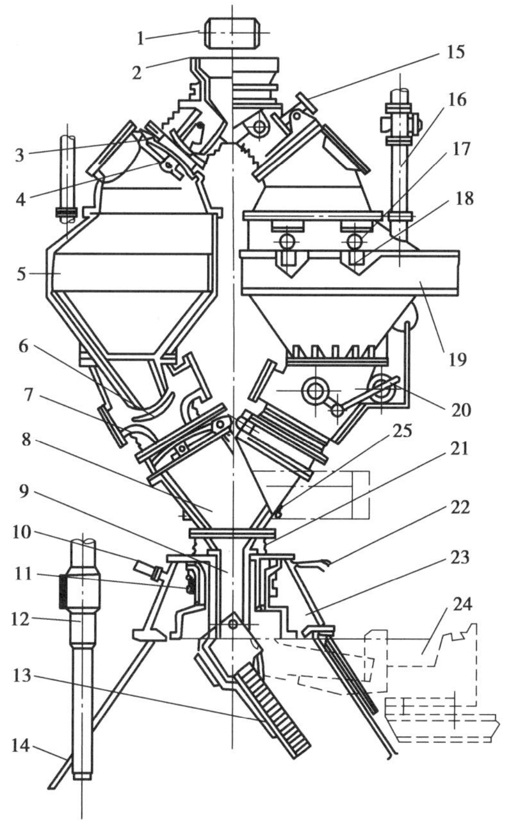

图 7.23　无钟炉顶装置示意图

1—皮带运输机;2—受料漏斗;3—上闸门;4—上密封阀;5—料仓;
6—下闸门;7—下密封阀;8—叉形漏斗;9—中心喉管;10—冷却气体充入管;
11—传动齿轮机构;12—探尺;13—旋转溜槽;14—炉喉煤气封盖;15—闸门传动液压缸;
16—均压或放散管;17—料仓支撑轮;18—电子秤压头;19—支撑架;20—下部闸门传动机构;
21—波纹管;22—测温热电偶;23—气密箱;24—更换溜槽小车;25—消声器

受料漏斗中,有带翻板的固定式受料漏斗,也有可沿滑轨移动的受料漏斗。

料仓一般设两个,接受和贮料用,内有耐磨衬板。料仓上口安有上密封阀,可在料仓漏料入炉时,密封住炉内煤气。在料仓下口安有闸门和下密封阀,闸门用来在关闭状态时锁料,避免下密封阀受炉料磨损,在开启状态时,可通过调节闸门的开度,以控制下料速度,下密封阀在装料入料仓时,密封住炉内煤气。闸门是液压传动的扇形闸板,密封阀是盘式阀,在阀盖上装有硅橡胶圈,阀座上设有氮气吹扫孔,在阀盖将要关闭时,吹去橡胶圈表面黏附的灰尘和炉料,同时起冷却密封面的作用。密封面的接触有软碰硬、硬碰硬、硬碰软和软硬皆有的结构形式。

中心喉管上面设有叉型管和两个料仓相连,为了防止炉料将内壁磨偏磨损,可在叉型管的底部和中心喉管连接处,焊上一定高度的挡板,用死料层保护衬板,并避免中心喉管磨偏,挡板不宜过高,否则会引起卡料。

无钟炉顶还有 5 个附属系统:

①监测系统。包括料仓空满显示,一般是将料仓上下软接,仓体压在电子秤上,电子秤安装在炉顶框架的大梁上,靠它发出仓空、仓满信号,也有的借料流冲击管壁的声音来测定仓的空满情况。还有料面探测、炉温显示及报警设备。

②料仓充压及排压系统。包括均压管路、排压管路、充压气体的加压设备。

③冷却系统。包括气密箱冷却(吹氮、通水等)、炉喉打水设备。

④吊装系统。包括炉顶吊车、更换溜槽用小车。

⑤其他结构。包括结构支架、平台等。

(3)无钟炉顶装料过程的操作程序

炉顶装料前,假定两个料仓都是空的,所有密封阀和料流控制闸门都处于关闭状态,两个料仓内为常压,每个料仓每两车放一次料。当第 1 车料送达炉顶后,首先打开要装料的料仓上的上密封阀,接着打开上闸门,第 1 车料通过受料漏斗卸入该料仓,在卸完第 1 车料后,关闭上闸门,相继关闭好上密封阀。为了减轻下密封阀的压力差,料仓内充入均压净煤气,这时第 2 车料由料车在坑内装料,接着由卷扬机将第 2 个料车拉上炉顶,当第 2 车料到卸料点之前,将料仓内煤气压力放掉,然后打开上密封阀,再打开上闸门,料仓接受第 2 车料,卸完料后,关闭上闸门,再关闭上密封阀,料仓内充入均压气体。当料尺发出装料入炉的信号时,打开下密封阀,同时给溜槽信号,使其由停机位置启动旋转,当转到预订开始下料的位置时,打开下闸门到规定开度向叉型管漏料,其开度的大小不同可获得不同的料流速度,一般是卸球团矿开度小、烧结矿大些,焦炭最大。当料仓发出"料空"信号时,关闭下闸门,相继关下密封阀,同时溜槽转到停机位及时停止旋转,并将料仓内气体压力放掉。溜槽布料所用时间相当于另一料仓的装料时间,故可保证连续布料,在一料仓卸料入炉的同时,另一料仓再装料,其过程与上同。

7.3.3 探料器

探料设备必须能准确探测料面下降情况,以便及时上料。既要防止料满时开大钟顶弯钟杆,又要防止亏料时炉顶温度升高,烧坏炉顶设备。高炉上使用的探料装置有机械传动的探料尺、微波式料面计和激光式料面计。

(1)探料尺

中型高炉多采用自动化的链条式探尺,它是链条下端挂重锤的挠性探尺,如图7.24所示。探尺的零点是大钟开启位置的下缘,探尺从大料斗外侧炉头内侧伸入炉内,重锤中心距炉墙不小于300 mm,探尺卷筒下面有旋塞阀,可以切断煤气,以便在阀上的水平孔中进行重锤和环链的更换。重锤的升降借助于密封箱内的卷筒传动。在箱外的链轴上,安设一钢绳卷筒,钢绳与探尺卷扬机卷筒相连。探尺卷扬机放在料车卷扬室内,料线高低自动显示与记录。探尺的直流电机是经常通电的,由于马达力矩小于重锤力矩,故重锤不能提升,只能拉紧钢丝绳,以保证重锤在料面上是垂直的,到了该提升时,只要切去电枢上的电阻,启动力矩随之增大,探尺才能提升,当提升到料线零点以上时,大钟才可以打开装料。

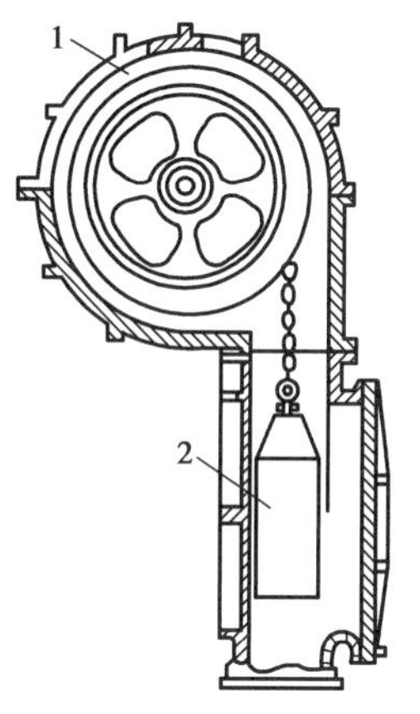

图7.24 链条探料尺
1—链条的卷筒;2—重锤

每座高炉设有2个探料尺,互成180°,设置在大钟边缘和炉喉内壁之间,且能够提升到大钟关闭位置以上,以免被炉料打坏。

这种机械探料尺基本上能满足生产要求,但是只能测两点,不能全面了解炉喉的下料情况;另外,由于探料尺端部直接与炉料接触,容易因滑尺和陷尺而产生误差。

(2)放射性同位素测高炉料线

一些国家早已使用放射性同位素 Co^{60} 来测量料面形状和炉喉直径上各点下料速度。放射性同位素的射线能穿透炉喉而被炉料吸收,使到达接收器的射线强度减弱,从而指示出该点是否有炉料存在。将射源固定在炉喉不同高度水平,每一高度水平沿圆圈每隔90°放置一个射源。当料放下降到某一层接收器以下时,该层接收到的射线突然增加。控制台上相应的信号灯就亮了。这种测试需要配有自动记录仪器。

除了放射线测定外还有雷达探料,在炉喉设一天线,连续发射微波并接受反射波,由此来测定料面。还有激光探料,采用砷化镓激光器发出0.9 μm波长的激光源,利用光的通断变换为电信号而测知料面位置。放射性探料与机械料尺相比,前者结构简单,体积小,可远距离控制,无须在炉顶开孔,结构轻巧紧凑,所占空间小,检测的准确性和灵敏度较高,可以记录出任何方面的偏料及平面料面,但射线对人体有害,需要加以防护。

7.3.4 均压系统

高炉采用高压操作后,为了打开装料设备,防止煤气泄漏磨损设备,延长装料设备的寿命,以及使料钟或无钟式炉顶的密封阀顺利打开,炉顶上设置均压装置。

均压装置是通过煤气封盖上开的均压孔进行安装,每个孔的引出管又分成一个均压用煤气的引入管,它自半净煤气管来,在炉顶有均压阀;另外分出一个排压用煤气导出管,它一直引到炉顶上端,出口有放散阀排压。钟式炉顶均压系统如图7.25所示。

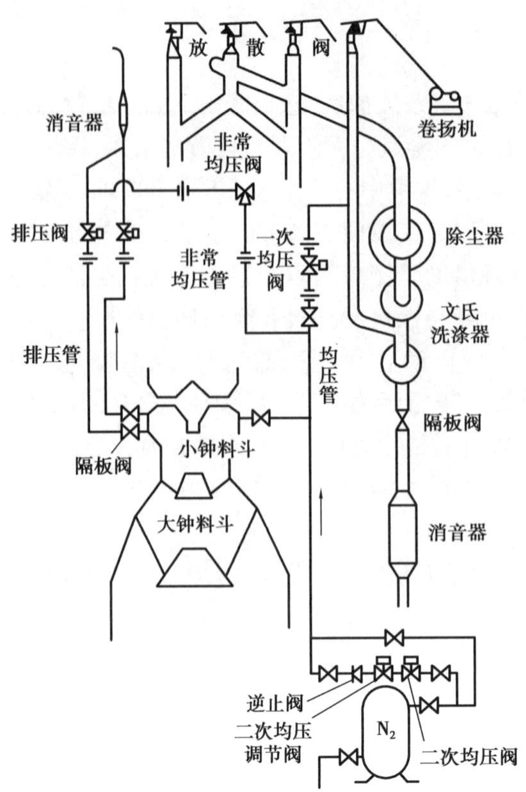

图 7.25　钟式炉顶均压系统

双钟式或无钟式装料装置有一个均压室(如双钟式炉顶中大小钟间为均压室,无钟式炉顶中料仓为均压室),钟阀式装料装置有两个均压室。从炉顶出来的荒煤气,经过除尘系统用回压管将半净煤气送回到均压室,即一次均压;为了提高煤气压力,多采用氮气进行二次均压,充压后的压力要求和炉顶压力相等或稍高于炉顶压力,以顶住炉内煤气的泄漏。炉顶压力的控制是通过装在净煤气管上的调压阀组进行的。

均压制度有以下 3 种形式:

①基本工作制。料钟空间常保持大气压,只在大钟下降前才充压,大钟关闭后马上排压,二钟空间易产生爆炸性气体,所以需要通蒸气防止爆炸。

②辅助工作制。即料钟间经常具有高压煤气,仅在小钟下降前将煤气放掉,这种工作制的均压阀工作次数等于小钟工作次数,易磨损,不利于布料器和大小拉杆间的密封。

③混合工作制。两钟空间保持大气压,大钟均压阀按第 1 种工作制工作,小钟均压阀按第 2 种工作制工作。

7.4　送风系统

送风系统主要任务是连续可靠地供给高炉冶炼所需热风。高炉送风系统包括鼓风机、热风炉、冷风管道、热风管道、混风管道、煤气管道以及阀门等。

7.4.1 高炉用鼓风机

随着高炉大型化和高压操作,鼓风机向着大流量、高压力、高转速、大功率、高自动化水平的方向发展。高炉对鼓风机的要求如下:

(1)要有足够的送风能力

要有足够的送风能力,即高炉鼓风机送出的风量和出口风压要足够。

高炉鼓风机出口风量包括高炉入炉风量及送风管路系统的漏风损失,可按下式表示:

$$q_v = (1 + k) q_0 \tag{7.25}$$

式(7.25)中,q_v 为高炉鼓风机出口处风量,m^3/min;k 为送风管路系统的漏风损失系数,在正常情况下,$k=0.15$,小型高炉 $k=0.2$;q_0 为高炉入炉风量,即在高炉风口处进入高炉内的标准状态下的鼓风流量,m^3/min。

高炉入炉风量由下式计算:

$$q_0 = \frac{V_{有效} I\upsilon}{1\ 440} \tag{7.26}$$

式(7.26)中,$V_{有效}$为高炉有效容积,m^3;I 为冶炼强度,$t/(m^3 \cdot d)$;υ 为每吨干焦的耗风量,m^3/t。

鼓风机出口风压应能满足高炉炉顶压力,并克服炉内料柱阻力损失和送风系统阻力损失。鼓风机出口压力 P 可用下式表示:

$$P = P_d + \Delta P_{LZ} + \Delta P_{SF} \tag{7.27}$$

式(7.27)中,P_d 为炉顶压力,Pa;ΔP_{LZ} 为高炉内料柱阻损,Pa;ΔP_{SF} 为送风系统的阻损,一般为 $0.1\times10^5 \sim 0.2\times10^5$ Pa。

(2)送风均匀稳定又有良好的调节性能和一定的调节范围

当高炉要求固定风量操作时,风量不应受风压影响。也有定风压操作的,如解决炉况不顺行,热风炉换炉时暂时性波动等的影响,它要求变动风量时保证风压稳定。此外,高炉操作常要加风或减风,当采用不同的炉顶压力操作,炉内料柱透气性变化时,需要风机出口风量和风压能在较大范围内变动。在不同的气象条件下,例如在夏季和冬季,由于大气温度、压力和湿度的变化,风机的实际出口风量和风压必然有相应变化。因此要求风机应有良好的调节性能和一定调节范围。

(3)应充分发挥鼓风机的能力

风机因大气条件的变化所产生的影响应尽量小,风量大时要避免放风运转,风量小时要避免风机喘振,暂时需要最大风量时,不应要求最高的压力,否则驱动机功率会增大。总之,调节范围要适当,要使经常运行的范围处在高效率区。

现代大中型高炉所用的鼓风机,多数是离心式和轴流式。

1)离心式鼓风机

离心式鼓风机结构如图 7.26 所示,由轴、工作叶轮、轴向推力平衡盘,进气管、扩压器、弯道、回流器、蜗室、出气管等组成。离心式鼓风机是利用装有许多叶片的工作轮旋转所产生的离心力来挤压空气,以达到一定的风量和风压的。空气从进气管经叶轮逐级升压,从最后一级叶轮,经扩压器进入蜗室,最后由出气管排出。叶轮旋转的离心力把气体甩向叶轮顶端,因而提高了气体的速度和密度,进入环形空间—扩压器后,空气的部分动能转变为势能,压力提高,这样逐级升压,以致达到出口需要的水平。

离心式鼓风机体积大、制造运输困难、功率消耗多。

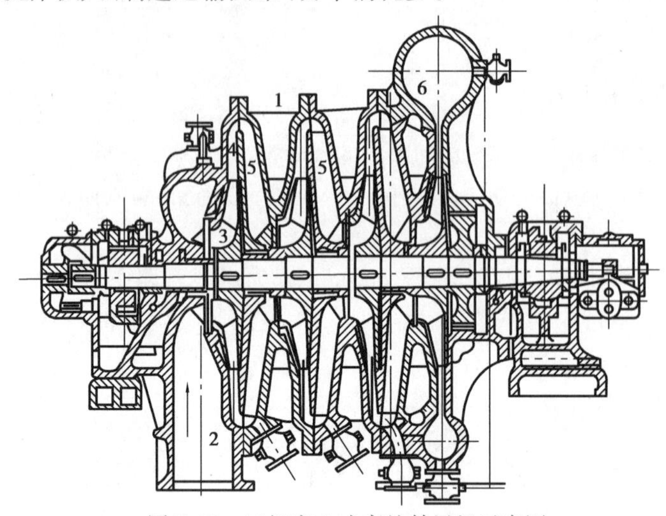

图 7.26　四级离心式高炉鼓风机示意图

1—机壳;2—进风口;3—工作叶轮;4—扩压器;5—固定的导向叶片;6—出气口

2)轴流式鼓风机

轴流式鼓风机质量小、体积小、占地面积小。由于气流转向少内部阻损也小,故效率高,约比离心式鼓风机高 10%。其特性曲线较陡,适合于高炉要求的定风量操作。在压力变化时风量近乎不变。其特性曲线陡则稳定工作区较窄,易发生喘振,高效率区与喘振线位置较近;风机叶片对灰尘敏感,积灰后则特性曲线变化,出口风压风量均减少,故对空气过滤的要求严格。

轴流式鼓风机的气流方向与轴向相同,故名轴流式。其主要部件为转子与机壳,构造如图 7.27 所示。当原动机带动转子高速旋转时,气体由进气管口流入后经过进口导流器叶片,依次流过鼓风机的各个级,由于叶片与气体的相互作用,叶片对气体做功,气体因而获得能量,使动能与势能增加,最后经整流器、扩散段之后,流向排气管口。

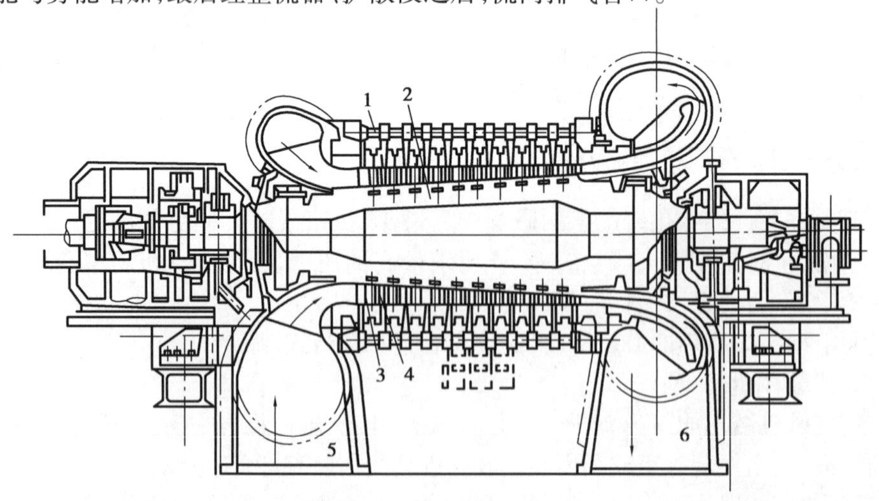

图 7.27　轴流式鼓风机

1—机壳;2—转子;3—工作动叶;4—导流静叶;5—吸气管口;6—排气管口

7.4.2 热风炉

热风炉是一种蓄热式热交换器，它借助煤气燃烧将炉内格子砖烧热，然后将冷风通入格子砖，冷风被加热。燃烧（即加热格子砖）和送风（即冷却格子砖）交替工作，为保证向高炉连续供风，故每座高炉至少需配置 2 座热风炉，一般配置 3 座，大型高炉以 4 座为宜。自从使用蓄热式热风炉以来，其基本原理至今没有改变，而热风炉的结构、设备及操作方法有了重大改进。当前，热风炉结构有内燃式热风炉、外燃式热风炉和顶燃式热风炉等型式。

(1) 内燃式热风炉

传统的内燃式热风炉（图 7.28）结构含燃烧室、蓄热室，由炉基、炉底、炉衬、炉箅子、支柱等构成。设有冷风管、热风管、混风管、燃烧用净煤气管和助燃风管、倒流体风管等。燃烧室和蓄热室砌在同一炉壳内，之间用隔墙（火井墙）隔开。热风炉的加热能力（每 1 m^3 高炉有效容积相应热风炉所具有的加热面积）要求一般为 80 ~ 110 m^2/m^3。

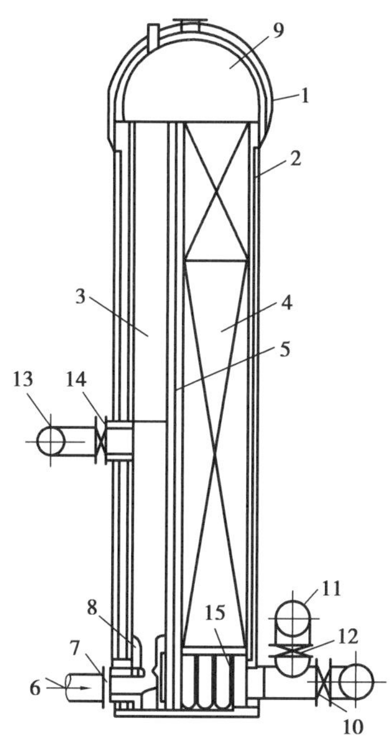

图 7.28 内燃式热风炉结构示意图

1—炉壳；2—内衬；3—燃烧室；4—蓄热室；5—隔墙；6—煤气管道；7—煤气阀；8—燃烧室；9—拱顶；10—烟道阀；11—冷风管道；12—冷风阀；13—热风管道；14—热风阀；15—炉箅子及支柱

热风炉主要尺寸是外径和全高，决定于高炉有效容积、冶炼强度要求的风温，一般新建热风炉的高径比（H/D）在 5.0 左右。

1）炉墙

炉墙起隔热作用，并在高温下承载，因此各部位炉墙的材质和厚度要根据砌体所承受的温度、荷载和隔热需要而定。

炉墙一般由砌体（大墙）、填料层、隔热层组成。大墙通常由 345 mm 耐火砖砌筑，砖缝小于 2 mm。隔热砖一般为 65 mm 硅藻土砖，紧靠炉壳砌筑。隔热砖和大墙之间留有 60 ~ 80 mm 的水渣—石棉填料层，以吸收膨胀和隔热。也有的厂用两层 30 mm 厚的硅铝纤维贴于炉壳上，同时将轻质砖置于硅铝纤维与大墙之间，在炉壳内壁上喷涂 20 ~ 40 mm 不定形耐火材料。为减少热损失，在上部高温区大墙外增加一层 113 mm 或 230 mm 的轻质高铝砖；在两种隔热砖之间填充 50 ~ 90 mm 隔热填料层，其材料为水渣—石棉填料、干水渣、硅藻土粉、硅石粉等。

2）燃烧室

燃烧室是燃烧煤气的空间。断面形状有圆形、眼睛形、复合形等，具体如图 7.29 所示。圆形的煤气燃烧较好，隔墙独立且较稳定，但占地面积大，蓄热室死角面积大，相对减少了蓄热面积。眼睛形占地面积小，烟气流在蓄热室分布较均匀，但燃烧室当量直径小，烟气流阻力大，对燃烧不利，在隔墙与大墙的咬合处容易开裂，故一般多用于小高炉。复合形也称苹果形，兼有上述二者的优点，但砌筑复杂，一般多用于大中型高炉。

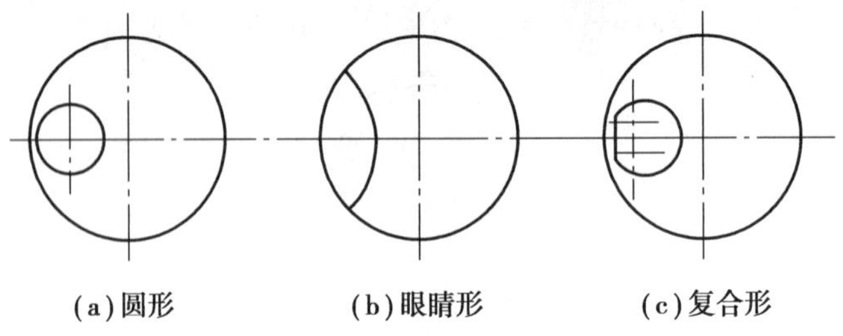

图 7.29　燃烧室断面形状

燃烧室炉墙一般由耐火层、绝热层和隔热层组成。各层厚度应根据炉壳温度和所用耐火材料的界面温度确定。因炉墙温度自上而下逐渐升高，所以不同高度耐火层和绝热层厚度有所不同。在燃烧室和蓄热室侧边的炉墙厚度有差异，要保证燃烧室侧边的炉墙能够耐高温且承重性好，燃烧室侧边大墙厚度比蓄热室的侧边要厚些。

燃烧室隔墙由两层互不错缝的高铝砖砌成，大型高炉用一层 345 mm 和一层 230 mm 高铝砖砌成，中、小型高炉用两层 230 mm 高铝砖砌成。互不错缝是为受热膨胀时，彼此没有约束。燃烧室比蓄热室要高出 300 ~ 500 mm，以保证烟气流在蓄热室内均匀分布。

燃烧室断面积加隔墙面积占热风炉总断面积的 22% ~ 36%，大高炉取小值，小高炉取大值。烟气在燃烧室内的标态流速为 3 ~ 3.5 m/s（金属套筒式燃烧器）和 6 ~ 7 m/s（陶瓷燃烧器）。

3）蓄热室

蓄热室是热风炉进行热交换的主体，由格子砖砌筑而成。砖的表面就是蓄热室的加热面，格子砖块作为贮热介质。蓄热室的工作既要传热快又要贮热多，且要有尽可能高的温度。格子砖的特性对热风炉的蓄热、换热以及热效率有直接影响。

蓄热室断面积，一般由热风炉直径扣除燃烧室断面面积得到，可用填满格子砖的通道面积中的气流速度核算。为了保证传热速度，要求气流在紊流状态流动，即雷诺数大于 2 300。由于气体在高温下黏度增大，而且格孔小不易引起紊流，故现代高风温热风炉要求有较高的流速以满足传热要求。

蓄热室工作的好坏，风温和传热效率如何，与格孔大小、形状、砖量等也有很大的关系。对格子砖的要求：有较大的受热面积进行热交换，一定的砖重量来蓄热，能引起气流扰动，砌成格子室后结构稳定。

格子砖的主要特性指数有：有效通道面积、1 m^3 格子砖中耐火砖的填充系数、格孔的水力学直径、1 m^3 格子砖的受热面积、当量厚度。

①有效通道面积（φ）。

有效通道面积 φ 可按下式计算：

$$\varphi = \frac{A}{A + A_0} \tag{7.28}$$

式(7.28)中，A 为一块格子砖的格孔通道面积，m^2；A_0 为一块格子砖的砖面积，m^2。

对方孔格子砖可按下式计算：

$$\varphi = \frac{b^2}{(b + \delta)^2} \tag{7.29}$$

式(7.29)中，b 为格孔边长，m；δ 为格子砖的厚度，m。

热风炉中对流传热方式占比较大，φ 值小可提高流速，从而提高传热效率。但 φ 值过小会导致气流阻力损失的增加，消耗较多的能量。一般 φ 值为 0.36 ~ 0.46。

②1 m^3 格子砖中耐火砖的填充系数（V）。

填充系数 V 可按下式计算：

$$V = 1 - \varphi \tag{7.30}$$

它表示格子砖的蓄热能力，填充系数大的砖型，由于蓄热量多，风温降小，能维持较长的送风周期，但砖量不能有效利用。反之，V 小蓄热量少，风温降大，送风周期短，砌体强度差。一般 V=0.55 ~ 0.67，要综合考虑 V 和 φ 两个指标，不要追求其中一个指标而影响另一指标。

③格孔的水力学直径（d_h）。

格孔的水力学直径 d_h 可按下式计算：

$$d_h = \frac{4A}{L} \tag{7.31}$$

式(7.31)中，L 为一块格子砖中气流与格孔通道的接触周边长度，m。

d_h 表示任意形状孔道相当于圆孔道的直径。截面积越小周界越长的孔道当量直径越小，能提高气流速度，改善传热条件。一般 d_h = 0.04 ~ 0.06 m。减小格孔可增大砖占有的体积，能增大砖蓄热能力。格孔大小取决于燃烧用煤气的含尘量，如果含尘量大，格孔小时就容堵塞。随煤气净化水平的提高，格孔有减小的趋势。

④1 m^3 格子砖的受热面积（S）。

受热面积 S 可按下式计算：

$$S = \frac{L}{A + A_0} = \frac{4\varphi}{d_h} \tag{7.32}$$

对方孔格子砖可按下式计算：

$$S = \frac{4b}{(b + \delta)^2} \tag{7.33}$$

希望格子砖的受热面积大些，因为它是热交换的基本条件，同样体积的格子砖，受热面积大则风温和热效率高。一般 $S=24\sim40\ m^2/m^3$。

⑤当量厚度(σ)。

当量厚度 σ 可按下式计算:

$$\sigma=\frac{V}{S/2}=\frac{2(1-\varphi)}{S} \tag{7.34}$$

如果格子砖是一块平板,两面受热,则当量厚度就是实际高度,但实际上蓄热室内格子砖是相互交错的,部分表面被挡住,不起作用,所以格子砖的当量厚度总是比实际厚度大,这说明当实际砖厚度一定时,当量厚度小则格子砖利用好。一般 $\sigma=0.03\sim0.053$ m。

⑥1 m^3 格子砖的质量(G)。

其计算公式为:

$$G=(1-\varphi)\gamma \tag{7.35}$$

式(7.35)中,γ 为格子砖的密度,kg/m^3。

G 大则体积密度大,热容量大。一般高铝砖 $G=1\ 500\sim1\ 800\ kg/m^3$,黏土砖 $G=1\ 200\sim1\ 500\ kg/m^3$。

常用的格子砖类型有:板状砖、块状穿孔砖、五孔砖和七孔砖。板状砖是每个孔由4块砖组成,块状穿孔砖是在整块砖上穿孔。采用较多的是五孔砖和七孔砖。其格孔形状有圆孔、三角孔、方孔、矩形孔和六角孔。格子砖表面也有平板的,也有波纹的。在多数情况下,蓄热室由不同孔型的格子砖砌成若干段。由于煤气含尘量不断降低,现代高风温热风炉要求进一步增加蓄热面积和格子砖的稳定性,所以格孔尺寸和厚度趋于缩小,热风炉尺寸加大,板状砖逐渐被整体穿孔砖所代替。在蓄热能力及热交换性能方面,矩形孔优于其他孔型。蓄热室在结构上的稳定是非常重要的,圆形孔的格子砖有强度高的优点,目前被广泛使用。

蓄热室的结构可分为两类,即在整个高度上格孔截面不变的单段式和格孔截面变化的多段式。热风炉工作中,希望蓄热室上部高温段多贮存一些热量,所以上部格子砖填充系数较大而有效通道截面积较小,这样送风期间不致冷却太快,以免风温急剧下降。在蓄热室下部由于温度低,气流速度也较低,对流传热效果减弱,所以应设法提高下部格子砖蓄热能力,较好的办法是采用波浪形格子砖,以增加紊流程度,改善下部对流传热作用。

4)拱顶

拱顶是连接燃烧室和蓄热室的砌筑结构,它长期处于高温下工作,应选用优质的耐火材料,并保证砌体结构稳定,燃烧时高温烟气流均匀地进入蓄热室。内燃式热风炉拱顶有半球形、锥球形、抛物线形和悬链形,国内传统内燃式热风炉一般多采用半球形拱顶(图7.30)。它可使炉壳免受侧向推力,拱顶荷重通过拱脚正压在墙上,以保持结构稳定。应加强热风炉上部与拱顶的绝热保护,鉴于拱顶支在大墙上,大墙受热膨胀,受压易于破坏,故将拱顶与大墙分开,支在环形梁上,使拱顶砌成独立的支撑结构。

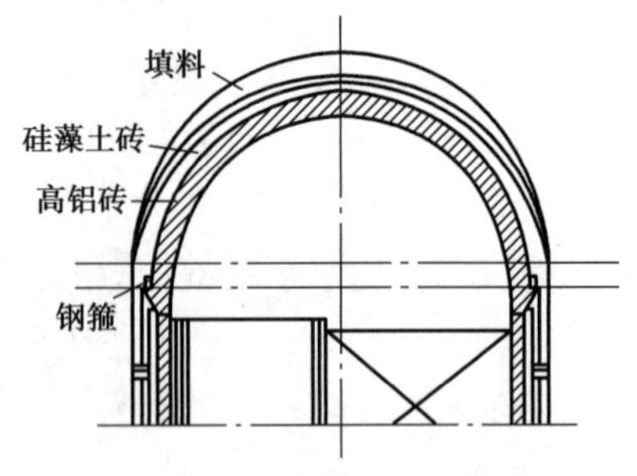

图7.30　半球形拱顶

采用抛物线形和悬链形拱顶稳定性较好,悬链形拱顶的气流也较均匀,但结构较复杂。

拱顶内衬的耐火砖材质决定拱顶温度水平,为了减少质量和提高拱顶的稳定性,尽量缩小拱顶的直径,并适当减薄砌体的厚度。拱顶砌体厚度减薄后,其内外温度差降低,热应力减少,可延长拱顶寿命。

拱顶的下部第一层砖为拱脚砖,常用钢圈加固,使炉壳少受水平力作用。在拱顶的正中为特制的炉顶盖砖,上有安装测拱顶温度的热电偶孔。为了提高热效率,减少热损失保护炉壳,拱顶的隔热是十分重要的。

选择拱顶温度达 1 400 ℃的热风炉,需要严格注意隔热耐磨。中型热风炉拱顶砖厚以 300 ~ 500 mm 为宜,大型高炉热风炉以 350 ~ 400 mm 为宜。对于中型高炉来说,高风温热风炉拱顶隔热砖的厚度为 400 mm,一般由 2 ~ 3 层隔热砖组成。对于设锥球形拱顶来说,一共由 3 层隔热砖组成。基于高铝砖质地坚硬、致密、密度大,抗压强度高,有很好的耐磨性和较好的导热性,拱顶砖常用高铝砖,在拱顶砖外砌 2 层隔热砖,一层 230 mm 轻质高铝砖,一层 113 mm 硅藻土砖。热风炉用的隔热砖中的硅藻土砖适合温度范围为 900 ~ 1 000 ℃、轻质高铝砖温度范围为 1 250 ~ 1 500 ℃。因为轻质高铝砖更加耐热耐磨,耐火砖中轻质高铝砖适合高温一些,可以放在锥球形拱顶的第 2 层,而硅藻土砖对于低一点的温度更加适合且价格便宜,适合放在锥球形拱顶的第 3 层。针对炉壳的保护,需要在第 3 层隔热砖上喷上厚为 40 mm 的不定型材料,防止高温生成物中 NO_x 等酸性氧化物对拱顶外炉壳的腐蚀。

5)炉基

整个热风炉质量很大又经常振动,且荷重随高炉炉容的扩大和风温的提高而增加,对炉基要求严格。地基的耐压力不小于 $2.96\times10^5 \sim 3.45\times10^5$ Pa,为防止热风炉产生不均匀下沉而使管道变形或撕裂,可将几座热风炉基础做成一个整体,一般高出地面 200 ~ 400 mm。防水浸基础一般由 A3F 或 16Mn 钢筋和 325 号水泥浇灌成钢筋混凝土结构。土壤承载力不足时,需打桩加固。不均匀下沉未超过允许值时,将热风炉基础做成单体分离形式,从而节省大量钢材。

6)炉壳

热风炉炉壳由 8 ~ 14 mm 厚的钢板焊成,钢板厚度主要根据炉壳直径、内压、外壳温度、外部负荷而定,对一般部位,炉壳钢板厚度可按 $\delta=1.7D$(其中 D 为炉壳内径)计算。炉壳下部设为锥台,顶部为半球体,下部和顶部连起来为锥球形。由于炉内风压较高,加上炉壳耐火砖的膨胀,热风炉底部承受的压力很大,为防止底板向上抬起,热风炉炉壳用地脚螺栓固定在基础上,可以同时炉底封板,与基础间进行压力灌浆,保证板下密实,也可以把地脚螺栓改成锚固板,并在炉底封板上灌混凝土。高温区炉壳外侧用 0.5 mm 铝板包覆,铝板与炉壳间填充 3 mm 厚保温毡,使炉壳温度控制在 150 ~ 250 ℃,防止内表面结露,也防止突然降温(暴雨)使炉壳急冷而产生应力。炉壳内表面涂硅氨基甲酸乙酯树脂保护层,防止 NO_x 与炉壳接触。

内燃式热风炉结构简单,建设费用较低,占地面积较小。但蓄热室烟气分布不均匀、燃烧室隔墙结构复杂,易损坏。

(2)外燃式热风炉

外燃式热风炉工作原理与内燃式热风炉完全相同,只是燃烧室和蓄热室分别在两个圆柱形壳体内,两个室的顶部以一定方式连接起来。按两个室的顶部连接方式划分,外燃式热风炉可以分为如图 7.31 所示的 4 种基本结构形式。

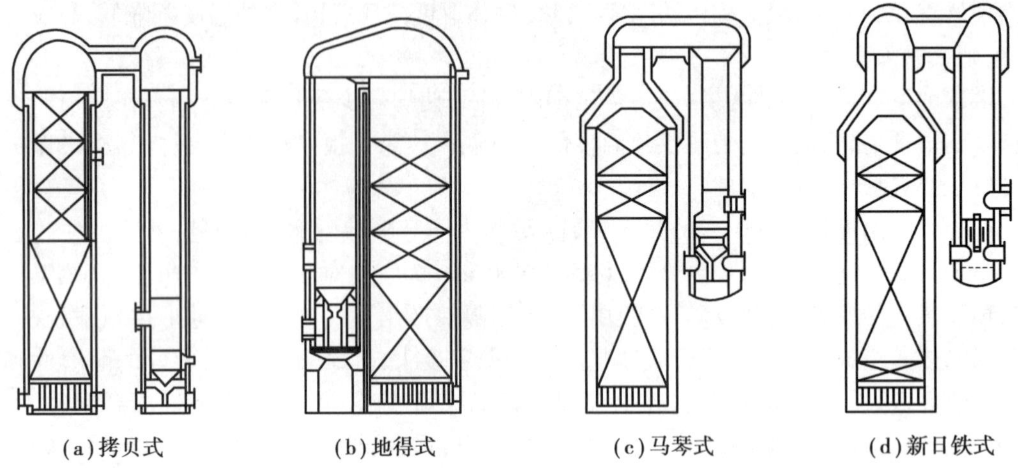

图 7.31　外燃式热风炉结构示意图

拷贝式热风炉的拱顶由圆柱形通道连成一体。地得式热风炉拱顶由两个直径不等的球形拱构成,并以锥形结构连通。马琴式热风炉蓄热室的上端有一段倒锥形,锥体上部连接一段直筒部分,直径与燃烧室直径相同,两室用水平通道连接起来。地得式热风炉拱顶造价高,砌筑施工复杂,且需用多种形式的耐火砖,所以外燃式热风炉多采用拷贝式和马琴式。

从气流在蓄热室中均匀分布看,马琴式较好,地得式次之,拷贝式稍差;从结构看,地得式炉顶结构不稳定,为克服不均匀膨胀,主要采用高架燃烧室,设有金属膨胀圈,吸收部分不均匀膨胀;马琴式基本消除了由于送风压力造成的炉顶不均匀膨胀。

新日铁式热风炉是在拷贝式和马琴式热风炉基础上发展而来的,主要特点是:蓄热室上部有一锥体段,使蓄热室拱顶直径缩小到和燃烧室直径相同,拱顶下部耐火砖承受的荷重减小,提高了结构的稳定性;对称的拱顶结构有利于烟气在蓄热室中的均匀分布,以提高传热效率。

外燃式热风炉优点有:

①燃烧室独立于蓄热室外,消除了隔墙,不存在隔墙受热不均而造成的砌体裂缝和倒塌,有利于强化燃烧,提高热风温度。

②燃烧室、蓄热室、拱顶等部位砖衬可以单独膨胀和收缩,结构稳定性好,可以承受高温。

③燃烧室断面为圆形,当量直径大,有利于煤气燃烧气流在蓄热室格子砖内分布均匀,提高了格子砖的利用率和热效率。送风温度较高,可长时间保持 1 300 ℃风温。

但外燃式热风炉结构复杂,占地面积大,钢材和耐火材料消耗多,基建投资比同等风温水平的内燃式热风炉高 15% ~35% ,一般用于大型高炉。

(3)顶燃式热风炉

顶燃式热风炉又称为无燃烧室热风炉,其结构如图 7.32 所示。它是将煤气和空气直接引入拱顶空间内燃烧。为了在短暂时间和有限空间内保证煤气和空气很好地混合并完全燃烧,必须使用大功率的高效短焰烧嘴或无焰烧嘴。而且烧嘴的数量和分布形式应满足燃烧后的烟气在蓄热室内均匀分布的要求。

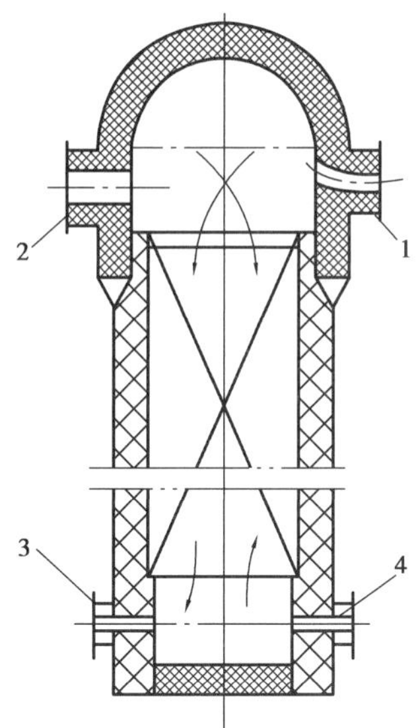

图 7.32　顶燃式热风炉结构示意图

1—燃烧器;2—热风出口;3—烟气出口;4—冷风入口

顶燃式热风炉的耐火材料工作负荷均衡,上部温度高,质量载荷小;下部质量载荷大,温度较低。顶燃式热风炉结构对称,稳定性好。蓄热室内气流分布均匀,效率高,更加适应高炉大型化的要求。顶燃式热风炉还具有节省钢材和耐火材料、占地面积较小等优点。但顶燃式热风炉拱顶负荷较重,结构较复杂,由于热风出口、煤气和助燃空气的入口、燃烧器集中于拱顶,给操作带来困难,冷却水压也要求高一些;并且高温区开孔多,也是薄弱环节。

顶燃式热风炉是高炉热风炉的发展方向,已应用于大、中小型高炉。

7.5　喷吹系统

喷吹系统主要任务是均匀稳定地向高炉喷吹大量煤粉,以煤代焦,降低焦炭消耗。高炉喷吹有气体、液体和固体燃料。气体燃料主要有天然气和焦炉煤气,其中多为喷吹天然气。气体燃料输送方便,喷吹设备简单,效果良好,被一些资源丰富的国家广泛采用。液体燃料主要有重油和焦油等,液体燃料发热值高,设备简单,操作简单,被日本等国家采用。固体燃料主要有无烟煤粉和气煤、瘦煤等有烟煤粉。煤粉价格低,喷吹量大,喷吹效果好,但灰分较高,置换比低,我国高炉主要喷吹煤粉。

高炉对喷吹系统要求为:

①能提供数量足够,物理状态符合高炉喷吹需要的燃料。如合适的温度、湿度、流量、压力、黏度,没有夹杂物等。

②能保证喷吹操作连续稳定,炉缸圆周上的各个风口喷吹均匀,可控,并能使燃料燃烧完全。

③设备简单、安全、不堵塞、少磨损,能在高温下可靠方便工作,更换方便。

高炉喷煤系统主要由原煤贮运,煤粉制备、输送、喷吹,热烟气及供气等部分组成,其工艺流程如图 7.33 所示,如果是直接喷吹工艺,则取消煤粉输送系统。另外,一些高炉喷吹系统还设有整个喷煤系统的计算机控制中心。

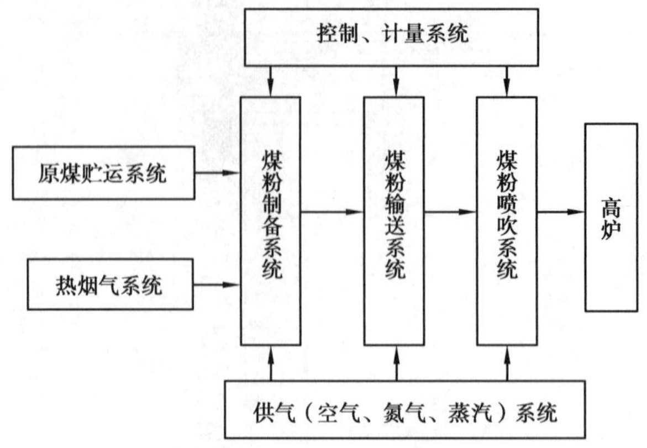

图 7.33 高炉喷煤工艺流程

7.5.1 煤粉制备

为了气动输送和煤粉完全燃烧,要求小于 180 目的煤粉占 85% 以上、湿度小于 1% 。设有制粉间,制粉包括原煤卸车、贮存、干燥、球磨、捕收、入煤粉仓等,其工艺流程如图 7.34 所示。

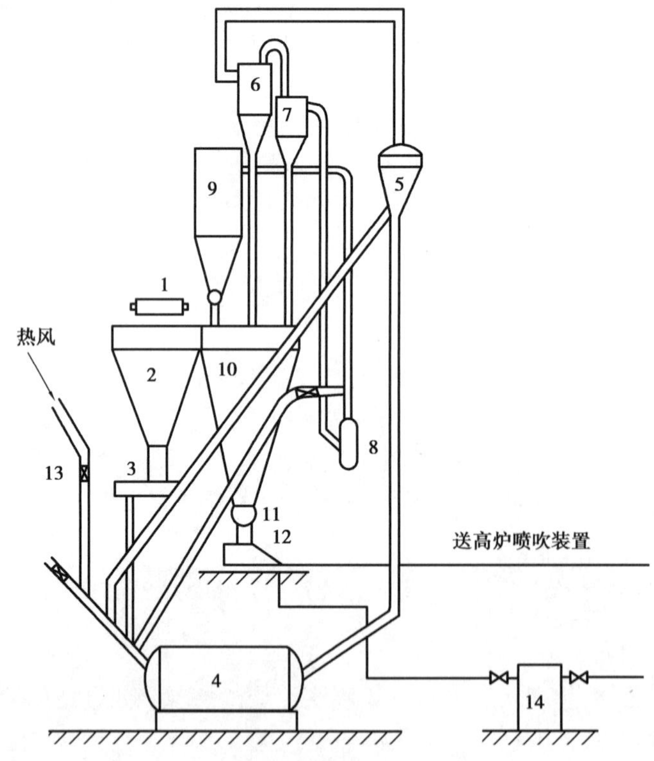

图 7.34 制粉工艺

1—原煤皮带;2—原煤仓;3—给料盘;4—细磨机;5—粗粉分离器;6—一级旋风分离器;7—二级旋风分离器;8—排煤机;9—布袋收尘器;10—细粉仓;11—圆筒阀;12—螺旋泵;13—热风阀;14—压缩空气罐

原煤从厂外运来后卸入煤槽，由皮带运输，经锤式破碎机破碎，运到煤粉车间的原煤仓。再用圆盘给料机加入球磨机。由燃烧炉将风加热到 200 ℃左右，并用引风机收入球磨机，将煤粉干燥。球磨机出口温度为 65 ~ 70 ℃，煤粉的水分<2%。

煤粉由风力带出球磨机后，经直径为 3 m 的粗粉分离器后，不合格的粗粉返回球磨机，细粉随风送入一、二级旋风分离器，收集的细粉送入细粉仓。

细粉管上安有锁气器，当煤粉下落时，靠煤粉重力压开阀板，没有煤粉时阀板自行关闭，不使气体流出，故配重要适当。从二级旋风分离器出来的风仍含有煤粉，经排煤机再次加压，进入布袋收尘器。排煤机到布袋收尘器之间有通风管与球磨机入口相连，用以调节布袋收尘器的风量。布袋收尘器下有圆筒形阀，细粉通过它落到细粉仓。从布袋收尘器排出的风由排气管放散到大气中。

7.5.2 煤粉输送

从煤粉仓到高炉旁的喷吹罐，从喷吹罐到风口，煤粉都用气动输送，其方式有两种：一是用带有压力的喷吹罐（即仓式泵，图 7.35）以差压法来给煤，给煤量是粉煤柱上下压力差的函数，煤粉进入混合器后用压缩空气向外输送，其优点是没有转动的机械设备。二是用螺旋泵送煤（图 7.36），在常压喷吹系统中广泛采用。煤粉由煤粉仓底部，经阀门进入料箱，由电动机带动螺旋杆旋转，将煤粉压入混合室，借助于通入混合室内的压缩空气将煤粉送出。它可以用转数来调节给煤速度，也可防止压缩空气倒流入煤粉仓。

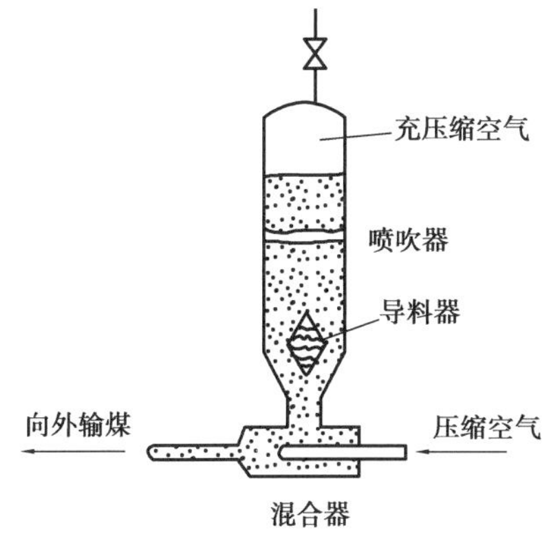

图 7.35 仓式泵

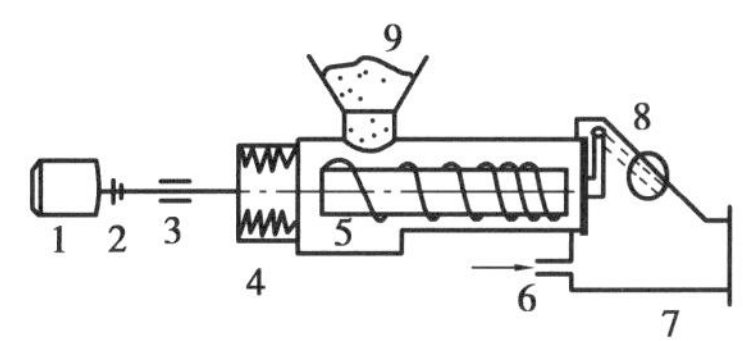

图 7.36 螺旋泵

1—电动机；2—联轴节；3—轴承座；4—密封装置；5—螺旋杆；6—压缩空气；7—混合室；8—单向阀；9—煤粉仓

7.5.3 煤粉喷吹

喷吹装置包括集煤罐、贮煤罐、喷吹罐、输送系统及喷枪。按喷吹罐工作压力可分为高压喷吹装置和常压喷吹装置两种。

常压喷吹装置中的煤粉罐处于常压状态下，由罐下面的输煤泵向高炉喷吹，煤粉从喷吹管送到高炉，经分配瓶分给各风口喷枪。由于煤粉罐未充压，故输煤泵出口压力不允许过高，否则易向煤粉罐倒风。通常，操作压力为 0.13 ~ 0.15 MPa，煤粉浓度为 8 ~ 15 kg/kg 气。设备简单，比较安全，故常用于中小型高炉。

高压喷吹装置中的喷吹罐一直在充压(0.3 ~0.4 MPa)状态下工作,按仓式泵的原理向高炉喷吹煤粉,常用在大中型高压操作高炉上。我国高压喷吹设备有双罐重叠双系列(图7.37)和三罐重叠单系列(图7.38)两种形式。

双罐重叠双系列中,贮煤罐和喷吹罐上下相连,贮煤和喷吹作业交替进行,贮煤时下钟阀关闭上钟阀打开,贮煤罐与煤粉回收系统连通,处于常压状态,以便接受煤粉。罐内的煤粉装满后,停止输煤,上钟阀关闭。需要向喷吹罐输煤时,先要向贮煤罐充压,使下钟阀的上下均压,再打开下钟阀向喷吹罐输煤。为了下煤畅通,在贮煤罐内的下部安有纺锤形的导料器,料满或料空的信号由安装在罐体外上部和下部的 Co^{60} 放射源和计数器发出,有的是用电子秤压头连续发出料重信号。

三罐重叠单系列式在贮煤罐上又加上一个收集罐,收集罐处于常压状态。这种形式占地面积小,环境卫生好,但可靠性和使用大喷吹量方面不如前者。双系列式可在一个系列发生故障时,仍保证一定的喷吹量,但设备复杂,螺旋泵只能间歇工作。

喷吹罐有效容积一般按向高炉持续喷吹 0.5 h 的喷吹量来设计,即换罐周期为 0.5 h,必须大于贮煤罐装一次煤的时间和放气等辅助时间之和。其有效容积是指在规定的最高和最低料面之间的容积,在最低料面以下需保留 2 ~3 t 煤粉(煤粉密度为 0.65 ~0.70 t/m³),最高料面离顶部球面转折处还留 800 ~1 000 mm。喷吹罐的有效容积可由式(7.36)确定:

$$V_{\mathrm{P}} = \frac{ZQ}{\gamma} \tag{7.36}$$

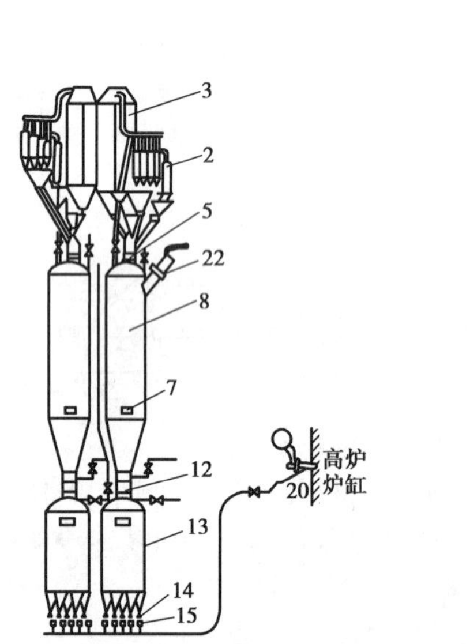

图 7.37　双罐重叠双系列装置

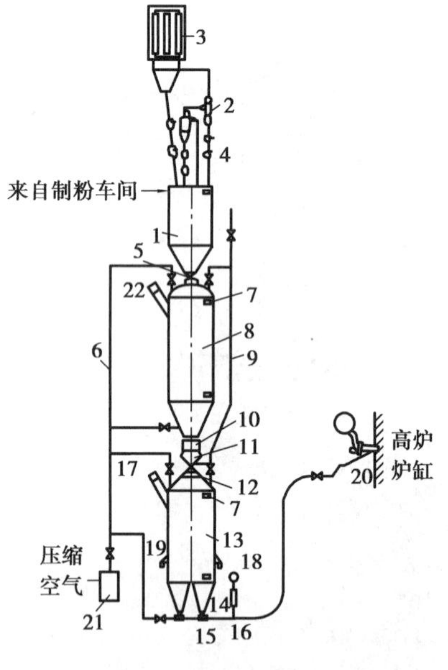

图 7.38　三罐重叠单系列装置

1—收集罐;2—旋风分离器;3—布袋收尘器;4—锁气器;5—上钟阀;6—充气管;
7—同位素料面测定装置;8—贮煤罐;9—均压放散管;10—蝶形阀;11—软连接;12—下钟阀;
13—喷吹罐;14—旋塞阀;15—混合器;16—自动切断阀;17—引压管;18—电接点压力计;
19—电子秤承重元件;20—喷枪;21—脱水器;22—爆破膜及重锤阀

式(7.36)中,V_p 为喷吹罐有效容积,m^3;Z 为倒罐周期(即一罐吹空时间),h;Q 为单位时间煤粉喷吹量,t/h;γ 为煤粉密度,t/m^3。

单位时间喷入高炉的煤粉量可用下式求出:

$$Q = \frac{V_{有} \eta_V G}{24} \tag{7.37}$$

式(7.37)中,$V_{有}$ 为高炉有效容积,m^3;η_V 为高炉利用系数,t/(m^3 · d);G 为喷吹量,t/t Fe。

贮煤罐有效容积一般为喷吹罐有效容积的 1.1 ~1.2 倍。贮煤罐的最低料面应在钟阀以上,贮煤罐容积大于喷吹罐,对调剂缓冲有利,但容易产生带粉关闭现象,对关下钟阀不利。

收集罐的有效容积应保证在上钟阀关闭时(即由贮煤罐向喷吹罐加煤粉时)贮存送来的煤粉。

煤粉从喷吹罐下混合器进入喷煤支管,再用一段胶皮管与喷枪相连,这样既容易插枪,又可保证发生热风倒出事故时只烧断胶皮管,不会倒入煤粉罐。

收集罐的有效容积 V_S 按下式计算:

$$V_S = \frac{V_p \tau'}{\tau} \tag{7.38}$$

式(7.38)中,τ'为上钟阀处于关闭状态的时间,min;τ 为煤粉倒出周期,min。

7.5.4 安全措施

煤粉是粉状可燃物,又采用了高压容器,易燃易爆。引起爆炸的因素有三:煤粉、空气、火源。挥发分高、粒度细的煤粉易爆炸。安全措施:压缩空气改用氮气;消除煤粉自燃,防止外来火源;在罐体上安防爆孔,或置于罐侧或置于罐顶。消除煤粉自燃措施:取消煤粉仓的死角,罐底锥体的角度>75°,长期不用时应将料用净吹空。另外还应在罐体四周安装温度计,当超过 70 ℃时,要及时停喷,排煤,并用氮气、蒸汽清扫,最好设罐内煤粉温度指示及自动切换系统。在混合器与高炉之间,设喷吹支管低压自动切断系统。防爆孔的大小按每立方米容器 0.01 m^2 计算,在孔中盖以铜和铝板,其厚度根据防爆力确定,当压力大于 0.8 MPa 时即自行爆开(铝板的厚度为 1.2 mm)。为了防止爆破膜破裂时突然卸压引起回火事故,在爆破膜外加一重锤压着阀盘,正常时开启,爆破压力冲击时,顶起阀盘,支杆即掉下,阀盘靠重锤压在爆破管口上。

7.6 渣铁处理系统

渣铁处理系统主要任务是及时处理高炉排出的渣、铁液,保证高炉生产正常进行。在选定渣铁处理设施时既要注意生铁的回收,又要安排炉渣的综合利用;既要注意不断提高劳动生产率,为高炉进一步强化创造条件,还要创造良好的劳动条件,改进操作,提高机械化、自动化水平,减轻操作人员繁重的体力劳动。

7.6.1 出铁场与风口工作平台

(1)风口工作平台

风口工作平台与出铁场是紧密联系在一起的。在风口下面,沿高炉炉缸四周设置工作平台,供操作人员通过风口观察炉况,更换风口,放渣,维护渣口、渣沟,检查冷却设备以及操作一些阀门等。为了操作方便,风口平台一般比风口中心线低1.5 m左右。

(2)出铁场

几种出铁场布置如图7.39所示。出铁场布置在出铁口方向的下面。一般高炉设一个出铁场,大高炉可设2~3个出铁场。出铁场除安装开铁口机、泥炮等炉前机械设备外,还布置有主沟、铁沟、下渣沟和挡板、沟嘴、撇渣器、炉前吊车、贮备辅助料和备件的贮料仓及除尘降温设备。

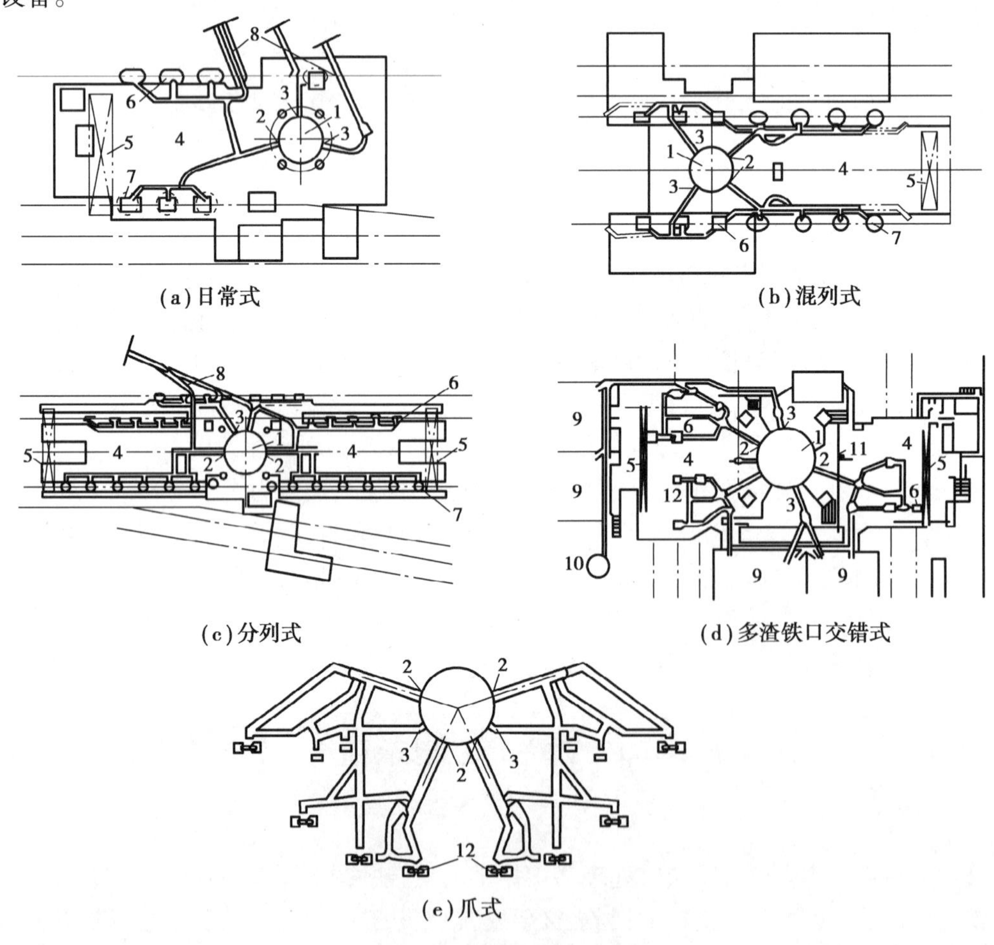

(a)日常式　(b)混列式　(c)分列式　(d)多渣铁口交错式　(e)爪式

图7.39　出铁场布置类型图

1—高炉;2—铁口;3—渣口;4—出铁场;5—炉前吊车;6—渣罐;7—铁水罐;8—水力冲渣沟;9—干渣坑;10—水渣池;11—悬臂吊车;12—摆动渣铁沟

出铁场的铁沟和渣沟与地面应保持一定坡度，以利于渣铁水流淌和排水。一般以车间内铁轨面标高为零点，出铁场最远一个流嘴标高要允许渣铁罐车及牵引车从流嘴下顺利通过。

在出铁场平台上或平台下建有辅助料仓，贮存炉前辅助料（如炮泥、垫沟料、砂、焦粉等），还有风口、渣口、冷却器等备件的堆放场地，在空架式出铁场端部应设吊物孔，以便吊运辅助料和备品备件上炉台。炉前吊车的作业包括清理渣铁沟、清理渣铁罐停放线上的残渣残铁，搬运炉前的日用辅助料，更换泥炮、渣铁沟撇渣器、流嘴冷却设备等。有的出铁场还可以更换整体主沟。

(3) 主沟

从铁口到撇渣器之间的一段称为主沟。主沟分为不储铁式（俗称旱沟）和储铁式，不储铁式主沟是一个 20 mm 钢板焊接的钢槽，内砌 115 mm 厚的黏土砖，上面覆盖捣固的碳素耐火泥。主沟长度应达到使渣铁充分分离，大于 1 000 m^3 高炉为 11.5 ~ 12.5 m。主沟的宽度是逐期扩张的，以便降低渣和铁的流速，有助于渣铁分离，在铁口附近宽为 1 m，撇渣器处为 1.4 m 左右。通常，大型高炉主沟坡度为 9% ~12%，中小型高炉为 9% ~10%。储铁式主沟取消捣固的碳素耐火泥，采用高铝—碳化硅—碳质浇注料进行浇筑，浇筑成一个 0.8 m×1 m×1.2 m 梯形、坡度为 1% ~2% 沟槽，可以储 30 ~50 t 液体铁水，能有效提高主沟使用寿命降低铁损。主沟沟衬损坏时的清除和修补工作十分困难，劳动条件差，有条件时可采用整体吊换办法。

(4) 铁沟与渣沟

铁沟的结构与主沟相同，坡度一般为 6% ~7%。在流嘴处达 10%，但宽度要比主沟窄得多。有的炼铁厂为了将多余的铁水流入出铁场，在铁沟的侧面再开一个口，一般情况不使用。渣沟是 80 mm 厚的铸铁槽，上面捣一层垫沟料，一般用河砂即可，不必砌砖，这是因为渣液导热很差。冷却时自动结壳，不会烧坏渣沟。在铁沟和渣沟上，为了使渣和铁流入指定的流嘴，都设有渣铁闸门，在必要时打开。

(5) 流嘴

流嘴是指铁水从出铁场平台的铁沟进入铁水罐的末端段，其构造与铁沟类同，只是悬空部分的位置不易碳捣，常用碳素泥砌筑。小高炉出铁量不多，可采用固定式流嘴；大高炉渣沟与铁沟及出铁场长度要增加，新建的高炉多采用摆动式流嘴。

7.6.2 炉前设备

(1) 开铁口机

按动作原理，开铁口机分为钻孔式、冲击式和冲钻式 3 种。开铁口的方法有：

①用钻孔机钻到炽热的硬层，然后用气锤打开这一硬层。

②钻孔机具有递进机构，一直钻到钻通铁口，然后将开铁口机迅速退出铁口。

③具有双杆的开铁口机，先用钻头钻到炽热层，然后将钻杆去掉，换上一根捅铁口用的钎

子捅开出铁口。

④用钻孔机钻到炽热层,然后用氧气烧穿。

开铁口机须满足的要求为:

①开孔钻头应在出铁口中开出具有一定倾斜角度的直线孔道,孔径小于 100 mm。

②在打开出铁口时,不应破坏铁口内的泥道。

③打开出铁口的一切工序应机械化,并能远距离操作,保证操作人员的安全。

④为了不妨碍炉前各种操作的顺利进行,开铁口机外形尽可能小,并能在打开出铁口后,迅速远离。

改进了的带吹风钻头的开铁口机(图 7.40),可随钻进随吹灰,不需要拔钻吹灰,故能提高钻进速度,同时还可以从吹出的钻屑来判断钻进的情况,及时冷却钻头。

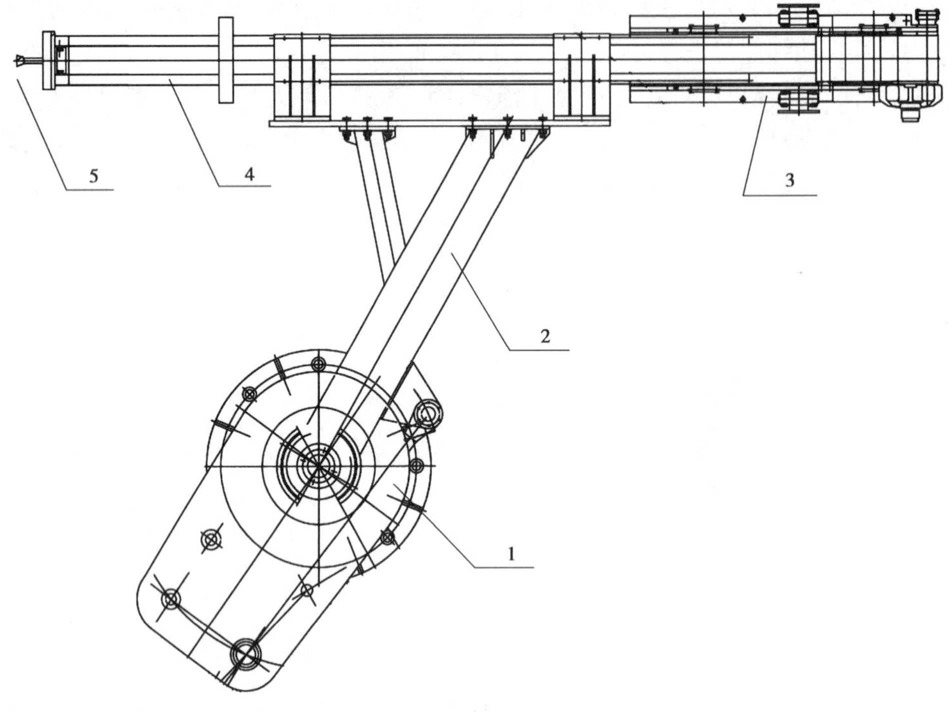

图 7.40　液压开口机

1—开口机机座;2—大臂;3—凿岩机;4—送进机构;5—钻杆

(2)堵铁口泥炮

出完铁后,必须迅速用泥炮打出耐火泥将出铁口堵住。所用的耐火泥不仅应填满出铁口泥道,而且还应起到修补出铁口内周围炉墙的作用。泥炮需要在高炉不停风的全风压情况下将堵铁口泥压入铁口内,其压力应大于炉缸内压力,并能顶开放铁后填满铁口内侧的焦炭。

对泥炮的基本要求为:

①泥炮工作缸应有足够的容量,保证供应足够的堵铁口耐火泥,能一次堵住出铁口。

②活塞应具有足够的推力,用以克服较密实的堵口泥的最大运动阻力,并将堵口泥分布

在炉缸内壁上。

③炮嘴应有合理的运动轨迹,泥炮到达工作位置时,尽量沿直线运动,以免损坏泥套。

④工作可靠,能远距离操作。

按驱动方式可将泥炮分为汽动、电动和液压3种泥炮。汽动泥炮已被淘汰。随着高炉容积的大型化和无水炮泥使用,要求泥炮的推力越来越大,电动泥炮已难以满足现代大型高炉的要求,只能用于中、小型常压高炉。现代大型高炉多采用液压泥炮。

电动泥炮(图7.41)主要由转炮机构、压炮机构、打泥机构及锁炮机构组成。电动泥炮打泥机构的主要作用是将泥炮筒中的炮泥按适宜的吐泥速度打入铁口,其结构如图7.42所示。当电动机旋转时,通过齿轮减速器带动螺杆回转,螺母上的活塞前进,将炮筒中的炮泥通过炮嘴打入铁口。

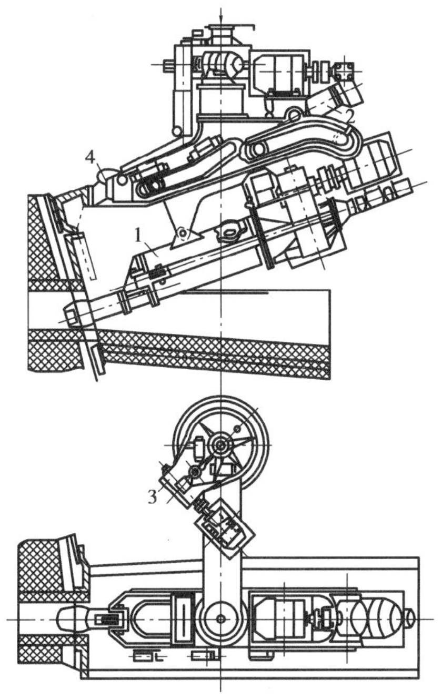

图7.41 电动泥炮

1—打泥机构;2—压炮机构;3—转炮机构;4—锁炮机构

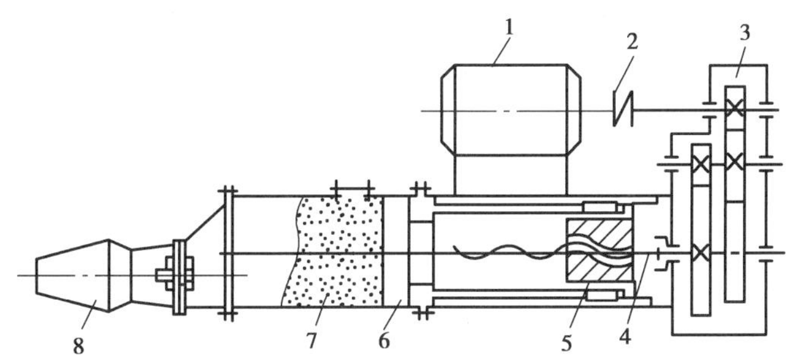

图7.42 电动泥炮打泥机构

1—电动机;2—联轴器;3—齿轮减速器;4—螺杆;5—螺母;6—活塞;7—炮泥;8—炮嘴

压紧机构的作用是将炮嘴按一定角度封住铁口，并在堵铁口时把泥炮压紧在泥套上。

转炮机构要保证在堵铁口时能够回转到对准铁口的位置，并且在堵完铁口后退回原处，一般可以回转 180°。

电动泥炮存在的主要问题有：活塞推力不足，受到传动机构限制，如果再提高打泥压力，会使炮身装置过于庞大；螺杆与螺母磨损快，维修工作量大；调速不方便，容易出现炮嘴冲击铁口泥套现象，不利于泥套维护。

从 20 世纪 60 年代开始，国外逐渐普遍采用矮式液压泥炮（图 7.43）。所谓矮式液压泥炮指泥炮在堵口位置时，均处于风口平台以下，不影响风口平台的完整性。液压泥炮转炮用液压马达，压炮和打泥用液压缸。液压泥炮优点有：

①推力大，打泥致密，能适应高炉高压操作。

②压炮机构具有稳定的压紧力，使炮嘴与泥套始终压得很紧，不易漏泥。

③体积小，结构紧凑，传动平稳，工作稳定。但是，液压泥炮对液压元件和液压油要求精度高，必须精心操作和维护，以避免液压油泄漏。

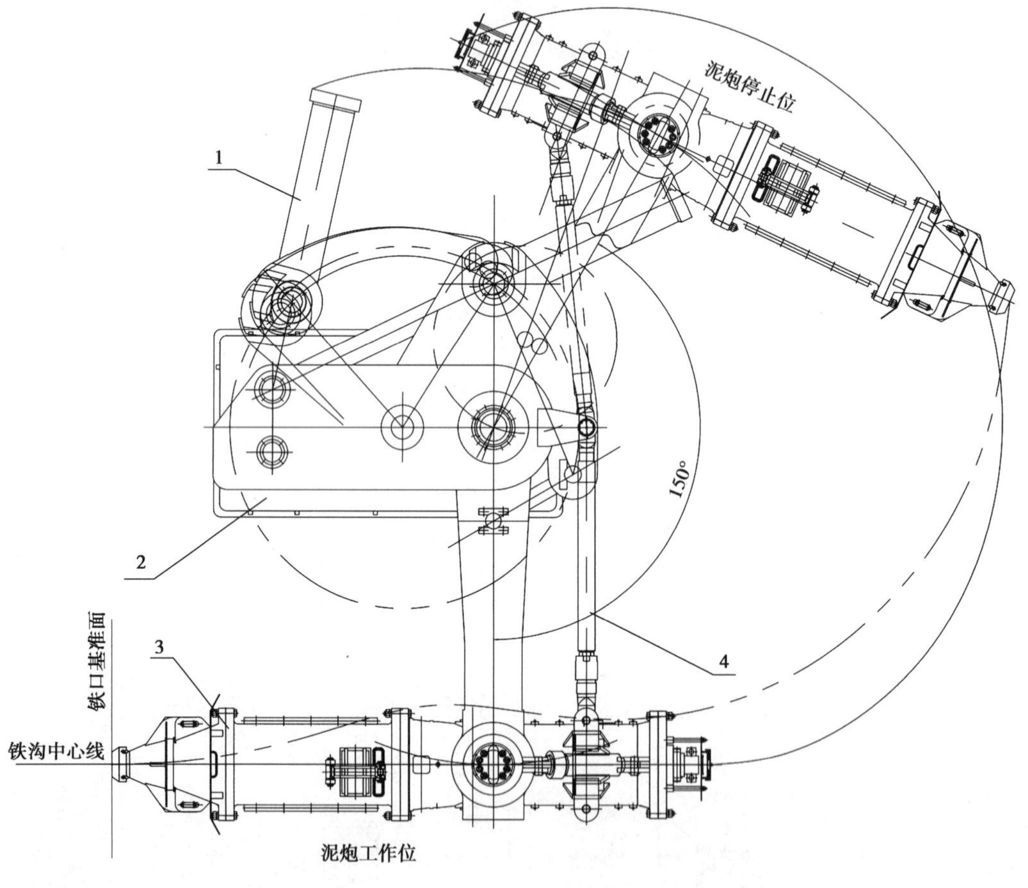

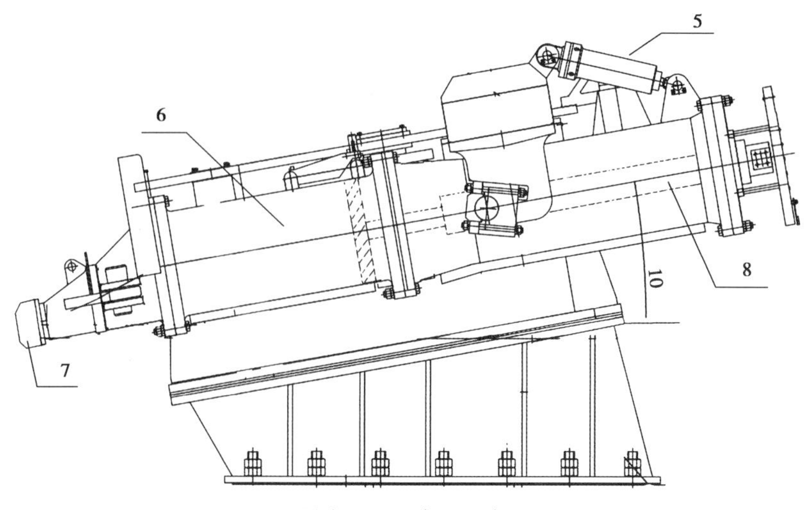

图 7.43　液压泥炮

1—转炮液压油缸;2—机座;3—液压炮本体;4—拉杆;5—调节杆;6—泥缸;7—炮嘴;8—推泥油缸

(3)堵渣口机

在出完渣后需立即将渣口堵上。对堵渣机的要求是:工作可靠,能远距离操作;塞头进入渣口的轨迹应近似于一条直线;结构简单、紧凑;能实现自动放渣。有气动、电动或液压驱动的堵渣机。我国 20 世纪 90 年代以后广泛使用液压堵渣机(图 7.44),它是利用杠杆原理,由上部油缸推动大臂带动堵渣机机杆前后运动起到堵渣口目的,机杆为双层结构,内部通常有冷却水,防止烧红变形。塞杆可做成空腔的吹管,并在塞头上钻孔,中心设一孔道。堵渣时,高压空气通过孔道吹入炉缸内,塞头中心孔能连续不断地吹入压缩空气,渣口不会结壳。放渣时拔出塞头,熔渣就会自动放出,无须再用人工捅穿渣口,放渣操作方便。

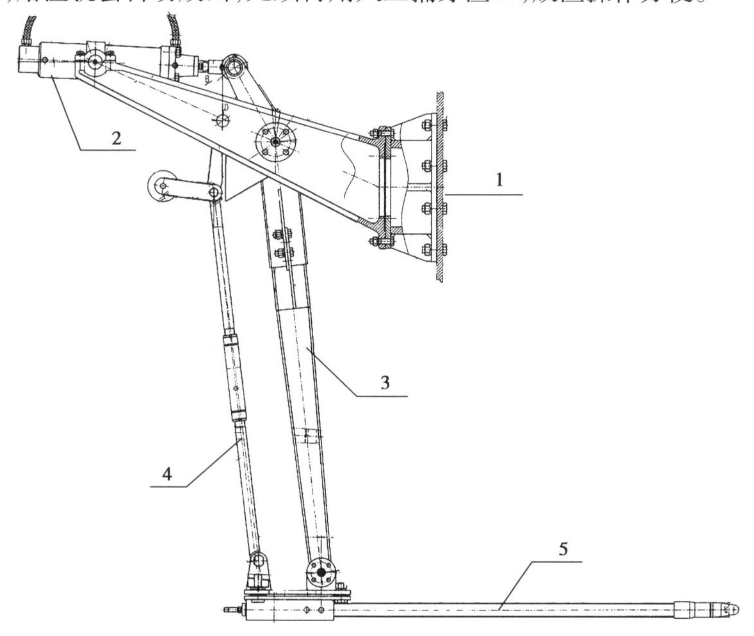

图 7.44　液压堵渣机

1—机座;2—液压油缸;3—大臂;4—调节杆:5—堵渣机机杆

7.6.3 铁水处理设备

高炉生产的炼钢铁水供给炼钢,铸造生铁铸成铁块,处理设备包括铁水罐车和铸铁机。

铁水罐车是用普通机车牵引的特殊的铁路车辆,由车架和铁水罐组成。铁水罐通过本身的两对枢轴支撑在车架上。另外还设有被吊车吊起的枢轴,供铸铁时翻罐用的双耳和小轴。

铁水罐由钢板焊成,罐内砌有耐火砖衬,并在砖衬与罐壳之间填以石棉绝热板。

铁水罐车分为上部敞开式和混铁炉式两种类型。上部敞开式铁水罐车中的铁水罐散热量大,但铁水罐修理较容易。混铁炉式铁水罐车(图 7.45),又称鱼雷罐车,其上部开口小,散热量小,有的上部可以加盖,但罐修理较困难。由于混铁炉式铁水罐车容量较大,可达到 200 ~600 t,因此大型高炉上多使用混铁炉式铁水罐车。

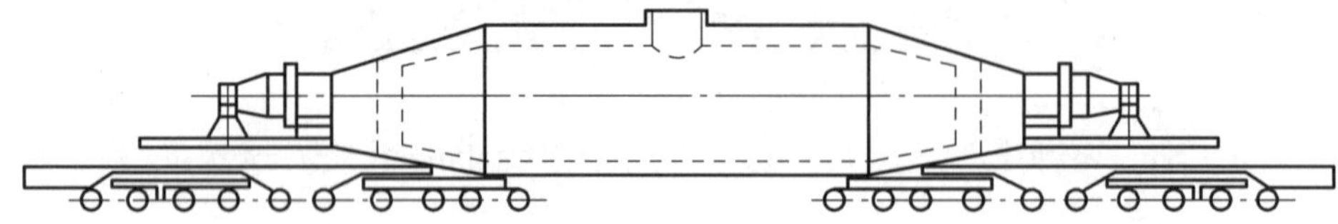

图 7.45 混铁炉式铁水罐车

7.6.4 熔渣处理设备

高炉冶炼过程中会产生大量的附属产品——炉渣,需要处理。高炉渣处理一般有两种方法,一是放干渣,就是直接将熔渣放入提前准备好的干渣罐(图 7.46)内,然后用火车或汽车拉至弃渣场倾倒后打水冷却。

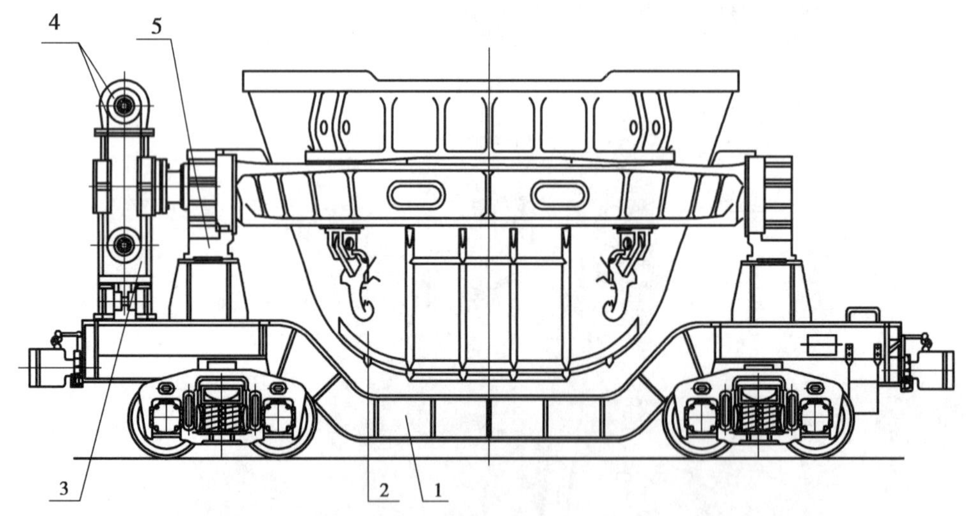

图 7.46 干渣罐车

1—车架;2—渣罐;3—倾倒机构;4—旋转螺杆:5—渣罐齿座

二是冲成水渣。冲水渣处理系统如图 7.47 所示,通过粒化后的渣水混合物汇集水渣槽,通过水渣槽下部进入分配器再流入转鼓进行渣水分离,分离后的渣由胶带输送机运出,渣水分离后的热水进入集水槽和热水池,通过粒化渣回水提升泵送冷却塔冷却,冷却后的水进入冷水池,用泵送高炉循环使用。

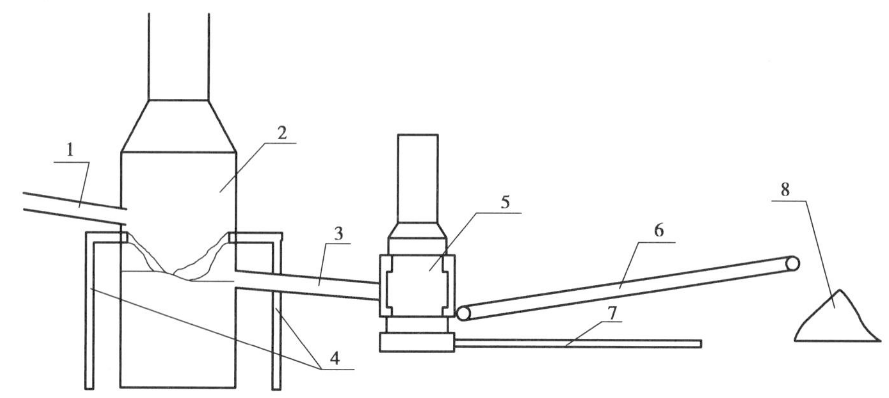

图 7.47　水冲渣处理系统

1—渣沟;2—粒化器;3—水渣沟;4—高压水管;5—脱水器;6—皮带;7—回水管;8—水渣堆场

7.7　煤气除尘系统

煤气除尘系统主要任务是回收高炉煤气,使含尘量降至 10 mg/m^3 以下,以满足用户要求。现代高炉容量大,冶炼强度高,煤气产生量大。平均每吨焦炭产生高炉煤气可达 3 500 m^3,发热值达 3 360 ~4 200 kJ/m^3;但是,由炉顶排出的煤气中一般含有 20 ~40 mg/m^3(标态)的粉尘,如不净化处理直接送用户使用,会造成管道、燃烧器堵塞及设备的磨损,加快耐火材料的熔蚀,降低蓄热器的效率。

煤气中的粉尘,又称瓦斯灰,含铁 30% ~50%,碳 10% ~20%,回收后可作为烧结原料。

高炉须设置炉顶煤气余压发电装置,可以充分利用高炉炉顶煤气的压力能和气体显热进行发电,同时还能减少噪声对环境的污染,是一项环保型的高效节能装置。

7.7.1　煤气除尘原理与设备

实用的除尘技术,都是借助外力作用使尘粒和气体分离,可借用的外力有:

①惯性力。当气流方向改变时,尘粒具有惯性力,使它继续前进而分离出来。

②加速度力。即靠尘粒具有比气体分子更大的重力、离心力和静电引力而分离出来。

③束缚力。主要是过筛和过滤的办法,挡住粗粒继续运动。

按除尘后煤气所能达到的净化程度,除尘设备可以分为 3 类:

①粗除尘设备。能除去 60 ~100 μm 及其以上大颗粒粉尘的除尘设备,如重力除尘器(图 7.48),旋风除尘器(图 7.49)。效率可达 70% ~80%,粗除尘后的煤气含尘量为 2 ~10 g/Nm^3。从高炉出来的煤气必须首先经过粗除尘设备,将颗粒较大的粉尘去除。

②半精除尘设备。能除去 20 ~60 μm 的颗粒粉尘的除尘设备,如洗涤塔(图 7.50),一级文氏管(图 7.51)等,除尘效率可达 85% ~90%,除尘后的煤气含尘量在 0.8 g/Nm^3 以下。

③精除尘设备。能除去小于 20 μm 的颗粒粉尘的除尘设备，如电除尘设备，二级文氏管等，除尘后的煤气含尘量在 10 mg/Nm^3 以下。

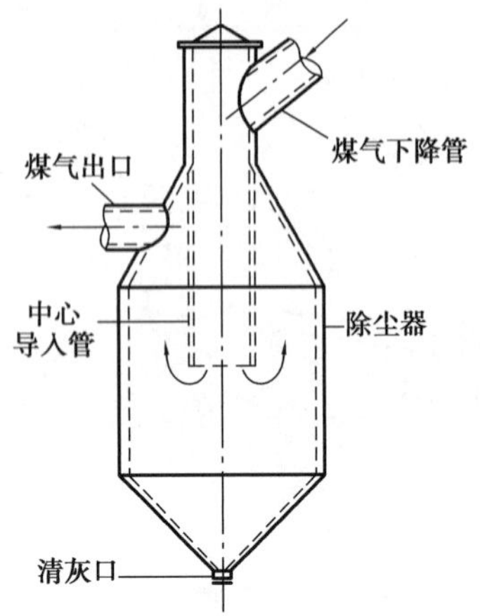

图 7.48　重力除尘器

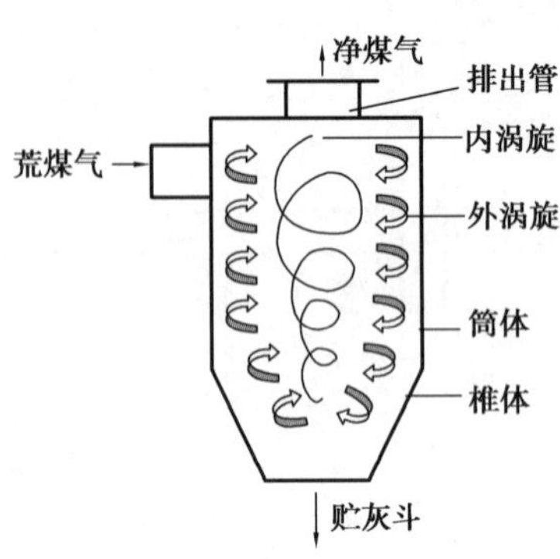

图 7.49　旋风除尘器工作原理图

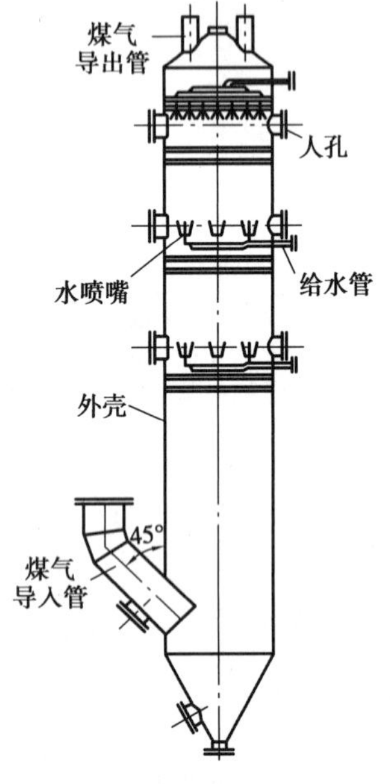

图 7.50　洗涤塔

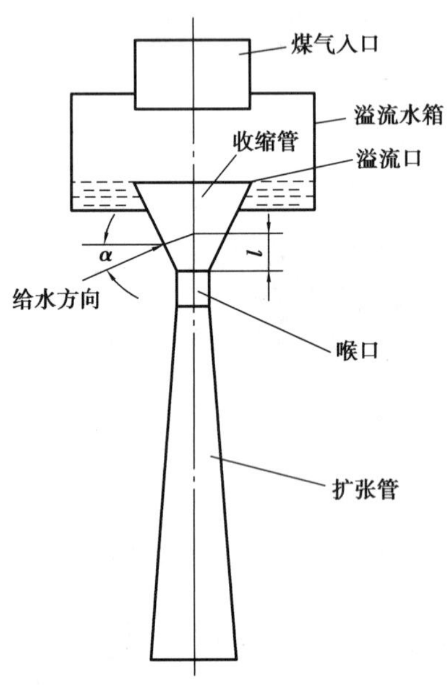

图 7.51　溢流文氏管

7.7.2　煤气清洗系统

大中型高炉煤气清洗工艺流程，一般采用串联调径文氏管系统或塔后调径文氏管系统。串联调径文氏管系统是：高炉—重力除尘器—溢流文氏管—脱泥器—调径文氏管—减压阀组—脱水器—叶形插板—净煤气总管。塔后调径文氏管系统是：高炉—重力除尘器—洗涤塔—调径文氏管—减压阀组—脱水器—叶形插板—净煤气总管。

对中小型常压高炉的煤气清洗工艺流程采用塔后调径文氏管电除尘器系统：高炉—重力除尘器—调径文氏管—半净煤气总管—叶形插板—电除尘器—叶形插板—净煤气总管。或用塔前溢流定径文氏管电除尘器系统:高炉—重力电除尘器—溢流文氏管—脱泥器—喷淋冷却塔—半净煤气总管—叶形插板—电除尘器—叶形插板—净煤气总管。

复习思考题

7.1 何谓高炉炉型、有效高度、全高?高炉炉腹有何作用?

7.2 炉缸内型设计应考虑哪些因素?

7.3 高炉内容设计中设计死铁层有何作用?

7.4 高炉炉衬起何作用?工作中的炉衬受到的破坏因素主要有哪些?

7.5 高炉冶炼对炉衬有哪些要求?高炉炉衬一般使用的耐火材质有哪些?

7.6 圆环形炉衬砌筑用砖型有哪些?如何计算圆环形炉衬砌筑用砖量?(用公式表示)

7.7 高炉冷却结构起何作用?高炉常用的冷却设备有哪些?

7.8 高炉上料设备类型有哪些?

7.9 双钟式炉顶有何优点?其装料过程是如何进行的?

7.10 无钟式炉顶装料设备有何优点?有哪几种基本装料方式?其装料过程是如何进行的?

7.11 高炉均压装置起何作用?适用于何种压力的高炉?

7.12 高炉送风系统应满足哪些要求?

7.13 写出热风炉工作原理。

7.14 外燃式热风炉相对内燃式热风炉有何突出优点?

7.15 什么是高炉喷吹燃料操作?高炉进行煤粉喷吹有何意义?

7.16 高炉喷吹用煤粉应达到哪些质量要求?在喷吹装置设计中如何实现安全喷吹煤粉?

7.17 什么是高炉常压喷吹?什么是高炉高压喷吹?

7.18 高炉炉前操作用主要设备有哪些?

7.19 高炉煤气为什么要进行处理?其处理常用的设备有哪些?

7.20 写出大中型高炉煤气清洗工艺过程。

8 非高炉炼铁

本章学习提要：

非高炉炼铁的发展；直接还原；熔融还原。

非高炉炼铁指高炉炼铁之外的炼铁方法，分为直接还原炼铁和熔融还原炼铁两种。

直接还原炼铁是使用煤、气体或液态燃料为能源和还原剂，在铁矿石软化温度以下，不熔化状态下将矿石中的铁氧化物还原为固态直接还原铁（DRI、HBI、HDRI）的生产工艺。直接还原炼铁可分为气基和煤基直接还原两类，此外还有流态化直接还原。

非高炉炼铁在技术成熟程度、可靠性和生产能力等诸方面还不能与高炉炼铁相比，更谈不上取代它，短期内只能成为高炉炼铁的补充。

熔融还原具有以下一些优点：以非焦煤为能源，可以使用粉矿或块矿为原料，对原燃料适应性强；工艺过程可控性好；所产液态铁水适用于氧气转炉精炼；冶炼过程传热传质好，适于强化生产；生产过程简单，能耗低，适用于小型化生产。

8.1 非高炉炼铁发展

直接还原法炼铁自 18 世纪被提出，于 1873 年建成第 1 座非高炉炼铁装置，但冶炼失败。以后的几十年发展缓慢。20 世纪 20 年代因电力工业的开发，实现了工业化电炉炼铁。1930 年德国克虏伯公司开发了回转窑粒铁法（Krupp-Renn）。1932 年瑞典人马丁·维伯尔发明了维伯尔（Weberg）法，在瑞典建成世界上第 1 座生产直接还原铁装置。20 世纪 50 年代非高炉炼铁生产总量尚不足铁的总产量的 1%，主要是电炉炼铁和粒铁法，海绵铁产量仅占非高炉炼铁法产量的 5%。1954 年瑞典建设了第 1 座隧道窑直接还原法生产装置。20 世纪 60 年代石油和天然气的大量开发推动了气基直接还原炼铁的发展。1957 年墨西哥建设了一座称为希尔法(HYL 法)的生产装置。1969 年德国建成了第一座米德莱克斯(Midrex)法生产装置。德国克虏伯公司在克虏伯—瑞恩(Krupp-Renn)法基础上创立了 Krupp-CODIR 法,并于 1973 年在南非建厂投产。1970 年德国鲁奇公司创立的 SL/RN 法在新西兰建设了第 1 座生产装置。1983 年戴维麦基公司在南非建设了第 1 座 DRC 法生产装置。这一时期直接还原生产能力增长了十余倍。到 1997 年世界直接还原铁产量达到 3 613 万 t,比 1996 年增长 9%,气基直接还原炼铁量占世界直接还原铁产量的 91.6%,其中米德莱克斯法生产的占 63.4%,HYL 法生产的占 19.4%,其他气基法所产占 1.8%,煤基直接还原炼铁的产量占 8.4%,其中 SL/RN 法的占 3.6%,其他煤基法占 4.8%。

熔融还原炼铁于 20 世纪 20 年代提出。1924 年 Hoech 钢铁厂提出在转鼓形回转炉内用碳还原铁矿石得到铁水方案。以后开发的 Stara 法、Sturzeberg 法均未成功。20 世纪 50 年代研究开发的熔融还原法大多数设想在一个反应器内完成全部熔炼过程,故称一步法,如 Dored 法、Restored 法、CIP 法等。但由于还原反应产生的 CO 的燃烧热不能迅速传递到吸热的还原反应区,迫使熔炼中止而告失败。20 世纪 70 年代采用两步法原则,即将整个熔炼过程分成固态预还原和熔融态终还原两步,分别在两个反应器内进行。预还原装置有回转窑、流化床和竖炉等形式,其中以流化床和竖炉为多。终还原装置为转炉型或电炉型 COREX(KR)法已达到工业生产规模;DIOS 法、HI 熔融还原法、Plasmelt 法、INRED 法及 ELRED 法均进行了较大规模的半工业试验;川崎熔融还原法、住友熔融还原法、COIN 法、MIP 法和 CIG 法进行了单环节或联动半工业试验;此外有 AISI 法、PJV 法等也进行了试验。COREX 法于 1989 年在南非 ISCOR 公司建成一座 30 万 t/年工业生产装置投入生产。另在韩国浦项投产了一座 60 万 t/年装置。

8.2 直接还原

8.2.1 煤基直接还原

直接还原炼铁是在低于矿石熔化温度下,通过固态还原,把铁矿石炼制成固态铁的过程。这种铁保留了失氧时形成的大量微气孔,在显微镜下观察形似海绵,所以又称为海绵铁。用球团矿制成的海绵铁也称为金属化球团。通常把炼制海绵铁的工艺称为直接还原炼铁流程。直接还原铁(DRI)中的碳和硅含量低,成分类似钢,能代替废钢用于炼钢过程。发展到今天,世界上已投入生产和试验研究的直接还原制铁工艺已超过 40 多种,而目前达到工业生产水平或仍在继续试验的直接还原方法有 20 多种。在直接还原工艺中,约 25% 采用碳作还原剂,其余的大部分采用 CO 和 H_2,部分单独使用 H_2。早期的直接还原主要用于处理低品位矿,目的是便于后序矿的磁选,或生产铁粉。按使用的主体能源的不同,直接还原工艺可分为气基法、煤基法和电热法 3 大类,其中,气基法、煤基法是直接还原炼铁生产的主要方法。气基法主要是以天然气为能源。

煤基直接还原法是以含碳材质(如煤、焦炭等)作还原剂生产 DRI 的方法。煤基直接还原法主要使用价廉的非焦煤为还原剂，可有效避免气基法的地域限制。但该方法存在生产规模小、生产效率低等缺点，目前主要分布在南非、印度、新西兰等一些天然气资源缺乏，但拥有优质的铁矿和丰富煤炭资源的地区。煤基直接还原法按生产设备分类主要包括反应罐法、回转窑法、煤基流化床法和转底炉法等。

(1)反应罐法

反应罐法以 Honganas 法为代表，它使用外热反应罐。Honganas 法由 E. Sieurin 于 1908 年发明，是最早开发且目前仍在工业上使用生产 DRI 的直接还原法，它以优质富磁铁矿或轧钢铁鳞为原料，焦粉为还原剂，产品主要为含铁 97% ~98% 的优质海绵铁。

(2)回转窑法

最早具有商业规模化的煤基回转窑法于 20 世纪 30 年代始于德国，它在回转窑内用煤还原低品位的 Salzgitter 铁矿粉。

回转窑直接还原制铁的代表工艺有 SL/RN 法。1964 年 Republic Steel 和 National Lead 两个公司开发出回转窑煤基还原技术，并与 Stelco Lurgi 合作开发了 SL/RN 法，其生产主要流程如图 8.1 所示。还原剂与铁矿料、石灰石粉混合自窑尾加入，窑头装有空气/燃料烧嘴进行供热，沿窑身长度方向安装有不同型式的喷嘴，喷入空气和补充燃料，以调整 CO/CO_2 比和温度。在较高温度和 CO/CO_2 比值下逐步完成还原，产品从窑头排出入密封的水冷式冷却筒，冷却后进行磁选，去除残碳和脱硫剂得到海绵铁。

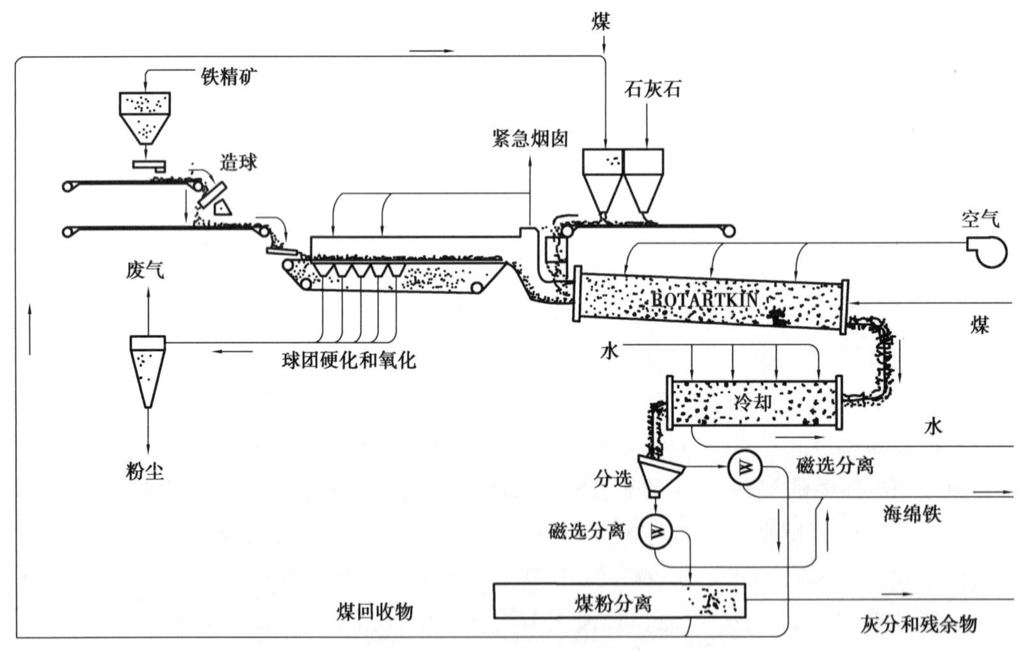

图 8.1 SL/RN 法直接还原工艺流程

SL/RN 法生产的产品金属化率较高(>90%)，含 C 约 1%。单位热耗不高，生产的金属产品有海绵铁、粒铁和液态铁。SL/RN 直接还原铁基本上作为优质含铁料与废钢搭配用于电炉炼钢,也可用于其他炼钢方法。由于操作的可靠性,工厂的作业率不断提高,在韩国、澳大利亚、新西兰、巴西、美国、日本、加拿大、秘鲁、印度、南非及中国等国家 SL/RN 法得到了较好应用,在印度得到了较好的发展。

除 SL/RN 法,煤基法回转窑法还包括 ACCAR 法、CODIR 法、DRC 法、TISCO 法等。

(3)煤基流化床法

煤基流化床流程主要有德国鲁奇公司开发的 Circofer 法,工艺的主要特点包括能直接使用廉价的粉矿和煤,无须处理;采用能量闭路系统,不会产生过剩能量;废物排放少;适应的原料范围较广;对铁矿石的要求主要是粒度,它要求粉矿粒度为 0.3 ~1 mm。对煤的要求是灰分软化温度不应低于 1 050 ℃,粒度<10 mm。

(4)转底炉法

转底炉直接还原是近 30 年间发展起来的炼铁新工艺,最初目的是用于处理冶金废料,后来在美国、德国、日本等国发展并开发用于处理铁矿粉。迄今为止,由于对原料条件和产品质量要求不同,转底炉直接还原已发展产生了 Inmetco 法、Fastmet 法、Comet 法、ITMK3 法等几种典型的工艺。

Inmetco 工艺由加拿大国际 INCO 开发,最早用于从合金钢冶炼废料中回收镍、铬和铁,后来发展用来生产海绵铁。该法的主体设备是一个环形炉(Rotary Hearth Furnace,转体炉,又称转底炉),呈密封的圆盘状,炉体在运动中以垂线为轴做旋转运动。Inmetco 法可使用矿粉或冶金废料作含铁原料,焦粉或煤作为内配还原剂。将原燃料混匀磨细、造球后,连续加入转体炉内还原,炉内的炉料厚度控制在球团直径的 3 倍左右。在炉盘周围设有以煤、煤气或油为燃料的烧嘴,炉内球团很快达到还原温度(1 250 ℃左右),经过 15 ~20 min 还原,球团金属化率即可达到 88% ~92% 。

Fastmet 工艺由美国 Midrex 公司开发,它选用的铁原料可以是铁精矿、矿粉、含铁海砂或粉尘,含铁原料与煤粉和黏结剂混合均匀并制成含碳球团。生球干燥后送入转体炉,球团被炉壁两侧燃烧器加热至 1 250 ~1 350 ℃进行还原,球团在炉内总停留时间为 6 ~12 min。燃烧器以天然气、燃料油和煤粉为燃料。出炉 1 000 ℃海绵铁根据需要,可热压成块、热装入熔炼炉或使用圆筒冷却机冷却。

Comet 法工艺与上述两种方法不同的是铁精矿与还原剂在转底炉内采取分层布料,料层中矿粒厚度 6.4 mm 左右,还原剂为 4 mm 左右,共四层。炉膛温度控制在 1 300 ℃左右,还原时间 20 min 左右。

ITMK3 法是继高炉炼铁、使用天然气的直接还原炼铁之后的第 3 种炼铁技术,因此又称为第 3 代炼铁技术。ITMK3 法由日本神户钢铁公司及美国 Midrex 公司在 20 世纪 90 年代中后期联合开发,并建设了直径 6.7 m,环宽 1.25 m,年产 1.5 万 t,2.5 t/h 的示范工厂。后来在美国明尼苏达州北部建设一个中试厂,取得了突破性进展。其工艺流程如图 8.2 所示。该工艺使用矿粉和非焦煤混合制成球团装入转底炉,炉内温度控制为 1 350 ~1 450 ℃,矿中铁氧化物被还原成金属铁,并部分熔化。产生的金属铁形状似珠状,因此又称为“珠铁”。

从已有的生产试验效果来看,煤基转底炉生产 DRI 具有如下一些优点:

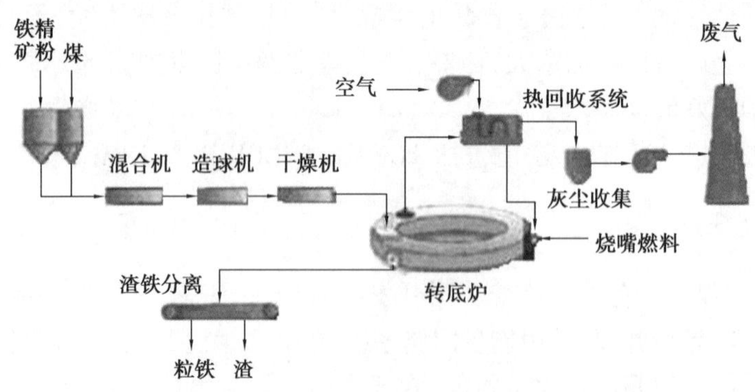

图 8.2　ITMK3 法工艺流程图

①原料适用范围广。铁矿粉和低品位铁矿都能使用，含碳原料可用煤、石油焦或其他含碳原料。

②产品质量高。高温、配碳量以及还原气氛调控的灵活性可避免 DRI 发生二次氧化，从而实现产品的高金属化率及低碳含量。

③转底炉还原过程中因炉底转动而炉料不动，可解决回转窑或竖炉还原时炉料黏接、结圈等问题。

④能实现多元素的分离与综合应用。经还原可以将矿中铁与镍、铬等成分分离，再从分离后的产物中分别提取或分离出镍、铬等。

⑤能源效率高、环保效果好。氧化物、硫化物和颗粒物的排放量均比传统高炉低。还原尾气可集中回收，经处理后可再利用。

⑥投资费用低。在同等规模下，转底炉初期投资低于高炉。

近十几年来，以 Fastmet 法和 Inmetco 法为代表的转底炉直接还原工艺有很大的发展。在美国已建成年产量 50 万 t 的 Inmetco 生产线，在日本已建成年处理 19 万 t 料的 Fastmet 环形转底炉。目前转底炉直接还原工艺在全世界范围内尚处于试验示范和中小规模生产阶段。

在我国，钢铁生产主要采用的是传统的高炉长流程，焦煤消耗多，污染严重。同时，钢铁行业内存在资源控制力弱、基本原料自给率不足等问题，钢质量需要优化，钢品种有待改良。受钢铁总量控制，淘汰产能落后的装备（如小型高炉）是必然趋势。这样的钢铁格局，需要发展直接还原炼铁。

在我国，矿产资源丰富，但小矿床多，大型、特大型矿床少，贫矿和难选矿多，富矿少。我国能源以煤为主，天然气相对缺乏，煤炭中以非焦煤为主，且天然气优先考虑用于石油化工和民用。这些资源特点决定了我国在发展直接还原炼铁工艺时，首选方法是煤基法。

自 20 世纪 50 年代开始，国内对直接还原工艺技术进行了大量研究，目前隧道窑、回转窑煤基直接还原工艺已在工业上得到了应用。在新疆、山西、河北、辽宁、吉林、河南、上海、内蒙古、云南、山东等省建有隧道窑煤基直接还原厂，至 2009 年已建有的隧道窑 100 多座，产能设计超过 400 万 t/年。隧道窑单窑产能可达 3 万 t/年，煤耗为 950 ~ 1 200 kg/t，产品 DRI 的 TFe 可达 92% 以上、金属化率>92%。但多数隧道窑生产 DRI 品质不高、杂质多，质量稳定性较差，影响了其在电炉炼钢中的使用。

1994 年 10 月辽宁喀左建成投产国内第一台回转窑生产 DRI，采用的是“一步法”，即将铁精矿首先细磨造球，经链篦机上干燥、预热（900 ℃），然后直接送入回转窑进行固结和还原，所有工序在一条流水线上连续完成。目前，在天津无缝钢管厂、吉林华甸、北京密云、山东鲁中等已建成回转窑 DRI 生产线。“一步法”对原料品质要求相对较低，能生产出金属化达 93% 以上的 DRI，但由于回转窑和链篦机高温连续作业和还原气氛控制的问题难解决及经济效益差等，很难推广使用。1996 年天津无缝钢管厂从英国戴维公司引进一种“二步法”技术（先把铁精矿造球，经 1 300 ℃氧化焙烧，制成氧化球团；然后再将氧化球团送入回转窑进行还原，制成产品，两个过程可分别独立进行生产工艺），建成两条 15 万 t/年生产线生产 DRI，生产中使用国外进口矿，原料成本较高。国内回转窑生产的 DRI 在一些电炉钢厂和机械制造厂得到试用，成功地冶炼出了一些特殊钢种（如核电站反应堆用钢、石油管用钢、高压锅炉用钢、化工加氯反应器用钢、大型电机转子用钢等）替代了进口，取得良好效果，为今后 DRI 的开发和使用创造了有利条件。

我国转底炉煤基还原试验生产始于 20 世纪末。1992 年四川阿坝磁料公司设计了 COF-R（盖碳保护敞燃加热含碳球团—转底炉）法，1995 年 11 月建成直径 7.4 m 转底炉进行了试生产。1997 年鞍钢设计一台直径 8 m 转底炉，于 1998 年在石人沟建成第一座试验炉，年产 6 万 t 海绵铁。2002 年 11 月，山西省翼城明亮钢铁有限公司建设年产 10 万 t 直接还原铁的转底炉生产线。2001—2005 年长春经济技术开发区筹建 50 万 t/年不锈钢工程，年产 16.29 万 t 还原铁厂，部分引进国外技术和设备。

钢铁工业深入的发展推动着直接还原炼铁的发展，自 20 世纪 70 年代以来，世界 DRI 产量稳步上升，20 世纪 90 年代开始，每年以 8% ~10% 的比例增长。与此相比，由于矿产资源和能源结构特点，我国直接还原铁生产发展相对较缓慢，生产的 DRI 满足不了国内需求，需从国外进口补足。同时目前还没有哪一种工艺能得到全面推广应用，开发具有投资少、操作简便、生产成本低等特点的直接还原技术研究工作仍在不断进行。

8.2.2 气基直接还原

主要是竖炉直接还原法。竖炉主要由 4 部分组成：

①重整器。器内装有若干支重整管，管内装有催化剂，把天然气转化成 $CO+H_2$ 高温还原气。

②还原竖炉。自上而下分为 5 个带，即预热带、上还原带、下还原带、过渡带、冷却带。铁矿石加入炉内经干燥、预热、还原成直接还原铁经冷却达到较低的温度。

③炉顶气和冷却气净化装置。炉顶气和冷却气通过洗涤器和压缩机，其中 1/3 供重整气做燃烧气，2/3 在进入重整器前加入 CH_4 进入重整器进行重整。

④直接还原铁处理装置。出炉的直接还原铁经热压机和打碎机压成热压块。竖炉直接还原方法虽多，但工艺过程和原理基本相同。

8.3 熔融还原

熔融还原法于 20 世纪 20 年代提出，主要设想在一个反应器中完成全部熔炼过程；20 世纪 70 年代以后，为了扩大原材料的使用范围、降低钢铁行业污染排放等问题，非高炉炼铁技术得到重视，Corex、HIsmelt、Finex、DIOS 等技术不断出现。Corex、Finex 等非高炉冶金技术已实现了工业化生产，但并没有完全摆脱对焦炭的依赖。HIsmelt 熔融还原技术舍弃传统高炉流程中烧结、焦化和球团工序，直接使用粉状含铁原料和煤粉进行冶炼，具有工艺流程短、原料适用性强和环境污染小等优势。

Corex 工艺需使用天然矿、球团矿和烧结矿等块状铁料；燃料为非焦煤，为了避免炉料黏结并保持一定的透气性，添加一定数量的焦炭；熔剂主要为石灰石和白云石。原燃料经备料系统处理后，分别装入矿仓、煤仓和辅助原料仓，等待上料。

Corex 工艺如图 8.3 所示，上面是还原竖炉，块矿、球团矿、熔剂从顶部加入。还原煤气从中部进入。还原后的直接还原铁从下部经螺旋输送器排出。下面是熔融气化炉。块煤和直接还原铁从顶部加入。在中下部鼓入氧气，下部有铁口排出渣铁。产生的高温煤气由顶部排出经过一系列的处理，大部分通入上部的还原竖炉。少部分与竖炉顶部的排出煤气汇合在一起形成输出煤气，作为二次能源供钢铁厂使用。Corex 工艺的渣铁处理与高炉相似。

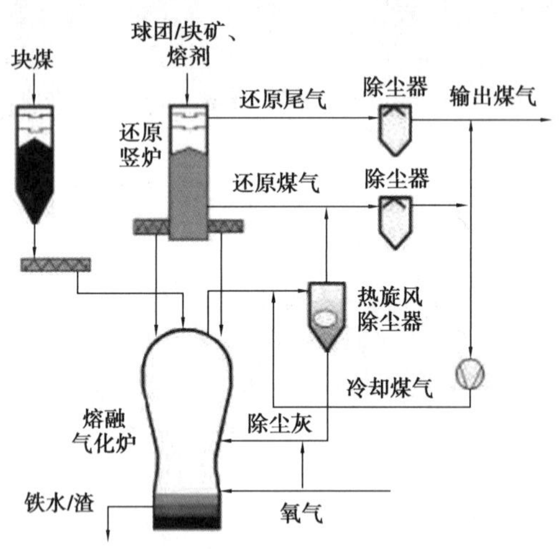

图 8.3　Corex 工艺流程示意图

Corex 工艺中的设备由预还原竖炉、熔融气化炉和煤气除尘调温系统组成。预还原竖炉与 Midrex 法直接还原竖炉类似；熔融气化炉与高炉的炉缸和炉腹类似。熔融气化炉所用的煤和熔剂由封闭料斗送入加压料仓，再用螺旋给料机加入熔融气化炉。铁矿石(或氧化球团)由还原竖炉顶部的双钟式装料器加入炉内，受到煤气加热及还原。从还原竖炉排出的预还原矿石金属化率平均为 95%。它由螺旋给料机加入熔融气化炉内在下降过程中被熔化还原为铁水。矿石中脉石和熔剂形成炉渣。炉内生成的渣铁存放在炉缸内定期从炉缸渣、铁口放出。

2012 年山东墨龙建设全球第一座商业化运行的 HIsmelt 工厂，于 2016 年底建成热试，2018 年初工厂实现连续生产 157 d。山东墨龙 HIsmelt 工艺流程如图 8.4 所示，包括原料库、原料预处理系统、煤粉制备与喷吹系统、熔融还原炉、余热回收利用系统、水处理系统、热风系统、烟气脱硫系统、制氧系统等。煤粉、含铁原料经预处理(磨煤机煤粉加工、回转窑原料预热)后，通过喷吹管线喷入 SRV 炉内，在富氧热风(氧含量 35% ~40%、1 200 ℃)的作用下进行铁氧化物的还原反应，产生铁水、煤气及炉渣。铁水通过虹吸出铁方式从前置炉流出；煤气供热风炉和回转窑使用，多余煤气用于发电；炉渣经粒化后，通过磁选装置磁选，含铁物质返回原料系统继续使用，磁选后的炉渣用于加工水泥。

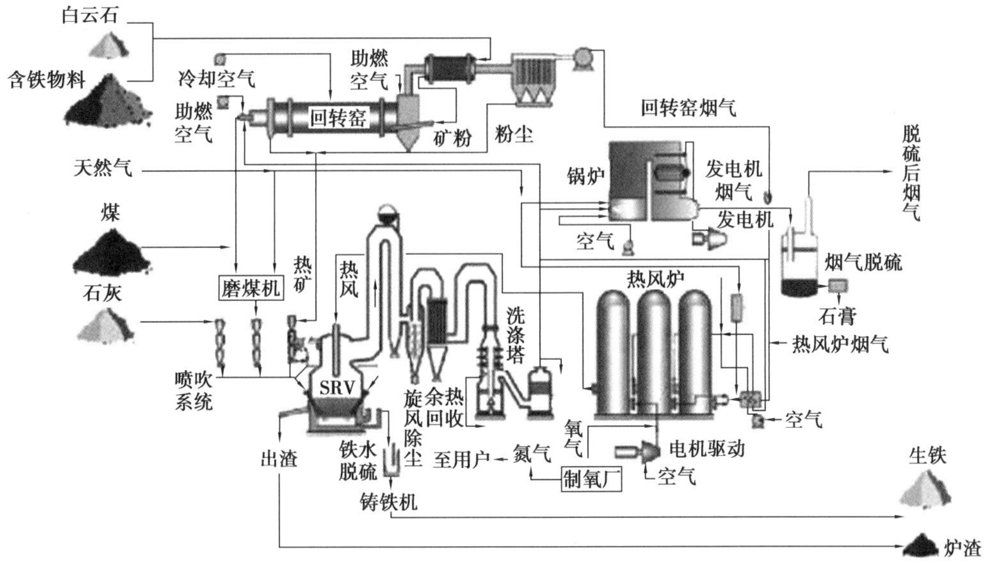

图 8.4　HIsmelt 工艺流程示意图

HIsmelt 工艺生产的铁水纯净度高，与现有转炉或电炉匹配形成新的钢铁生产流程，可以降低炼钢过程辅料消耗和铁损，对于钢铁企业降低生产成本、提高产品质量具有显著效果。

复习思考题

8.1　发展非高炉炼铁有何意义？

8.2　什么是直接还原？什么是熔融还原？

8.3　直接还原有何优点？

参考文献

[1] 张树勋. 钢铁厂设计原理:上册[M]. 北京:冶金工业出版社,1994.
[2] 任贵义. 炼铁学(下册)[M]. 北京:冶金工业出版社,1996.
[3] 周传典. 高炉炼铁生产技术手册[M]. 北京:冶金工业出版社,2002.
[4] 杨宽. 中国古代冶铁技术发展史[M]. 上海:上海人民出版社,2004.
[5] 卢宇飞,杨桂生. 炼铁技术[M]. 北京:冶金工业出版社,2010.
[6] 张振峰,吕庆,李福民. 高 Al_2O_3 钒钛炉渣熔化性能的实验研究[J]. 东北大学学报(自然科学版),2007,28(10):1414-1416,1420.
[7] 张伟,赵凯,饶家庭,等. 炉渣熔化性温度标准化的探讨[J]. 钢铁研究学报,2011,23(1):16-19.
[8] 范建军,蔡湄夏,张华. Al_2O_3 和 MgO 含量对高炉炉渣熔化性温度影响的研究[J]. 山西冶金,2007,30(3):22-23.
[9] 周取定. 中国冶金百科全书-钢铁冶金[M]. 北京:冶金工业出版社,2001.
[10] 王筱留. 钢铁冶金学:炼铁部分[M]. 2 版. 北京:冶金工业出版社,2000.
[11] 杨先觉. 采用 CaO-Mg 复合脱硫剂进行铁水脱硫的工业试验[J]. 炼铁,2000,19(3):20-22.
[12] 王艺慈,那树人,陈春元. 提高包钢高炉渣脱硫能力的试验研究[J]. 包头钢铁学院学报,2001,20(3):253-255.
[13] 孙长余,陈亚春,李静,等. MgO 对高铝高炉渣脱硫的影响及其动力学分析[J]. 重庆大学学报(自然科学版), 2016,39(4):82-87.
[14] 李晶. 钢铁是这样炼成的:湛江钢铁冶金科普读物[M]. 北京:北京理工大学出版社,2013.
[15] 杨吉春,罗果萍,董方. 钢铁冶金 600 问[M]. 北京:化学工业出版社,2007.
[16] 杨天钧,高征铠,刘述临,等. 铁水炉外脱硫的新进展[J]. 钢铁,1999,34(1):65-69.
[17] 丁满堂. 攀钢铁水炉外脱硫的发展[J]. 钢铁. 2005,40(2):24-26.

[18] 常旭. 近几年我国铁水脱硫预处理的发展及应用[J]. 炼钢,2006,22(5):52-55.
[19] 杨永宜,杨天钧. 高炉风口回旋区及高炉下部煤气运动特性及分布的研究[J]. 金属学报,1982,18(5):519-526.
[20] 傅世敏,张隆兴,杜逸菊. 高炉炉身煤气流运动的研究[J]. 钢铁,1981,16(9):10-17.
[21] 孙绍杰,王喜来. 利用^{85}Kr 示踪剂对高炉内煤气运动的初步研究[J]. 炼铁,1984,3(1):53-58.
[22] 岳雷. 钢铁企业燃气工程设计手册[M]. 北京:冶金工业出版社,2015.
[23] 那树人. 炼铁计算辨析[M]. 北京:冶金工业出版社,2010.
[24] 李向伟,李学兵,黄凯,等. Rist 操作线在武钢高炉上的应用[J]. 炼铁,2015,34(1):53-55.
[25] 张建良,刘征建,杨天钧. 非高炉炼铁[M]. 北京:冶金工业出版社,2015.
[26] 胡俊鸽,吴美庆,毛艳丽. 直接还原炼铁技术的最新发展[J]. 钢铁研究,2006,34(2):53-57.
[27] 史占彪. 国内外直接还原现状及发展[J]. 烧结球团,1994,2:18-37.
[28] 徐国群. FASTMET 直接还原新工艺的发展[J]. 烧结球团,1999,5:17-21.
[29] 唐恩,周强,秦涔,等. 转底炉处理含铁原料的直接还原技术[J]. 炼铁,2008,27(6):57-60.
[30] 李正帮. 钢铁冶金前沿技术[M]. 北京:冶金工业出版社,1997.
[31] 章庆和. 磁铁精矿冷固结球团直接还原新工艺的研究[J]. 钢铁,1997,32(10):1-11.
[32] 任贵义. 炼铁学(下册)[M]. 北京:冶金工业出版社,2008.
[33] 颜彦,刘建新. 唐钢 2#高炉大修工程炉壳设计与受力分析[J]. 河北冶金,2006,153(3):71-73.